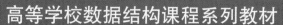高等学校数据结构课程系列教材

算法设计与分析
（第2版）

◎ 李春葆 主编

李筱驰 蒋林 陈良臣 喻丹丹 编著

清华大学出版社
北京

内 容 简 介

本书系统地介绍了各种常用的算法设计策略，包括递归、分治法、蛮力法、回溯法、分枝限界法、贪心法、动态规划、概率算法和近似算法等，并详细讨论了各种图算法和计算几何设计算法。

全书既注重原理又注重实践，配有大量图表、练习题、上机实验题和在线编程题，内容丰富，概念讲解清楚，表达严谨，逻辑性强，语言精练，可读性好。本书提供了 20 小时微课教学视频，扫描二维码可观看视频讲解。

本书既便于教师课堂讲授，又便于自学者阅读，适合作为高等院校"算法设计与分析"课程的教材，也可供 ACM 和各类程序设计竞赛者参考。

本书封面贴有清华大学出版社防伪标签，无标签者不得销售。
版权所有，侵权必究。举报：010-62782989，beiqinquan@tup.tsinghua.edu.cn。

图书在版编目（CIP）数据

算法设计与分析/李春葆主编. —2 版. —北京：清华大学出版社，2018（2023.12重印）
（高等学校数据结构课程系列教材）
ISBN 978-7-302-50098-8

Ⅰ.①算… Ⅱ.①李… Ⅲ.①电子计算机－算法设计－高等学校－教材 ②电子计算机－算法分析－高等学校－教材 Ⅳ.①TP301.6

中国版本图书馆 CIP 数据核字（2018）第 102226 号

责任编辑：魏江江　王冰飞
封面设计：刘　键
责任校对：梁　毅
责任印制：宋　林

出版发行：清华大学出版社
  网　　址：https://www.tup.com.cn，https://www.wqxuetang.com
  地　　址：北京清华大学学研大厦 A 座　　邮　编：100084
  社 总 机：010-83470000　　邮　购：010-62786544
  投稿与读者服务：010-62776969，c-service@tup.tsinghua.edu.cn
  质量反馈：010-62772015，zhiliang@tup.tsinghua.edu.cn
  课件下载：https://www.tup.com.cn，010-83470236
印 装 者：三河市龙大印装有限公司
经　　销：全国新华书店
开　　本：185mm×260mm　　印　张：28.75　　字　数：699 千字
版　　次：2015 年 5 月第 1 版　　2018 年 8 月第 2 版　　印　次：2023 年 12 月第 22 次印刷
印　　数：94001～99000
定　　价：59.50 元

产品编号：079388-01

前　　言

算法在计算科学中扮演着重要角色。算法设计是计算机科学与技术专业的必修课,其目标是培养学生分析问题和解决问题的能力,使学生掌握算法设计的基本技巧和方法,熟悉算法分析的基本技术,并能熟练运用一些常用算法策略解决一些较综合的问题。

在学习本书之前,学生已经学习了基本的数据结构知识,能熟练运用一门或多门编程语言,并具备了一定的编程经验。如何利用已学过的知识针对不同的实际问题设计出有效的算法,是本书所要达到的目的。

本书的特点是"问题模型化,求解算法化,设计最优化",在掌握必要的算法设计技术和编程技巧的基础上,能够在实际工作中根据具体问题设计和优化算法。本书是针对这一特点并结合课程组全体教师多年的教学经验编写的。

1. 本书内容

全书由 12 章构成,各章的内容如下。

第 1 章　概论:介绍算法的概念、算法分析方法和 STL 在算法设计中的应用。

第 2 章　递归算法设计技术:介绍递归的概念、递归算法设计方法和相关示例、递归算法到非递归算法的转化以及递推式的计算。

第 3 章　分治法:介绍分治法的策略和求解过程,讨论采用分治法求解排序问题、查找问题、最大连续子序列和问题、大整数乘法问题及矩阵乘法问题的典型算法,并简要介绍了并行计算的概念。

第 4 章　蛮力法:介绍蛮力法的特点、蛮力法的基本应用示例、递归在蛮力法中的应用以及图的深度优先和广度优先遍历算法。

第 5 章　回溯法:介绍解空间概念和回溯法算法框架,讨论采用回溯法求解 0/1 背包问题、装载问题、子集和问题、n 皇后问题、图的 m 着色问题、任务分配问题、活动安排问题和流水作业调度问题的典型算法。

第 6 章　分枝限界法:介绍分枝限界法的特点和算法框架、队列式分枝限界法和优先队列式分枝限界法,讨论采用分枝限界法求解 0/1 背包问题、图的单源最短路径、任务分配问题和流水作业调度问题的典型算法。

第 7 章　贪心法:介绍贪心法的策略、求解过程和贪心法求解问题应具有的性质,讨论采用贪心法求解活动安排问题、背包问题、最优装载问题、田忌赛马问题、多机调度问题、哈夫曼编码和流水作业调度问题的典型算法。

第 8 章　动态规划:介绍动态规划的原理和求解步骤,讨论采用动态规划法求解整数拆分问题、最大连续子序列和问题、三角形最小路径问题、最长公共子序列问题、最长递增子序列问题、编辑距离问题、0/1 背包问题、完全背包问题、资源分配问题、会议安排问题和滚动数组的典型算法。

第9章　图算法设计：讨论构造图最小生成树的两种算法(Prim 和 Kruskal 算法,并查集的应用)、求图的最短路径的4种算法(Dijkstra、Bellman-Ford、SPFA 和 Floyd),并采用5种算法策略求解旅行商问题(TSP 问题),最后介绍网络流的相关概念以及求最大流和最小费用最大流的算法。

第10章　计算几何：介绍计算几何中常用的矢量运算以及求解凸包问题、最近点对问题和最远点对问题的典型算法。

第11章　计算复杂性理论简介：介绍图灵机计算模型、P 类和 NP 类问题以及 NPC 问题。

第12章　概率算法和近似算法：介绍这两类算法的特点和基本的算法设计方法。

书中带"＊"符号的章节作为选学内容。

2. 本书特色

本书具有如下鲜明特色。

(1) 由浅入深,循序渐进：每种算法策略从设计思想、算法框架入手,由易到难地讲解经典问题的求解过程,使读者既能学到求解问题的方法,又能通过对算法策略的反复应用掌握其核心原理,以收到融会贯通之效。

(2) 示例丰富,重视启发：书中列举大量的具有典型性的求解问题,深入剖析采用相关算法策略求解的思路,展示算法设计的清晰过程,并举一反三,激发学生学习算法设计的兴趣。

(3) 注重求解问题的多维性：同一个问题采用多种算法策略实现,如 0/1 背包问题采用回溯法、分枝限界法和动态规划求解,旅行商问题采用5种算法策略求解。通过不同算法策略的比较,使学生更容易体会到每一种算法策略的设计特点和各自的优/缺点,以提高算法设计的效率。

(4) 强调实验和动手能力的培养：算法讲解不仅包含思路描述,而且以 C/C++ 完整程序的形式呈现,同时给出了大量的上机实验题和在线编程题,大部分是近几年国内外的著名 IT 企业面试笔试题(谷歌、微软、阿里巴巴、腾讯、网易等)和 ACM 竞赛题。通过这些题目的训练,不仅可以提高学生的编程能力,而且可以帮助其直面求职市场。

(5) 本书配套有《算法设计与分析(第2版)学习与实验指导》(李春葆,清华大学出版社,2018),涵盖所有练习题、上机实验题和在线编程题的参考答案。

(6) 本书配套有绝大部分知识点的教学视频,视频采用微课碎片化形式组织(含 100 多个小视频,累计超过 20 小时),读者通过扫描二维码即可观看相关视频讲解。

3. 教学资源

本书提供的教学资源包括完整的教学 PPT 和书中全部源程序代码(在 VC++6.0 中调试通过),用户可以扫描封底课件二维码免费下载。

4. 感谢

本书的编写得到湖北省教育厅和武汉大学教学研究项目《计算机科学与技术专业课程体系改革》的大力帮助,清华大学出版社的魏江江主任全力支持本书的编写工作,王冰飞老师给予精心的编辑工作。

本书在编写过程中参考了很多同行的教材和网络博客,特别是"牛客网"中众多的企业面试、笔试题和丰富资源给予编者良好的启发,河南工程学院张天伍老师和使用本教材第 1 版的多位老师指正多处问题和错误,在此一并表示衷心感谢。

本书是课程组全体教师多年教学经验的总结和体现,尽管编者不遗余力,但由于水平所限,难免存在不足之处,敬请教师和同学们批评指正,在此表示衷心感谢。

编 者

2018 年 5 月

目　　录

源码下载

第 1 章　概论　/1

- **1.1　算法的概念**　/2
  - 1.1.1　什么是算法　/2
  - 1.1.2　算法描述　/4
  - 1.1.3　算法和数据结构　/5
  - 1.1.4　算法设计的基本步骤　/6
- **1.2　算法分析**　/6
  - 1.2.1　算法时间复杂度分析　/6
  - 1.2.2　算法空间复杂度分析　/13
- **1.3　算法设计工具——STL**　/15
  - 1.3.1　STL 概述　/15
  - 1.3.2　常用的 STL 容器　/18
  - 1.3.3　STL 在算法设计中的应用　/30
- **1.4　练习题**　/38
- **1.5　上机实验题**　/39
- **1.6　在线编程题**　/39

第 2 章　递归算法设计技术　/43

- **2.1　什么是递归**　/44
  - 2.1.1　递归的定义　/44
  - 2.1.2　何时使用递归　/44
  - 2.1.3　递归模型　/46
  - 2.1.4　递归算法的执行过程　/47
- **2.2　递归算法设计**　/52

2.2.1 递归与数学归纳法 /52
2.2.2 递归算法设计的一般步骤 /53
2.2.3 递归数据结构及其递归算法设计 /54
2.2.4 基于归纳思想的递归算法设计 /60

2.3 **递归算法设计示例** /63
2.3.1 简单选择排序和冒泡排序 /63
2.3.2 求解 n 皇后问题 /66

2.4 **递归算法转化为非递归算法** /68
2.4.1 用循环结构替代递归过程 /68
2.4.2 用栈消除递归过程 /69

2.5 **递推式的计算** /74
2.5.1 用特征方程求解递归方程 /74
2.5.2 用递归树求解递归方程 /77
2.5.3 用主方法求解递归方程 /78

2.6 **练习题** /78

2.7 **上机实验题** /80

2.8 **在线编程题** /81

第3章 分治法 /83

3.1 **分治法概述** /84
3.1.1 分治法的设计思想 /84
3.1.2 分治法的求解过程 /84

3.2 **求解排序问题** /85
3.2.1 快速排序 /86
3.2.2 归并排序 /88

3.3 **求解查找问题** /91
3.3.1 查找最大和次大元素 /91
3.3.2 折半查找 /93
3.3.3 寻找一个序列中第 k 小的元素 /94
3.3.4 寻找两个等长有序序列的中位数 /96

3.4 **求解组合问题** /101
3.4.1 求解最大连续子序列和问题 /101
3.4.2 求解棋盘覆盖问题 /103
3.4.3 求解循环日程安排问题 /106

3.5 **求解大整数乘法和矩阵乘法问题** /108
3.5.1 求解大整数乘法问题 /108
3.5.2 求解矩阵乘法问题 /111

3.6 **并行计算简介** /112

3.6.1 并行计算概述 /112
3.6.2 并行计算模型 /112
3.6.3 快速排序的并行算法 /113
3.7 练习题 /114
3.8 上机实验题 /116
3.9 在线编程题 /117

第4章 蛮力法 /120

4.1 蛮力法概述 /121
4.2 蛮力法的基本应用 /122
    4.2.1 采用直接穷举思路的一般格式 /122
    4.2.2 简单选择排序和冒泡排序 /125
    4.2.3 字符串匹配 /128
    4.2.4 求解最大连续子序列和问题 /129
    4.2.5 求解幂集问题 /132
    4.2.6 求解简单0/1背包问题 /135
    4.2.7 求解全排列问题 /137
    4.2.8 求解任务分配问题 /139
4.3 递归在蛮力法中的应用 /141
    4.3.1 用递归方法求解幂集问题 /141
    4.3.2 用递归方法求解全排列问题 /142
    4.3.3 用递归方法求解组合问题 /144
4.4 图的深度优先和广度优先遍历 /146
    4.4.1 图的存储结构 /146
    4.4.2 深度优先遍历 /148
    4.4.3 广度优先遍历 /151
    4.4.4 求解迷宫问题 /154
4.5 练习题 /158
4.6 上机实验题 /160
4.7 在线编程题 /160

第5章 回溯法 /163

5.1 回溯法概述 /164
    5.1.1 问题的解空间 /164
    5.1.2 什么是回溯法 /167
    5.1.3 回溯法的算法框架及其应用 /168
    5.1.4 回溯法与深度优先遍历的异同 /176

5.1.5　回溯法的时间分析　/177
5.2　求解0/1背包问题　/178
5.3　求解装载问题　/183
　　　5.3.1　求解简单装载问题　/183
　　　5.3.2　求解复杂装载问题　/185
5.4　求解子集和问题　/187
　　　5.4.1　求子集和问题的解　/187
　　　5.4.2　判断子集和问题是否存在解　/189
5.5　求解 n 皇后问题　/190
5.6　求解图的 m 着色问题　/193
5.7　求解任务分配问题　/196
5.8　求解活动安排问题　/198
5.9　求解流水作业调度问题　/201
5.10　练习题　/205
5.11　上机实验题　/206
5.12　在线编程题　/207

第6章　分枝限界法　/211

6.1　分枝限界法概述　/212
　　　6.1.1　什么是分枝限界法　/212
　　　6.1.2　分枝限界法的设计思想　/212
　　　6.1.3　分枝限界法的时间性能　/215
6.2　求解0/1背包问题　/215
　　　6.2.1　采用队列式分枝限界法求解　/216
　　　6.2.2　采用优先队列式分枝限界法求解　/220
6.3　求解图的单源最短路径　/223
　　　6.3.1　采用队列式分枝限界法求解　/223
　　　6.3.2　采用优先队列式分枝限界法求解　/228
6.4　求解任务分配问题　/230
6.5　求解流水作业调度问题　/234
6.6　练习题　/238
6.7　上机实验题　/239
6.8　在线编程题　/240

第7章　贪心法　/242

7.1　贪心法概述　/243
　　　7.1.1　什么是贪心法　/243

7.1.2　用贪心法求解的问题应具有的性质　/245
　　　7.1.3　贪心法的一般求解过程　/245
7.2　求解活动安排问题　/246
7.3　求解背包问题　/251
7.4　求解最优装载问题　/256
7.5　求解田忌赛马问题　/257
7.6　求解多机调度问题　/260
7.7　哈夫曼编码　/263
7.8　求解流水作业调度问题　/272
7.9　练习题　/275
7.10　上机实验题　/277
7.11　在线编程题　/278

第8章　动态规划　/281

8.1　动态规划概述　/282
　　　8.1.1　从求解斐波那契数列看动态规划法　/282
　　　8.1.2　动态规划的原理　/283
　　　8.1.3　动态规划求解的基本步骤　/289
　　　8.1.4　动态规划与其他方法的比较　/290
8.2　求解整数拆分问题　/291
8.3　求解最大连续子序列和问题　/293
8.4　求解三角形最小路径问题　/296
8.5　求解最长公共子序列问题　/299
8.6　求解最长递增子序列问题　/303
8.7　求解编辑距离问题　/304
8.8　求解0/1背包问题　/307
8.9　求解完全背包问题　/312
8.10　求解资源分配问题　/314
8.11　求解会议安排问题　/318
8.12　滚动数组　/322
　　　8.12.1　什么是滚动数组　/322
　　　8.12.2　用滚动数组求解0/1背包问题　/323
8.13　练习题　/325
8.14　上机实验题　/327
8.15　在线编程题　/328

第9章　图算法设计　/334

9.1　求图的最小生成树　/335

        9.1.1　最小生成树的概念　/335
        9.1.2　用普里姆算法构造最小生成树　/335
        9.1.3　克鲁斯卡尔算法　/337
    9.2　求图的最短路径　/342
        9.2.1　狄克斯特拉算法　/343
        9.2.2　贝尔曼-福特算法　/348
        9.2.3　SPFA 算法　/351
        9.2.4　弗洛伊德算法　/354
    9.3　求解旅行商问题　/357
        9.3.1　旅行商问题描述　/357
        9.3.2　采用蛮力法求解 TSP 问题　/357
        9.3.3　采用动态规划求解 TSP 问题　/360
        9.3.4　采用回溯法求解 TSP 问题　/364
        9.3.5　采用分枝限界法求解 TSP 问题　/367
        9.3.6　采用贪心法求解 TSP 问题　/370
    9.4　网络流　/371
        9.4.1　相关概念　/371
        9.4.2　求最大流　/373
        9.4.3　割集与割量　/378
        9.4.4　求最小费用最大流　/379
    9.5　练习题　/388
    9.6　上机实验题　/389
    9.7　在线编程题　/389

第 10 章　计算几何　/392

    10.1　向量运算　/393
        10.1.1　向量的基本运算　/394
        10.1.2　判断一个点是否在一个矩形内　/397
        10.1.3　判断一个点是否在一条线段上　/398
        10.1.4　判断两条线段是否平行　/398
        10.1.5　判断两条线段是否相交　/399
        10.1.6　判断一个点是否在多边形内　/400
        10.1.7　求 3 个点构成的三角形的面积　/401
        10.1.8　求一个多边形的面积　/401
    10.2　求解凸包问题　/402
        10.2.1　礼品包裹算法　/403
        10.2.2　Graham 扫描算法　/405
    10.3　求解最近点对问题　/408

        10.3.1 用蛮力法求最近点对 /408
        10.3.2 用分治法求最近点对 /409
    10.4 求解最远点对问题 /412
        10.4.1 用蛮力法求最远点对 /413
        10.4.2 用旋转卡壳法求最远点对 /413
    10.5 练习题 /415
    10.6 上机实验题 /416
    10.7 在线编程题 /416

第 11 章 计算复杂性理论简介 /418

  11.1 计算模型 /419
      11.1.1 求解问题的分类 /419
      11.1.2 图灵机模型 /419
  11.2 P 类和 NP 类问题 /424
  11.3 NPC 问题 /425
  11.4 练习题 /426

第 12 章 概率算法和近似算法 /427

  12.1 概率算法 /428
      12.1.1 什么是概率算法 /428
      12.1.2 蒙特卡罗类型概率算法 /429
      12.1.3 拉斯维加斯类型概率算法 /431
      12.1.4 舍伍德类型概率算法 /433
  12.2 近似算法 /434
      12.2.1 什么是近似算法 /434
      12.2.2 求解旅行商问题的近似算法 /434
  12.3 练习题 /438
  12.4 上机实验题 /439
  12.5 在线编程题 /439

附录 A 书中部分算法清单 /440

参考文献 /445

第1章 概论

算法是程序的灵魂，一个程序应包括对数据的表示(数据结构)和对操作的描述(算法)两个方面的内容，所以著名计算机科学家沃思提出了"数据结构＋算法＝程序"的概念。同一问题可能有多种求解算法，通过算法时间复杂度和空间复杂度分析判定算法的好坏。本章讨论算法设计和分析的相关概念，以及采用C++标准模板库(STL)设计算法的方法。

1.1 算法的概念

1.1.1 什么是算法

算法(algorithm)是求解问题的一系列计算步骤，用来将输入数据转换成输出结果，如图1.1所示。如果一个算法对其每一个输入实例都能输出正确的结果并停止，则称它是正确的。一个正确的算法解决了给定的求解问题，不正确的算法对于某些输入来说可能根本不会停止，或者停止时给出的不是预期的结果。

图1.1 算法的概念

算法设计应满足以下几个目标。

(1) 正确性：要求算法能够正确地执行预先规定的功能和性能要求。这是最重要也是最基本的标准。

(2) 可使用性：要求算法能够很方便地使用。这个特性也叫作用户友好性。

扫一扫

视频讲解

(3) 可读性：算法应该易于人的理解，也就是可读性好。为了达到这个要求，算法的逻辑必须是清晰的、简单的和结构化的。

(4) 健壮性：要求算法具有很好的容错性，即提供异常处理，能够对不合理的数据进行检查，不经常出现异常中断或死机现象。

(5) 高效率与低存储量需求：通常，算法的效率主要指算法的执行时间。对于同一个问题如果有多种算法可以求解，执行时间短的算法效率高。算法存储量指的是算法执行过程中所需的最大存储空间。效率和低存储量都与问题的规模有关。

【例1.1】 以下算法用于在带头结点的单链表 h 中查找第一个值为 x 的结点，找到后返回其逻辑序号(从1计起)，否则返回0。分析该算法存在的问题。

```
#include <stdio.h>
typedef struct node
{   int data;
    struct node * next;
} LNode;                          //单链表结点类型定义
int findx(LNode * h, int x)
{   LNode * p=h->next;
    int i=0;
    while (p->data!=x)
    {   i++;
        p=p->next;
    }
```

```
        return i;
}
```

解 当单链表中的首结点值为 x 时该算法返回 0，此时应该返回逻辑序号 1。另外，当单链表中不存在值为 x 的结点时该算法执行出错，因为 p 为 NULL 时仍执行 p=p->next。所以该算法不满足正确性和健壮性，应改为如下算法。

```
int findx(LNode * h, int x)
{   LNode * p=h->next;              //p 初始时指向首结点
    int i=1;
    while (p!=NULL && p->data!=x)
    {   i++;
        p=p->next;
    }
    if (p==NULL)                    //没找到值为 x 的结点返回 0
        return 0;
    else                            //找到值为 x 的结点返回其逻辑序号 i
        return i;
}
```

算法具有以下 5 个重要特性。

(1) **有限性**：一个算法必须总是(对任何合法的输入值)在执行有限步之后结束，且每一步都可在有限时间内完成。

(2) **确定性**：算法中的每一条指令必须有确切的含义，不会产生二义性。

(3) **可行性**：算法中的每一条运算都必须是足够基本的，也就是说它们在原则上都能精确地执行，甚至人们仅用笔和纸做有限次运算就能完成。

(4) **输入性**：一个算法有零个或多个输入。大多数算法的输入参数是必要的，但对于较简单的算法，如计算 1+2 的值，不需要任何输入参数，因此算法的输入可以是零个。

(5) **输出性**：一个算法有一个或多个输出。算法用于某种数据处理，如果没有输出，这样的算法是没有意义的，这些输出是和输入有着某些特定关系的量。

说明：算法和程序是有区别的，程序是指使用某种计算机语言对一个算法的具体实现，即具体要怎么做，而算法侧重于对解决问题的方法描述，即要做什么。算法必须满足有限性，而程序不一定满足有限性，例如 Windows 操作系统在用户没有退出、硬件不出现故障以及不断电的条件下理论上可以无限时运行，所以严格上讲算法和程序是两个不同的概念。当然，算法也可以直接用计算机程序来描述，本书就是采用这种方式。

【例 1.2】 有下列两段描述。

描述 1： 描述 2：

```
void exam1()                          void exam2()
{   int n;                            {   int x, y;
    n=2;                                  y=0;
    while (n%2==0)                        x=5/y;
        n=n+2;                            printf("%d, %d\n", x, y);
    printf("%d\n", n);                }
}
```

这两段描述均不能满足算法的特性,它们违反了算法的哪些特性?

解 第一段是一个死循环,违反了算法的有限性特性;第二段出现除零错误,违反了算法的可行性特性。

1.1.2 算法描述

扫一扫

视频讲解

描述算法的方式很多,有的采用类 Pascal 语言,有的采用自然语言伪码。本书采用 C/C++语言描述算法的实现过程,通常用 C/C++函数来描述算法。

以设计求 $1+2+\cdots+n$ 的值的算法为例说明 C/C++语言描述算法的一般形式,该算法如图 1.2 所示。

```
                    算法的返回值:正确执行时返回真,否则返回假        算法的形参
        bool fun(int n,int s)
        {   int i;
            if (n<=0) return false;    //当参数错误时返回假
            s=0;
            for (i=1;i<=n;i++)
                s+=i;
            return true;               //当参数正确并产生正确结果时返回真
        }
```

图 1.2 算法描述的一般形式

通常用函数的返回值表示算法能否正确执行,当算法只有一个返回值或者返回值可以区分算法是否正确执行时用函数返回值来表示算法的执行结果,另外还可以带有形参表示算法的输入/输出。任何算法(用函数描述)都是被调用的(在 C/C++语言中除 main 函数外任何一个函数都会被其他函数调用,如果一个函数不被调用,这样的函数是没有意义的)。在 C 语言中调用函数时只有从实参到形参的单向值传递,在执行函数时若改变了形参,对应的实参不会同步改变。例如设计以下主函数调用上面的 fun 函数。

```
void main( )
{   int a=10,b=0;
    if (fun(a,b)) printf("%d\n",b);
    else printf("参数错误\n");
}
```

在执行时发现输出结果为 0,因为 b 对应的形参为 s,fun 执行后 s=55,但 s 并没有回传给实参 b。在 C 语言中可以用传指针方式来实现形参的回传,但增加了函数的复杂性。为此在 C++语言中增加了引用型参数的概念,**引用型参数名前需加上 &,表示这样的形参在执行后会将结果回传给对应的实参**。上例采用 C++语言描述算法如图 1.3 所示。

当将形参 s 改为引用类型的参数后,在执行时 main 函数的输出结果就正确了,即输出 55。由于 C 语言不支持引用类型,C++语言支持引用类型,所以本书的算法描述语言为 C/C++语言。需要注意的是,在 C/C++语言中数组本身就是一种引用类型,所以当数组作为形参需要回传数据时其数组名之前不需要加 &,它自动将形参数组的值回传给实参数组。

```
算法的返回值:正确执行时返回真,否则返回假    算法的形参,s为引用型参数
        bool fun(int n,int &s)
        {   int i;
            if (n<=0) return false;   //当参数错误时返回假
            s=0;
            for (i=1;i<=n;i++)
                s+=i;
            return true;              //当参数正确并产生正确结果时返回真
        }
```

图 1.3 带引用型参数的算法描述的一般形式

算法中引用型参数的作用如图 1.4 所示,在设计算法时,如果某个形参需要将执行结果回传给实参,则将该形参设计为引用型参数。带有引用型参数的程序不能在 Turbo C 中运行,可以在 BC++、Visual C++、Dev C++ 等编译环境中运行,通常程序文件扩展为.cpp 而不是.c。

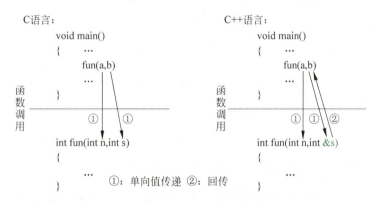

图 1.4 算法中引用型参数的作用

说明:C 语言没有提供实参和形参的双向传递,可以说这是 C 语言的一个缺陷,在很多计算机语言中都改进了这一点,例如在 Visual Basic 语言中函数形参需要指定是 ByVal(传值,即单向值传递)还是 ByRef(传引用,即双向传递)。在 C++ 中提供了引用类型,通常将函数形参定义为引用类型,以实现实参和形参的双向传递。

1.1.3 算法和数据结构

算法与数据结构既有联系又有区别。

数据结构是算法设计的基础。算法的操作对象是数据结构,在设计算法时通常要构建适合这种算法的数据结构。数据结构设计主要是选择数据的存储方式,例如确定求解问题中的数据采用数组存储还是采用链表存储等。算法设计就是在选定的存储结构上设计一个满足要求的好算法。

另外,数据结构关注的是数据的逻辑结构、存储结构以及基本操作,而算法更多的是关注如何在数据结构的基础上解决实际问题。算法是编程思想,数据结构则是这些思想的逻辑基础。

1.1.4 算法设计的基本步骤

算法是求解问题的解决方案,这个解决方案本身并不是问题的答案,而是能获得答案的指令序列,即算法,通过算法的执行获得求解问题的答案。算法设计是一个灵活的充满智慧的过程,其基本步骤如图 1.5 所示,各步骤之间存在循环反复的过程。

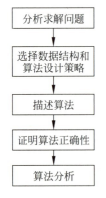

图 1.5 算法设计的基本步骤

(1) 分析求解问题:确定求解问题的目标(功能)、给定的条件(输入)和生成的结果(输出)。

(2) 选择数据结构和算法设计策略:设计数据对象的存储结构,因为算法的效率取决于数据对象的存储表示。算法设计有一些通用策略,例如迭代法、分治法、动态规划和回溯法等,需要针对求解问题选择合适的算法设计策略。

(3) 描述算法:在构思和设计好一个算法后必须清楚、准确地将所设计的求解步骤记录下来,即描述算法。

(4) 证明算法正确性:算法的正确性证明与数学证明有类似之处,因此可以采用数学证明方法,但用纯数学方法证明算法的正确性不仅耗时,而且对大型软件开发也不适用。一般而言,为所有算法都给出完全的数学证明并不现实,因此选择那些已知是正确的算法自然能大大减少出错的机会。本书介绍的大多数算法都是经典算法,其正确性已被证明,它们是实用和可靠的,书中主要介绍这些算法的设计思想和设计过程。

(5) 算法分析:同一问题的求解算法可能有多种,可以通过算法分析找到好的算法。一般来说,一个好的算法应该比同类算法的时间和空间效率高。

1.2 算法分析

计算机资源主要包括计算时间和内存空间,算法分析是分析算法占用计算机资源的情况,所以算法分析的两个主要方面是分析算法的时间复杂度和空间复杂度,其目的不是分析算法是否正确或是否容易阅读,主要是考察算法的时间和空间效率,以求改进算法或对不同的算法进行比较。

那么如何评价算法的效率呢?通常有两种衡量算法效率的方法:事后统计法和事前分析估算法。前者存在这些缺点:一是必须执行程序,二是存在其他因素掩盖算法本质。所以下面均采用事前分析估算法来分析算法效率。

1.2.1 算法时间复杂度分析

1. 时间复杂度分析概述

一个算法用高级语言实现后,在计算机上运行时所消耗的时间与很多因素有关,例如计算机的运行速度、编写程序采用的计算机语言、编译产生的机器语言代码质量和问题的规模等。在这些因素中,前3个都与具体的机器有关。撇开这些与计算机硬件、软件有关的因素,仅考虑算法本身的效率高低,可以认为一个特定算法的"运行工作量"的大小只依赖于问题的规模(通常用整数量 n 表示),或者说它是问题规模的函数。这便是事前分析估算法。

一个算法是由控制结构(顺序、分支和循环 3 种)和原操作(指固有数据类型的操作)构成的,如图 1.6 所示,算法的运行时间取决于两者的综合效果。例如图 1.6 所示的算法 Solve,其中形参 a 是一个 m 行 n 列的数组,当是一个方阵($m=n$)时求主对角线的所有元素之和并返回 true,否则返回 false,从中看到该算法由 4 个部分组成,包含两个顺序结构、一个分支结构和一个循环结构。

算法的执行时间主要与**问题规模**有关,例如数组的元素个数、矩阵的阶数等都可作为问题规模。算法执行时间是算法中所有语句的执行时间之和,显然与算法中所有语句的执行次数成正比。为了客观地反映一个算法的执行时间,可以用算法中基本语句的执行次数来度量,算法中的**基本语句**是执行次数与整个算法的执行次数成正比的语句,它对算法执行时间的贡献最大,是算法中最重要的操作。通常基本语句是算法中最深层循环内的语句,在如图 1.6 所示的算法中 s+=a[i][i]就是该算法的基本语句。

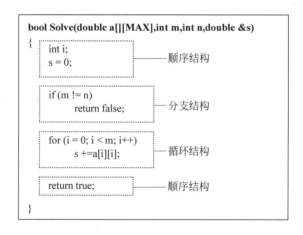

图 1.6　一个算法的组成

设算法的问题规模为 n,以基本语句为基准统计出的算法执行时间是 n 的函数,用 $f(n)$ 表示。对于如图 1.6 所示的算法,当 $m=n$ 时算法中 for 循环内的语句为基本语句,它恰好执行 n 次,所以有 $f(n)=n$。

这种时间衡量方法得出的不是时间量,而是一种增长趋势的度量,换而言之,只考虑当问题规模 n 充分大时算法中基本语句的执行次数在渐进意义下的阶,通常用大 O、大 Ω 和 Θ 3 种渐进符号表示,因此算法时间复杂度分析的一般步骤如图 1.7 所示。

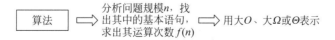

图 1.7　分析算法时间复杂度的一般步骤

采用渐进符号表示的算法时间复杂度也称为渐进时间复杂度,它反映的是一种增长趋势。

假设机器速度是每秒 10^8 次基本运算,有阶分别为 n^3、n^2、$n\log_2 n$、n、2^n 和 $n!$ 的算法,在

1秒之内能够解决的最大问题规模 n 如表 1.1 所示。从中看出,阶为 $n!$ 和 2^n 的算法不仅解决的问题规模非常小,而且增长缓慢;执行速度最快的阶为 $n\log_2 n$ 和 n 的算法不仅解决的问题规模大,而且增长快。通常称渐进时间复杂度为多项式的算法为有效算法,而称 $n!$ 或 2^n 这样的低效算法为指数时间算法。

表 1.1 算法的阶及其 1 秒解决的最大问题规模

算法的阶	$n!$	2^n	n^3	n^2	$n\log_2 n$	n
1 秒解决的最大问题规模 n	11	26	464	10 000	4.5×10^6	100 000 000
机器速度提高 2 倍后 1 秒解决的最大问题规模 n	11	27	584	14 142	8.6×10^6	200 000 000

2. 渐进符号(O、Ω 和 Θ)

定义 1(大 O 符号):$f(n)=O(g(n))$(读作"$f(n)$ 是 $g(n)$ 的大 O"),当且仅当存在正常量 c 和 n_0,使当 $n\geqslant n_0$ 时 $f(n)\leqslant cg(n)$,即 $g(n)$ 为 $f(n)$ 的上界。

例如 $3n+2=O(n)$,因为当 $n\geqslant 2$ 时 $3n+2\leqslant 4n$;$10n^2+4n+2=O(n^4)$,因为当 $n\geqslant 2$ 时 $10n^2+4n+2\leqslant 10n^4$。

大 O 符号用来描述增长率的上界,表示 $f(n)$ 的增长最多像 $g(n)$ 的增长那样快,也就是说当输入规模为 n 时算法消耗时间的最大值。这个上界的阶越低,结果就越有价值,所以对于 $10n^2+4n+2$,$O(n^2)$ 比 $O(n^4)$ 有价值。当一个算法的时间用大 O 符号表示时,总是采用最有价值的 $g(n)$ 表示,称之为"紧凑上界"或"紧确上界"。一般地,如果 $f(n)=a_m n^m+a_{m-1}n^{m-1}+\cdots+a_1 n+a_0$,有 $f(n)=O(n^m)$。

说明:在算法分析中,大 O 符号的应用非常广泛,本书主要采用这种表示形式。因为它简化了增长数量级上界的描述,甚至也适合一些无法进行精确分析的复杂算法。

定义 2(大 Ω 符号):$f(n)=\Omega(g(n))$(读作"$f(n)$ 是 $g(n)$ 的大 Ω"),当且仅当存在正常量 c 和 n_0,使当 $n\geqslant n_0$ 时 $f(n)\geqslant cg(n)$,即 $g(n)$ 为 $f(n)$ 的下界。

例如 $3n+2=\Omega(n)$,因为当 $n\geqslant 1$ 时 $3n+2\geqslant 3n$;$10n^2+4n+2=\Omega(n^2)$,因为当 $n\geqslant 1$ 时 $10n^2+4n+2\geqslant 10n^2$。

大 Ω 符号用来描述增长率的下界,表示 $f(n)$ 的增长最少像 $g(n)$ 的增长那样快,也就是说,当输入规模为 n 时算法消耗时间的最小值。与大 O 符号相反,这个下界的阶越高,结果就越有价值,所以对于 $10n^2+4n+2$,$\Omega(n^2)$ 比 $\Omega(n)$ 有价值。当一个算法的时间用大 Ω 符号表示时,总是采用最有价值的 $g(n)$ 表示,称之为"紧凑下界"或"紧确下界"。一般地,如果 $f(n)=a_m n^m+a_{m-1}n^{m-1}+\cdots+a_1 n+a_0$,有 $f(n)=\Omega(n^m)$。

定义 3(大 Θ 符号):$f(n)=\Theta(g(n))$(读作"$f(n)$ 是 $g(n)$ 的大 Θ"),当且仅当存在正常量 c_1、c_2 和 n_0,使当 $n\geqslant n_0$ 时有 $c_1 g(n)\leqslant f(n)\leqslant c_2 g(n)$,即 $g(n)$ 与 $f(n)$ 的同阶。

例如 $3n+2=\Theta(n)$,$10n^2+4n+2=\Theta(n^2)$。

一般地,如果 $f(n)=a_m n^m+a_{m-1}n^{m-1}+\cdots+a_1 n+a_0$,有 $f(n)=\Theta(n^m)$。

大 Θ 符号比大 O 符号和大 Ω 符号都精确,$f(n)=\Theta(g(n))$,当且仅当 $g(n)$ 既是 $f(n)$ 的上界又是 $f(n)$ 的下界。

说明:为了便利,$g(n)$ 中的序数全部取 1,几乎不会写 $3n+2=O(3n)$,$10=\Omega(2)$,$2n\log_2 n+20n=\Theta(2n\log_2 n)$,而是写成 $3n+2=O(n)$,$10=\Omega(1)$,$2n\log_2 n+20n=\Theta(n\log_2 n)$。

Θ、O 和 Ω 符号的图例如图 1.8 所示，在每个部分中，n_0 是最小的可能值，大于 n_0 的值也有效，称为渐进分析。$\Theta(g(n))$ 对应的 $g(n)$ 是渐进确界，$O(g(n))$ 对应的 $g(n)$ 是渐进上界，$\Omega(g(n))$ 对应的 $g(n)$ 是渐进下界。

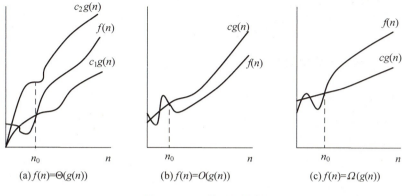

图 1.8　3 种符号的图例

从直观上看，一个渐进正函数的低阶项在决定渐进确界时可以忽略不计，因为当 n 很大时它们相对不重要了，同样最高阶的系数也可以忽略。在分析渐进上界和渐进下界时也是如此忽略低阶项和最高阶的系数。

渐进符号具有以下特性。

1) 传递性

$$f(n) = O(g(n)), \quad g(n) = O(h(n)) \quad \Rightarrow \quad f(n) = O(h(n))$$
$$f(n) = \Omega(g(n)), \quad g(n) = \Omega(h(n)) \quad \Rightarrow \quad f(n) = \Omega(h(n))$$
$$f(n) = \Theta(g(n)), \quad g(n) = \Theta(h(n)) \quad \Rightarrow \quad f(n) = \Theta(h(n))$$

2) 自反性

$$f(n) = O(f(n))$$
$$f(n) = \Omega(f(n))$$
$$f(n) = \Theta(f(n))$$

3) 对称性

$$f(n) = \Theta(g(n)) \quad \Leftrightarrow \quad g(n) = \Theta(f(n))$$

4) 算术运算

$$O(f(n)) + O(g(n)) = O(\max\{f(n), g(n)\})$$
$$O(f(n)) \times O(g(n)) = O(f(n) \times g(n))$$
$$\Omega(f(n)) + \Omega(g(n)) = \Omega(\min\{f(n), g(n)\})$$
$$\Omega(f(n)) \times \Omega(g(n)) = \Omega(f(n) \times g(n))$$
$$\Theta(f(n)) + \Theta(g(n)) = \Theta(\max\{f(n), g(n)\})$$
$$\Theta(f(n)) \times \Theta(g(n)) = \Theta(f(n) \times g(n))$$

在算法分析中常用的多项式求和公式如下：

$$\sum_{i=1}^{n} i = n(n+1)/2 = \Theta(n^2)$$

$$\sum_{i=1}^{n} i^2 = n(n+1)(2n+1)/6 = \Theta(n^3)$$

$$\sum_{i=1}^{n} i^k = \frac{n^{k+1}}{k+1} + \frac{n^k}{2} + 低次项 = \Theta(n^{k+1})$$

$$\sum_{i=1}^{n} 2^{i-1} = 2^n - 1 = \Theta(2^n)$$

【例 1.3】 分析以下算法的时间复杂度。

```
void fun(int n)
{   int s=0,i,j,k;
    for (i=0;i<=n;i++)
        for (j=0;j<=i;j++)
            for (k=0;k<j;k++)
                s++;
}
```

解 该算法的基本语句是 s++,所以有以下结果。

$$f(n) = \sum_{i=0}^{n} \sum_{j=0}^{i} \sum_{k=0}^{j-1} 1 = \sum_{i=0}^{n} \sum_{j=0}^{i} (j-1-0+1) = \sum_{i=0}^{n} \sum_{j=0}^{i} j$$

$$= \sum_{i=0}^{n} \frac{i(i+1)}{2} = \frac{1}{2} \left(\sum_{i=0}^{n} i^2 + \sum_{i=0}^{n} i \right) = \frac{2n^3 + 6n^2 + 4n}{12} = O(n^3)$$

该算法的时间复杂度为 $O(n^3)$。

3. 算法的最好、最坏和平均情况

定义 4：设一个算法的输入规模为 n,D_n 是所有输入的集合,任一输入 $I \in D_n$,$P(I)$ 是 I 出现的概率,有 $\sum P(I) = 1$,$T(I)$ 是算法在输入 I 下所执行的基本语句次数,则该算法的平均执行时间为 $A(n) = \sum_{I \in D_n} P(I) * T(I)$,也就是说算法的平均情况是指用各种特定输入下的基本语句执行次数的带权平均值。

算法的最好情况为 $G(n) = \min_{I \in D_n} \{T(I)\}$,是指算法在所有输入 I 下所执行基本语句的最少执行次数。

算法的最坏情况为 $W(n) = \max_{I \in D_n} \{T(I)\}$,是指算法在所有输入 I 下所执行基本语句的最大执行次数。

【例 1.4】 采用顺序查找方法,在长度为 n 的一维实型数组 $a[0..n-1]$ 中查找值为 x 的元素,即从数组的第一个元素开始逐个与被查值 x 进行比较,找到后返回 1,否则返回 0。对应的算法如下。

扫一扫

视频讲解

```
int Find(double a[], int n, double x)
{   int i=0;
    while (i<n)
    {   if (a[i]==x) break;
        i++;
```

```
      }
      if (i < n) return 1;
      else return 0;
}
```

回答以下问题:

(1) 分析该算法在等概率情况下成功查找到值为 x 的元素的最好、最坏和平均时间复杂度。

(2) 假设被查值 x 在数组 a 中的概率是 q,求算法的平均时间复杂度。

解 (1) 该算法的 while 循环中 if 语句是基本语句。a 数组中有 n 个元素,当第一个元素 $a[0]$ 等于 x 时基本语句仅执行一次,此时呈现最好的情况,即 $G(n)=O(1)$。

当 a 中的最后一个元素 $a[n-1]$ 等于 x 时基本语句执行 n 次,此时呈现最坏的情况,即 $W(n)=O(n)$。

对于其他情况,假设查找每个元素的概率相同,则 $P(a[i])=1/n(0 \leqslant i \leqslant n-1)$,而成功找到 $a[i]$ 元素时基本语句正好执行 $i+1$ 次,所以:

$$A(n) = \sum_{i=0}^{n-1} \frac{1}{n}(i+1) = \frac{1}{n}\sum_{i=0}^{n-1}(i+1) = \frac{n+1}{2} = O(n)$$

(2) 当被查值 x 在数组 a 中的概率为 q 时,算法的执行有 $n+1$ 种情况,即 n 种成功查找和一种不成功查找。

对于成功查找,假设是等概率情况,则元素 $a[i]$ 被查找到的概率 $P(a[i])=q/n$,成功找到 $a[i]$ 元素时基本语句正好执行 $i+1$ 次。

对于不成功查找,其概率为 $1-q$,不成功查找时基本语句正好执行 n 次。

所以:

$$A(n) = \sum_{I \in D_n} P(I) * T(I) = \sum_{i=0}^{n} P(I) * T(I)$$

$$= \sum_{i=0}^{n-1} \frac{q}{n}(i+1) + (1-q)n = \frac{(n+1)q}{2} + (1-q)n$$

如果已知需要查找的 x 有一半的机会在数组中,此时 $q=1/2$,则 $A(n)=[(n+1)/4]+n/2 \approx 3n/4$。

【例 1.5】 设计一个尽可能高效的算法,在长度为 n 的一维整型数组 $a[0..n-1]$ 中查找值最大的元素 max 和值最小的元素 min,并分析算法的最好、最坏和平均时间复杂度。

解 设计的高效算法如下。

```
void MaxMin(int a[], int n, int &max, int &min)
{   int i;
    max = min = a[0];
    for (i=1; i<n; i++)
        if (a[i]> max) max=a[i];
        else if (a[i]< min) min=a[i];
}
```

该算法的基本语句是元素比较。最好的情况是 a 中元素递增排列,元素比较次数为

$n-1$,即 $G(n)=n-1=O(n)$。最坏的情况是 a 中元素递减排列,元素比较次数为 $2(n-1)$,即 $W(n)=2(n-1)=O(n)$。至于平均情况下,a 中有一半的元素比 max 大,$a[i]>$max 比较执行 $n-1$ 次,$a[i]<$min 比较执行 $(n-1)/2$ 次,因此平均元素比较次数为 $3(n-1)/2$,即 $A(n)=3(n-1)/2=O(n)$。

4. 非递归算法的时间复杂度分析

从算法是否递归调用的角度看,可以将算法分为非递归算法和递归算法。

对于非递归算法,分析其时间复杂度相对比较简单,关键是求出代表算法执行时间的表达式,通常是算法中基本语句的执行次数,是一个关于问题规模 n 的表达式,然后用渐进符号来表示这个表达式即得到算法的时间复杂度。

【例 1.6】 给出以下算法的时间复杂度。

```
void func(int n)
{   int i=1,k=100;
    while (i<=n)
    {   k++;
        i+=2;
    }
}
```

解 该算法中的基本语句是 while 循环内的语句。设 while 循环语句执行的次数为 m,i 从 1 开始递增,最后取值为 $1+2m$,有 $i=1+2m\leqslant n$,即 $f(n)=m\leqslant(n-1)/2=O(n)$。该算法的时间复杂度为 $O(n)$。

5. 递归算法的时间复杂度分析

扫一扫

视频讲解

递归算法是采用分而治之的方法把一个"大问题"分解为若干个相似的"小问题"来求解。对递归算法时间复杂度的分析关键是根据递归过程建立递推关系式,然后求解这个递推关系式,得到一个表示算法执行时间的表达式,最后用渐进符号来表示这个表达式即得到算法的时间复杂度。

【例 1.7】 有以下递归算法:

```
void mergesort(int a[],int i,int j)
{   int mid;
    if (i!=j)
    {   mid=(i+j)/2;
        mergesort(a,i,mid);
        mergesort(a,mid+1,j);
        merge(a,i,j,mid);
    }
}
```

其中,mergesort() 用于数组 $a[0..n-1]$(设 $n=2^k$,这里的 k 为正整数)的二路归并排序,调用该算法的方式为 mergesort(a,0,$n-1$);另外 merge(a,i,j,mid) 用于两个有序子序列 $a[i..mid]$ 和 $a[mid+1..j]$ 的有序合并,是非递归函数,它的时间复杂度为 $O(n)$(这里 $n=j-i+1$)。分析调用 mergesort(a,0,$n-1$) 的时间复杂度。

解 设调用 mergesort($a,0,n-1$) 的执行时间为 $T(n)$，由其执行过程得到以下求执行时间的递归关系(递推关系式)。

$$
\begin{aligned}
&T(n)=O(1) &&\text{当 } n=1 \text{ 时}\\
&T(n)=2T(n/2)+O(n) &&\text{当 } n>1 \text{ 时}
\end{aligned}
$$

其中，$O(n)$ 为 merge() 所需的时间，设为 cn(c 为正常量)。因此：

$$
\begin{aligned}
T(n) &= 2T(n/2)+cn = 2[2T(n/2^2)+cn/2]+cn = 2^2 T(n/2^2)+2cn\\
&= 2^3 T(n/2^3)+3cn\\
&= \cdots\\
&= 2^k T(n/2^k)+kcn\\
&= nO(1)+cn\log_2 n\\
&= n+cn\log_2 n &&\text{// 这里假设 } n=2^k\text{，则 } k=\log_2 n\\
&= O(n\log_2 n)
\end{aligned}
$$

【例 1.8】 求解梵塔问题的递归算法如下，分析其时间复杂度。

```
void Hanoi(int n,char x,char y,char z)
{   if (n==1)
        printf("将盘片%d 从%c 搬到%c\n",n,x,z);
    else
    {   Hanoi(n-1,x,z,y);
        printf("将盘片%d 从%c 搬到%c\n",n,x,z);
        Hanoi(n-1,y,x,z);
    }
}
```

解 设调用 Hanoi(n,x,y,z) 的执行时间为 $T(n)$，由其执行过程得到以下求执行时间的递归关系(递推关系式)。

$$
\begin{aligned}
&T(n)=O(1) &&\text{当 } n=1 \text{ 时}\\
&T(n)=2T(n-1)+1 &&\text{当 } n>1 \text{ 时}
\end{aligned}
$$

则：

$$
\begin{aligned}
T(n) &= 2[2T(n-2)+1]+1 = 2^2 T(n-2)+1+2^1\\
&= 2^3 T(n-3)+1+2^1+2^2\\
&= \cdots\\
&= 2^{n-1}T(1)+1+2^1+2^2+\cdots+2^{n-2}\\
&= 2^n-1\\
&= O(2^n)
\end{aligned}
$$

1.2.2 算法空间复杂度分析

一个算法的存储量包括形参所占空间和临时变量所占空间。在对算法进行存储空间分析时只考察临时变量所占空间，如图 1.9 所示，其中临时空间为变量 i、maxi 占用的空间。

所以，空间复杂度是对一个算法在运行过程中临时占用的存储空间大小的量度，一般也作为问题规模 n 的函数，以数量级形式给出，记作 $S(n)=O(g(n))$、$\Omega(g(n))$ 或 $\Theta(g(n))$，其中渐进符号的含义与时间复杂度中的含义相同。

```
int max(int a[] ,int n)
{    int i,maxi=0;
     for (i=1;i<=n;i++)
         if (a[i]>a[maxi])
             maxi=i;
     return a[maxi];
}
```

函数体内分配的变量空间为临时空间，不计形参占用的空间，这里仅计 i、max$i$ 变量的空间，其空间复杂度为 $O(1)$

图 1.9　一个算法的临时空间

若所需临时空间相对于输入数据量来说是常数，则称此算法为**原地工作**或**就地工作**算法。若所需临时空间依赖于特定的输入，则通常按最坏情况来考虑。

为什么算法占用的空间只考虑临时空间，而不必考虑形参的空间呢？这是因为形参的空间会在调用该算法的算法中考虑，例如以下 maxfun 算法调用图 1.9 所示的 max 算法。

```
void maxfun( )
{    int b[]={1,2,3,4,5},n=5;
     printf("Max=%d\n",max(b,n));
}
```

在 maxfun 算法中为 b 数组分配了相应的内存空间，其空间复杂度为 $O(n)$，如果在 max 算法中再考虑形参 a 的空间，这样重复计算了占用的空间。实际上在 C/C++ 语言中 maxfun 调用 max 时 max 的形参 a 只是一个指向实参 b 数组的指针，形参 a 只分配一个地址大小的空间，并非另外分配 5 个整型单元的空间。

算法空间复杂度的分析方法与前面介绍的时间复杂度的分析方法相似。

【**例 1.9**】　分析例 1.6 算法的空间复杂度。

解　该算法是一个非递归算法，其中只临时分配了 i、k 两个变量的空间，它与问题规模 n 无关，所以其空间复杂度均为 $O(1)$，即该算法为原地工作算法。

【**例 1.10**】　有如下递归算法，分析调用 maxelem(a,0,n-1) 的空间复杂度。

```
int maxelem(int a[],int i,int j)
{    int mid=(i+j)/2,max1,max2;
     if (i<j)
     {    max1=maxelem(a,i,mid);
          max2=maxelem(a,mid+1,j);
          return (max1>max2)?max1:max2;
     }
     else return a[i];
}
```

解　执行该递归算法需要多次调用自身，每次调用只临时分配 3 个整型变量的空间（$O(1)$）。设调用 maxelem(a,0,n-1) 的空间为 $S(n)$，有：

$S(n)=O(1)$	当 $n=1$ 时
$S(n)=2S(n/2)+O(1)$	当 $n>1$ 时

因此：$S(n)=2S(n/2)+1=2[2S(n/2^2)+1]+1=2^2S(n/2^2)+1+2^1$
$\quad\quad\quad =2^3S(n/2^3)+1+2^1+2^2$
$\quad\quad\quad =\cdots$
$\quad\quad\quad =2^kS(n/2^k)+1+2^1+2^2+\cdots+2^{k-1}$（这里假设 $n=2^k$，即 $k=\log_2 n$）
$\quad\quad\quad =2^k+2^k-1$
$\quad\quad\quad =2n-1$
$\quad\quad\quad =O(n)$

1.3 算法设计工具——STL

数据结构课程主要讲授一些常用的数据结构及其算法设计思想，对于计算机专业的学生，学习和掌握这些基本知识是十分必要的。另一方面，C++中已经实现了数据结构中的很多容器和算法，它们构成标准 C++库的子集，即标准模板类库(Standard Template Library，STL)。STL 是一个功能强大的基于模板的容器库，通过直接使用这些现成的标准化组件可以大大提高算法设计的效率和可靠性。

说明：对于算法设计者而言，最好遵循"尽可能使用 STL 而不自己实现"的原则。

1.3.1 STL 概述

STL 主要由 container(容器)、algorithm(算法)和 iterator(迭代器)三大部分构成，容器用于存放数据对象(元素)，算法用于操作容器中的数据对象。尽管各种容器的内部结构各异，但其外部给人的感觉通常是相似的，即将容器数据的操作设计成通用算法，也就是将算法和容器分离开来。算法和容器之间的中介就是迭代器。容器、算法和迭代器称为 STL 的三大件，它们之间的关系如图 1.10 所示。

扫一扫

视频讲解

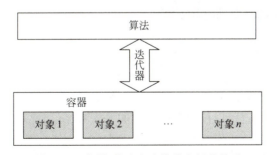

图 1.10 容器、算法和迭代器之间的关系

1. 什么是 STL 容器

简单地说，一个 STL 容器就是一种数据结构，例如链表、栈和队列等，这些数据结构在

STL 中都已经实现好了,在算法设计中可以直接使用它们。

STL 容器部分主要由头文件＜vector＞、＜string＞、＜deque＞、＜list＞、＜stack＞、＜queue＞、＜set＞和＜map＞等组成。表 1.2 列出了 STL 提供的常用数据结构和相应的头文件,另外还有哈希表容器 hash_map 等,它们属于非标准 STL 容器,其功能可以用 map 容器替代。

表 1.2　常用的数据结构和相应的头文件

数 据 结 构	说　　明	实现头文件
向量(vector)	连续存储元素。底层数据结构为数组,支持快速随机访问	＜vector＞
字符串(string)	字符串处理容器	＜string＞
双端队列(deque)	连续存储的指向不同元素的指针所组成的数组。底层数据结构为一个中央控制器和多个缓冲区,支持首尾元素(中间不能)快速增删,也支持随机访问	＜deque＞
链表(list)	由结点组成的链表,每个结点包含着一个元素。底层数据结构为双向链表,支持结点的快速增删	＜list＞
栈(stack)	后进先出的序列。底层一般用 deque(默认)或者 list 实现	＜stack＞
队列(queue)	先进先出的序列。底层一般用 deque(默认)或者 list 实现	＜queue＞
优先队列(priority_queue)	元素的进出队顺序由某个谓词或者关系函数决定的一种队列。底层数据结构一般为 vector(默认)或者 deque	＜queue＞
集合(set)/多重集合(multiset)	由结点组成的红黑树,每个结点都包含着一个元素,set 中的所有元素有序但不重复,multiset 中的所有关键字有序但不重复	＜set＞
映射(map)/多重映射(multimap)	由(关键字,值)对组成的集合,底层数据结构为红黑树,map 中的所有关键字有序但不重复,multimap 中的所有关键字有序但可以重复	＜map＞

C++ 中引入了命名空间的概念,在不同命名空间中可以存在相同名字的标识符。程序员可能在自己的程序中定义了 sort()函数,而 STL 中也有这样的算法,为了避免两者混淆和冲突,STL 的 sort()以及其标识符都封装在命名空间 std 中。STL 的 sort()算法编译为 std::sort(),从而避免了名字冲突。为此,在使用 STL 时必须将下面的语句插入到源代码文件开头:

using namespace std;

这样直接把程序代码定位到 std 命名空间中。

2. 什么是 STL 算法

STL 算法是用来操作容器中数据的模板函数,STL 提供了大约 100 个实现算法的模板函数。例如,STL 用 sort()对一个 vector 中的数据进行排序,用 find()搜索一个 list 中的对象。

正是由于采用模板函数设计(即泛型设计),STL 算法具有很好的通用性,例如排序算法 sort()不仅可以对内置数据类型的数据(如 int 数据)排序,也可以对自定义的结构体数据排序,不仅可以递增排序,也可以按程序员指定的方式排序(如递减),从而简化代码,提高算法设计效率。

STL 算法部分主要由头文件＜algorithm＞、＜numeric＞和＜functional＞组成。

＜algorithm＞是所有 STL 头文件中最大的一个,它由一大堆模板函数组成,其功能范围涉及容器元素的比较、交换、查找、遍历、复制、修改、删除、排序和合并等操作。＜numeric＞的体积很小,只包括几个简单数学运算的模板函数。在＜functional＞中定义了一些模板类,用于声明关系函数对象。

例如,以下程序使用 STL 算法 sort()实现整型数组 a 的递增排序:

```
#include <algorithm>
using namespace std;
void main()
{    int a[]={2,5,4,1,3};
     sort(a,a+5);
     for (int i=0;i<5;i++)
         printf("%d ",a[i]);           //输出:1 2 3 4 5
     printf("\n");
}
```

3. 什么是 STL 迭代器

简单地说,STL 迭代器用于访问容器中的数据对象。每个容器都有自己的迭代器,只有容器自己知道如何访问自己的元素。迭代器像 C/C++ 中的指针,算法通过迭代器来定位和操作容器中的元素。

迭代器有各种不同的创建方法,程序可能把迭代器作为一个变量创建,一个 STL 容器类可能为了使用一个特定类型的数据而创建一个迭代器。作为指针,必须能够使用 * 操作符来获取数据值。

程序员可以使用相关运算符来操作迭代器。例如,++ 运算符用来递增迭代器,以访问容器中的下一个数据对象。如果迭代器到达了容器中的最后一个元素的后面,则迭代器变成一个特殊的值,就好像使用 NULL 或未初始化的指针一样。

常用的迭代器如下。

- iterator:指向容器中存放元素的迭代器,用于正向遍历容器中的元素。
- const_iterator:指向容器中存放元素的常量迭代器,只能读取容器中的元素。
- reverse_iterator:指向容器中存放元素的反向迭代器,用于反向遍历容器中的元素。
- const_reverse_iterator:指向容器中存放元素的常量反向迭代器,只能读取容器中的元素。

迭代器的常用运算如下。

- ++:正向移动迭代器。
- --:反向移动迭代器。
- *:返回迭代器所指的元素值。

例如,以下语句定义一个存放 int 型整数的 vector 容器。

```
vector<int> myv;
```

用户可以使用 vector 容器的成员函数 push_back()在 myv 的末尾插入元素:

```
myv.push_back(1);
myv.push_back(2);
myv.push_back(3);
```

这样 myv 中包含 3 个元素,依次是 1、2、3。如果要正向输出所有元素,可以使用正向迭代器:

```
vector<int>::iterator it                    //定义正向迭代器 it
for (it=myv.begin();it!=myv.end();++it)     //从头到尾遍历所有元素
    printf("%d ", *it);                     //输出:1 2 3
printf("\n");
```

如果要反向输出所有元素,可以使用反向迭代器:

```
vector<int>::reverse_iterator rit;          //定义反向迭代器 rit
for (rit=myv.rbegin();rit!=myv.rend();++rit) //从尾到头遍历所有元素
    printf("%d ", *rit);                    //输出:3 2 1
printf("\n");
```

1.3.2 常用的 STL 容器

STL 容器很多,每一个容器就是一个类模板,大致分为顺序容器、适配器容器和关联容器 3 种类型。

1. 顺序容器

顺序容器按照线性次序的位置存储数据,即第 1 个元素,第 2 个元素,依此类推。STL 提供的顺序容器有 vector、string、deque 和 list。

1) vector(向量容器)

它是一个向量类模板。向量容器相当于数组,它存储具有相同数据类型的一组元素,图 1.11 所示为 vector 容器 v 的一般存储方式,可以从末尾快速地插入与删除元素,快速地随机访问元素,但是在序列中间插入、删除元素较慢,因为需要移动插入或删除位置后面的所有元素。

图 1.11　vector 容器 v 的存储方式

如果初始分配的空间不够,当超过空间大小时会重新分配更大的空间(通常按两倍大小扩展),此时需要进行大量的元素复制,从而增加了性能开销。

定义 vector 容器的几种方式如下。

```
vector<int> v1;                    //定义元素为 int 的向量 v1
vector<int> v2(10);                //指定向量 v2 的初始大小为 10 个 int 元素
vector<double> v3(10,1.23);        //指定 v3 的 10 个初始元素的初值为 1.23
vector<int> v4(a,a+5);             //用数组 a[0..4]共 5 个元素初始化 v4
```

vector 提供了一系列的成员函数,vector 的主要成员函数如下。
* empty():判断当前向量容器是否为空。
* size():返回当前向量容器中的实际元素个数。
* []:返回指定下标的元素。

- reserve(n)：为当前向量容器预分配 n 个元素的存储空间。
- capacity()：返回当前向量容器在重新进行内存分配以前所能容纳的元素个数。
- resize(n)：调整当前向量容器的大小，使其能容纳 n 个元素。
- push_back()：在当前向量容器尾部添加一个元素。
- insert(pos,elem)：在 pos 位置插入元素 elem，即将元素 elem 插入到迭代器 pos 指定的元素之前。
- front()：获取当前向量容器的第一个元素。
- back()：获取当前向量容器的最后一个元素。
- erase()：删除当前向量容器中某个迭代器或者迭代器区间指定的元素。
- clear()：删除当前向量容器中的所有元素。
- begin()：该函数的两个版本返回 iterator 或 const_iterator，引用容器的第一个元素。
- end()：该函数的两个版本返回 iterator 或 const_iterator，引用容器的最后一个元素后面的一个位置。
- rbegin()：该函数的两个版本返回 reverse_iterator 或 const_reverse_iterator，引用容器的最后一个元素。
- rend()：该函数的两个版本返回 reverse_iterator 或 const_reverse_iterator，引用容器的第一个元素前面的一个位置。

例如，以下程序说明 vector 容器的应用：

```cpp
#include <vector>
using namespace std;
void main()
{   vector<int> myv;                //定义 vector 容器 myv
    vector<int>::iterator it;       //定义 myv 的正向迭代器 it
    myv.push_back(1);               //在 myv 末尾添加元素 1
    it=myv.begin();                 //it 迭代器指向开头元素 1
    myv.insert(it,2);               //在 it 指向的元素之前插入元素 2
    myv.push_back(3);               //在 myv 末尾添加元素 3
    myv.push_back(4);               //在 myv 末尾添加元素 4
    it=myv.end();                   //it 迭代器指向尾元素 4 的后面
    it--;                           //it 迭代器指向尾元素 4
    myv.erase(it);                  //删除元素 4
    for (it=myv.begin();it!=myv.end();++it)
        printf("%d ", *it);
    printf("\n");
}
```

上述程序的输出如下：

2 1 3

2) string（字符串容器）

string 是一个保存字符序列的容器，图 1.12 所示为 string 容器 s 的一般存储方式，它的所有元素为字符类型，类似 vector<char>，因此除了有字符串的一些常用操作以外，还包含了所有的序列容器的操作。字符串的常用操作包括增加、删除、修改、查找、比较、连接、输入、输出等。string重载了许多运算符,包括＋、＋＝、＜、＝、[ ]、<<和>>等。正是有了这些运算符,使用string实现字符串的操作变得非常方便和简洁。

图1.12　string容器s的存储方式

创建string容器的几种方式如下。

- string()：建立一个空的字符串。
- string(const string& str)：用字符串str建立当前字符串。
- string(const string& str, size_type str_idx)：用字符串str起始于str_idx的字符建立当前字符串。
- string(const string& str, size_type str_idx, size_type str_num)：用字符串str起始于str_idx的str_num个字符建立当前字符串。
- string(const char * cstr)：用C-字符串cstr建立当前字符串。
- string (const char * chars, size_type chars_len)：用C-字符串cstr开头的chars_len个字符建立当前字符串。
- string (size_type num, char c)：用num个字符c建立当前字符串。

其中,"C-字符串"是指采用字符数组存放的字符串。例如:

```
char cstr[]="China! Greate Wall";        //C-字符串
string s1(cstr);                         // s1:China! Greate Wall
string s2(s1);                           // s2:China! Greate Wall
string s3(cstr,7,11);                    // s3:Greate Wall
string s4(cstr,6);                       // s4:China!
string s5(5,'A');                        // s5:AAAAA
```

string类型包含了很多其他成员,用于实现各种常用字符串操作的功能,常用的成员函数如下(其中,size_type在不同的机器上长度是可以不同的,并非固定的长度,例如通常size_type为unsigned int类型)。

- empty()：判断当前字符串是否为空串。
- size()：返回当前字符串的实际字符个数(返回结果为size_type类型)。
- length()：返回当前字符串的实际字符个数。
- [idx]：返回当前字符串位于idx位置的字符,idx从0开始。
- at(idx)：返回当前字符串位于idx位置的字符。
- compare(const string& str)：返回当前字符串与字符串str的比较结果。在比较时,若两者相等,返回0；若前者小于后者,返回－1,否则返回1。
- append(cstr)：在当前字符串的末尾添加一个字符串str。
- insert(size_type idx, const string& str)：在当前字符串的idx处插入一个字符串str。

- find(string& s,size_type pos)：从当前字符串中的 pos 位置开始查找字符串 s 的第一个位置，找到后返回其位置，若没有找到返回-1。
- replace(size_type idx,size_type len,const string& str)：将当前字符串中起始于 idx 的 len 个字符用一个字符串 str 替换。
- replace(iterator beg,iterator end,const string& str)：将当前字符串中由迭代器 beg 和 end 所指区间的所有字符用一个字符串 str 替换。
- substr(size_type idx)：返回当前字符串起始于 idx 的子串。
- substr(size_type idx,size_type len)：返回当前字符串起始于 idx 的长度为 len 的子串。
- clear()：删除当前字符串中的所有字符。
- erase()：删除当前字符串中的所有字符。
- erase(size_type idx)：删除当前字符串从 idx 开始的所有字符。
- erase(size_type idx,size_type len)：删除当前字符串从 idx 开始的 len 个字符。

例如有以下程序：

```cpp
#include <iostream>
#include <string>
using namespace std;
void main()
{   string s1="",s2,s3="Bye";
    s1.append("Good morning");        //s1=" Good morning"
    s2=s1;                            //s1=" Good morning"
    int i=s2.find("morning");         //i=5
    s2.replace(i,s2.length()-i,s3);   //相当于 s2.replace(5,7,s3)
    cout << "s1: " << s1 << endl;
    cout << "s2: " << s2 << endl;
}
```

上述程序通过 string 的 append()成员函数给 s1 添加一个字符串，执行 s2=s1 将 s1 复制给 s2，然后将 s2 中的"morning"子串用 s3 替换。程序的执行结果如下：

```
s1: Good morning
s2: Good Bye
```

3) deque(双端队列容器)

它是一个双端队列类模板。双端队列容器由若干个块构成，每个块中元素的地址是连续的，块之间的地址是不连续的，图 1.13 所示为 deque 容器的一般存储方式，系统有一个特定的机制将这些块构成一个整体。用户可以从前面或后面快速地插入与删除元素，并可以快速地随机访问元素，但在中间位置插入和删除元素速度较慢。

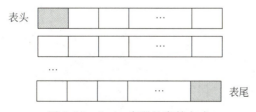

图 1.13　deque 容器的存储方式

deque 容器不像 vector 那样把所有的元素保存在一个连续的内存块中,而是采用多个连续的存储块存放数据元素,所以空间的重新分配要比 vector 快,因为重新分配空间后原有的元素不需要复制。

定义 deque 双端队列容器的几种方式如下。

```
deque<int> dq1;                          //定义元素为 int 的双端队列 dq1
deque<int> dq2(10);                      //指定 dq2 的初始大小为 10 个 int 元素
deque<double> dq3(10,1.23);              //指定 dq3 的 10 个初始元素的初值为 1.23
deque<int> dq4(dq2.begin(),dq2.end());   //用 dq2 的所有元素初始化 dq4
```

deque 的主要成员函数如下。

- empty():判断双端队列容器是否为空队。
- size():返回双端队列容器中的元素个数。
- front():取队头元素。
- back():取队尾元素。
- push_front(elem):在队头插入元素 elem。
- push_back(elem):在队尾插入元素 elem。
- pop_front():删除队头一个元素。
- pop_back():删除队尾一个元素。
- erase():从双端队列容器中删除一个或几个元素。
- clear():删除双端队列容器中的所有元素。
- begin():该函数的两个版本返回 iterator 或 const_iterator,引用容器的第一个元素。
- end():该函数的两个版本返回 iterator 或 const_iterator,引用容器的最后一个元素后面的一个位置。
- rbegin():该函数的两个版本返回 reverse_iterator 或 const_reverse_iterator,引用容器的最后一个元素。
- rend():该函数的两个版本返回 reverse_iterator 或 const_reverse_iterator,引用容器的第一个元素前面的一个位置。

例如有以下程序:

```
#include<deque>
using namespace std;
void disp(deque<int> &dq)              //输出 dq 的所有元素
{   deque<int>::iterator iter;          //定义迭代器 iter
    for (iter=dq.begin();iter!=dq.end();iter++)
        printf("%d ",*iter);
    printf("\n");
}
void main()
{   deque<int> dq;                      //建立一个双端队列 dq
    dq.push_front(1);                   //在队头插入 1
    dq.push_back(2);                    //在队尾插入 2
    dq.push_front(3);                   //在队头插入 3
    dq.push_back(4);                    //在队尾插入 4
```

```
        printf("dq: "); disp(dq);
        dq.pop_front();                 //删除队头元素
        dq.pop_back();                  //删除队尾元素
        printf("dq: "); disp(dq);
}
```

在上述程序中定义了字符串双端队列 dq,利用插入和删除成员函数进行操作。程序的执行结果如下:

```
dq: 3 1 2 4
dq: 1 2
```

4) list(链表容器)

它是一个双链表类模板,图 1.14 所示为 list 容器的一般存储方式,可以从任何地方快速插入与删除。它的每个结点之间通过指针链接,不能随机访问元素,为了访问表容器中特定的元素,必须从第 1 个位置(表头)开始,随着指针从一个元素到下一个元素,直到找到要找的元素。list 容器插入元素比 vector 快,对每个元素单独分配空间,所以不存在空间不够需要重新分配的情况。

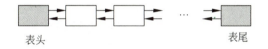

图 1.14 list 容器的存储方式

定义 list 容器的几种方式如下。

```
list<int> l1;                   //定义元素为 int 的链表 l1
list<int> l2 (10);              //指定链表 l2 的初始大小为 10 个 int 元素
list<double> l3 (10,1.23);      //指定 l3 的 10 个初始元素的初值为 1.23
list<int> l4(a,a+5);            //用数组 a[0..4]共 5 个元素初始化 l4
```

list 的主要成员函数如下。

- empty():判断链表容器是否为空。
- size():返回链表容器中的实际元素个数。
- push_back():在链表尾部插入元素。
- pop_back():删除链表容器的最后一个元素。
- remove():删除链表容器中所有指定值的元素。
- remove_if(cmp):删除链表容器中满足条件的元素。
- erase():从链表容器中删除一个或几个元素。
- unique():删除链表容器中相邻的重复元素。
- clear():删除链表容器中的所有元素。
- insert(pos,elem):在 pos 位置插入元素 elem,即将元素 elem 插入到迭代器 pos 指定的元素之前。
- insert(pos,n,elem):在 pos 位置插入 n 个元素 elem。

- insert(pos,pos1,pos2)：在迭代器 pos 处插入[pos1,pos2)的元素。
- reverse()：反转链表。
- sort()：对链表容器中的元素排序。
- begin()：该函数的两个版本返回 iterator 或 const_iterator,引用容器的第一个元素。
- end()：该函数的两个版本返回 iterator 或 const_iterator,引用容器的最后一个元素后面的一个位置。
- rbegin()：该函数的两个版本返回 reverse_iterator 或 const_reverse_iterator,引用容器的最后一个元素。
- rend()：该函数的两个版本返回 reverse_iterator 或 const_reverse_iterator,引用容器的第一个元素前面的一个位置。

说明：STL 提供的 sort()排序算法主要用于支持随机访问的容器,而 list 容器不支持随机访问,为此 list 容器提供了 sort()成员函数用于元素排序,类似的还有 unique()、reverse()、merge()等 STL 算法。

例如有以下程序：

```
#include <list>
using namespace std;
void disp(list<int> &lst)                    //输出 lst 的所有元素
{   list<int>::iterator it;
    for (it=lst.begin();it!=lst.end();it++)
        printf("%d ",*it);
    printf("\n");
}
void main()
{   list<int> lst;                           //定义 list 容器 lst
    list<int>::iterator it,start,end;
    lst.push_back(5);                        //添加 5 个整数 5,2,4,1,3
    lst.push_back(2);
    lst.push_back(4);
    lst.push_back(1);
    lst.push_back(3);
    printf("初始 lst: "); disp(lst);
    it=lst.begin();                          //it 指向首元素 5
    start=++lst.begin();                     //start 指向第 2 个元素 2
    end=--lst.end();                         //end 指向尾元素 3
    lst.insert(it,start,end);
    printf("执行 lst.insert(it,start,end)\n");
    printf("插入后 lst: "); disp(lst);
}
```

在上述程序中建立了一个整数链表 lst,向其中添加 5 个元素,it 指向首元素 5,start 指向元素 2,end 指向元素 3,执行 lst.insert(it,start,end)语句时将(2,4,1)插入到最前端。程序的执行结果如下：

```
初始 lst：5 2 4 1 3
执行 lst.insert(it, start, end)
插入后 lst：2 4 1 5 2 4 1 3
```

2. 关联容器

关联容器中的每个元素有一个 key（关键字），通过 key 来存储和读取元素，这些关键字可能与元素在容器中的位置无关，所以关联容器不提供顺序容器中的 front()、push_front()、back()、push_back()以及 pop_back()操作。

1) set（集合容器）/ multiset（多重集合容器）

set 和 multiset 都是集合类模板，其元素值称为关键字。set 中元素的关键字是唯一的，multiset 中元素的关键字可以不唯一，而且默认情况下会对元素按关键字自动进行升序排列，所以查找速度比较快，同时支持交、差和并等一些集合上的运算，如果需要集合中的元素允许重复，那么可以使用 multiset。

由于 set 中没有相同关键字的元素，在向 set 中插入元素时，如果已经存在则不插入。multiset 中允许存在两个相同关键字的元素，在删除操作时删除 multiset 中值等于 elem 的所有元素，若删除成功返回删除个数，否则返回 0。

set/multiset 的成员函数如下。

- empty()：判断容器是否为空。
- size()：返回容器中的实际元素个数。
- insert()：插入元素。
- erase()：从容器中删除一个或几个元素。
- clear()：删除所有元素。
- count(k)：返回容器中关键字 k 出现的次数。
- find(k)：如果容器中存在关键字为 k 的元素，返回该元素的迭代器，否则返回 end()值。
- upper_bound()：返回一个迭代器，指向关键字大于 k 的第一个元素。
- lower_bound()：返回一个迭代器，指向关键字不小于 k 的第一个元素。
- begin()：用于正向迭代，返回容器中第一个元素的位置。
- end()：用于正向迭代，返回容器中最后一个元素后面的一个位置。
- rbegin()：用于反向迭代，返回容器中最后一个元素的位置。
- rend()：用于反向迭代，返回容器中第一个元素前面的一个位置。

例如有以下程序：

```
# include < set >
using namespace std;
void main( )
{    set < int > s;                    //定义 set 容器 s
    set < int >::iterator it;          //定义 set 容器迭代器 it
    s.insert(1);
    s.insert(3);
    s.insert(2);
```

```
        s.insert(4);
        s.insert(2);
        printf(" s: ");
        for (it=s.begin();it!=s.end();it++)
            printf("%d ", * it);
        printf("\n");
        multiset<int> ms;                      //定义 multiset 容器 ms
        multiset<int>::iterator mit;           //定义 multiset 容器迭代器 mit
        ms.insert(1);
        ms.insert(3);
        ms.insert(2);
        ms.insert(4);
        ms.insert(2);
        printf("ms: ");
        for (mit=ms.begin();mit!=ms.end();mit++)
            printf("%d ", * mit);
        printf("\n");
    }
```

在上述程序中建立了 set 容器 s 和 multiset 容器 ms,均插入 5 个元素,最后使用迭代器输出所有元素。由于 set 容器的关键字不能重复,所以两次插入元素 2,后者并没有真正插入;而 multiset 容器的关键字可以重复,所以两次插入元素 2,容器中存在两个关键字均为 2 的元素。程序的执行结果如下:

```
 s:1 2 3 4
ms:1 2 2 3 4
```

从输出结果看到,无论是 set 还是 multiset 容器,其元素默认按递增次序排序。

2) map(映射容器)/ multimap(多重映射容器)

map 和 multimap 都是映射类模板。映射是实现关键字与值关系的存储结构,可以使用一个关键字 key 来访问相应的数据值 value。set/multiset 中的 key 和 value 都是 key 类型,而 map/multimap 中的 key 和 value 是一个 pair 类结构。pair 类结构的声明形式如下:

```
    struct pair
    {   T first;
        T second;
    }
```

也就是说,pair 中有两个分量(二元组),first 为第一个分量(在 map 中对应 key),second 为第二个分量(在 map 中对应 value)。例如,定义一个对象 $p1$ 表示一个平面坐标点并输入坐标:

```
    pair<double,double> p1;              //定义 pair 对象 p1
    cin >> p1.first >> p1.second;        //输入 p1 的坐标
```

同时 pair 对 ==、!=、<、>、<=、>= 共 6 个运算符进行重载,提供了按照字典序对元素进行大小比较的比较运算符模板函数。

map/multimap 利用 pair 的＜运算符将所有元素(即 key-value 对)按 key 的升序排列,以红黑树的形式存储,可以根据 key 快速地找到与之对应的 value(查找时间为 $O(\log_2 n)$)。map 中不允许关键字重复出现,支持[ ]运算符;而 multimap 中允许关键字重复出现,但不支持[ ]运算符。

map/multimap 的主要成员函数如下。

- empty()：判断容器是否为空。
- size()：返回容器中的实际元素个数。
- map[key]：返回关键字为 key 的元素的引用,如果不存在这样的关键字,则以 key 作为关键字插入一个元素(不适合 multimap)。
- insert(elem)：插入一个元素 elem 并返回该元素的位置。
- clear()：删除所有元素。
- find()：在容器中查找元素。
- count()：容器中指定关键字的元素个数(map 中只有 1 或者 0)。
- begin()：用于正向迭代,返回容器中第一个元素的位置。
- end()：用于正向迭代,返回容器中最后一个元素后面的一个位置。
- rbegin()：用于反向迭代,返回容器中最后一个元素的位置。
- rend()：用于反向迭代,返回容器中第一个元素前面的一个位置。

以 map 为例进行说明。在 map 中修改元素非常简单,这是因为 map 容器已经对[ ]运算符进行了重载。例如：

```
map<char,int> mymap;        //定义 map 容器 mymap,其元素类型为 pair<char,int>
mymap['a']=1;               //或者 mymap.insert (pair<char,int>('a',1));
```

获得 map 中一个值的最简单方法如下：

```
int ans=mymap['a'];
```

只有当 map 中有这个关键字('a')时才会成功,否则自动插入一个元素,其关键字为'a',对应的值为 int 类型默认值 0。用户可以使用 find()方法来发现一个关键字是否存在,传入的参数是要查找的 key,例如：

```
if(mymap.find('a')==mymap.end())
{
    //没找到的处理
}
else
{
    //找到后的处理
}
```

例如有以下程序：

```
#include <map>
using namespace std;
void main()
{   map<char,int> mymap;                            //定义map容器mymap
    mymap.insert(pair<char,int>('a',1));            //插入方式1
    mymap.insert(map<char,int>::value_type('b',2)); //插入方式2
    mymap['c']=3;                                   //插入方式3
    map<char,int>::iterator it;
    for(it=mymap.begin();it!=mymap.end();it++)
        printf("[%c,%d] ",it->first,it->second);
    printf("\n");
}
```

在上述程序中建立了一个map容器mymap,其中元素的关键字和值类型分别是char和int,采用3种方式插入3个元素,最后通过迭代器输出所有元素。程序的执行结果如下:

[a,1] [b,2] [c,3]

3. 适配器容器

适配器容器是指基于其他容器实现的容器,也就是说适配器容器包含另一个容器作为其底层容器,在底层容器的基础上实现适配器容器的功能,实际上在算法设计中可以将适配器容器作为一般容器来使用。STL提供的适配器容器如下。

1) stack(栈容器)

它是一个栈类模板,和数据结构中的栈一样,具有后进先出的特点。栈容器默认的底层容器是deque。用户也可以指定其他底层容器,例如以下语句指定myst栈的底层容器为vector:

```
stack<string,vector<string>> myst;    //第2个参数指定底层容器为vector
```

stack容器只有一个出口,即栈顶,可以在栈顶插入(进栈)和删除(出栈)元素,而不允许顺序遍历,所以stack容器没有begin()/end()和rbegin()/rend()这样的用于迭代器的成员函数。stack容器的主要成员函数如下。

- empty():判断栈容器是否为空。
- size():返回栈容器中的实际元素个数。
- push(elem):元素elem进栈。
- top():返回栈顶元素。
- pop():元素出栈。

例如有以下程序:

```
#include <stack>
using namespace std;
void main()
```

```
{   stack < int > st;
    st.push(1); st.push(2); st.push(3);
    printf("栈顶元素：%d\n",st.top());
    printf("出栈顺序：");
    while (!st.empty())                    //栈不空时出栈所有元素
    {   printf("%d ",st.top());
        st.pop();
    }
    printf("\n");
}
```

在上述程序中建立了一个整数栈 st，进栈 3 个元素，取栈顶元素，然后出栈所有元素并输出。程序的执行结果如下：

```
栈顶元素：3
出栈顺序：3 2 1
```

2) queue（队列容器）

它是一个队列类模板，和数据结构中的队列一样，具有先进先出的特点。queue 容器不允许顺序遍历，没有 begin()/end() 和 rbegin()/rend() 这样的用于迭代器的成员函数，其主要成员函数如下。

- empty()：判断队列容器是否为空。
- size()：返回队列容器中的实际元素个数。
- front()：返回队头元素。
- back()：返回队尾元素。
- push(elem)：元素 elem 进队。
- pop()：元素出队。

例如有以下程序：

```
# include < queue >
using namespace std;
void main()
{   queue < int > qu;
    qu.push(1); qu.push(2); qu.push(3);
    printf("队头元素：%d\n",qu.front());
    printf("队尾元素：%d\n",qu.back());
    printf("出队顺序：");
    while (!qu.empty())                    //出队所有元素
    {   printf("%d ",qu.front());
        qu.pop();
    }
    printf("\n");
}
```

在上述程序中建立了一个整数队列 qu，进队 3 个元素，取队头、队尾元素，然后出队所有元素并输出。程序的执行结果如下：

队头元素：1
队尾元素：3
出队顺序：1 2 3

3）priority_queue（优先队列容器）

它是一个优先队列类模板。优先队列是一种具有受限访问操作的存储结构，元素可以以任意顺序进入优先队列。一旦元素在优先队列容器中，出队操作将出队列中优先级最高的元素。其主要的成员函数如下。

- empty()：判断优先队列容器是否为空。
- size()：返回优先队列容器中的实际元素个数。
- push(elem)：元素 elem 进队。
- top()：获取队头元素。
- pop()：元素出队。

优先队列中优先级的高低由队列中数据元素的关系函数（比较运算符）确定，用户可以使用默认的关系函数（对于内置数据类型，默认关系函数是值越大优先级越高），也可以重载自己编写的关系函数。例如有以下程序：

```
#include <queue>
using namespace std;
void main()
{   priority_queue<int> qu;
    qu.push(3); qu.push(1); qu.push(2);
    printf("队头元素：%d\n",qu.top());
    printf("出队顺序：");
    while (!qu.empty())                  //出队所有元素
    {   printf("%d ",qu.top());
        qu.pop();
    }
    printf("\n");
}
```

在上述程序中建立了一个整数优先队列 qu，进队 3 个元素，取队头元素，然后出队所有元素并输出。程序的执行结果如下：

队头元素：3
出队顺序：3 2 1

从中看出，对于 int 类型的元素，priority_queue 默认元素值越大越优先，即大根堆。

1.3.3　STL 在算法设计中的应用

1. 存放主数据

算法设计的重要步骤是设计数据的存储结构，除非特别指定，程序员可以采用 STL 中的容器存放主数据，选择何种容器不仅要考虑数据的类型，还要考虑数据的处理过程。

例如，字符串可以采用 string 或者 vector<char>来存储，链表可以采用 list 来存储。

【例 1.11】 有一段英文由若干单词组成，单词之间用一个空格分隔。编写程序提取其中的所有单词。

解 这里的主数据是一段英文，采用 string 字符串 str 存储，最后提取的单词采用 vector<string>容器 words 存储。对应的完整程序如下：

扫一扫

视频讲解

```
#include <iostream>
#include <string>
#include <vector>
using namespace std;
void solve(string str, vector<string> &words)      //产生所有单词 words
{   string w;
    int i=0;
    int j=str.find(" ");                            //查找第一个空格
    while (j!=-1)                                    //找到单词后循环
    {   w=str.substr(i,j-i);                        //提取一个单词
        words.push_back(w);                         //将单词添加到 words 中
        i=j+1;
        j=str.find(" ",i);                          //查找下一个空格
    }
    if (i<str.length()-1)                           //处理最后一个单词
    {   w=str.substr(i);                            //提取最后一个单词
        words.push_back(w);                         //最后单词添加到 words 中
    }
}
void main()
{   string str="The following code computes the intersection of two arrays";
    vector<string> words;
    solve(str,words);
    cout << "所有的单词:" << endl;                  //输出结果
    vector<string>::iterator it;
    for (it=words.begin();it!=words.end();++it)
        cout << " " << *it << endl;
}
```

上述程序的执行结果如下：

```
所有的单词:
    The
    following
    code
    computes
    the
    intersection
    of
    two
    arrays
```

2. 存放临时数据

在算法设计中有时需要存放一些临时数据,通常的情况是,如果后存入的元素先处理,可以使用 stack 容器;如果先存入的元素先处理,可以使用 queue 容器;如果元素的处理顺序按某个优先级进行,可以使用 priority_queue 容器。

【例 1.12】 设计一个算法,判断一个含有()、[]、{}3 种类型括号的表达式中的所有括号是否匹配。

解 这里的主数据是一个字符串表达式,采用 string 字符串 str 存储它。在判断括号是否匹配时需要用到一个栈(因为每个右括号都是和前面最近的左括号匹配),采用 stack <char>容器作为栈。对应的完整程序如下:

```cpp
#include <iostream>
#include <stack>
#include <string>
using namespace std;
bool solve(string str)              //判断 str 中的括号是否匹配
{   stack <char> st;
    int i=0;
    while (i<str.length())          //扫描 str 中的所有字符
    {   if (str[i]=='(' || str[i]=='[' || str[i]=='{')
            st.push(str[i]);        //所有左括号进栈
        else if (str[i]==')')       //当前字符为')'
        {   if (st.top()!='(')      //若栈顶不是匹配的'(',返回假
                return false;
            else                    //若栈顶是匹配的'(',退栈
                st.pop();
        }
        else if (str[i]==']')       //当前字符为']'
        {   if (st.top()!='[')      //若栈顶不是匹配的'[',返回假
                return false;
            else                    //若栈顶是匹配的'[',退栈
                st.pop();
        }
        else if (str[i]=='}')       //当前字符为'}'
        {   if (st.top()!='{')      //若栈顶不是匹配的'{',返回假
                return false;
            else                    //若栈顶是匹配的'{',退栈
                st.pop();
        }
        i++;
    }
    if (st.empty())                 //str 处理完毕并且栈空返回真
        return true;
    else
        return false;               //否则返回假
}
void main()
{   cout << "求解结果:" << endl;
```

```
    string str="(a+[b-c]+d)";
    cout << " " << str << (solve(str)?"中括号匹配":"中括号不匹配") << endl;
    str="(a+[b-c}+d)";
    cout << " " << str << (solve(str)?"中括号匹配":"中括号不匹配") << endl;
}
```

上述程序的执行结果如下：

求解结果：
　(a+[b-c]+d) 中括号匹配
　(a+[b-c}+d) 中括号不匹配

3. 检测数据元素的唯一性

用户可以使用 map 容器或者哈希表容器检测数据元素是否唯一。

【例 1.13】 设计一个算法判断字符串 str 中的每个字符是否唯一。例如，"abc"的每个字符是唯一的，算法返回 true，而"accb"中的字符'c'不是唯一的，算法返回 false。

解 设计 map<char,int>容器 mymap，第一个分量 key 的类型为 char，第二个分量 value 的类型为 int，表示对应关键字出现的次数。将字符串 str 中的每个字符作为关键字插入到 map 容器中，插入后对应出现次数增 1。如果某个字符的出现次数大于 1，表示不唯一，返回 false；如果所有字符唯一，返回 true。对应的算法如下：

```
bool isUnique(string &str)           //检测 str 中的所有字符是否唯一
{   map<char,int> mymap;
    for (int i=0;i<str.length();i++)
    {   mymap[str[i]]++;
        if (mymap[str[i]]>1)
            return false;
    }
    return true;
}
```

4. 数据的排序

对于 list 容器中元素的排序可以使用其成员函数 sort()，对于数组或者 vector 等具有随机访问特性的容器可以使用 STL 算法 sort()。下面以 STL 算法 sort()为例进行讨论。

1) 内置数据类型的排序

对于内置数据类型的数据，sort()默认以 less<T>（小于关系函数）作为关系函数实现递增排序，为了实现递减排序，需要调用<functional>头文件中定义的 greater 类模板。例如，以下程序使用 greater<int>()实现 vector<int>容器中元素的递减排序（其中 sort(myv.begin(),myv.end(),less<int>())语句等同于 sort(myv.begin(),myv.end())，实现默认的递增排序）：

```
#include <iostream>
#include <algorithm>
#include <vector>
#include <functional>                              //包含less、greater等
using namespace std;
void Disp(vector<int> &myv)                        //输出vector的元素
{   vector<int>::iterator it;
    for(it=myv.begin();it!=myv.end();it++)
        cout << *it << " ";
    cout << endl;
}
void main()
{   int a[]={2,1,5,4,3};
    int n=sizeof(a)/sizeof(a[0]);
    vector<int> myv(a,a+n);
    cout << "初始myv: "; Disp(myv);                //输出：2 1 5 4 3
    sort(myv.begin(),myv.end(),less<int>());
    cout << "递增排序: "; Disp(myv);               //输出：1 2 3 4 5
    sort(myv.begin(),myv.end(),greater<int>());
    cout << "递减排序: "; Disp(myv);               //输出：5 4 3 2 1
}
```

说明：less<T>、greater<T>均属于STL关系函数对象，分别支持对象之间的小于(<)、大于(>)比较，返回布尔值。它们的原型包含在functional头文件中。

2）自定义数据类型的排序

对于自定义数据类型(如结构体数据)，同样默认以less<T>(即小于关系函数)作为关系函数，但需要重载该函数。另外，用户还可以自己定义关系函数。在这些重载函数或者关系函数中指定数据的排序顺序(按哪些结构体成员排序，是递增还是递减)。

归纳起来，实现排序主要有两种方式。

- **方式1**：在声明结构体类型中重载<运算符，以实现按指定成员的递增或者递减排序。例如sort(myv.begin(),myv.end())调用默认<运算符对myv容器中的所有元素实现排序。
- **方式2**：用户自己定义关系函数，以实现按指定成员的递增或者递减排序。例如sort(myv.begin(),myv.end(),Cmp())调用Cmp的()运算符对myv容器中的所有元素实现排序。

例如，以下程序采用上述两种方式分别实现vector<Stud>容器myv中的数据按no成员递减排序和按name成员递增排序：

```
#include <iostream>
#include <algorithm>
#include <vector>
#include <string>
using namespace std;
struct Stud
{   int no;
    string name;
    Stud(int no1,string name1)                     //构造函数
```

```cpp
    {   no=no1;
        name=name1;
    }
    bool operator<(const Stud &s) const       //方式1：重载<运算符
    {
        return no > s.no;                      //用于按no递减排序，将<改为>则按no递增排序
    }
};
struct Cmp                                     //方式2：定义关系函数
{   bool operator()(const Stud &s,const Stud &t) const
    {
        return s.name < t.name;                //用于按name递增排序，将<改为>则按name递减排序
    }
};
void Disp(vector < Stud > &myv)                //输出vector的元素
{   vector < Stud >::iterator it;
    for(it = myv.begin();it!=myv.end();it++)
        cout << it -> no << "," << it -> name << "\t";
    cout << endl;
}
void main( )
{   Stud a[]={Stud(2,"Mary"),Stud(1,"John"),Stud(5,"Smith")};
    int n=sizeof(a)/sizeof(a[0]);
    vector < Stud > myv(a,a+n);
    cout << "初始myv: "; Disp(myv);            //输出: 2,Mary 1,John 5,Smith
    sort(myv.begin(),myv.end());                //默认使用<运算符排序
    cout << "按no递减排序: "; Disp(myv);       //输出: 5,Smith 2,Mary 1,John
    sort(myv.begin(),myv.end(),Cmp());          //使用Cmp中的()运算符进行排序
    cout << "按name递增排序: "; Disp(myv);     //输出: 1,John 2,Mary 5,Smith
}
```

5. 优先队列作为堆

在有些算法设计中用到堆，堆采用STL的优先队列来实现，优先级的高低由队列中数据元素的关系函数（比较运算符）确定，很多情况下需要重载关系函数。

扫一扫

视频讲解

1) 元素为内置数据类型的堆

对于C/C++内置数据类型，默认是以less < T >（小于关系函数）作为关系函数，值越大优先级越高（即大根堆），可以改为以greater < T >作为关系函数，这样值越大优先级越低（即小根堆）。

例如，以下程序中pq1为大根堆（默认）、pq2为小根堆（通过greater < int >实现）：

```cpp
#include < iostream >
#include < queue >
using namespace std;
void main( )
{   int a[]={3,6,1,5,4,2};
    int n=sizeof(a)/sizeof(a[0]);
```

```cpp
//优先级队列 pq1 默认使用 vector 做容器
priority_queue < int > pq1(a,a+n);
cout << "pq1: ";
while (!pq1.empty())
{   cout << pq1.top() << " ";        //while 循环输出:6 5 4 3 2 1
    pq1.pop();
}
cout << endl;
//优先级队列 pq2 使用 vector 做容器,int 元素的关系函数改为 greater
priority_queue < int, vector < int >, greater < int > > pq2(a,a+n);
cout << "pq2: ";
while (!pq2.empty())
{   cout << pq2.top() << " ";        //while 循环输出:1 2 3 4 5 6
    pq2.pop();
}
cout << endl;
}
```

2) 元素为自定义类型的堆

对于自定义数据类型(如结构体数据),同样默认以 less < T >(即小于关系函数)作为关系函数,但需要重载该函数。另外,用户还可以自己定义关系函数。在这些重载函数或者关系函数中指定数据的优先级(优先级取决于哪些结构体,是越大越优先还是越小越优先)。

归纳起来,实现优先队列主要有 3 种方式。

- 方式 1:在声明结构体类型中重载<运算符,以指定优先级,例如 priority_queue < Stud > pq1 调用默认的<运算符创建堆 pq1(是大根堆还是小根堆由<重载函数体确定)。
- 方式 2:在声明结构体类型中重载>运算符,以指定优先级,例如 priority_queue< Stud,vector < Stud >,greater < Stud > > pq2 调用重载>运算符创建堆 pq2,此时需要指定优先队列的低层容器(这里是 vector,也可以是 deque)。
- 方式 3:自己定义关系函数,以指定优先级,例如 priority_queue < Stud,vector < Stud >,StudCmp > pq3 调用 StudCmp 的()运算符创建堆 pq3,此时需要指定优先队列的低层容器(这里是 vector,也可以是 deque)。

例如,以下程序采用上述 3 种方式分别创建 3 个堆:

```cpp
#include < iostream >
#include < queue >
#include < string >
using namespace std;
struct Stud                                    //声明结构体 Stud
{   int no;
    string name;
    Stud(int n, string na)                     //构造函数
    {   no=n;
        name=na;
    }
```

```cpp
        bool operator<(const Stud &s) const              //重载<关系函数
        {   return no < s.no; }
        bool operator>(const Stud &s) const              //重载>关系函数
        {   return no > s.no; }
};
//结构体的关系函数,改写 operator()
struct StudCmp
{   bool operator()(const Stud &s, const Stud &t) const
    {
        return s.name < t.name;                          //name 越大越优先
    }
};
void main()
{   Stud a[]={Stud(2,"Mary"),Stud(1,"John"),Stud(5,"Smith")};
    int n=sizeof(a)/sizeof(a[0]);
    //使用 Stud 结构体的<关系函数定义 pq1
    priority_queue<Stud> pq1(a,a+n);
    cout << "pq1 出队顺序: ";
    while (!pq1.empty())                                 //按 no 递减输出
    {   cout << "[" << pq1.top().no << "," << pq1.top().name << "]\t";
        pq1.pop();
    }
    cout << endl;
    //使用 Stud 结构体的>关系函数定义 pq2
    priority_queue<Stud,deque<Stud>,greater<Stud>> pq2(a,a+n);
    cout << "pq2 出队顺序: ";
    while (!pq2.empty())                                 //按 no 递增输出
    {   cout << "[" << pq2.top().no << "," << pq2.top().name << "]\t";
        pq2.pop();
    }
    cout << endl;
    //使用结构体 StudCmp 的关系函数定义 pq3
    priority_queue<Stud,deque<Stud>,StudCmp> pq3(a,a+n);
    cout << "pq3 出队顺序: ";
    while (!pq3.empty())                                 //按 name 递减输出
    {   cout << "[" << pq3.top().no << "," << pq3.top().name << "]\t";
        pq3.pop();
    }
    cout << endl;
}
```

上述程序的执行结果如下:

```
pq1 出队顺序: [5,Smith]    [2,Mary]    [1,John]
pq2 出队顺序: [1,John]     [2,Mary]    [5,Smith]
pq3 出队顺序: [5,Smith]    [2,Mary]    [1,John]
```

1.4 练习题

1. 下列关于算法的说法中正确的有（　　）个。

　Ⅰ. 求解某一类问题的算法是唯一的

　Ⅱ. 算法必须在有限步操作之后停止

　Ⅲ. 算法的每一步操作必须是明确的，不能有歧义或含义模糊

　Ⅳ. 算法执行后一定产生确定的结果

　　A. 1　　　　　　　B. 2　　　　　　　C. 3　　　　　　　D. 4

2. $T(n)$ 表示当输入规模为 n 时的算法效率，以下算法中效率最优的是（　　）。

　　A. $T(n)=T(n-1)+1, T(1)=1$　　　　B. $T(n)=2n^2$

　　C. $T(n)=T(n/2)+1, T(1)=1$　　　　D. $T(n)=3n\log_2 n$

3. 什么是算法？算法有哪些特性？

4. 判断一个大于 2 的正整数 n 是否为素数的方法有多种，给出两种算法，说明其中一种算法更好的理由。

5. 证明以下关系成立：

（1）$10n^2-2n=\Theta(n^2)$

（2）$2^{n+1}=\Theta(2^n)$

6. 证明 $O(f(n))+O(g(n))=O(\max\{f(n),g(n)\})$。

7. 有一个含 $n(n>2)$ 个整数的数组 a，判断其中是否存在出现次数超过所有元素一半的元素。

8. 一个字符串采用 string 对象存储，设计一个算法判断该字符串是否为回文。

9. 有一个整数序列，设计一个算法判断其中是否存在两个元素的和恰好等于给定的整数 k。

10. 有两个整数序列，每个整数序列中的所有元素均不相同，设计一个算法求它们的公共元素，要求不使用 STL 的集合算法。

11. 正整数 $n(n>1)$ 可以写成质数的乘积形式，称为整数的质因数分解。例如，$12=2\times 2\times 3, 18=2\times 3\times 3, 11=11$。设计一个算法求 n 这样分解后各个质因数出现的次数，采用 vector 向量存放结果。

12. 有一个整数序列，所有元素均不相同，设计一个算法求相差最小的元素对的个数。例如序列 4,1,2,3 的相差最小的元素对的个数是 3，其元素对是 (1,2)、(2,3)、(3,4)。

13. 有一个 map<string,int> 容器，其中已经存放了较多元素，设计一个算法求出其中重复的 value 并且返回重复 value 的个数。

14. 重新做第 10 题，采用 map 容器存放最终结果。

15. 假设有一个含 $n(n>1)$ 个元素的 stack<int> 栈容器 st，设计一个算法出栈从栈顶到栈底的第 $k(1\leq k\leq n)$ 个元素，其他栈元素不变。

1.5 上机实验题

实验 1. 统计求最大、最小元素的平均比较次数

编写一个实验程序,随机产生 10 个 1~20 的整数,设计一个高效算法找其中的最大元素和最小元素,并统计元素之间的比较次数。调用该算法执行 10 次并求元素的平均比较次数。

实验 2. 求无序序列中第 k 小的元素

编写一个实验程序,利用 priority_queue(优先队列)求出一个无序整数序列中第 k 小的元素。

实验 3. 出队第 k 个元素

编写一个实验程序,对于一个含 $n(n>1)$ 个元素的 queue<int>队列容器 qu,出队从队头到队尾的第 $k(1≤k≤n)$ 个元素,其他队列元素不变。

实验 4. 设计一种好的数据结构 I

编写一个实验程序,设计一种好的数据结构,尽可能高效地实现元素的插入、删除、按值查找和按序号查找(假设所有元素值不相同)。

实验 5. 设计一种好的数据结构 II

编写一个实验程序,设计一种好的数据结构,尽可能高效地实现以下功能:

(1) 插入若干个整数序列。

(2) 获得该序列的中位数(中位数指排序后位于中间位置的元素,例如{1,2,3}的中位数为 2,而{1,2,3,4}的中位数为 2 或者 3),并估计时间复杂度。

1.6 在线编程题

在线编程题 1. 求解两种排序方法问题

【问题描述】 考拉有 n 个字符串,任意两个字符串的长度都是不同的。考拉最近在学习两种字符串的排序方法。

(1) 根据字符串的字典序排序:例如"car"<"carriage"<"cats"<"doggies<"koala"。

(2) 根据字符串的长度排序:例如"car"<"cats"<"koala"<"doggies"<"carriage"。

考拉想知道自己的这些字符串的排列顺序是否满足这两种排序方法,但考拉又要忙着吃树叶,所以需要你来帮忙验证。

输入描述:输入的第 1 行为字符串的个数 $n(n≤100)$,接下来的 n 行,每行一个字符串,字符串长度都小于 100,均由小写字母组成。

输出描述:如果这些字符串是根据字典序排列而不是根据长度排列,输出"islexicalorder";如果是根据长度排列而不是根据字典序排列,输出"lengths";如果两种方式都符合,输出"both",否则输出"none"。

输入样例：

```
3
a
aa
bbb
```

样例输出：

```
both
```

在线编程题 2. 求解删除公共字符问题

【问题描述】 输入两个字符串，从第一个字符串中删除第二个字符串中的所有字符。例如输入"They are students."和"aeiou"，则删除之后的第一个字符串变成"Thy r stdnts."。

输入描述：每个测试输入包含两个字符串。

输出描述：输出删除后的字符串。

输入样例：

```
They are students.
aeiou
```

样例输出：

```
Thy r stdnts.
```

在线编程题 3. 求解移动字符串问题

【问题描述】 设计一个函数将字符串中的字符'*'移到串的前面部分，前面的非'*'字符后移，但不能改变非'*'字符的先后顺序，函数返回串中字符'*'的数量。如原始串为"ab**cd**e*12"，处理后为"*****abcde12"，函数返回值为5(要求使用尽量少的时间和辅助空间)。

输入描述：输入的第1行为字符串的个数 $n(n \leqslant 100)$，接下来的 n 行，每行一个字符串，字符串长度都小于 100，均由小写字母组成。

输出描述：对于每个字符串，输出两行，第 1 行为转换后的字符串，第 2 行为字符串中字符'*'的数量。

输入样例：

```
ab**cd**e*12
```

样例输出：

```
*****abcde12
5
```

在线编程题 4. 求解大整数相乘问题

【问题描述】 有两个用字符串表示的非常大的大整数,算出它们的乘积,也用字符串表示,不能用系统自带的大整数类型。

输入描述:由空格分隔的两个字符串代表输入的两个大整数。

输出描述:输入的乘积用字符串表示。

输入样例:

```
72106547548473106236 982161082972751393
```

样例输出:

```
70820244829634538040848656466105986748
```

在线编程题 5. 求解旋转词问题

【问题描述】 如果字符串 t 是字符串 s 的后面若干个字符循环右移得到的,称 s 和 t 是旋转词,例如"abcdef"和"efabcd"是旋转词,而"abcdef"和"feabcd"不是旋转词。

输入描述:第 1 行为 $n(1 \leqslant n \leqslant 100)$,接下来的 n 行,每行两个字符串,以空格分隔。

输出描述:输出 n 行,若输入的两个字符串是旋转词,输出"Yes",否则输出"No"。

输入样例:

```
2
abcdef   efabcd
abcdef   feabcd
```

样例输出:

```
Yes
No
```

在线编程题 6. 求解门禁系统问题

时间限制:1.0s,内存限制:256.0MB

【问题描述】 涛涛最近要负责图书馆的管理工作,需要记录下每天读者的到访情况。每位读者有一个编号,每条记录用读者的编号来表示。给出读者的来访记录,得到每一条记录中的读者是第几次出现。

输入描述:输入的第 1 行包含一个整数 n,表示涛涛的记录条数;第 2 行包含 n 个整数,依次表示涛涛的记录中每位读者的编号。

输出描述:输出一行,包含 n 个整数,由空格分隔,依次表示每条记录中的读者编号是第几次出现。

输入样例:

```
5
1 2 1 1 3
```

样例输出：

1 1 2 3 1

评测用例规模与约定：1≤n≤1000，给出的数都是不超过 1000 的非负整数。

在线编程题 7. 求解数字排序问题

时间限制：1.0s，内存限制：256.0MB

【问题描述】 给定 n 个整数，请统计出每个整数出现的次数，按出现次数从多到少的顺序输出。

输入描述：输入的第 1 行包含一个整数 n，表示给定数字的个数；第 2 行包含 n 个整数，相邻的整数之间用一个空格分隔，表示所给定的整数。

输出描述：输出多行，每行包含两个整数，分别表示一个给定的整数和它出现的次数，按出现次数递减的顺序输出。如果两个整数出现的次数一样多，则先输出值较小的，然后输出值较大的。

输入样例：

12
5 2 3 3 1 3 4 2 5 2 3 5

样例输出：

3 4
2 3
5 3
1 1
4 1

评测用例规模与约定：1≤n≤1000，给出的数都是不超过 1000 的非负整数。

第 2 章 递归算法设计技术

在算法设计中经常需要用递归方法求解。递归是算法设计中的一个重要技术和手段，很多程序设计语言(如 C/C++)都支持递归程序设计。本章介绍递归的定义、递归模型、递推式的计算、递归算法设计方法和递归算法到非递归算法的转化等。

2.1 什么是递归

2.1.1 递归的定义

在数学与计算机科学中，**递归**(recursion)是指在函数的定义中又调用函数自身的方法。若 p 函数定义中调用 p 函数，称之为**直接递归**；若 p 函数定义中调用 q 函数，而 q 函数定义中又调用 p 函数，称之为**间接递归**。任何间接递归都可以等价地转化为直接递归，所以本章主要讨论直接递归。

如果一个递归过程或递归函数中的递归调用语句是最后一条执行语句，则称这种递归调用为**尾递归**。

递归既是一种奇妙的现象，又是一种思考问题的方法，通过递归可简化问题的定义和求解过程。实际上在现实世界中递归无处不在，例如在人类的发展繁衍中，人之间的辈分就是一种递归，祖先的递归定义是 x 的父母是 x 的祖先，x 祖先的双亲同样是 x 的祖先。

【**例 2.1**】 设计求 $n!$(n 为正整数)的递归算法。

解 对应的递归函数如下。

```
int fun(int n)
{    if (n==1)                    //语句1
         return(1);               //语句2
     else                         //语句3
         return(fun(n-1) * n);    //语句4
}
```

在函数 $fun(n)$ 的求解过程中直接调用 $fun(n-1)$(语句 4)，所以它是一个直接递归函数；又由于递归调用是最后一条语句，所以它又属于尾递归。

递归算法通常把一个大的复杂问题层层转化为一个或多个与原问题相似的规模较小的问题来求解，递归策略只需少量的代码就可以描述出解题过程所需要的多次重复计算，大大减少了算法的代码量。

一般来说，能够用递归解决的问题应该满足以下 3 个条件：

(1) 需要解决的问题可以转化为一个或多个子问题来求解，而这些子问题的求解方法与原问题完全相同，只是在数量规模上不同。

(2) 递归调用的次数必须是有限的。

(3) 必须有结束递归的条件来终止递归。

2.1.2 何时使用递归

在以下 3 种情况下经常要用到递归的方法。

1. 定义是递归的

有许多数学公式、数列和概念的定义是递归的,例如求 $n!$ 和斐波那契(Fibonacci)数列等。对于这些问题的求解过程,可以将其递归定义直接转化为对应的递归算法,例如求 $n!$ 可以转化为例 2.1 的递归算法。

2. 数据结构是递归的

算法是用于数据处理的,有些存储数据的数据结构是递归的,对于递归数据结构,采用递归的方法设计算法既方便又有效。

例如,单链表就是一种递归数据结构,其结点类型声明如下:

```
typedef struct Node
{   ElemType data;
    struct Node * next;
} LinkNode;                        //单链表结点类型
```

其中,结构体 Node 的声明中用到了它自身,即指针域 next 是一种指向自身类型的指针。图 2.1 所示为一个不带头结点的单链表 L 的一般结构,L 标识整个单链表,而 L->next 标识除了结点 L 以外其他结点构成的单链表,两种结构是相同的,所以它是一种递归数据结构。

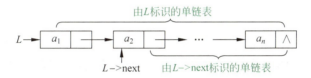

图 2.1　不带头结点的单链表 L 的一般结构

对于这样的递归数据结构,采用递归方法求解问题十分方便。例如,求一个不带头结点的单链表 L 的所有 data 域(假设 ElemType 为 int 型)之和的递归算法如下:

```
int Sum(LinkNode * L)              //求不带头结点的单链表 L 中的所有结点值之和
{   if (L==NULL)
        return 0;
    else
        return(L->data+Sum(L->next));
}
```

【例 2.2】　分析二叉树的二叉链存储结构的递归性,设计求非空二叉链 bt 中所有结点值之和的递归算法,假设二叉链的 data 域为 int 型。

解　二叉树采用二叉链存储结构,其结点类型定义如下。

```
typedef struct BNode
{   int data;
    struct BNode * lchild, * rchild;
} BTNode;                          //二叉链结点类型
```

图 2.2 所示为一棵普通二叉树的二叉链存储结构，bt 指向根结点，用于标识整棵树；bt->lchild 和 bt->rchild 分别指向左、右孩子结点，用于标识左、右子树，而左、右子树本身也都是二叉树，它是一种递归数据结构。

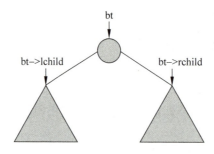

图 2.2 二叉树 bt 的一般结构

求非空二叉链 bt 中所有结点值之和的递归算法如下：

```
int Sumbt(BTNode * bt)                    //求二叉树 bt 中的所有结点值之和
{   if (bt->lchild==NULL && bt->rchild==NULL)
        return bt->data;                  //只有一个结点时返回该结点值
    else                                  //否则返回左、右子树结点值之和加上根结点值
        return Sumbt(bt->lchild)+ Sumbt(bt->rchild)+bt->data;
}
```

3. 问题的求解方法是递归的

有些问题的解法是递归的，典型的有例 1.8 的梵塔问题求解。该问题的描述是设有 3 个分别命名为 x、y 和 z 的塔座，在塔座 x 上有 n 个直径各不相同、从小到大依次编号为 $1 \sim n$ 的盘片，现要求将 x 塔座上的 n 个盘片移到塔座 z 上并仍按同样的顺序叠放。在盘片移动时必须遵守以下规则：每次只能移动一个盘片；盘片可以插在 x、y 和 z 中的任一塔座；任何时候都不能将一个较大的盘片放在较小的盘片上。设计递归求解算法。

设 Hanoi(n,x,y,z) 表示将 n 个盘片从 x 通过 y 移动到 z 上，递归分解的过程如图 2.3 所示，其中 move(n,x,z) 是可以直接操作的。

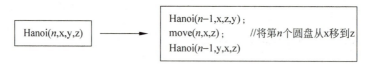

图 2.3 梵塔问题的递归分解过程

2.1.3 递归模型

递归模型是递归算法的抽象，它反映一个递归问题的递归结构，例如例 2.1 的递归算法对应的递归模型如下：

$f(n)=1$ 当 $n=1$ 时
$f(n)=nf(n-1)$ 当 $n>1$ 时

其中,第一个式子给出了递归的终止条件,称之为**递归出口**;第二个式子给出了$f(n)$的值与$f(n-1)$的值之间的关系,称之为**递归体**。

一般地,一个递归模型由递归出口和递归体两部分组成,前者确定递归到何时结束,即指出明确的递归结束条件,后者确定递归求解时的递推关系。递归出口的一般格式如下:

$$f(s_1) = m_1 \tag{2.1}$$

这里的s_1与m_1均为常量,有些递归问题可能有几个递归出口。递归体的一般格式如下:

$$f(s_{n+1}) = g(f(s_i), f(s_{i+1}), \cdots, f(s_n), c_j, c_{j+1}, \cdots, c_m) \tag{2.2}$$

其中,n、i、j、m均为正整数。这里的s_{n+1}是一个递归"大问题",s_i、s_{i+1}、$\cdots$、s_n为递归"小问题",c_j、c_{j+1}、$\cdots$、c_m是若干个可以直接(用非递归方法)解决的问题,g是一个非递归函数,可以直接求值。

实际上,递归思路是把一个不能或不好直接求解的"大问题"转化成一个或几个"小问题"来解决,再把这些"小问题"进一步分解成更小的"小问题"来解决,如此分解,直到每个"小问题"都可以直接解决(此时分解到递归出口)。但递归分解不是随意的分解,递归分解要保证"大问题"与"小问题"相似,即求解过程与环境都相似。

为了讨论方便,简化上述递归模型如下:

$$f(s_1) = m_1 \tag{2.3}$$

$$f(s_n) = g(f(s_{n-1}), c_{n-1}) \tag{2.4}$$

例如,求$n!$的递归体可以看成$f(n)=g(f(n-1),n)$,其中$g(x,y)=x\times y$,它是非递归函数。那么求$f(s_n)$的分解过程如下:

$$f(s_n) \Rightarrow f(s_{n-1}) \Rightarrow \cdots \Rightarrow f(s_2) \Rightarrow f(s_1)$$

一旦遇到递归出口,分解过程结束,开始求值过程,所以分解过程是"量变"过程,即原来的"大问题"在慢慢变小,但尚未解决,遇到递归出口后便发生了"质变",即原递归问题转化成直接问题。上面的求值过程如下:

$f(s_1) = m_1 \Rightarrow f(s_2) = g(f(s_1), c_1) \Rightarrow f(s_3) = g(f(s_2), c_2) \Rightarrow \cdots \Rightarrow f(s_n) = g(f(s_{n-1}), c_{n-1})$

这样$f(s_n)$便计算出来了,因此递归的执行过程由分解和求值两部分构成。

2.1.4 递归算法的执行过程

在执行递归函数时会直接调用自身,但如果仅有这种操作,将会出现由于无休止地调用而陷入死循环。因此,一个正确的递归函数虽然每次调用的是相同的代码,但它的参数、输入数据等均有变化,并且在正常情况下随着调用的不断深入必定会出现调用到某一层的函数时不再执行递归调用而终止函数的执行,即遇到递归出口。

递归函数可以看成是一种特殊的函数,递归函数调用是函数调用的一种特殊情况,即它是调用自身代码,因此也可以把每一次递归调用理解成调用自身代码的一个复制件。由于每次调用时它的参数和局部变量值均不相同,所以保证了各个复制件执行时的独立性。

但递归调用在内部实现时并不是每次调用真的复制一个函数复制件存放到内存中,而是采用代码共享的方式,也就是它们都是调用同一个函数的代码。为此系统设置了一个系统栈,为每一次调用开辟一组存储单元,用来存放本次调用的返回地址以及被中断的函数参数值(即一个栈帧,可以理解为一个栈元素),然后将其进入系统栈(栈元素进栈),再执行被调用函数代码。当被调用函数执行完毕后,对应的栈帧被弹出(栈元素出栈),返回计算后的函数值,控制转到相应的返回地址继续执行。显然当前正在执行的调用函数的栈帧总是处于系统栈的最顶端。

所以一个函数调用过程就是将数据(包括参数和返回值)和控制信息(返回地址等)从一个函数传递到另一个函数。另外,在执行被调函数的过程中还要为被调函数的局部变量分配空间,在函数返回时释放这些空间,这些工作都是由系统栈来完成的。

分析递归算法的执行过程、观察变量的取值变化,可以清晰地认识到递归算法的运行机制。对于例 2.1 的递归算法,求 5!(即执行 fun(5))时系统栈的变化和求解过程如图 2.4 所示,这里主要关注递归函数的函数值的变化。

说明:在 C/C++中,系统栈是从高地址向低地址延伸的。每个函数的每次调用都有它自己独立的一个栈帧,在这个栈帧中有所需要的各种信息,栈帧的大小并不固定,一般与其对应函数的局部变量的多少有关。寄存器 ebp 指向当前栈帧的底部(高地址),寄存器 esp 指向当前栈帧的顶部(低地址)。函数返回值是通过 eax 寄存器实现的。

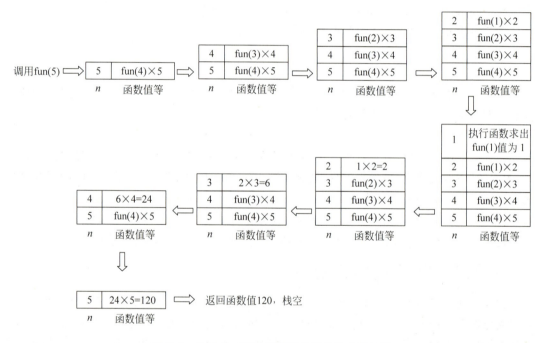

图 2.4　执行 fun(5)时系统栈的变化和求解过程

从以上过程可以得出:

(1) 递归执行是通过系统栈实现的。

(2) 每递归调用一次就需将参数、局部变量和返回地址等作为一个栈元素进栈一次,最多的进栈元素个数称为递归深度,n 越大,递归深度越深。

(3) 每当遇到递归出口或本次递归调用执行完毕时需退栈一次,并恢复参数值等,当全部执行完毕时栈应该为空。

归纳起来,递归调用的实现是分两步进行的,第一步是分解过程,即用递归体将"大问题"分解成"小问题",直到递归出口为止,然后进行第二步的求值过程,即已知"小问题",计算"大问题"。前面的 fun(5) 的求解过程如图 2.5 所示。

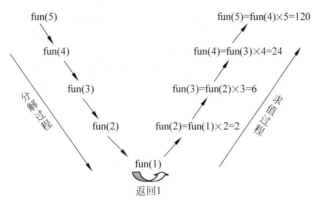

图 2.5 fun(5)的求解过程

递归算法的执行过程可以用一棵递归树来表示,递归树反映了递归算法执行中的分解和求值过程,它是对系统栈的模拟。

【例 2.3】 斐波那契数列定义如下:

$Fib(n)=1$ 当 $n=1$ 时
$Fib(n)=1$ 当 $n=2$ 时
$Fib(n)=Fib(n-1)+Fib(n-2)$ 当 $n>2$ 时

对应的递归算法如下:

```
int Fib(int n)                    //递归求 Fibonacci 数列
{   if (n==1 || n==2)
        return 1;
    else
        return Fib(n-1)+Fib(n-2);
}
```

画出求 Fib(5) 的递归树以及递归工作栈的变化和求解过程。

解 求 Fib(5) 的递归树如图 2.6 所示。图中方框旁的数字表示递归调用的次序,实箭头线表示分解关系,虚箭头线表示求值关系,虚箭头线上的数字表示求值结果。

从上面求 Fib(5) 的过程看到,对于复杂的递归调用,分解和求值可能交替进行、循环反复,直到求出最终值。

执行 Fib(5) 时系统栈的变化和求解过程如图 2.7 所示,由 Fib(5) 分解为 Fib(4)+Fib(3),Fib(4) 分解为 Fib(3)+Fib(2),Fib(3) 分解为 Fib(2)+Fib(1),Fib(2) 和 Fib(1) 的求值结果均为 1,从而求出 Fib(3) 的值为 2,Fib(2) 的求值结果为 1,从而求出 Fib(4) 的值为 3。类似求出 Fib(3) 的值为 2,所以最终 Fib(5) 的值为 5(系统栈中最后一个元素的函数值)。

在递归函数执行时,其形参会随着递归调用发生变化,但每次调用后会恢复为调用前的形参,将递归函数的非引用型形参的取值称为**状态**(递归函数的引用型形参在执行后会回传

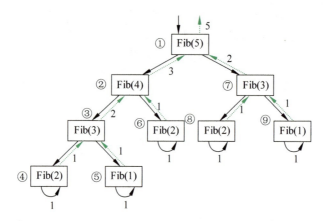

图 2.6　求 Fib(5)的递归树

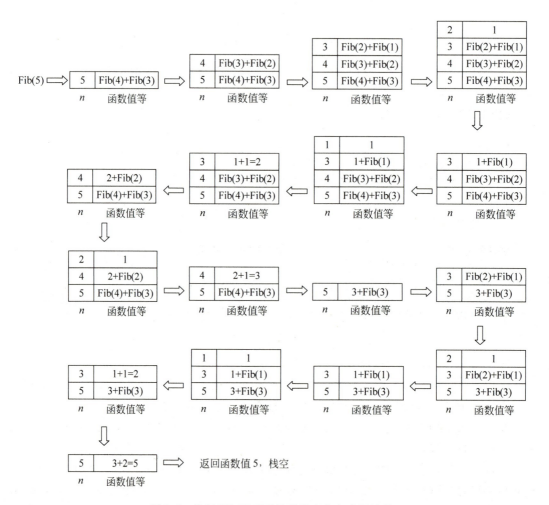

图 2.7　执行 Fib(5)时系统栈的变化和求解过程

给实参,有时类似全局变量,不作为状态的一部分),在调用过程中状态会发生变化,而每次调用后会自动恢复为调用前的状态。例如有以下递归算法:

```
void f(int n)                    //一个递归算法
{   if (n<1) return;
    else
    {   printf("调用 f(%d)前,n=%d\n",n-1,n);
        f(n-1);
        printf("调用 f(%d)后:n=%d\n",n-1,n);
    }
}
```

执行 f(4)的结果如下：

```
调用 f(3)前,n=4
调用 f(2)前,n=3
调用 f(1)前,n=2
调用 f(0)前,n=1
调用 f(0)后:n=1
调用 f(1)后:n=2
调用 f(2)后:n=3
调用 f(3)后:n=4
```

在上述递归函数中状态为(n)，其递归执行过程如图 2.8 所示，输出框旁的数字表示输出顺序，虚线表示本次递归调用执行完后返回，从中看到每次递归调用后状态都恢复为调用前的状态。

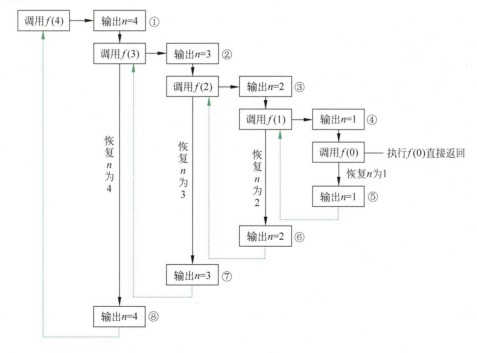

图 2.8　f(4)的执行过程

2.2 递归算法设计

2.2.1 递归与数学归纳法

从式(2.2)的递归体看到,如果已知 s_i、s_{i+1}、$\cdots$、s_n,就可以确定 s_{n+1}。从数学归纳法的角度来看,这相当于数学归纳法归纳步骤的内容。但仅有这个关系还不能确定这个数列,若使它完全确定,还应给出这个数列的初始值 s_1,这相当于数学归纳法的基础内容。

第一数学归纳法原理:若$\{P(1),P(2),P(3),P(4),\cdots\}$是命题序列且满足以下两个性质,则所有命题均为真。

(1) $P(1)$为真。

(2) 任何命题均可以从它的前一个命题推导得出。

例如,采用第一数学归纳法证明下式:
$$1+2+\cdots+n=\frac{n(n+1)}{2}$$

证明:当 $n=1$ 时,左式$=1$,右式$=\frac{1\times 2}{2}=1$,左、右两式相等,等式成立。

假设当 $n=k-1$ 时等式成立,有 $1+2+\cdots+(k-1)=\frac{k(k-1)}{2}$;当 $n=k$ 时,左式$=1+2+\cdots+k=1+2+\cdots+(k-1)+k=\frac{k(k-1)}{2}+k=\frac{k(k+1)}{2}$ 等式成立。即证。

第二数学归纳法原理:若$\{P(1),P(2),P(3),P(4),\cdots\}$是满足以下两个性质的命题序列,则对于其他自然数,该命题序列均为真。

(1) $P(1)$为真。

(2) 任何命题均可以从它的前面所有命题推导得出。

归纳步骤(条件2)的意思是 $P(n)$ 可以从前面所有命题假设$\{P(1),P(2),P(3),\cdots,P(n-1)\}$推导得出。

【**例2.4**】 采用第二数学归纳法证明,任何含有 $n(n\geqslant 0)$ 个不同结点的二叉树都可由它的中序序列和先序序列唯一地确定。

证明:当 $n=0$ 时二叉树为空,结论正确。

假设结点数小于 n 的任何二叉树(所有结点值不相同)都可以由其先序序列和中序序列唯一地确定。

若某棵二叉树具有 $n(n>0)$ 个不同结点,其先序序列是 $a_0 a_1 \cdots a_{n-1}$、中序序列是 $b_0 b_1 \cdots b_{k-1} b_k b_{k+1} \cdots b_{n-1}$。

因为在先序遍历过程中访问根结点后紧跟着遍历左子树,最后再遍历右子树,所以 a_0 必定是二叉树的根结点,而且 a_0 必然在中序序列中出现。也就是说,在中序序列中必有某个 $b_k(0\leqslant k\leqslant n-1)$ 就是根结点 a_0。

由于 b_k 是根结点,而在中序遍历过程中先遍历左子树,再访问根结点,最后再遍历右子树,所以在中序序列中 $b_0 b_1 \cdots b_{k-1}$ 必是根结点 b_k(也就是 a_0)左子树的中序序列,即 b_k 的左

子树有 k 个结点(注意,$k=0$ 表示结点 b_k 没有左子树),而 $b_{k+1}\cdots b_{n-1}$ 必是根结点 b_k(也就是 a_0)右子树的中序序列,即 b_k 的右子树有 $n-k-1$ 个结点(注意,$k=n-1$ 表示结点 b_k 没有右子树)。

另外,在先序序列中紧跟在根结点 a_0 之后的 k 个结点 $a_1\cdots a_k$ 就是左子树的先序序列,$a_{k+1}\cdots a_{n-1}$ 这 $n-k-1$ 个结点就是右子树的先序序列,其示意图如图 2.9 所示。

图 2.9 由先序序列和中序序列确定一棵二叉树

根据归纳假设,子先序序列 $a_1\cdots a_k$ 和子中序序列 $b_0b_1\cdots b_{k-1}$ 可以唯一地确定根结点 a_0 的左子树,而子先序序列 $a_{k+1}\cdots a_{n-1}$ 和子中序序列 $b_{k+1}\cdots b_{n-1}$ 可以唯一地确定根结点 a_0 的右子树。

综上所述,这棵二叉树的根结点已经确定,而且其左、右子树都唯一地确定了,所以整个二叉树也就唯一地确定了。

数学归纳法是一种论证方法,而递归是算法和程序设计的一种实现技术,数学归纳法是递归的理论基础。

2.2.2 递归算法设计的一般步骤

递归算法求解过程的特征是先将整个问题划分为若干个子问题,通过分别求解子问题,最后获得整个问题的解。这些子问题具有与原问题相同的求解方法,于是可以再将它们划分成若干个子问题,分别求解,如此反复进行,直到不能再划分成子问题或已经可以求解为止。

这种自上而下将问题分解,再自下而上求值、合并,求出最后问题解的过程称为递归求解过程,它是一种分而治之的算法设计方法。

递归算法设计的关键是提取求解问题的递归模型,在此基础上转换成对应的 C/C++ 语言递归函数。

对于式(2.3)和式(2.4)简化的递归模型而言,要求解 $f(s_n)$,不是直接求其解,而是转化为求解 $f(s_{n-1})$ 和一个常量 c_{n-1},即将 s_n 状态转化为 s_{n-1} 状态和一个常状态 c_{n-1}(常状态指可以直接求解的一个或一组数据)来间接求解。

求解 $f(s_{n-1})$ 的方法与环境和求解 $f(s_n)$ 的方法与环境是相似的,但 $f(s_n)$ 是一个"大问题",$f(s_{n-1})$ 是一个"较小问题",尽管 $f(s_{n-1})$ 还未解决,但向解决目标靠近了一步,这就是一个"量变",如此到达递归出口时便发生了"质变",递归问题解决了。因此,递归设计就是要给出合理的"小问题",然后确定"大问题"的解与"小问题"之间的关系,即确定递归体;最后朝此方向分解,必然有一个简单的基本问题解,以此作为递归出口。

所以用户在实际应用中要使用递归算法通常需要分析以下 3 个方面的问题:

(1)每一次递归调用在处理问题的规模上都应有所缩小(通常问题规模可减半)。

(2) 相邻两次递归调用之间有紧密的联系，前一次要为后一次递归调用做准备，通常是前一次递归调用的输出作为后一次递归调用的输入。

(3) 在问题的规模极小时必须直接给出问题解而不再进行递归调用，因此每次递归调用都是有条件的，无条件递归调用将会成为死循环而不能正常结束。

所以，提取递归模型的基本步骤如下：

(1) 对原问题 $f(s_n)$ 进行分析，抽象出合理的"小问题" $f(s_{n-1})$（与数学归纳法中假设 $n=k-1$ 时等式成立相似）。

(2) 假设 $f(s_{n-1})$ 是可解的，在此基础上确定 $f(s_n)$ 的解，即给出 $f(s_n)$ 与 $f(s_{n-1})$ 之间的关系（与数学归纳法中求证 $n=k$ 时等式成立的过程相似）。

(3) 确定一个特定情况（如 $f(1)$ 或 $f(0)$）的解，由此作为递归出口（与数学归纳法中求证 $n=1$ 或 $n=0$ 时等式成立相似）。

【例 2.5】 用递归法求一个整数数组 a 中的最大元素。

解 设 $f(a,i)$ 求解数组 a 中前 i 个元素（即 $a[0..i-1]$）中的最大元素，则 $f(a,i-1)$ 求解数组 a 中前 $i-1$ 个元素（即 $a[0..i-2]$）中的最大元素，前者为"大问题"，后者为"小问题"，假设 $f(a,i-1)$ 已求出，则有 $f(a,i)=\text{MAX}\{f(a,i-1),a[i-1]\}$。递推方向是朝 a 中元素个数减少的方向推进，当 a 中只有一个元素时，该元素就是最大元素，所以 $f(a,1)=a[0]$。由此得到递归模型如下：

$$f(a,i)=a[0] \quad \text{当 } i=1 \text{ 时}$$
$$f(a,i)=\text{MAX}\{f(a,i-1),a[i-1]\} \quad \text{当 } i>1 \text{ 时}$$

对应的递归算法如下：

```
int fmax(int a[],int i)            //求数组 a 中的最大元素的递归算法
{   if (i==1)
        return a[0];
    else
        return max(fmax(a,i-1),a[i-1]);
}
```

若数组 a 的元素为 $(1,2,3,4,5)$，则执行 $\text{fmax}(a,5)$ 的返回结果为 5。

2.2.3 递归数据结构及其递归算法设计

1. 递归数据结构的定义

采用递归方式定义的数据结构称为递归数据结构。在递归数据结构定义中包含的递归运算称为基本递归运算。

例如，正整数的定义为 1 是正整数，若 n 是正整数（$n \geq 1$），则 $n+1$ 也是正整数。从中看出，正整数是一种递归数据结构。显然，若 n 是正整数（$n \geq 1$），$m=n+1$ 也是正整数，也就是说 $n+1$ 是一种基本递归运算。

对于采用二叉链 b 存储的二叉树，其左子树 $b\text{->lchild}$ 和右子树 $b\text{->rchild}$ 也分别是一棵二叉树，所以对于二叉树中的任一结点 p，取其左子树运算 $p\text{->lchild}$

扫一扫

视频讲解

和取其右子树运算 $p\rightarrow rchild$ 都是基本递归运算。

归纳起来,递归数据结构定义如下:

RD=(D,Op)

其中,$D=\{d_i\}$($1\le i\le n$,共 n 个元素)为构成该数据结构的所有元素的集合,Op 是基本递归运算的集合,Op=$\{op_j\}$($1\le j\le m$,共 m 个基本递归运算),对于 $\forall d_i\in D$,不妨设 op_j 为一元运算符,则有 $op_j(d_i)\in D$,也就是说递归运算符具有封闭性。

在上述二叉树的定义中,D 是给定二叉树及其子树的集合(对于一棵给定的二叉树,其子树的个数是有限的),Op=$\{op_1,op_2\}$ 由基本递归运算符构成,它们的定义如下:

op1(p)=p $\rightarrow$ lchild
op2(p)=p $\rightarrow$ rchild

其中,p 指向二叉树中的一个非空结点。

2. 基于递归数据结构的递归算法设计

在递归算法设计中确定递归模型的递归体是最重要的步骤,而抽象出原问题 $f(s_n)$ 合理的"小问题"$f(s_{n-1})$ 是关键,当算法处理的是递归数据结构时这种抽象过程变得简单可行,只需分析递归数据结构的基本递归运算,从基本递归运算出发来进行合理的抽象。所以在设计递归算法时如果处理的数据是递归数据结构,要对该数据结构及其基本递归运算进行分析,找出正确的递归体和递归出口。

1) **单链表的递归算法设计**

在设计不带头结点的单链表的递归算法时,通常设求解以 L 为首结点指针的整个单链表的某功能为"大问题",而设求解除首结点以外的其余结点构成的单链表(由 $L\rightarrow next$ 标识,该运算为递归运算)的相同功能为"小问题",由大小问题之间的解关系得到递归体。再考虑特殊情况,通常是单链表为空或者只有一个结点时很容易求解,从而得到递归出口。

【例 2.6】 有一个不带头结点的单链表 L,设计一个算法释放其中的所有结点。

解 设 $L=\{a_1,a_2,\cdots,a_n\}$,$f(L)$ 的功能是释放 $a_1\sim a_n$ 的所有结点,则 $f(L\rightarrow next)$ 的功能是释放 $a_2\sim a_n$ 的所有结点,前者是"大问题",后者是"小问题"。假设 $f(L\rightarrow next)$ 已实现,则 $f(L)$ 就可以通过先调用 $f(L\rightarrow next)$ 然后释放 L 所指的结点来求解,如图 2.10 所示。对应的递归模型如下:

$f(L)\equiv$ 不做任何事情　　　　　　　当 L=NULL 时
$f(L)\equiv f(L\rightarrow next)$;释放 $*L$ 结点　　其他情况

其中,"$\equiv$"表示功能等价关系。对应的递归算法如下:

```
void DestroyList(LinkNode * &L)               //释放单链表 L 中的所有结点
{   if (L!=NULL)
    {   DestroyList(L -> next);
        free(L);
    }
}
```

其中，$L\rightarrow \text{next}$ 使用了单链表递归数据结构的基本递归运算，因为它具有封闭性，所以 $f(L)$ 和 $f(L\rightarrow \text{next})$ 的参数具有相同的类型，符合 C/C++ 语言递归函数设计的基本条件。另外，由于 $f(L)$ 本身没有返回值，所以对应的递归函数 DestroyList(L) 设计成 void（无值型）函数。

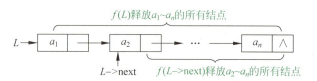

图 2.10 不带头结点的单链表的递归算法设计

说明：在对单链表设计递归算法时通常采用不带头结点的单链表。以图 2.10 为例，$L\rightarrow \text{next}$ 表示的单链表一定是没有头结点的，也就是说"小问题"的单链表是不带头结点的单链表，所以"大问题"（即整个单链表）也应设计成不带头结点的单链表，从而保证大、小问题处理数据结构的一致性。

【**例 2.7**】 有一个不带头结点的单链表 L，设计一个算法删除其中所有结点值为 x 的结点。

解 设 $f(L,x)$ 的功能是删除以 L 为首结点的单链表中所有结点值为 x 的结点，是"大问题"，而 $f(L\rightarrow \text{next},x)$ 的功能是删除以 $L\rightarrow \text{next}$ 为首结点的单链表中所有结点值为 x 的结点，是"小问题"。对应的递归模型如下：

$f(L,x) \equiv$ 不做任何事情　　　　　　　　　　　当 $L=$NULL 时
$f(L,x) \equiv$ 删除 L 结点；L 指向原后继结点；$f(L,x)$　当 $L\rightarrow \text{data}=x$ 时
$f(L,x) \equiv f(L\rightarrow \text{next},x)$　　　　　　　　　当 $L\rightarrow \text{data}\neq x$ 时

对应的递归算法如下：

```
void Delallx(LinkNode *&L, ElemType x)    //删除 L 中所有结点值为 x 的结点
{    LinkNode *p;
     if (L==NULL) return;
     if (L->data==x)
     {    p=L;
          L=L->next;
          free(p);                          //删除结点值为 x 的结点
          Delallx(L,x);                     //此时 L 中减少了一个结点
     }
     else Delallx(L->next,x);
}
```

2）二叉树的递归算法设计

二叉树是一种典型的递归数据结构，当一棵二叉树采用二叉链 b 存储时，通常设求解以 b 为根结点的整个二叉树的某功能为"大问题"，而设求解其左、右子树的相同功能为"小问题"，由大小问题之间的解关系得到递归体。再考虑特殊情况，通常是二叉树为空或者只有一个结点时很容易求解，从而得到递归出口。

【例 2.8】 对于含 $n(n>0)$ 个结点的二叉树,所有结点值为 int 类型,设计一个算法由其先序序列 a 和中序序列 b 创建对应的二叉链存储结构。

解 采用例 2.4 的构造过程,设 $f(a,b,n)$ 的功能是返回由先序序列 a 和中序序列 b 创建含 n 个结点的二叉链的根结点。先创建根结点 bt,其结点值为 $root(a[0])$。在 b 序列中找到根结点值 $b[k]$,再递归调用 $CreateBTree(a+1,b,k)$ 创建 bt 的左子树,递归调用 $CreateBTree(a+k+1,b+k+1,n-k-1)$ 创建 bt 的右子树。创建整个二叉链是"大问题",创建左、右子树的二叉链是"小问题",递归出口对应 $n \leq 0$ 的情况。

对应的递归算法如下:

```
BTNode *CreateBTree(ElemType a[],ElemType b[], int n)
//由先序序列 a[0..n-1]和中序序列 b[0..n-1]建立二叉链存储结构 bt
{   int k;
    if (n<=0) return NULL;
    ElemType root=a[0];                                 //根结点值
    BTNode *bt=(BTNode *)malloc(sizeof(BTNode));
    bt->data=root;
    for (k=0;k<n;k++)                                   //在 b 中查找 b[k]=root 的根结点
        if (b[k]==root)
            break;
    bt->lchild=CreateBTree(a+1,b,k);                    //递归创建左子树
    bt->rchild=CreateBTree(a+k+1,b+k+1,n-k-1);          //递归创建右子树
    return bt;
}
```

【例 2.9】 假设二叉树采用二叉链存储结构,设计一个递归算法释放二叉树 bt 中的所有结点。

解 设 $f(bt)$ 的功能是释放二叉树 bt 的所有结点,则 $f(bt \rightarrow lchild)$ 的功能是释放二叉树 bt 的左子树的所有结点,$f(bt \rightarrow rchild)$ 的功能是释放二叉树 bt 的右子树的所有结点,$f(bt)$ 是"大问题",$f(bt \rightarrow lchild)$ 和 $f(bt \rightarrow rchild)$ 是两个"小问题",如图 2.11 所示。假设"小问题"是可实现的,则 $f(bt)$ 的功能是先调用 $f(bt \rightarrow lchild)$ 和 $f(bt \rightarrow rchild)$,然后释放 bt 所指的结点。对应的递归模型如下:

$f(bt) \equiv$ 不做任何事情　　　　　　　　　　　　当 bt=NULL 时
$f(bt) \equiv f(bt \rightarrow lchild); f(bt \rightarrow rchild);$ 释放 bt 所指的结点　其他情况

对应的递归算法如下:

```
void DestroyBTree(BTNode *&bt)              //释放以 bt 为根结点的二叉树
{   if (bt!=NULL)
    {   DestroyBTree(bt->lchild);
        DestroyBTree(bt->rchild);
        free(bt);
    }
}
```

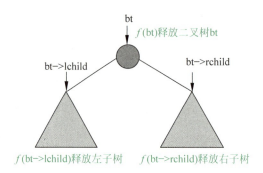

图 2.11 二叉树的释放

【例 2.10】 假设二叉树采用二叉链存储结构,设计一个递归算法由二叉树 bt 复制产生另一棵二叉树 bt1。

解 设 $f(bt,bt1)$ 的功能是由二叉树 bt 复制产生另一棵二叉树 bt1,它是"大问题",而 $f(bt\text{->lchild},bt1\text{->lchild})$ 的功能就是由 bt 的左子树复制产生 bt1 的左子树,$f(bt\text{->rchild},bt1\text{->rchild})$ 的功能就是由 bt 的右子树复制产生 bt1 的右子树,它们是"小问题",如图 2.12 所示。

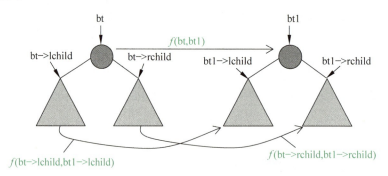

图 2.12 二叉树的复制

对应的递归模型如下:

$f(bt,bt1) \equiv bt1=\text{NULL}$ 当 $b=\text{NULL}$ 时
$f(bt,bt1) \equiv$ 由 bt 结点复制产生 bt1 结点;   其他情况
     $f(bt\text{->lchild},bt1\text{->lchild})$; $f(bt\text{->rchild},bt1\text{->rchild})$

对应的递归算法如下:

```
void CopyBTree(BTNode * bt,BTNode * &bt1)     //由二叉树 bt 复制产生 bt1
{   if (bt==NULL)
        bt1=NULL;
    else
    {   bt1=(BTNode * )malloc(sizeof(BTNode));
        bt1->data=bt->data;
        CopyBTree(bt->lchild,bt1->lchild);
        CopyBTree(bt->rchild,bt1->rchild);
```

        }
    }

【例 2.11】 假设二叉树采用二叉链存储结构,设计一个递归算法输出从根结点到值为 x 的结点的路径,假设二叉树中所有结点的值不同。

解法 1:采用求 x 结点的所有祖先的方法,因为 x 结点加上它的所有祖先恰好构成从根结点到 x 结点的路径(逆向)。用 vector<int>向量 path 存放 x 结点及其祖先(即从根结点到 x 结点的逆路径,反向输出构成正向路径)。

$f(b,x,\text{path})$(大问题)的求解过程:若 b 为空树,返回 false;若 b 所指的结点为 x 结点,将 x 结点值加入 path,返回 true;若 b 所指结点的孩子为 x 结点或其祖先,将 b 所指结点值加入 path,返回 true。

判断 b 所指结点的左孩子为 x 结点或其祖先表示为 $f(b\to\text{lchild},x,\text{path})$,判断 b 所指结点的右孩子为 x 结点或其祖先表示为 $f(b\to\text{rchild},x,\text{path})$,它们都是"小问题"。对应的递归模型如下:

$f(b,x,\text{path})=\text{false}$ 当 $b=\text{NULL}$ 时
$f(b,x,\text{path})=\text{true}$(将 x 加入到 path 中)   当 $b\to\text{data}=x$ 时
$f(b,x,\text{path})=\text{true}$(将 $b\to\text{data}$ 加入到 path 中)   当 $f(b\to\text{lchild},x,\text{path})$ 或 $f(b\to\text{rchild},x,\text{path})$ 为 true 时

对应的算法如下:

```
bool Findxpath1(BTNode *b, int x, vector<int> &path)
//求根结点到 x 结点的(逆向)路径
{   if (b==NULL)                                //空树返回 false
        return false;
    if (b->data==x)                             //找到值为 x 的结点
    {   path.push_back(x);                      //将结点值加入 path 中,并返回 true
        return true;
    }
    else if (Findxpath1(b->lchild,x,path) || Findxpath1(b->rchild,x,path))
    {   path.push_back(b->data);                //将结点值加入 path 中,并返回 true
        return true;
    }
}
```

解法 2:采用更直接的递归查找方法。用 vector<int>向量 path 存放从根结点到 x 结点的正向路径。

$f(b,x,\text{path})$ 的求解过程:若 b 为空树,返回 false;否则将 b 结点值加入到 path 中,如果 $b\to\text{data}=x$,查找成功返回 true;如果 $b\to\text{data}\ne x$,在左子树中查找,若在左子树中找到值为 x 的结点,返回 true,若在左子树中没有找到值为 x 的结点,返回在右子树中的查找结果。在左、右子树中查找都是"小问题"。对应的递归模型如下:

$$f(b,x,path)=false \qquad \text{当 } b=\text{NULL 时}$$
$$f(b,x,path)=true(将 b\to data 加入到 path 中) \qquad \text{当 } b\to data=x \text{ 时}$$
$$f(b,x,path)=true \qquad \text{当 } f(b\to lchild,x,path)=true \text{ 时}$$
$$f(b,x,path)=f(b\to rchild,x,path) \qquad \text{其他情况}$$

在设计算法时，path 存放求解结果需要设计成引用参数，而引用参数类似全局变量不能作为递归函数的状态（也就是不是自动恢复递归调用前的值），为此设计一个保存当前搜索路径的临时参数 tmppath，一旦找到值为 x 的结点，将其路径复制到 path 中。对应的算法如下：

```cpp
bool Findxpath2(BTNode *bt, int x, vector<int> tmppath, vector<int> &path)
//求根结点到 x 结点的(正向)路径 path
{   if (bt==NULL)
        return false;                                    //空树返回 false
    tmppath.push_back(bt->data);                         //当前结点加入 path
    if (bt->data==x)                                     //若当前结点值为 x,返回 true
    {   path=tmppath;                                    //路径的复制
        return true;
    }
    bool find=Findxpath2(bt->lchild, x, tmppath, path);  //在左子树中查找
    if (find)                                            //在左子树中成功找到
        return true;
    else                                                 //在左子树中没有找到,在右子树中查找
        return Findxpath2(bt->rchild, x, tmppath, path);
}
```

2.2.4 基于归纳思想的递归算法设计

对于求解问题规模为 n 的"大问题"，有时候需要从求解一个带有小一点参数的相似"小问题"开始，如参数是 $n-1$、$n/2$ 等，然后再把解推广到包含所有的 n。这样问题的解决会比较容易一些，这种方法基于数学归纳法的证明技术。

扫一扫

视频讲解

从本质上讲，给出一个带有参数 n 的问题，采用基于归纳思想设计递归算法是基于这样一个事实，如果知道求解带有参数 k（小于 n）的同样问题（它被称为归纳假设），那么整个任务就转化为如何把解法扩展到带有参数 k 的情况。实际上就是以 $f(n)$ 为"大问题"，以 $f(n-1)$ 或者 $f(n/2)$ 等为"小问题"，归纳出大小问题之间的递推关系。

这种方法可以一般化为包括所有递归算法设计技术，例如分治法和动态规划法等。由于这两种算法各自具有明显的特点，在这里主要讨论与数学归纳法十分相似的方法，在后面再介绍分治法和动态规划法。

说明：基于归纳思想的递归算法设计通常不像基于递归数据结构的递归算法设计那样直观，需要通过对求解问题的深入分析提炼出求解过程中的相似性而不是数据结构的相似性，这就增加了算法设计的难度。但现实世界中的许多问题的求解都隐含这种相似性，并体

现计算思维的特性。

例如,有 $n+2$ 个实数 a_0、a_1、$\cdots$、a_n 和 x,求多项式 $P_n(x)=a_nx^n+a_{n-1}x^{n-1}+\cdots+a_1x+a_0$ 的值。直接的方法是对每一项分别求值,其算法如下:

```
double solve(double a[],int n,double x)        //求多项式值的非递归算法
{   int i,j;
    double p=0.0,p1;
    for (i=n;i>=0;i--)
    {   p1=1.0;
        for (j=1;j<=i;j++)
            p1*=x;
        p+=p1*a[i];
    }
    return p;
}
```

该算法十分低效,因为它需要做 $n+(n-1)+\cdots+1=n(n+1)/2$ 次乘法。通过以下归纳法可以推导出一种快得多的方法,首先观察:

$$P_n(x)=a_nx^n+a_{n-1}x^{n-1}+\cdots+a_1x+a_0$$
$$=((\cdots(((a_nx+a_{n-1})x+a_{n-2})x+a_{n-3})\cdots)x+a_1)x+a_0$$

设: $P_0(x)=a_n$

$P_1(x)=P_0(x)\times x+a_{n-1}$

$P_2(x)=P_1(x)\times x+a_{n-2}$

$\cdots$

$P_i(x)=P_{i-1}(x)\times x+a_{n-i}$

$\cdots$

$P_n(x)=P_{n-1}(x)\times x+a_0$

这种求值的安排称为 Horner 规则,用这种安排可推导出以下更有效的算法。

```
double Horner(double a[],int n,double x,int i)  //求多项式值的递归算法
{   if (i==0)
        return a[n];
    else
        return x*Horner(a,n,x,i-1)+a[n-i];
}
```

求解 $P_n(x)$ 的调用为 Horner(a,n,x,n),很容易看到,其代价是 n 次乘法和 n 次加法,这是利用归纳思想的优点产生出的显著改进。

例如,$P(x)=3x^2-2x+5$,求 $x=0.5$ 和 $x=-0.2$ 时多项式值的程序如下:

```
void main()
{   double a[]={5,-2,3};
    int n=sizeof(a)/sizeof(a[0])-1;             //求出 n=2
    double x=0.5;
```

```
        printf("x=%g 的结果:\n",x);
        printf("    P=%g\n",solve(a,n,x));
        printf("    P=%g\n",Horner(a,n,x,n));
        x=-0.2;
        printf("x=%g 的结果:\n",x);
        printf("    P=%g\n",solve(a,n,x));
        printf("    P=%g\n",Horner(a,n,x,n));
}
```

程序输出结果如下:

```
x=0.5 的结果:
    P=4.75
    P=4.75
x=-0.2 的结果:
    P=5.52
    P=5.52
```

【**例 2.12**】 设计一个递归算法,输出一个十进制正整数 n 的各数字位,例如 $n=123$,输出各数字位为 123。

解 设 n 为 m 位十进制数 $a_{m-1}a_{m-2}\cdots a_1a_0(m>0)$,则 $n\%10=a_0$,$n/10=a_{m-1}a_{m-2}\cdots a_1$。设 $f(n)$ 的功能是输出十进制数 n 的各数字位,则 $f(n/10)$ 的功能是输出除 a_0(即 $n\%10$)以外的各数字位,前者是"大问题",后者是"小问题"。对应的递归模型如下:

$f(n)\equiv$ 不做任何事情   当 $n=0$ 时
$f(n)\equiv f(n/10)$;输出 $n\%10$ 其他情况

该方法称为辗转相除法。对应的递归算法如下:

```
void digits(int n)              //输出正整数 n 的各数字位
{   if (n!=0)
    {   digits(n/10);
        printf("%d",n%10);
    }
}
```

【**例 2.13**】 设计一个递归算法,求 $n!$(其中 n 为大于 1 的正整数)末尾所含有的"0"的个数。

解 对于 n 的阶乘 $n!$,在其因式分解中如果存在一个因子 5,那么它必然对应着 $n!$ 末尾的一个 0。其证明如下:

(1) 当 $n<5$ 时结论显然成立。

(2) 当 $n\geq 5$ 时令 $n!=[5k\times 5(k-1)\times\cdots\times 10\times 5]\times a$,其中 $n=5k+r(0\leq r\leq 4)$,a 是一个不含因子 5 的整数。

对于序列 $5k$、$5(k-1)$、$\cdots$、10、5 中的每一个数 $5i(1\leq i\leq k)$ 都含有因子 5,并且在区间 $[5(i-1),5i]$ 内存在偶数,也就是说 a 中存在一个因子 2 与 $5i$ 相对应,而 $2\times 5=10$,即这里

的 k 个因子 5 与 $n!$ 末尾的 k 个 0 一一对应。例如，$n=11$，$n!=10\times5\times a$，有 $k=2$，即两个因子 5 对应 $11!$ 末尾的两个 0。

进一步展开 $n!$，有 $5k\times5(k-1)\times\cdots\times10\times5=5^k[k\times(k-1)\times\cdots\times1]=5^k\times k!$，即 $n!=5^k\times k!\times a$。所以 $n!$ 末尾的 0 与 $n!$ 的因式分解中的因子 5 是一一对应的，也就是说，计算 $n!$ 末尾的 0 的个数可以转换为计算其因式分解中 5 的个数。

令 $f(x)$ 表示正整数 x 末尾所含有的 0 的个数，$g(x)$ 表示正整数 x 的因式分解中因子 5 的个数，则利用上面的结论有：

$$f(n!)=g(n!)=g(5^k\times k!\times a)=k+g(k!)=k+f(k!)$$

所以，当 $0<n<5$ 时，$f(n!)=0$；当 $n\geq5$ 时，$f(n!)=k+f(k!)$，其中 $k=n/5$（取整）。例如，$f(5!)=1+f(1!)=1$，$f(10!)=2+f(2!)=2$，$f(20!)=4+f(4!)=4$。

改为设 $f(n)$ 求 $n!$ 末尾所含有的"0"的个数，对应的递归模型如下：

$f(n)=0$ 当 $0<n<5$ 时
$f(n)=n/5+f(n/5)$ 其他情况

对应的递归算法如下：

```
int Zeronum(int n)                    //求 n!末尾所含有的"0"的个数
{   if (n>0 && n<5)
        return 0;
    else
    {   int k=n/5;
        return k+Zeronum(k);
    }
}
```

2.3 递归算法设计示例

本节通过几个典型示例介绍递归算法设计方法。

2.3.1 简单选择排序和冒泡排序

【问题描述】 对于给定的含有 n 个元素的数组 a，分别采用简单选择排序和冒泡排序方法按元素值递增排序。

简单选择排序和冒泡排序方法都是将 $a[0..n-1]$ 分为有序区 $a[0..i-1]$ 和无序区两个部分，有序区中的所有元素都不大于无序区中的元素，初始时有序区为空（即 $i=0$）。经过 $n-1$ 趟排序（$i=1\sim n-2$），每趟排序采用不同方式将无序区中的最小元素移动到无序区的开头，即 $a[i]$ 处，如图 2.13 所示。

1. 简单选择排序

简单选择排序采用简单比较方式在无序区中选择最小元素并放到开头处。

设 $f(a,n,i)$ 用于在无序区 $a[i..n-1]$（共 $n-i$ 个元素）中选择最小元素并放到 $a[i]$ 处，是

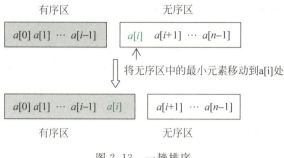

图 2.13 一趟排序

"大问题",则 $f(a,n,i+1)$ 用于在无序区 $a[i+1..n-1]$(共 $n-i-1$ 个元素)中选择最小元素并放到 $a[i+1]$ 处,是"小问题"。当 $i=n-1$ 时所有元素有序(此时无序区为 $a[n-1..n-1]$,即无序区中只有一个元素,而一个元素可以看成是有序的),算法结束。对应的递归模型如下:

$f(a,n,i)\equiv$ 不做任何事情,算法结束　　　　　　　当 $i=n-1$ 时
$f(a,n,i)\equiv$ 通过简单比较挑选 $a[i..n-1]$ 中的最小元素;　否则
　　　　　　 $a[k]$ 放到 $a[i]$ 处; $f(a,n,i+1)$;

对应的完整求解程序如下:

```
#include <stdio.h>
void swap(int &x,int &y)            //交换 x 和 y 值
{   int tmp=x;
    x=y; y=tmp;
}
void disp(int a[],int n)             //输出 a 中的所有元素
{   int i;
    for (i=0;i<n;i++)
        printf("%d ",a[i]);
    printf("\n");
}
void SelectSort(int a[],int n,int i) //递归的简单选择排序
{   int j,k;
    if (i==n-1) return;              //满足递归出口条件
    else
    {   k=i;                         //k 记录 a[i..n-1]中最小元素的下标
        for (j=i+1;j<n;j++)          //在 a[i..n-1]中找最小元素 a[k]
            if (a[j]<a[k])
                k=j;
        if (k!=i)                    //若最小元素不是 a[i]
            swap(a[i],a[k]);         //a[i]和 a[k]交换
        SelectSort(a,n,i+1);
    }
}
void main()
{   int n=10;
```

```
    int a[]={2,5,1,7,10,6,9,4,3,8};
    printf("排序前:"); disp(a,n);
    SelectSort(a,n,0);
    printf("排序后:"); disp(a,n);              //输出: 1 2 3 4 5 6 7 8 9 10
}
```

2. 冒泡排序

冒泡排序采用交换方式将无序区中的最小元素放到开头处。

设 $f(a,n,i)$ 用于将无序区 $a[i..n-1]$(共 $n-i$ 个元素)中的最小元素交换到 $a[i]$ 处, 是"大问题", 则 $f(a,n,i+1)$ 用于将无序区 $a[i+1..n-1]$(共 $n-i-1$ 个元素)中的最小元素交换到 $a[i+1]$ 处, 是"小问题"。当 $i=n-1$ 时所有元素有序(此时无序区为 $a[n-1..n-1]$, 即无序区中只有一个元素, 而一个元素可以看成是有序的), 算法结束。对应的递归模型如下:

$f(a,n,i) \equiv$ 不做任何事情, 算法结束   当 $i=n-1$ 时
$f(a,n,i) \equiv$ 对 $a[i..n-1]$ 中的元素序列从 $a[n-1]$ 开始进行相邻元素比较;   否则
     若相邻两元素反序则将两者交换;
     若没有交换则返回, 否则执行 $f(a,n,i+1)$;

对应的完整求解程序如下:

```
#include<stdio.h>
void swap(int &x,int &y)                    //交换 x 和 y 值
{   int tmp=x;
    x=y; y=tmp;
}
void disp(int a[],int n)                    //输出 a 中的所有元素
{   int i;
    for (i=0;i<n;i++)
        printf("%d ",a[i]);
    printf("\n");
}
void BubbleSort(int a[],int n,int i)        //递归的冒泡排序
{   int j;
    bool exchange;
    if (i==n-1) return;                     //满足递归出口条件
    else
    {   exchange=false;                     //置 exchange 为 false
        for (j=n-1;j>i;j--)                 //将 a[i..n-1]中的最小元素放到 a[i]处
            if (a[j]<a[j-1])                //当相邻元素反序时
            {   swap(a[j],a[j-1]);          //a[j]与 a[j-1]进行交换, 将无序区中的最小元素前移
                exchange=true;              //发生交换置 exchange 为 true
            }
        if (exchange==false)                //未发生交换时直接返回
            return;
        else                                //发生交换时继续递归调用
            BubbleSort(a,n,i+1);
```

```
    }
}
void main()
{   int n=10;
    int a[]={2,5,1,7,10,6,9,4,3,8};
    printf("排序前:"); disp(a,n);
    BubbleSort(a,n,0);
    printf("排序后:"); disp(a,n);       //输出:1 2 3 4 5 6 7 8 9 10
}
```

2.3.2　求解 n 皇后问题

【问题描述】　在 $n \times n$ 的方格棋盘上放置 n 个皇后,要求每个皇后不同行、不同列、不同左右对角线。图 2.14 所示为 6 皇后问题的一个解。

【问题求解】　采用整数数组 $q[N]$ 存放 n 皇后问题的求解结果,因为每行只能放一个皇后,$q[i]$ $(1 \leq i \leq n)$ 的值表示第 i 个皇后所在的列号,即该皇后放在 $(i,q[i])$ 的位置上。对于图 2.14 的解,$q[1..6]=\{2,4,6,1,3,5\}$(为了简便,不使用 $q[0]$ 元素)。

视频讲解

对于 (i,j) 位置上的皇后,是否与已放好的皇后 $(k,q[k])$ $(1 \leq k \leq i-1)$ 有冲突呢？显然它们不同列,若同列则有 $q[k]==j$；对角线有两条,如图 2.15 所示,若它们在任一条对角线上,则构成一个等腰直角三角形,即 $|q[k]-j|==|i-k|$。所以,只要满足以下条件则存在冲突,否则不冲突：

$$(q[k]==j) \,||\, (\text{abs}(q[k]-j)==\text{abs}(i-k))$$

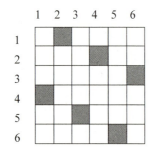

图 2.14　6 皇后问题的一个解

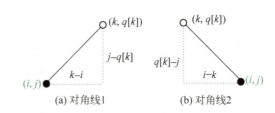

图 2.15　两个皇后构成对角线的情况

设 queen(i,n) 是在 $1 \sim i-1$ 行上已经放好了 $i-1$ 个皇后,用于在 $i \sim n$ 行放置剩下的 $n-i+1$ 个皇后,则 queen$(i+1,n)$ 表示在 $1 \sim i$ 行上已经放好了 i 个皇后,用于在 $i+1 \sim n$ 行放置 $n-i$ 个皇后,显然 queen$(i+1,n)$ 比 queen(i,n) 少放置一个皇后。所以 queen(i,n) 是"大问题",queen$(i+1,n)$ 是"小问题",则求解皇后问题所有解的递归模型如下：

```
queen(i,n) ≡ n 个皇后放置完毕,输出一个解                    若 i>n
queen(i,n) ≡ 在第 i 行找到一个合适的位置 (i,j),放置一个皇后；   其他情况
            queen(i+1,n);
```

对应的输出 n 皇后问题所有解的完整程序如下：

```c
#include <stdio.h>
#include <stdlib.h>
#define N 20                          //最多皇后个数
int q[N];                             //存放各皇后所在的列号,即(i,q[i])为一个皇后位置
int count=0;                          //累计解个数
void dispasolution(int n)             //输出 n 皇后问题的一个解
{   printf("   第%d个解：",++count);
    for (int i=1;i<=n;i++)
        printf("(%d,%d) ",i,q[i]);
    printf("\n");
}
bool place(int i,int j)               //测试(i,j)位置能否摆放皇后
{   if (i==1) return true;            //第一个皇后总是可以放置
    int k=1;
    while (k<i)                       //k=1~i-1 是已放置了皇后的行
    {   if ((q[k]==j) || (abs(q[k]-j)==abs(i-k)))
            return false;
        k++;
    }
    return true;
}

void queen(int i,int n)               //放置 1~i 的皇后
{   if (i>n)
        dispasolution(n);             //所有皇后放置结束
    else
    {   for (int j=1;j<=n;j++)        //在第 i 行上试探每一个列 j
            if (place(i,j))           //在第 i 行上找到一个合适位置(i,j)
            {   q[i]=j;
                queen(i+1,n);
            }
    }
}
void main()
{   int n;                            //n 为存放实际皇后的个数
    printf(" 皇后问题(n<20) n=");
    scanf("%d",&n);
    if (n>20)
        printf("n 值太大,不能求解\n");
    else
    {   printf("%d 皇后问题求解如下：\n",n);
        queen(1,n);                   //放置 1~n 的皇后
    }
}
```

本程序的一次执行结果如下：

皇后问题(n<20) n=6 ↙
6 皇后问题求解如下：

第1个解：(1,2) (2,4) (3,6) (4,1) (5,3) (6,5)
第2个解：(1,3) (2,6) (3,2) (4,5) (5,1) (6,4)
第3个解：(1,4) (2,1) (3,5) (4,2) (5,6) (6,3)
第4个解：(1,5) (2,3) (3,1) (4,6) (5,4) (6,2)

求出的 6 皇后的 4 个解如图 2.16 所示。

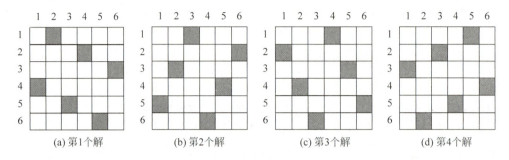

图 2.16　6 皇后解描述

2.4* 递归算法转化为非递归算法

递归算法的运行效率较低，无论是耗费的计算时间还是占用的存储空间都比非递归算法要多，因此在求解某些问题时可以采用递归思路分析问题，用非递归算法具体求解问题，这就需要把递归算法转换为非递归算法。

把递归算法转化为非递归算法有以下两种基本方法：

(1) 直接用循环结构(迭代)的算法替代递归算法。

(2) 用栈模拟系统的运行过程，通过分析只保存必须保存的信息，从而用非递归算法替代递归算法。

第(1)种是直接转化法，不需要使用栈。第(2)种是间接转化法，需要使用栈。

2.4.1　用循环结构替代递归过程

采用循环结构消除递归这种直接转化法没有通用的转换算法，对于具体问题要深入分析对应的递归结构，设计有效的循环语句进行递归到非递归的转换。

直接转化法特别适合于尾递归。**尾递归**只有一个递归调用语句，而且是处于算法的最后。例如例 2.1 的求阶乘问题算法就是尾递归算法，分析该算法可以发现，当递归调用返回时返回到上一层再递归调用下一语句，而这个返回位置正好是算法的末尾。也就是说，以前每次递归调用时保存的返回地址、函数返回值和函数参数等实际上不必长久保存，因此尾递归形式的算法实际上可变成循环结构的算法。

例如，采用循环结构求 $n!$ 的非递归算法 fun1(n) 如下：

```
int fun1(int n)              //求 n!的非递归算法
{   int f=1,i;
```

```
    for (i=2;i<=n;i++)
        f=f*i;
    return(f);
}
```

除尾递归以外,直接转化法也适合于单向递归。单向递归是指虽然有一处以上的递归调用,但各递归调用语句的参数只和主调用函数有关,相互之间的参数无关,并且这些递归调用语句也和尾递归一样处于函数的末尾。单向递归的一个典型例子是前面讨论过的计算斐波那契数列的递归算法,其中递归调用语句 Fib($n-1$) 和 Fib($n-2$) 只与主调用函数 Fib(n) 有关,这两个递归调用语句相互之间的参数无关,并且这些递归调用语句也和尾递归一样处于算法的最后。

采用循环结构求解斐波那契数列的非递归算法如下:

```
int Fib1(int n)               //求 Fibonacci 数列的非递归算法
{   int i,f1,f2,f3;
    if (n==1 || n==2)
        return(1);
    f1=1;f2=1;
    for (i=3;i<=n;i++)
    {   f3=f1+f2;
        f1=f2;
        f2=f3;
    }
    return(f3);
}
```

2.4.2 用栈消除递归过程

对于不属于尾递归和单向递归的递归算法,有时很难转化为与之等价的循环算法。但所有的递归程序都可以转化为与之等价的非递归程序(例如,C/C++语言编译器就是先将递归程序转化为非递归程序,然后求解的,它使用 goto 转移语句实现了通用转化,该算法比较复杂,不易理解,这里不做介绍)。下面讨论使用栈保存中间结果,从而将递归算法转化为非递归算法的过程。

扫一扫

视频讲解

在设计栈时,除了保存递归函数的参数等以外,还增加一个标志成员(tag),对于某个递归小问题 $f(s')$,其值为 1 表示对应递归问题尚未求出,需进一步分解转换;为 0 表示对应递归问题已求出,需通过该结果求解大问题 $f(s)$。

为了方便讨论,将递归模型分为等值关系和等价关系两种。

1. 等值关系

等值关系是指"大问题"的函数值等于"小问题"的函数值的某种运算结果,例如求 $n!$ 对应的递归模型就是等值关系。

仍以例 2.1 讨论等值关系递归模型的转换方法。该递归模型有一个递归出口和一个递归体两个式子,分别称为(1)式和(2)式。(2)式中有一次分解过程,即 $f(n) \Rightarrow f(n-1)$,对应

的求值过程是 $f(n-1) \Rightarrow f(n) = nf(n-1)$。

采用 STL 的 stack 容器 stack<NodeType>作为栈 st,其栈元素类型 NodeType 声明如下:

```
typedef struct
{   int n;                  //保存 n 值
    int f;                  //保存 f(n)值
    int tag;                //标识是否求出 f(n)值,1 表示未求出,0 表示已求出
} NodeType;                 //栈元素类型
```

设求 $n!$ 的非递归算法为 $\text{fun2}(n)(n \geq 1)$,其过程如下:

```
将(n,*,1)进栈;                                //其中*表示没有设定值
while(栈不空)
{   if(栈顶元素未计算出 f 值,即 st.top().tag==1)
    {   if(栈顶元素满足(1)式,即 st.top().n=1)
            求出栈顶元素的 f 值为 1,并置栈顶元素的 tag=0 表示已求出对应的函数值;
        else                                  //栈顶元素满足(2)式
            将子任务(st.top().n−1,*,1)进栈;    //分解过程
    }
    else                                      //栈顶元素 f 值已求出,即 st.top().tag=0
        退栈栈顶元素,由其 f 值计算出新栈顶元素的 f 值;    //求值过程
    if(栈中只有一个已求出 f 值的元素)
        退出循环;
}
st.top().f 即为所求的 fun2(n)值;
```

在求 fun2(5)时栈 st 中元素的变化如图 2.17 所示(栈中的"*"号表示函数值尚未计算出来)。

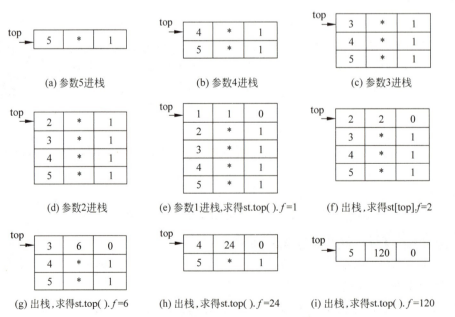

图 2.17 求 fun2(5)时栈 st 中元素的变化

fun2(n)算法如下：

```
int fun2(int n)                              //求 n!的递归算法转换成的非递归算法
{   NodeType e,e1,e2;
    stack<NodeType> st;
    e.n=n;
    e.tag=1;
    st.push(e);                              //初值进栈
    while (!st.empty())                      //栈不空时循环
    {   if (st.top().tag==1)                 //未计算出栈顶元素的 f 值
        {   if (st.top().n==1)               //(1)式即递归出口
            {   st.top().f=1;
                st.top().tag=0;
            }
            else                             //(2)式分解过程
            {   e1.n=st.top().n-1;
                e1.tag=1;
                st.push(e1);                 //子任务(n-1)!进栈
            }
        }
        else                                 //st.top().tag=0 即已计算出 f 值
        {   e2=st.top();
            st.pop();                        //退栈 e2
            st.top().f=st.top().n*e2.f;      //(2)式求值过程
            st.top().tag=0;                  //表示栈顶元素的 f 值已求出
        }
        if (st.size()==1 && st.top().tag==0) //栈中只有一个已求出 f 的元素时退出循环
            break;
    }
    return(st.top().f);
}
```

通过上例看到，对于等值关系的递归模型，栈的结构由存放的参数、对应的函数值和一个标识(tag)组成，该标识表示对应的函数值是否已求出(未求出用 1 表示、已求出用 0 表示)。这种转换的基本思路是将递归体中"大问题"和"小问题"之间的关系转换成栈中相邻两个元素的关系。在进栈(对应分解过程)和出栈(对应求值过程)时要仔细计算和恢复这种关系。对于不同的递归模型，栈中元素的处理过程可能略有不同。

2. 等价关系

等价关系是将"大问题"的求解过程转化为"小问题"求解得到的，它们之间不是值的相等关系，而是解的等价关系。

例如，求梵塔问题对应的递归模型就是等价关系，也就是说 Hanoi(n,x,y,z)与 Hanoi($n-1,x,z,y$)(第 1 步)、move(n,x,z) (第 2 步)和 Hanoi($n-1,y,x,z$) (第 3 步)是等价的。

采用 STL 的 stack 容器 stack<NodeType>作为栈 st，其栈元素类型 NodeType 声明如下：

```
typedef struct
{   int n;                                  //保存 n 值
    char x,y,z;                             //保存 f(n)值
    int tag;                                //标识是否求出 f(n)值,1 表示未求出,0 表示已求出
}NodeType;
```

将 Hanoi(n,x,y,z)任务作为一个栈元素进栈,先出栈的任务先执行,由于栈的特点是后进先出,当该任务需要分解为 3 步时应该按第 1 步~第 3 步的相反顺序将 3 个子任务进栈。对应的非递归求解过程如下:

```
定义一个栈;
将初始任务进栈;
while (栈不空)
{   if (栈顶元素的 tag==1)                    //不能直接操作
    {   出栈一个元素;
        处理子任务 3:将 Hanoi(n-1,y,x,z)进栈(若满足递归出口条件则将 tag 置为 0;
                     否则置为 1);
        处理子任务 2:把"将第 n 个盘片从 x 移动到 z"操作进栈(将 tag 置为 0);
        处理子任务 1:将 Hanoi(n-1,x,z,y)进栈(若满足递归出口条件则将 tag 置为 0;
                     否则置为 1);
    }
    if (栈顶元素满足递归出口条件)
        直接操作并退栈;
}
```

非递归算法 Hanoi1(n,x,y,z)如下:

```
void Hanoi1(int n,char x,char y,char z)     //求 Hanoi 递归算法转换成的非递归算法
{   NodeType e,e1,e2,e3;
    stack<NodeType> st;
    e.n=n;
    e.x=x; e.y=y; e.z=z;
    e.tag=1;
    st.push(e);                             //初值进栈
    while (!st.empty())                     //栈不空时循环
    {   if (st.top().tag==1)                //当不能直接操作时
        {   e=st.top();
            st.pop();                       //退栈 Hanoi(n,x,y,z)
            e1.n=e.n-1;                     //产生子任务 3:Hanoi(n-1,y,x,z)
            e1.x=e.y; e1.y=e.x; e1.z=e.z;
            if (e1.n==1)                    //只有一个盘片时直接操作
                e1.tag=0;
            else                            //否则需要继续分解
                e1.tag=1;
            st.push(e1);                    //子任务 3 进栈
            e2.n=e.n;                       //产生子任务 2:move(n,x,z)进栈
```

```
            e2.x=e.x; e2.z=e.z;
            e2.tag=0;
            st.push(e2);              //子任务2进栈
            e3.n=e.n-1;               //产生子任务1: Hanoi(n-1,x,z,y)
            e3.x=e.x; e3.y=e.z; e3.z=e.y;
            if (e3.n==1)              //只有一个盘片时直接操作
                e3.tag=0;
            else                      //否则需要继续分解
                e3.tag=1;
            st.push(e3);              //子任务1进栈
        }
        else if(st.top().tag==0)      //当可以直接操作时
        {   printf("\t将第%d个盘片从%c移动到%c\n",st.top().n,st.top().x,st.top().z);
            st.pop();                 //移动盘片后退栈
        }
    }
}
```

在求解 Hanoi1(3,'X','Y','Z')时栈 st 中元素变化的过程如表 2.1 所示,这里不需要求函数值,最后栈 st 变为空栈。

表 2.1 求 Hanoi1(3,'X','Y','Z')时栈 st 中元素变化的过程

栈操作	n	x	y	z	tag
进栈	3	X	Y	Z	1
进栈	2	Y	X	Z	1
进栈	3	X	*	Z	1
进栈	2	X	Z	Y	1
进栈	1	Z	X	Y	0
进栈	2	X	*	Y	1
进栈	1	X	Y	Z	0
出栈	1	X	Y	Z	0
出栈	2	X	*	Y	1
出栈	1	Z	X	Y	0
出栈	3	X	*	Z	1
进栈	1	X	Y	Z	0
进栈	2	Y	*	Z	1
进栈	1	Y	Z	X	0
出栈	1	Y	Z	X	0
出栈	2	Y	*	Z	1
出栈	1	X	Y	Z	0

掌握递归算法到非递归算法的转换不仅可以设计更高效的算法,也会进一步理解递归算法的执行过程,便于设计更复杂的递归算法。

2.5 递推式的计算

递归算法的执行时间可以用递归形式(即递推式)来表示,递推式也称为递归方程,这使得求解递归方程对算法分析来说极为重要。求解递归方程最直接的方法是直接从递归关系出发,一层一层地往前递推,第 1 章中介绍的例 1.7 和例 1.8 就是采用这种方式求解递推式的,本节主要介绍用特征方程、递归树和主方法求解递归方程的方法。

2.5.1 用特征方程求解递归方程

1. 线性齐次递推式的求解

常系数的线性齐次递推式的一般格式如下:

$$f(n) = a_1 f(n-1) + a_2 f(n-2) + \cdots + a_k f(n-k)$$
$$f(i) = b_i \quad 0 \leqslant i < k \tag{2.5}$$

等式(2.5)的一般解含有 $f(n)=x^n$ 形式的特解的和,用 x^n(方程的特解)来代替该等式中的 $f(n)$,则 $f(n-1)=x^{n-1}$、$\cdots$、$f(n-k)=x^{n-k}$,所以有:

$$x^n = a_1 x^{n-1} + a_2 x^{n-2} + \cdots + a_k x^{n-k}$$

两边同时除以 x^{n-k} 得到:

$$x^k = a_1 x^{k-1} + a_2 x^{k-2} + \cdots + a_k$$

或者写成:

$$x^k - a_1 x^{k-1} - a_2 x^{k-2} - \cdots - a_k = 0 \tag{2.6}$$

等式(2.6)称为递推关系(2.5)的特征方程,可以求出特征方程的根,如果该特征方程的 k 个根互不相同,令其为 r_1、r_2、$\cdots$、r_k,则得到递归方程的通解如下:

$$f(n) = c_1 r_1^n + c_2 r_2^n + \cdots + c_k r_k^n$$

再利用递归方程的初始条件($f(i)=b_i, 0 \leqslant i < k$)确定通解中的待定系数 $c_i (1 \leqslant i \leqslant k)$,从而得到递归方程的解。

下面仅讨论几种简单、常用的齐次递推式的求解过程。

(1) 对于一阶齐次递推关系,例如 $f(n)=af(n-1)$,假定序列从 $f(0)$ 开始,且 $f(0)=b$,可以直接递推求解,即:

$$f(n) = af(n-1) = a^2 f(n-2) = \cdots = a^n f(0) = a^n b$$

可以看出 $f(n)=a^n b$ 是递推式的解。

(2) 对于二阶齐次递推关系,例如 $f(n)=a_1 f(n-1) + a_2 f(n-2)$,假定序列从 $f(0)$ 开始,且 $f(0)=b_1, f(1)=b_2$。

用 x^n 来代替该等式中的 $f(n)$,则 $f(n-1)=x^{n-1}$、$\cdots$、$f(n-k)=x^{n-k}$,有 $x^n = a_1 x^{n-1} + a_2 x^{n-2}$。

两边除以 x^{n-2},有 $x^2 = a_1 x + a_2$,所以其特征方程为 $x^2 - a_1 x - a_2 = 0$,令这个二次方程的根是 r_1 和 r_2,可以求解递推式的解如下:

$$f(n)=c_1 r_1^n + c_2 r_2^n \qquad \text{当 } r_1 \neq r_2 \text{ 时}$$
$$f(n)=c_1 r^n + c_2 r^n \qquad \text{当 } r_1 = r_2 = r \text{ 时}$$

代入 $f(0)=b_1$，$f(1)=b_2$，求出 c_1 和 c_2，再代入得到最终的 $f(n)$。

【例 2.14】 分析求斐波那契数列的递归算法 $f(n)$ 的结果。

解 对于求斐波那契数列的递归算法 $f(n)$，有以下递归关系式。

$$f(n)=1 \qquad \text{当 } n=1 \text{ 或 } 2 \text{ 时}$$
$$f(n)=f(n-1)+f(n-2) \qquad \text{当 } n>2 \text{ 时}$$

为了简化解，可以引入额外项 $f(0)=0$。其特征方程是 $x^2-x-1=0$，求得根如下：

$$r_1 = \frac{1+\sqrt{5}}{2}, \quad r_2 = \frac{1-\sqrt{5}}{2}$$

由于 $r_1 \neq r_2$，这样递推式的解是 $f(n)=c_1\left(\frac{1+\sqrt{5}}{2}\right)^n + c_2\left(\frac{1-\sqrt{5}}{2}\right)^n$。

为求 c_1 和 c_2，求解下面两个联立方程：

$$f(0) = 0 = c_1 + c_2, \quad f(1) = 1 = c_1\left(\frac{1+\sqrt{5}}{2}\right) + c_2\left(\frac{1-\sqrt{5}}{2}\right)$$

求得：$c_1 = \frac{1}{\sqrt{5}}$，$c_2 = -\frac{1}{\sqrt{5}}$

所以，$f(n) = \frac{1}{\sqrt{5}}\left(\frac{1+\sqrt{5}}{2}\right)^n - \frac{1}{\sqrt{5}}\left(\frac{1-\sqrt{5}}{2}\right)^n \approx \frac{1}{\sqrt{5}}\left(\frac{1+\sqrt{5}}{2}\right)^n$。

2. 非齐次递推式的求解

常系数的线性非齐次递推式的一般格式如下：

$$f(n) = a_1 f(n-1) + a_2 f(n-2) + \cdots + a_k f(n-k) + g(n)$$
$$f(i) = b_i \quad 0 \leqslant i < k \tag{2.7}$$

其通解形式如下：

$$f(n) = f'(n) + f''(n)$$

其中，$f'(n)$ 是对应齐次递归方程的通解，$f''(n)$ 是原非齐次递归方程的特解。

现在还没有一种寻找特解的有效方法，一般是根据 $g(n)$ 的形式来确定特解。

假设 $g(n)$ 是 n 的 m 次多项式，即 $g(n)=c_0 n^m + \cdots + c_{m-1} n + c_m$，则特解 $f''(n) = A_0 n^m + A_1 n^{m-1} + \cdots + A_{m-1} n + A_m$。

代入原递归方程求出 A_0、A_1、$\cdots$、A_m。

再代入初始条件（$f(i)=b_i$，$0 \leqslant i < k$）求出系数得到最终通解。

有些情况下非齐次递推式的系数不一定是常系数。下面仅讨论几种简单、常用的非齐次递推式的求解过程。

(1) $f(n)=f(n-1)+g(n)$ （$n \geqslant 1$）且 $f(0)=0$ \qquad (2.8)

其中，$g(n)$ 是另一个序列。通过递推关系容易推出(2.8)的解如下：

$$f(n) = f(0) + \sum_{i=1}^{n} g(i)$$

例如,递推式 $f(n)=f(n-1)+1$ 且 $f(0)=0$ 的解是 $f(n)=n$,这里 $g(i)=1(1\leqslant i\leqslant n)$。

(2) $f(n)=g(n)f(n-1)(n\geqslant 1)$ 且 $f(0)=1$ (2.9)

通过递推关系推出(2.9)的解如下:

$$f(n)=g(n)g(n-1)\cdots g(1)f(0)$$

例如,递推式 $f(n)=nf(n-1)$ 且 $f(0)=1$ 的解是 $f(n)=n!$,这里 $g(n)=n$。

(3) $f(n)=nf(n-1)+n!(n\geqslant 1)$ 且 $f(0)=0$ (2.10)

其求解过程如下:

$f(n)=nf(n-1)+n!=n[(n-1)f(n-2)+(n-1)!]+n!=n(n-1)f(n-2)+2n!=n!(f(n-2)/(n-2)!+2)$,构造一个辅助函数 $f'(n)$,令 $f(n)=n!f'(n)$,$f(0)=f'(0)=0$,代入式(2.10)有:

$$n!f'(n)=n(n-1)!f'(n-1)+n!$$

简化为:

$$f'(n)=f'(n-1)+1$$

它的解为:$f'(n)=f'(0)+\sum_{i=1}^{n}1=0+n=n$。

因此,$f(n)=n!f'(n)=nn!$。

【例 2.15】 求以下非齐次方程的解:

$$f(n)=7f(n-1)-10f(n-2)+4n^2$$
$$f(0)=1$$
$$f(1)=2$$

解 对应的齐次方程为 $f(n)=7f(n-1)-10f(n-2)$,其特征方程为 $x^2-7x+10=0$,求得其特征根为 $q_1=2,q_2=5$,所以对应的齐次递归方程的通解为 $f'(n)=c_1 2^n+c_2 5^n$。

由于 $g(n)=4n^2$,则令非齐次递归方程的特解为 $f''(n)=A_0 n^2+A_1 n+A_2$。

代入原递归方程,得:

$$A_0 n^2+A_1 n+A_2=7(A_0(n-1)^2+A_1(n-1)+A_2)-10(A_0(n-2)^2+$$
$$A_1(n-2)+A_2)+4n^2$$

化简后得到:

$$4A_0 n^2+(-26A_0+4A_1)n+33A_0-13A_1+4A_2=4n^2$$

由此得到联立方程:

$$4A_0=4$$
$$-26A_0+4A_1=0$$
$$33A_0-13A_1+4A_2=0$$

求得:$A_0=1,A_1=13/2,A_2=103/8$

所以非齐次递归方程的通解为:

$$f(n)=f'(n)+f''(n)=c_1 2^n+c_2 5^n+n^2+13n/2+103/8$$

代入初始条件 $f(0)=1,f(1)=2$,求得 $c_1=-41/3,c_2=43/24$。

最后非齐次递归方程的通解为:

$$f(n)=-41/3\times 2^n+43/24\times 5^n+n^2+13n/2+103/8。$$

2.5.2 用递归树求解递归方程

扫一扫

视频讲解

用递归树求解递归方程的基本过程是展开递归方程,构造对应的递归树,然后把每一层的时间求和,从而得到算法执行时间的估计,再用时间复杂度形式表示。

【例 2.16】 分析以下递归方程的时间复杂度:

$T(n)=1$ 　　　　　　　　 当 $n=1$ 时
$T(n)=2T(n/2)+n^2$ 　　　 当 $n>1$ 时

解 构造的递归树如图 2.18 所示,当递归树展开时子问题的规模逐渐缩小,当到达递归出口时(即当子问题的规模为 1 时)递归树不再展开。

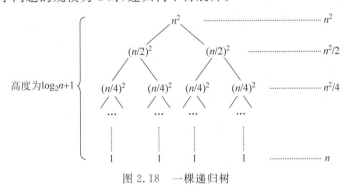

图 2.18　一棵递归树

显然在递归树中第 1 层的问题规模为 n,第 2 层的问题规模为 $n/2$,以此类推,当展开到第 $k+1$ 层时其规模为 $n/2^k=1$,所以递归树的高度为 $\log_2 n+1$。

第 1 层有一个结点,其时间为 n^2,第 2 层有两个结点,其时间为 $2(n/2)^2=n^2/2$,以此类推,第 k 层有 2^{k-1} 个结点,每个子问题规模是 $(n/2^{k-1})^2$,其时间为 $2^{k-1}(n/2^{k-1})^2=n^2/2^{k-1}$。叶子结点的个数为 n 个,其时间为 n。将递归树每一层的时间加起来,可得:

$$T(n) = n^2 + n^2/2 + \cdots + n^2/2^{k-1} + \cdots + n = O(n^2)。$$

【例 2.17】 分析以下递归方程的时间复杂度:

$T(n)=1$ 　　　　　　　　　　 当 $n=1$ 时
$T(n)=T(n/3)+T(2n/3)+n$ 　　 当 $n>1$ 时

解 构造的递归树如图 2.19 所示,这棵递归树的叶子结点不在同一层,从根结点出发到达叶子结点,最左边的路径是最短路径,每走一步,问题规模就减少为原来的 $1/3$;最右边的路径是最长路径,每走一步,问题规模就减少为原来的 $2/3$。

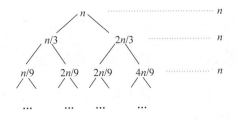

图 2.19　一棵递归树

在最坏情况下,考虑右边最长的路径。设最长路径的长度为 h,有 $n(2/3)^h=1$,求出 $h=\log_{3/2}n$,因此这棵递归树有 $\log_{3/2}n$ 层,每层结点的数值和为 n,所以 $T(n)=O(n\log_{3/2}n)=O(n\log_2 n)$。

2.5.3 用主方法求解递归方程

主方法(master method)提供了解以下形式递归方程的一般方法:

$$T(n) = aT(n/b) + f(n) \tag{2.11}$$

其中 $a \geqslant 1$、$b > 1$,为常数,该方程描述了算法的执行时间,算法将规模为 n 的问题分解成 a 个子问题,每个子问题的大小为 n/b。例如,对于递归方程 $T(n)=3T(n/4)+n^2$,有 $a=3$, $b=4$, $f(n)=n^2$。

主方法的求解对应以下主定理。

主定理:设 $a \geqslant 1$, $b > 1$,为常数,$f(n)$ 为一个函数,$T(n)$ 由(2.11)的递归方程定义,其中 n 为非负整数,则 $T(n)$ 计算如下。

(1) 若对某些常数 $\varepsilon > 0$ 有 $f(n)=O(n^{\log_b a - \varepsilon})$,那么 $T(n)=O(n^{\log_b a})$。

(2) 若 $f(n)=O(n^{\log_b a})$,那么 $T(n)=O(n^{\log_b a}\log_2 n)$。

(3) 若对某些常数 $\varepsilon > 0$ 有 $f(n)=O(n^{\log_b a + \varepsilon})$,并且对常数 $c < 1$ 与所有足够大的 n 有 $af(n/b) \leqslant cf(n)$,那么 $T(n)=O(f(n))$。

应用该定理的过程是首先把函数 $f(n)$ 与函数 $n^{\log_b a}$ 进行比较,递归方程的解由这两个函数中较大的一个决定。

情况(1):函数 $n^{\log_b a}$ 比函数 $f(n)$ 更大,则 $T(n)=O(n^{\log_b a})$。

情况(2):函数 $n^{\log_b a}$ 和函数 $f(n)$ 一样大,则 $T(n)=O(n^{\log_b a}\log_2 n)$。

情况(3):函数 $n^{\log_b a}$ 比函数 $f(n)$ 小,则 $T(n)=O(f(n))$。

【**例 2.18**】 分析以下递归方程的时间复杂度:

$T(n)=1$ 当 $n=1$ 时
$T(n)=4T(n/2)+n$ 当 $n>1$ 时

解 这里 $a=4$, $b=2$, $f(n)=n$。因此 $n^{\log_b a}=n^{\log_2 4}=n^2$,比 $f(n)$ 大,满足情况(1),所以 $T(n)=O(n^{\log_b a})=O(n^2)$。

【**例 2.19**】 采用主方法求例 2.16 递归方程的时间复杂度。

解 这里 $a=2$, $b=2$, $f(n)=n^2$。因此 $n^{\log_b a}=n^{\log_2 2}=n$,比 $f(n)$ 小,满足情况(3),所以 $T(n)=O(f(n))=O(n^2)$,与采用递归树的结果相同。

2.6 练习题

1. 什么是直接递归和间接递归?消除递归一般要用到什么数据结构?
2. 分析以下程序的执行结果:

```
#include <stdio.h>
void f(int n,int &m)
{   if (n<1) return;
    else
    {   printf("调用 f(%d,%d)前,n=%d,m=%d\n",n-1,m-1,n,m);
        n--; m--;
        f(n-1,m);
        printf("调用 f(%d,%d)后:n=%d,m=%d\n",n-1,m-1,n,m);
    }
}
void main( )
{   int n=4,m=4;
    f(n,m);
}
```

3. 采用直接推导方法求解以下递归方程：

$T(1)=1$
$T(n)=T(n-1)+n$ 当 $n>1$ 时

4. 采用特征方程求解以下递归方程：

$H(0)=0$
$H(1)=1$
$H(2)=2$
$H(n)=H(n-1)+9H(n-2)-9H(n-3)$ 当 $n>2$ 时

5. 采用递归树求解以下递归方程：

$T(1)=1$
$T(n)=4T(n/2)+n$ 当 $n>1$ 时

6. 采用主方法求解以下递归方程：

$T(n)=1$ 当 $n=1$ 时
$T(n)=4T(n/2)+n^2$ 当 $n>1$ 时

7. 分析求斐波那契数列 $f(n)$ 的时间复杂度。

8. 数列的首项 $a_1=0$，后续奇数项和偶数项的计算公式分别为 $a_{2n}=a_{2n-1}+2, a_{2n+1}=a_{2n-1}+a_{2n}-1$，写出计算数列第 n 项的递归算法。

9. 对于一个采用字符数组存放的字符串 str，设计一个递归算法求其字符个数(长度)。

10. 对于一个采用字符数组存放的字符串 str，设计一个递归算法判断 str 是否为回文。

11. 对于不带头结点的单链表 L，设计一个递归算法正序输出所有结点值。

12. 对于不带头结点的单链表 L，设计一个递归算法逆序输出所有结点值。

13. 对于不带头结点的非空单链表 L，设计一个递归算法返回最大值结点的地址(假设这样的结点唯一)。

14. 对于不带头结点的单链表 L，设计一个递归算法返回第一个值为 x 的结点的地址，若没有这样的结点返回 NULL。

15. 对于不带头结点的单链表 L，设计一个递归算法删除第一个值为 x 的结点。

16. 假设二叉树采用二叉链存储结构存放，结点值为 int 类型，设计一个递归算法求二叉树 bt 中的所有叶子结点值之和。

17. 假设二叉树采用二叉链存储结构存放，结点值为 int 类型，设计一个递归算法求二叉树 bt 中所有结点值大于等于 k 的结点个数。

18. 假设二叉树采用二叉链存储结构存放，所有结点值均不相同，设计一个递归算法求值为 x 的结点的层次（根结点的层次为1），若没有找到这样的结点返回 0。

2.7 上机实验题

实验 1. 逆置单链表

对于不带头结点的单链表 L，设计一个递归算法逆置所有结点。编写完整的实验程序，并采用相应数据进行测试。

实验 2. 判断两棵二叉树是否同构

假设二叉树采用二叉链存储结构存放，设计一个递归算法判断两棵二叉树 bt1 和 bt2 是否同构。编写完整的实验程序，并采用相应数据进行测试。

实验 3. 求二叉树中最大和的路径

假设二叉树中的所有结点值为 int 类型，采用二叉链存储。设计递归算法求二叉树 bt 中从根结点到叶子结点路径和最大的一条路径。例如，对于如图 2.20 所示的二叉树，路径和最大的一条路径是 5→4→6，路径和为 15。编写完整的实验程序，并采用相应数据进行测试。

实验 4. 输出表达式树等价的中缀表达式

请设计一个算法，将给定的表达式树(二叉树)转换为等价的中缀表达式(通过括号反映操作符的计算次序)并输出，假设表达式树中结点值为单个字符。例如，图 2.21 所示为两棵表达式树对应等价的中缀表达式。

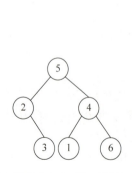

图 2.20 一棵二叉树

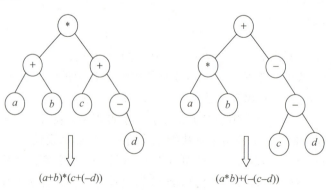

图 2.21 两棵表达式树对应等价的中缀表达式

实验 5. 求两个正整数 x、y 的最大公约数

设计一个递归算法求两个正整数 x、y 的最大公约数（gcd），并转换为非递归算法。

2.8 在线编程题

在线编程题 1. 求解 n 阶螺旋矩阵问题

【问题描述】 创建 n 阶螺旋矩阵并输出。

输入描述：输入包含多个测试用例，每个测试用例为一行，包含一个正整数 $n(1 \leqslant n \leqslant 50)$，以输入 0 表示结束。

输出描述：每个测试用例输出 n 行，每行包括 n 个整数，整数之间用一个空格分隔。

输入样例：

```
4
0
```

样例输出：

```
1  2  3  4
12 13 14 5
11 16 15 6
10 9  8  7
```

在线编程题 2. 求解幸运数问题

【问题描述】 小明同学在学习了不同的进制之后用一些数字做起了游戏。小明同学知道，在日常生活中最常用的是十进制数，而在计算机中二进制数也很常用。现在对于一个数字 x，小明同学定义出两个函数 $f(x)$ 和 $g(x)$，$f(x)$ 表示把 x 这个数用十进制写出后各数位上的数字之和，例如 $f(123)=1+2+3=6$；$g(x)$ 表示把 x 这个数用二进制写出后各数位上的数字之和，例如 123 的二进制表示为 1111011，那么 $g(123)=1+1+1+1+0+1+1=6$。小明同学发现对于一些正整数 x 满足 $f(x)=g(x)$，他把这种数称为幸运数，现在他想知道小于等于 n 的幸运数有多少个？

输入描述：每组数据输入一个数 $n(n \leqslant 100\,000)$。

输出描述：每组数据输出一行，小于等于 n 的幸运数个数。

输入样例：

```
21
```

样例输出：

```
3
```

在线编程题 3. 求解回文序列问题

【问题描述】 如果一个数字序列逆置后跟原序列是一样的,则称这样的数字序列为回文序列。例如,{1,2,1}、{15,78,78,15}、{11,2,11}是回文序列,而{1,2,2}、{15,78,87,51}、{112,2,11}不是回文序列。现在给出一个数字序列,允许使用一种转换操作:选择任意两个相邻的数,然后从序列中移除这两个数,并将这两个数的和插入到这两个数之前的位置(只插入一个和)。

对于所给序列求出最少需要多少次操作可以将其变成回文序列。

输入描述:输入为两行,第 1 行为序列长度 $n(1 \leqslant n \leqslant 50)$,第 2 行为序列中的 n 个整数 $item[i](1 \leqslant item[i] \leqslant 1000)$,以空格分隔。

输出描述:输出一个数,表示最少需要的转换次数。

输入样例:

```
4
1 1 1 3
```

样例输出:

```
2
```

在线编程题 4. 求解投骰子游戏问题

【问题描述】 玩家根据骰子的点数决定走的步数,即骰子点数为 1 时可以走一步,点数为 2 时可以走两步,点数为 n 时可以走 n 步。求玩家走到第 n 步($n \leqslant$ 骰子最大点数且投骰子方法唯一)时总共有多少种投骰子的方法。

输入描述:输入包括一个整数 $n(1 \leqslant n \leqslant 6)$。

输出描述:输出一个整数,表示投骰子的方法数。

输入样例:

```
6
```

样例输出:

```
32
```

第3章 分治法

分治法是使用最广泛的算法设计方法之一。其基本策略是采用递归思想把大问题分解成一些小问题，然后由小问题的解方便地构造出大问题的解。本章介绍分治法求解问题的一般方法，并给出一些用分治法求解的经典示例。

3.1 分治法概述

3.1.1 分治法的设计思想

对于一个规模为 n 的问题，若该问题可以容易地解决（例如规模 n 较小）则直接解决，否则将其分解为 k 个规模较小的子问题，这些子问题互相独立且与原问题形式相同，递归地解这些子问题，然后将各子问题的解合并得到原问题的解，这种算法设计策略叫**分治法**。

如果原问题可分割成 $k(1<k\leqslant n)$ 个子问题，且这些子问题都可解并可利用这些子问题的解求出原问题的解，那么这种分治法就是可行的。由分治法产生的子问题往往是原问题的较小模式，这就为使用递归技术提供了方便。在这种情况下，反复应用分治手段可以使子问题与原问题类型一致而其规模却不断缩小，最终使子问题缩小到很容易直接求出其解，这自然导致递归过程的产生。分治与递归像一对孪生兄弟，经常同时应用在算法设计之中，并由此产生许多高效算法。

分治法所能解决的问题一般具有以下几个特征：
(1) 该问题的规模缩小到一定的程度就可以容易地解决。
(2) 该问题可以分解为若干个规模较小的相似问题。
(3) 利用该问题分解出的子问题的解可以合并为该问题的解。
(4) 该问题所分解出的各个子问题是相互独立的，即子问题之间不包含公共的子问题。

上述特征(1)是绝大多数问题都可以满足的，因为问题的计算复杂性一般是随着问题规模的增加而增加；特征(2)是应用分治法的前提，它也是大多数问题可以满足的，此特征反映了递归思想的应用；特征(3)是关键，能否利用分治法完全取决于问题是否具有该特征，如果具备了特征(1)和(2)，而不具备特征(3)，则可以考虑用贪心法或动态规划法；特征(4)涉及分治法的效率，如果各子问题是不独立的则分治法要做许多不必要的工作，重复地解公共的子问题，此时虽然可用分治法，但一般用动态规划法较好。

从上看到，分治是一种解题的策略，它的基本思想是"如果整个问题比较复杂，可以将问题分化，各个击破"。分治包含"分"和"治"两层含义，如何分，分后如何治成为解决问题的关键所在。不是所有的问题都可以采用分治，只有那些能将问题分成与原问题类似的子问题并且归并后符合原问题的性质的问题才能进行分治。分治可进行二分、三分等，具体怎么分，需看问题的性质和分治后的效果。只有深刻地领会分治的思想，认真分析分治后可能产生的预期效率，才能灵活地运用分治思想解决实际问题。

3.1.2 分治法的求解过程

递归特别适合解决结构自相似的问题，所谓结构自相似，是指构成原问题的子问题与原问题在结构上相似，可以采用类似的方法解决。所以分治法通常采用递归算法设计技术，在每一层递归上都有3个步骤。

（1）**分解成若干个子问题**：将原问题分解为若干个规模较小、相互独立、与原问题形式相同的子问题。

（2）**求解子问题**：若子问题规模较小，容易被解决，则直接求解，否则递归地求解各个子问题。

（3）**合并子问题**：将各个子问题的解合并为原问题的解。

分治法的一般算法设计模式如下：

```
divide-and-conquer(P)
{    if |P|≤n₀ return adhoc(P);
     将 P 分解为较小的子问题 P₁,P₂,…,Pₖ;
     for(i=1;i<=k;i++)                          //循环处理 k 次
         yᵢ=divide-and-conquer(Pᵢ);             //递归解决 Pᵢ
     return merge(y₁,y₂,…,yₖ);                  //合并子问题
}
```

其中，$|P|$ 表示问题 P 的规模；n_0 为一阈值，表示当问题 P 的规模不超过 n_0 时（即 P 问题规模足够小时）已容易直接解出，不必再继续分解。adhoc(P) 是该分治法中的基本子算法，用于直接解小规模的问题 P。算法 merge($y_1,y_2,…,y_k$) 是该分治法中的合并子算法，用于将 P 的子问题 $P_1、P_2、…、P_k$ 的相应解 $y_1、y_2、…、y_k$ 合并为 P 的解。

根据分治法的分解原则，原问题应该分解为多少个子问题才较适合？各个子问题的规模应该怎样才为适当？这些问题很难给予肯定的回答。但人们从大量的实践中发现，在用分治法设计算法时最好使子问题的规模大致相同。换句话说，将一个问题分成大小相等的 k 个子问题的处理方法是行之有效的。当 $k=1$ 时称为**减治法**。许多问题可以取 $k=2$，称为二分法，如图 3.1 所示，这种使子问题规模大致相等的做法出自一种平衡子问题的思想，它几乎总是比子问题规模不等的做法要好。

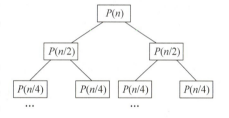

图 3.1 二分法的基本策略

分治法的合并步骤是算法的关键所在。有些问题的合并方法比较明显，有些问题的合并方法比较复杂，或者是有多种合并方案；或者是合并方案不明显。究竟应该怎样合并没有统一的模式，需要具体问题具体分析。

尽管许多分治法算法都是采用递归实现的，但要注意分治法和递归是有区别的，分治法是一种求解问题的策略，而递归是一种实现求解算法的技术。分治法算法也可以采用非递归方法实现。就像二分查找，作为一种典型的分治法算法，既可以采用递归实现，也可以采用非递归实现。

3.2 求解排序问题

对于给定的含有 n 个元素的数组 a，对其按元素值递增排序。快速排序和归并排序是典型的采用分治法进行排序的方法。

3.2.1 快速排序

快速排序的基本思想是在待排序的 n 个元素中任取一个元素（通常取第一个元素）作为基准,把该元素放入最终位置后,整个数据序列被基准分割成两个子序列,所有小于基准的元素放置在前子序列中,所有大于基准的元素放置在后子序列中,并把基准排在这两个子序列的中间,这个过程称为划分,如图 3.2 所示。然后对两个子序列分别重复上述过程,直到每个子序列内只有一个元素或空为止。

扫一扫

视频讲解

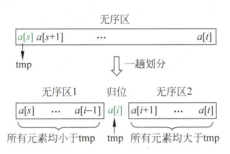

图 3.2 快速排序的一趟排序过程

这是一种二分法思想,每次将整个无序序列一分为二,归位一个元素,对两个子序列采用同样的方式进行排序,直到子序列的长度为 1 或 0 为止。

快速排序的分治策略如下。

(1) 分解：将原序列 $a[s..t]$ 分解成两个子序列 $a[s..i-1]$ 和 $a[i+1..t]$,其中 i 为划分的基准位置,即将整个问题分解为两个子问题。

(2) 求解子问题：若子序列的长度为 0 或 1,则它是有序的,直接返回;否则递归地求解各个子问题。

(3) 合并：由于整个序列存放在数组 a 中,排序过程是就地进行的,合并步骤不需要执行任何操作。

例如,对于(2,5,1,7,10,6,9,4,3,8)序列,其快速排序过程如图 3.3 所示,图中虚线表示一次划分,虚线旁的数字表示执行次序,圆圈表示归位的基准。

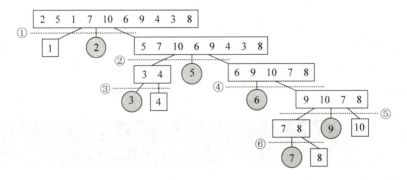

图 3.3 (2,5,1,7,10,6,9,4,3,8)序列的快速排序过程

实现快速排序的完整程序如下：

```c
#include <stdio.h>
void disp(int a[],int n)            //输出a中的所有元素
{   int i;
    for (i=0;i<n;i++)
        printf("%d ",a[i]);
    printf("\n");
}
int Partition(int a[],int s,int t)   //划分算法
{   int i=s,j=t;
    int tmp=a[s];                    //用序列的第1个记录作为基准
    while (i!=j)                     //从序列两端交替向中间扫描,直到i=j为止
    {   while (j>i && a[j]>=tmp)
            j--;                     //从右向左扫描,找第1个关键字小于tmp的a[j]
        a[i]=a[j];                   //将a[j]前移到a[i]的位置
        while (i<j && a[i]<=tmp)
            i++;                     //从左向右扫描,找第1个关键字大于tmp的a[i]
        a[j]=a[i];                   //将a[i]后移到a[j]的位置
    }
    a[i]=tmp;
    return i;
}
void QuickSort(int a[],int s,int t)  //对a[s..t]元素序列进行递增排序
{   if (s<t)                         //序列内至少存在两个元素的情况
    {   int i=Partition(a,s,t);
        QuickSort(a,s,i-1);          //对左子序列递归排序
        QuickSort(a,i+1,t);          //对右子序列递归排序
    }
}
void main()
{   int n=10;
    int a[]={2,5,1,7,10,6,9,4,3,8};
    printf("排序前:"); disp(a,n);
    QuickSort(a,0,n-1);
    printf("排序后:"); disp(a,n);
}
```

【算法分析】 快速排序的时间主要耗费在划分操作上,对长度为 n 的区间进行划分,共需 $n-1$ 次关键字的比较,时间复杂度为 $O(n)$。

对 n 个元素进行快速排序的过程构成一棵递归树,在这样的递归树中,每一层最多对 n 个元素进行划分,所花的时间为 $O(n)$。当初始排序数据正序或反序时,递归树高度为 n,快速排序呈现最坏情况,即最坏情况下的时间复杂度为 $O(n^2)$；当初始排序数据随机分布,使每次分成的两个子区间中的元素个数大致相等时,递归树高度为 $\log_2 n$,快速排序呈现最好情况,即最好情况下的时间复杂度为 $O(n\log_2 n)$。快速排序算法的平均时间复杂度也是 $O(n\log_2 n)$。所以快速排序是一种高效的算法,STL 中的 sort() 算法就是采用快速排序方法实现的。

3.2.2 归并排序

归并排序的基本思想是首先将 a[0..n−1] 看成 n 个长度为 1 的有序表,将相邻的 k(k≥2) 个有序子表成对归并,得到 n/k 个长度为 k 的有序子表;然后再将这些有序子表继续归并,得到 n/k^2 个长度为 k^2 的有序子表,如此反复进行下去,最后得到一个长度为 n 的有序表。由于整个排序结果放在一个数组中,所以不需要特别地进行合并操作。

扫一扫

视频讲解

若 k=2,即归并是在相邻的两个有序子表中进行的,称为**二路归并排序**。若 k>2,即归并操作在相邻的多个有序子表中进行,则叫**多路归并排序**。这里仅讨论二路归并排序算法,二路归并排序算法主要有两种,下面一一讨论。

1. 自底向上的二路归并排序算法

自底向上的二路归并算法采用归并排序的基本原理,第 1 趟归并排序时将待排序的表 a[0..n−1] 看作是 n 个长度为 1 的有序子表,将这些子表两两归并,若 n 为偶数,则得到 $\lceil n/2 \rceil$ 个长度为 2 的有序子表;若 n 为奇数,则最后一个子表轮空(不参与归并),故本趟归并完成后,前 $\lceil n/2 \rceil - 1$ 个有序子表长度为 2,但最后一个子表长度仍为 1;第 2 趟归并则是将第 1 趟归并所得到的 $\lceil n/2 \rceil$ 个有序子表两两归并,如此反复,直到最后得到一个长度为 n 的有序表为止。

首先设计算法 Merge() 用于将两个有序子表归并为一个有序子表。设两个有序子表存放在同一个表中相邻的位置上,即 a[low..mid](有 mid−low+1 个元素)、a[mid+1..high](有 high−mid 个元素),先将它们合并到一个临时表 tmpa[0..high−low]中,在合并完成后将 tmpa 复制到 a 中。其归并过程是循环从两个子表中顺序取出一个元素进行比较,并将较小者放到 tmpa 中,当一个子表元素取完时将另一个子表中余下的部分直接复制到 tmpa 中。这样 tmpa 是一个有序表,再将其复制到 a 中。

其次,设计算法 MergePass() 通过调用 Merge() 算法解决一趟归并问题。在某趟归并中,设各子表长度为 length(最后一个子表的长度可能小于 length),则归并前 a[0..n−1] 中共 $\lceil \frac{n}{length} \rceil$ 个有序子表,即 a[0..length−1]、a[length..2length−1]、…、a$[(\lceil \frac{n}{length} \rceil)$length..n−1]。调用 Merge() 一次将相邻的一对子表进行归并,另外需要对表的个数可能是奇数以及最后一个子表的长度小于 length 这两种特殊情况进行处理:若子表的个数为奇数,则最后一个子表无须和其他子表归并(即本趟轮空);若子表的个数为偶数,则要注意到最后一对子表中后一个子表的区间上界是 n−1。

最后,对于含有 n 个元素的序列 a,设计算法 MergeSort() 调用 MergePass() 算法 $\lceil \log_2 n \rceil$ 次实现二路归并排序。

二路归并排序的分治策略如下:

循环 $\lceil \log_2 n \rceil$ 次,length 依次取 1、2、…、$\log_2 n$,每次执行以下步骤。

(1) **分解**:将原序列分解成 length 长度的若干个子序列。

(2) **求解子问题**:对相邻的两个子序列调用 Merge 算法合并成一个有序子序列。

(3) **合并**:由于整个序列存放在数组 a 中,排序过程是就地进行的,合并步骤不需要执行任何操作。

例如,对于(2,5,1,7,10,6,9,4,3,8)序列,其排序过程如图 3.4 所示,图中方括号内是一个有序子序列。

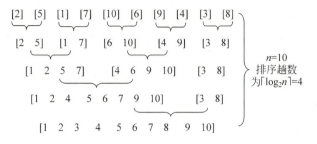

图 3.4　自底向上的二路归并排序过程

实现二路归并排序的完整程序如下:

```c
#include <stdio.h>
#include <malloc.h>
void disp(int a[],int n)                //输出 a 中的所有元素
{   int i;
    for (i=0;i<n;i++)
        printf("%d ",a[i]);
    printf("\n");
}
void Merge(int a[],int low,int mid,int high)
//将 a[low..mid]和 a[mid+1..high]两个相邻的有序子序列归并为一个有序子序列 a[low..high]
{   int * tmpa;
    int i=low,j=mid+1,k=0;              //k 是 tmpa 的下标,i,j 分别为两个子表的下标
    tmpa=(int *)malloc((high-low+1)*sizeof(int));
    while (i<=mid && j<=high)            //在第 1 个子表和第 2 个子表均未扫描完时循环
        if (a[i]<=a[j])                  //将第 1 个子表中的元素放入 tmpa 中
        {   tmpa[k]=a[i];
            i++;k++;
        }
        else                             //将第 2 个子表中的元素放入 tmpa 中
        {   tmpa[k]=a[j];
            j++;k++;
        }
    while (i<=mid)                       //将第 1 个子表余下的部分复制到 tmpa
    {   tmpa[k]=a[i];
        i++;k++;
    }
    while (j<=high)                      //将第 2 个子表余下的部分复制到 tmpa
    {   tmpa[k]=a[j];
        j++;k++;
    }
    for (k=0,i=low;i<=high;k++,i++)      //将 tmpa 复制回 a 中
        a[i]=tmpa[k];
    free(tmpa);                          //释放临时空间
}
```

```
void MergePass(int a[],int length,int n)      //一趟二路归并排序
{   int i;
    for (i=0;i+2*length-1<n;i=i+2*length)     //归并length长的两个相邻子表
        Merge(a,i,i+length-1,i+2*length-1);
    if (i+length-1<n)                         //余下两个子表,后者的长度小于length
        Merge(a,i,i+length-1,n-1);            //归并这两个子表
}
void MergeSort(int a[],int n)                 //二路归并算法
{   int length;
    for (length=1;length<n;length=2*length)
        MergePass(a,length,n);
}
void main( )
{   int n=10;
    int a[]={2,5,1,7,10,6,9,4,3,8};
    printf("排序前:"); disp(a,n);
    MergeSort(a,n);
    printf("排序后:"); disp(a,n);
}
```

【算法分析】 对于上述二路归并排序算法,当有 n 个元素时需要 $\lceil \log_2 n \rceil$ 趟归并,每一趟归并,其元素比较次数不超过 $n-1$,元素移动次数都是 n,因此二路归并排序的时间复杂度为 $O(n\log_2 n)$。

2. 自顶向下的二路归并排序算法

上述自底向上的二路归并算法虽然效率较高,但可读性较差。另一种是采用自顶向下的方法设计,算法更为简洁,属典型的二分法算法。

设归并排序的当前区间是 $a[low..high]$,则递归归并的步骤如下。

(1) **分解**:将当前序列 $a[low..high]$ 一分为二,即求 mid=(low+high)/2,分解为两个子序列 $a[low..mid]$ 和 $a[mid+1..high]$。

(2) **子问题求解**:递归地对两个子序列 $a[low..mid]$ 和 $a[mid+1..high]$ 二路归并排序。其终结条件是子序列的长度为 1 或者 0(因为一个元素的子表或者空表可以看成有序表)。

(3) **合并**:与分解过程相反,将已排序的两个子序列 $a[low..mid]$ 和 $a[mid+1..high]$ 归并为一个有序序列 $a[low..high]$。

对应的二路归并排序算法如下:

```
void MergeSort(int a[],int low,int high)      //二路归并算法
{   int mid;
    if (low<high)                             //子序列有两个或两个以上元素
    {   mid=(low+high)/2;                     //取中间位置
        MergeSort(a,low,mid);                 //对a[low..mid]子序列排序
        MergeSort(a,mid+1,high);              //对a[mid+1..high]子序列排序
        Merge(a,low,mid,high);                //将两个子序列合并,见前面的算法
    }
}
```

例如,对于(2,5,1,7,10,6,9,4,3,8)序列,其排序过程如图 3.5 所示,图中圆括号内的数字指出操作顺序。

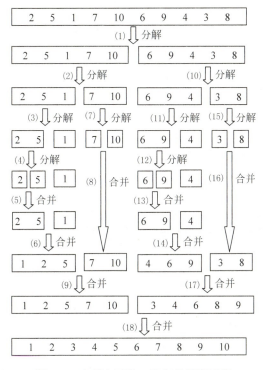

图 3.5　自顶向下的二路归并排序过程

【算法分析】　设 MergeSort(a,0,$n-1$)算法的执行时间为 $T(n)$,显然 Merge(a,0,$n/2$,$n-1$)合并操作的执行时间为 $O(n)$,所以得到以下递推式:

$T(n)=1$　　　　　　　　　　　当 $n=1$ 时
$T(n)=2T(n/2)+O(n)$　　　　当 n>1 时

容易推出 $T(n)=O(n\log_2 n)$。

3.3　求解查找问题

3.3.1　查找最大和次大元素

【问题描述】　对于给定的含有 n 个元素的无序序列,求这个序列中最大和次大的两个不同元素。

【问题求解】　对于无序序列 $a[low..high]$,采用分治法求最大元素 max1 和次大元素 max2 的过程如下:

(1) 若 $a[low..high]$ 中只有一个元素,则 max1=$a[low]$,max2=

扫一扫

视频讲解

−INF(−∞)。

(2) 若 $a[low..high]$ 中只有两个元素,则 $max1=\max\{a[low],a[high]\}$,$max2=\min\{a[low],a[high]\}$。

(3) 若 $a[low..high]$ 中有两个以上元素,按中间位置 $mid=(low+high)/2$ 划分为 $a[low..mid]$ 和 $a[mid+1..high]$ 两个区间(注意左区间包含 $a[mid]$ 元素)。求出左区间的最大元素 lmax1 和次大元素 lmax2,求出右区间的最大元素 rmax1 和次大元素 rmax2。

若 lmax1>rmax1,则 $max1=lmax1$,$max2=\max\{lmax2,rmax1\}$;否则 $max1=rmax1$, $max2=\max\{lmax1,rmax2\}$。

例如,对于 $a[0..4]=\{5,2,1,4,3\}$,$mid=(0+4)/2=2$,划分为左区间 $a[0..2]=\{5,2,1\}$,右区间 $a[3..4]=\{4,3\}$。在左区间中求出 $lmax1=5$,$lmax2=2$,在右区间中求出 $rmax1=4$,$rmax2=3$。所以 $max1=\max\{lmax1,rmax1\}=5$,$max2=\max\{lmax2,rmax1\}=4$。

对应的算法如下:

```
void solve(int a[], int low, int high, int &max1, int &max2)
{   if (low==high)                              //区间中只有一个元素
    {   max1=a[low];
        max2=−INF;
    }
    else if (low==high−1)                       //区间中只有两个元素
    {   max1=max(a[low],a[high]);
        max2=min(a[low],a[high]);
    }
    else                                         //区间中有两个以上元素
    {   int mid=(low+high)/2;
        int lmax1,lmax2;
        solve(a,low,mid,lmax1,lmax2);           //左区间求 lmax1 和 lmax2
        int rmax1,rmax2;
        solve(a,mid+1,high,rmax1,rmax2);        //右区间求 rmax1 和 rmax2
        if (lmax1 > rmax1)
        {   max1=lmax1;
            max2=max(lmax2,rmax1);              //lmax2、rmax1 中求次大元素
        }
        else
        {   max1=rmax1;
            max2=max(lmax1,rmax2);              //lmax1、rmax2 中求次大元素
        }
    }
}
```

【算法分析】 对于 $solve(a,0,n-1,max1,max2)$ 调用,其比较次数的递推式如下:

$T(1)=T(2)=1$
$T(n)=2T(n/2)+1$ //合并的时间为 $O(1)$

可以推导出 $T(n)=O(n)$。

3.3.2 折半查找

折半查找又称二分查找,它是一种效率较高的查找方法。但是折半查找要求查找序列中的元素是有序的,为了简单,假设是递增有序的。

折半查找的基本思路:设 $a[low..high]$ 是当前的查找区间,首先确定该区间的中点位置 $mid=\lfloor (low+high)/2 \rfloor$;然后将待查的 k 值与 $a[mid]$.key 比较。

扫一扫

视频讲解

(1) 若 $k==a[mid].key$,则查找成功并返回该元素的物理下标。

(2) 若 $k<a[mid]$,则由表的有序性可知 $a[mid..high]$ 均大于 k,因此若表中存在关键字等于 k 的元素,则该元素必定位于左子表 $a[low..mid-1]$ 中,故新的查找区间是左子表 $a[low..mid-1]$。

(3) 若 $k>a[mid]$,则要查找的 k 必定位于右子表 $a[mid+1..high]$ 中,即新的查找区间是右子表 $a[mid+1..high]$。

下一次查找是针对新的查找区间进行的。

因此可以从初始的查找区间 $a[0..n-1]$ 开始,每经过一次与当前查找区间的中点位置上的关键字比较就可确定查找是否成功,不成功则当前的查找区间缩小一半。重复这一过程,直到找到关键字为 k 的元素,或者直到当前的查找区间为空(即查找失败)时为止。

折半查找对应的完整程序如下:

```c
#include <stdio.h>
int BinSearch(int a[],int low,int high,int k)      //折半查找算法
{   int mid;
    if (low<=high)                                   //当前区间存在元素时
    {   mid=(low+high)/2;                            //求查找区间的中间位置
        if (a[mid]==k)
            return mid;                              //找到后返回其物理下标 mid
        if (a[mid]>k)                                //当 a[mid]>k 时在 a[low..mid-1] 中递归查找
            return BinSearch(a,low,mid-1,k);
        else                                         //当 a[mid]<k 时在 a[mid+1..high] 中递归查找
            return BinSearch(a,mid+1,high,k);
    }
    else return -1;                                  //当前查找区间没有元素时返回-1
}
void main()
{   int n=10,i;
    int k=6;
    int a[]={1,2,3,4,5,6,7,8,9,10};
    i=BinSearch(a,0,n-1,k);
    if (i>=0)printf("a[%d]=%d\n",i,k);
    else printf("未找到%d 元素\n",k);
}
```

可以将折半查找递归算法等价地转换成以下非递归算法:

```c
int BinSearch1(int a[],int n,int k)                  //非递归折半查找算法
{   int low=0,high=n-1,mid;
```

```
while (low<=high)                    //当前区间存在元素时循环
{   mid=(low+high)/2;                //求查找区间的中间位置
    if (a[mid]==k)                   //找到后返回其物理下标 mid
        return mid;
    if (a[mid]>k)                    //继续在 a[low..mid-1]中查找
        high=mid-1;
    else                             //a[mid]<k
        low=mid+1;                   //继续在 a[mid+1..high]中查找
}
return -1;                           //当前查找区间没有元素时返回-1
}
```

【算法分析】 折半查找算法的主要时间花费在元素的比较上,对于含有 n 个元素的有序表,采用折半查找时最坏情况下的元素比较次数为 $C(n)$,则有:

$C(n)=1$　　　　　　　　当 $n=1$ 时
$C(n)\leq 1+C(\lfloor n/2 \rfloor)$　　　当 $n\geq 2$ 时

设对某个整数 $k\geq 2$,满足 $2^{k-1}\leq n<2^k$。展开上述递推式,可得到:

$$C(n)\leq 1+C(\lfloor n/2 \rfloor)$$
$$\leq 2+C(\lfloor n/4 \rfloor)$$
$$\cdots$$
$$\leq (k-1)+C(\lfloor n/2^{k-1} \rfloor)$$
$$=(k-1)+1$$
$$=k$$

而 $2^{k-1}\leq n<2^k$,即 $k\leq \log_2 n+1<k+1$,$k=\lfloor \log_2 n \rfloor+1$。
由此得到 $C(n)\leq \lfloor \log_2 n \rfloor+1$。

也就是说,在含有 n 个元素的有序序列中采用折半查找算法查找指定的元素所需的元素比较次数不超过 $\lfloor \log_2 n \rfloor+1$(或者 $\lceil \log_2 (n+1) \rceil$)。实际上,$n$ 个元素的折半查找对应判定树的高度恰好是 $\lfloor \log_2 n \rfloor+1$。折半查找的主要时间花在元素的比较上,所以算法的时间复杂度为 $O(\log_2 n)$。

折半查找的思路很容易推广到三分查找,显然三分查找对应判断树的高度恰好是 $\lfloor \log_3 n \rfloor+1$,推出查找时间复杂度为 $O(\log_3 n)$,由于 $\log_3 n=\log_2 n/\log_2 3$,所以三分查找和二分查找的时间是同一个数量级的。

【例 3.1】 求解假币问题。有 100 个硬币,其中有一个假币(与真币一模一样,只是比真币的重量轻),采用天平称重方法找出这个假币,最少用天平称重多少次保证找出假币。

解 已知假币比真币的重量轻,可以将 100 个硬币分为两组,每组 50 个硬币,称重一次可以确定假币所在的组,即二分法。更好的方法是采用三分法,将 100 个硬币分为 33、33、34 三组,用天平一次称重可以找出假币所在的组,依次进行,对应一棵三分判定树,树高度恰好是称重次数,结果为 $\lceil \log_3 (100+1) \rceil=5$。

3.3.3 寻找一个序列中第 k 小的元素

【问题描述】 对于给定的含有 n 个元素的无序序列,求这个序列中第 $k(1\leq k\leq n)$ 小的元素。

【问题求解】 假设无序序列存放在 $a[0..n-1]$ 中,若将 a 递增排序,则第 k 小的元素为 $a[k-1]$。采用类似快速排序的思想。

对于无序序列 $a[s..t]$,在其中查找第 k 小的元素的过程如下:

(1) 若 $s \geq t$,即其中只有一个元素或没有任何元素,如果 $s=t$ 且 $s=k-1$,表示只有一个元素且 $a[k-1]$ 就是要求的结果,返回 $a[k-1]$。

(2) 若 $s<t$,表示该序列中有两个或两个以上的元素,以基准为中心将其划分为 $a[s..i-1]$ 和 $a[i+1..t]$ 两个子序列,基准 $a[i]$ 已归位,$a[s..i-1]$ 中的所有元素均小于 $a[i]$,$a[i+1..t]$ 中的所有元素均大于 $a[i]$,也就是说 $a[i]$ 是第 $i+1$ 小的元素,有 3 种情况。

- 若 $k-1=i$,$a[i]$ 即为所求,返回 $a[i]$。
- 若 $k-1<i$,第 k 小的元素应在 $a[s..i-1]$ 子序列中,递归在该子序列中求解并返回其结果。
- 若 $k-1>i$,第 k 小的元素应在 $a[i+1..t]$ 子序列中,递归在该子序列中求解并返回其结果。

对应的完整程序如下:

```
#include <stdio.h>
int QuickSelect(int a[],int s,int t,int k)      //在 a[s..t]序列中找第 k 小的元素
{   int i=s,j=t;
    int tmp;
    if (s<t)                                     //区间内至少存在两个元素的情况
    {   tmp=a[s];                                //用区间的第 1 个记录作为基准
        while (i!=j)                             //从区间两端交替向中间扫描,直到 i=j 为止
        {   while (j>i && a[j]>=tmp)             //从右向左扫描,找第 1 个关键字小于 tmp 的 a[j]
                j--;
            a[i]=a[j];                           //将 a[j]前移到 a[i]的位置
            while (i<j && a[i]<=tmp)             //从左向右扫描,找第 1 个关键字大于 tmp 的 a[i]
                i++;
            a[j]=a[i];                           //将 a[i]后移到 a[j]的位置
        }
        a[i]=tmp;
        if (k-1==i) return a[i];
        else if (k-1<i) return QuickSelect(a,s,i-1,k);   //在左区间中递归查找
        else return QuickSelect(a,i+1,t,k);              //在右区间中递归查找
    }
    else if (s==t && s==k-1)                     //区间内只有一个元素且为 a[k-1]
        return a[k-1];
}
void main()
{   int n=10,k;
    int e;
    int a[]={2,5,1,7,10,6,9,4,3,8};
    for (k=1;k<=n;k++)
    {   e=QuickSelect(a,0,n-1,k);
        printf("第%d 小的元素:%d\n",k,e);
    }
}
```

本程序的执行结果如下：

```
第 1 小的元素:1
第 2 小的元素:2
第 3 小的元素:3
第 4 小的元素:4
第 5 小的元素:5
第 6 小的元素:6
第 7 小的元素:7
第 8 小的元素:8
第 9 小的元素:9
第 10 小的元素:10
```

【算法分析】 对于 QuickSelect(a,s,t,k) 算法，设序列 a 中含有 n 个元素，其比较次数的递推式为：

$$T(n) = T(n/2) + O(n)$$

可以推导出 $T(n)=O(n)$，这是最好的情况，即每次划分的基准恰好是中位数，将一个序列划分为长度大致相等的两个子序列。在最坏情况下，每次划分的基准恰好是序列中的最大值或最小值，则处理区间只比上一次减少 1 个元素，此时比较次数为 $O(n^2)$。在平均情况下该算法的时间复杂度为 $O(n)$。

3.3.4 寻找两个等长有序序列的中位数

【问题描述】 对于一个长度为 n 的有序序列（假设均为升序序列）$a[0..n-1]$，处于中间位置的元素称为 a 的中位数。例如，若序列 $a=(11, 13,15,17,19)$，其中位数是 15，若 $b=(2,4,6,8,20)$，其中位数为 6。两个等长有序序列的中位数是含它们所有元素的有序序列的中位数，例如 a、b 两个有序序列的中位数为 11。设计一个算法求给定的两个有序序列的中位数。

扫一扫

视频讲解

【问题求解】 对于含有 n 个元素的有序序列 $a[s..t]$，当 n 为奇数时，中位数出现在 $m=\lfloor (s+t)/2 \rfloor$ 处；当 n 为偶数时，中位数下标有 $m=\lfloor (s+t)/2 \rfloor$（下中位）和 $m=\lfloor (s+t)/2 \rfloor +1$（上中位）两个。为了简单，这里仅考虑中位数下标为 $m=\lfloor (s+t)/2 \rfloor$。

采用二分法求含有 n 个有序元素的序列 a、b 的中位数的过程如下：

(1) 分别求出 a、b 的中位数 $a[m_1]$ 和 $b[m_2]$。

(2) 若 $a[m_1]=b[m_2]$，则 $a[m_1]$ 或 $b[m_2]$ 即为所求中位数，如图 3.6(a) 所示，算法结束。

(3) 若 $a[m_1]<b[m_2]$，则舍弃序列 a 中的前半部分（较小的一半），同时舍弃序列 b 中的后半部分（较大的一半），要求舍弃的长度相等，如图 3.6(b) 所示。

(4) 若 $a[m_1]>b[m_2]$，则舍弃序列 a 中的后半部分（较大的一半），同时舍弃序列 b 中的前半部分（较小的一半），要求舍弃的长度相等，如图 3.6(c) 所示。

在保留的两个升序序列中重复上述过程直到两个序列中只含有一个元素时为止，较小者即为所求的中位数。

为了保证每次取的两个子有序序列等长，对于 $a[s..t]$，$m=(s+t)/2$，若取前半部分，则

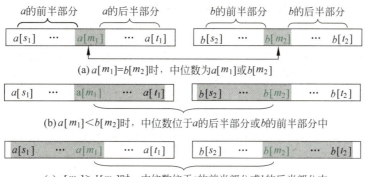

(a) $a[m_1]=b[m_2]$时，中位数为$a[m_1]$或$b[m_2]$

(b) $a[m_1]<b[m_2]$时，中位数位于a的后半部分或b的前半部分中

(c) $a[m_1]>b[m_2]$时，中位数位于a的前半部分或b的后半部分中

图3.6 求两个等长有序序列中位数的过程

为$a[s..m]$。在取后半部分时要区分a中的元素个数为奇数还是偶数，若为奇数（满足$(s+t)\%2==0$的条件），则后半部分为$a[m..t]$，若为偶数（满足$(s+t)\%2==1$的条件），则后半部分为$a[m+1..t]$。

例如，求$a=(11,13,15,17,19)$、$b=(2,4,6,8,20)$两个有序序列的中位数的过程如图3.7所示。

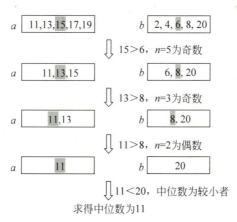

图3.7 求a、b两个有序序列的中位数

对应的完整程序如下：

```
#include <stdio.h>
void prepart(int &s,int &t)              //求 a[s..t]序列的前半子序列
{   int m=(s+t)/2;
    t=m;
}
void postpart(int &s,int &t)             //求 a[s..t]序列的后半子序列
{   int m=(s+t)/2;
    if ((s+t)%2==0)                      //序列中有奇数个元素
        s=m;
    else                                 //序列中有偶数个元素
        s=m+1;
}
```

```
int midnum(int a[],int s1,int t1,int b[],int s2,int t2)
{                                    //求两个有序序列 a[s1..t1]和 b[s2..t2]的中位数
    int m1,m2;
    if (s1==t1 && s2==t2)            //两个序列只有一个元素时返回较小者
        return a[s1]<b[s2]?a[s1]:b[s2];
    else
    {   m1=(s1+t1)/2;                //求 a 的中位数
        m2=(s2+t2)/2;                //求 b 的中位数
        if (a[m1]==b[m2])            //两中位数相等时返回该中位数
            return a[m1];
        if (a[m1]<b[m2])             //当 a[m1]<b[m2]时
        {   postpart(s1,t1);         //a 取后半部分
            prepart(s2,t2);          //b 取前半部分
            return midnum(a,s1,t1,b,s2,t2);
        }
        else                         //当 a[m1]>b[m2]时
        {   prepart(s1,t1);          //a 取前半部分
            postpart(s2,t2);         //b 取后半部分
            return midnum(a,s1,t1,b,s2,t2);
        }
    }
}
void main()
{   int a[]={11,13,15,17,19};
    int b[]={2,4,6,8,20};
    printf("中位数:%d\n",midnum(a,0,4,b,0,4));
}
```

其中求 a、b 两个有序序列的中位数的算法也可以用循环语句来替换,等价的非递归算法如下:

```
int midnum1(int a[],int b[],int n)
{   int s1,t1,m1,s2,t2,m2;
    s1=0; t1=n-1;
    s2=0; t2=n-1;
    while (s1!=t1 || s2!=t2)
    {   m1=(s1+t1)/2;
        m2=(s2+t2)/2;
        if (a[m1]==b[m2])
            return a[m1];
        if (a[m1]<b[m2])
        {   postpart(s1,t1);
            prepart(s2,t2);
        }
        else
        {   prepart(s1,t1);
            postpart(s2,t2);
        }
    }
```

```
        return a[s1]< b[s2]?a[s1]:b[s2];
    }
```

【算法分析】 对于含有 n 个元素的有序序列 a 和 b,设调用 midnum(a,0,$n-1$,b,0,$n-1$)求中位数的执行时间为 $T(n)$,显然有以下递推式:

$$T(n)=1 \qquad\qquad 当 n=1 时$$
$$T(n)=T(n/2)+1 \qquad\qquad 当 n>1 时$$

容易推出 $T(n)=O(\log_2 n)$。

【例 3.2】 给出已排序数组 a、b,长度分别为 n、m(n 与 m 不必相等),请找出一个时间复杂度为 $O(\log_2(n+m))$ 的算法,找到排在第 k($1 \leq k \leq n+m$)位置的元素。

解 假设是递增排序,先考虑 a 和 b 的元素个数都大于 $k/2$ 的情况。将 a 的第 $k/2$ 个元素(即 $a[k/2-1]$)和 b 的第 $k/2$ 个元素(即 $b[k/2-1]$)进行比较,有以下 3 种情况(为了简化,这里先假设 k 为偶数,所得到的结论对于 k 是奇数也是成立的,合并后第 k 小的元素用 top$k$ 表示)。

扫一扫

视频讲解

- $a[k/2-1]=b[k/2-1]$:则 $a[0..k/2-2]$($k/2-1$ 个元素)和 $b[0..k/2-2]$($k/2-1$ 个元素)共 $k-2$ 个元素均小于等于 top$k$,再加上 $a[k/2-1]$、$b[k/2-1]$ 两个元素,说明找到了 top$k$,即 top$k$ 等于 $a[k/2-1]$ 或 $b[k/2-1]$,直接返回 $a[k/2-1]$ 或 $b[k/2-1]$ 即可。

- $a[k/2-1]<b[k/2-1]$:如果 $a[k/2-1]<b[k/2-1]$,意味着 $a[0] \sim a[k/2-1]$(共 $k/2$ 个元素)肯定均小于等于 top$k$,换句话说,$a[k/2-1]$ 一定小于等于 top$k$(可以用反证法证明,假设 $a[k/2-1]>$top$k$,那么 $a[k/2-1]$ 后面的元素均大于 top$k$,因此 $b[k/2-1]$ 及后面一定有一个元素为 top$k$,也就是说 $b[k/2-1] \leq$top$k$,与 $a[k/2-1]<b[k/2-1]$ 矛盾,即证)。这样 $a[0] \sim a[k/2-1]$ 均小于等于 top$k$ 并且尚未找到第 k 个元素,因此可以删除 a 数组的这 $k/2$ 个元素。

- $a[k/2-1]>b[k/2-1]$:同上,可以删除 b 数组的 $b[0..k/2-1]$ 共 $k/2$ 个元素。

因此可以设计一个递归函数求解,其递归出口如下:

- 当 a 或 b 为空时直接返回 $b[k-1]$ 或 $a[k-1]$。
- 当 $k=1$ 时返回 $\min(a[0],b[0])$。
- 当 $a[k/2-1]==b[k/2-1]$ 时返回 $a[k/2-1]$ 或 $b[k/2-1]$。

考虑算法的通用性,当 k 是奇数,或者 a 或 b 的元素个数小于 $k/2$ 时,采用的方法如下:

(1) 总是让 a 中的元素个数最少,当 b 中的元素个数较少时交换参数 a、b 的位置即可。

(2) 将前面 $a[k/2-1]$ 和 $b[k/2-1]$ 的比较改为 $a[\text{numa}-1]$ 和 $b[\text{numb}-1]$ 的比较,保证这两个元素前面的元素个数恰好为 $k-2$,即 top$k$ 来自 $a[\text{numa}-1]$ 或者 $b[\text{numb}-1]$。所以当 a 中的元素个数少于 $k/2$ 时取 numa$=n$,否则取 numa$=k/2$,而 numb$=k-$numa。

用 Findk(a,n,b,m,k)算法求有序序列 a 和 b 的 top$k$。例如,$a=(1,5,8)$,$n=3$,$b=(2,3,4,6,7)$,$m=5$ 时,求 $k=3$ 的 top$k$ 的过程如图 3.8 所示。每次递归调用,k 递减 numa 或者 numb,而 numa 或者 numb 近似于 $k/2$,相当于 k 减半,当 $k=1$ 时为递归出口,从而得到最终解。

上述过程每次递归调用时 k 减半,所以执行时间为 $\log_2 k$,最多 $k=n+m$,所以时间复杂度为 $O(\log_2(n+m))$。

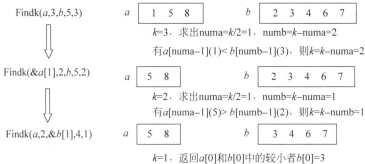

图 3.8 求解 $k=3$ 的 topk 的过程

对应的完整程序如下:

```c
#include <stdio.h>
int Findk(int a[],int n,int b[],int m, int k)    //在两个升序排列的数组中找到第 k 大的元素
{   if (k<0) return -1;
    if (n>m)                                      //用于保证 n≤m,即保证前一个数组的元素较少
        return Findk(b,m,a,n,k);
    if (n==0)
        return b[k-1];
    if (k==1)
        return ((a[0]>=b[0]) ? b[0]:a[0]);
    int numa=(n>=k/2)?k/2:n;                      //当数组中没有 k/2 个元素时取 n
    int numb=k-numa;
    if(a[numa-1]==b[numb-1])
        return a[numa-1];
    else if(a[numa-1]>b[numb-1])
        return Findk(a,n,&b[numb],m-numb,k-numb);
    else if(a[numa-1]<b[numb-1])
        return Findk(&a[numa],n-numa,b,m,k-numa);
}
void main()
{   int i,result;
    int a[]={1,5,8};
    int b[]={2,3,4,6,7};
    int n=sizeof(a)/sizeof(a[0]);
    int m=sizeof(b)/sizeof(b[0]);
    printf("求解结果:\n");
    for(i=1;i<=n+m;i++)
    {   result=Findk(a,n,b,m,i);
        printf(" 第%d 小的元素是:%d\n",i,result);
    }
}
```

上述程序的执行过程如下：

求解结果：
    第1小的元素是：1
    第2小的元素是：2
    第3小的元素是：3
    第4小的元素是：4
    第5小的元素是：5
    第6小的元素是：6
    第7小的元素是：7
    第8小的元素是：8

说明：对于含 n 个元素的数组 $a[0..n-1]$&$a[\text{numa}]$ 表示取 $a[\text{numa}..n-1]$ 部分的元素。

3.4　求解组合问题

3.4.1　求解最大连续子序列和问题

【问题描述】 给定一个有 $n(n \geqslant 1)$ 个整数的序列，求出其中最大连续子序列的和。例如序列 $(-2,11,-4,13,-5,-2)$ 的最大子序列和为 20，序列 $(-6,2,4,-7,5,3,2,-1,6,-9,10,-2)$ 的最大子序列和为 16。规定一个序列的最大连续子序列和至少是 0，如果小于 0，其结果为 0。

扫一扫

视频讲解

【问题求解】 对于含有 n 个整数的序列 $a[0..n-1]$，若 $n=1$，表示该序列仅含一个元素，如果该元素大于 0，则返回该元素，否则返回 0。

若 $n>1$，采用分治法求解最大连续子序列时取其中间位置 $\text{mid}=\lfloor (n-1)/2 \rfloor$，该子序列只可能出现在 3 个地方，各种情况及求解方法如图 3.9 所示。

(1) 该子序列完全落在左半部，即 $a[0..\text{mid}]$ 中，采用递归求出其最大连续子序列和 maxLeftSum，如图 3.9(a)所示。

$\underbrace{a_0\ a_1\ \cdots\ a_i\ \cdots\ a_{\text{mid}}}_{\text{maxLeftSum}}\ |\ \underbrace{a_{\text{mid}+1}\ a_{\text{mid}+2}\ \cdots\ a_j\ \cdots\ a_{n-1}}_{\text{maxRightSum}}$

(a) 递归求出 maxLeftSum 和 maxRightSum

maxLeftBorderSum ＋ maxRightBorderSum

$\underbrace{a_i\ a_{i+1}\ \cdots\ a_{\text{mid}}}\ |\ \underbrace{a_{\text{mid}+1}\ \cdots\ a_j}$

(b) 求出 maxLeftBorderSum+maxRightBorderSum

max3(maxLeftSum,
　　　maxRightSum,
　　　maxLeftBorderSum+maxRightBorderSum)

(c) 求出 a 序列中最大连续子序列的和

图 3.9　求解最大连续子序列和的过程

(2) 该子序列完全落在右半部,即 $a[mid+1..n-1]$ 中,采用递归求出其最大连续子序列和 maxRightSum,如图 3.9(a)所示。

(3) 该子序列跨越序列 a 的中部而占据左、右两部分。也就是说,这种情况下最大和的连续子序列含有 a_{mid},则从左半部(含 a_{mid} 元素)求出 maxLeftBorderSum $= \max \sum_{k=i}^{mid} a_k \{0 \leqslant i \leqslant mid\}$,从右半部(不含 a_{mid} 元素)求出 maxRightBorderSum $= \max \sum_{k=mid+1}^{j} a_k \{mid+1 \leqslant j \leqslant n-1\}$,这种情况下的最大连续子序列和 maxMidSum=maxLeftBorderSum+maxRightBorderSum,如图 3.9(b)所示。

最后整个序列 a 的最大连续子序列和为 maxLeftSum、maxRightSum 和 maxMidSum 中的最大值,如图 3.9(c)所示。

例如,$a[0..5]=\{-2,11,-4,13,-5,-2\}$,$n=6$,$mid=(0+5)/2=2$,划分为 $a[0..2]$ 和 $a[3..5]$ 左、右两个部分。递归求出左部分$(-2,11,-4)$的最大连续子序列和为 11,递归求出右部分$(13,-5,-2)$的最大连续子序列和为 13,再求出以 $a[mid]=-4$ 为中心的最大连续子序列和为 20(对应序列为 $11,-4,13$),最终结果为 $\max\{11,13,20\}=20$。

求最大连续子序列和的完整程序如下:

```c
#include <stdio.h>
long max3(long a, long b, long c)          //求出 3 个 long 中的最大值
{   if (a<b) a=b;                          //用 a 保存 a、b 中的最大值
    if (a>c) return a;                     //比较返回 a、c 中的最大值
    else return c;
}
long maxSubSum(int a[], int left, int right)  //求 a[left..high]序列中的最大连续子序列和
{   int i,j;
    long maxLeftSum, maxRightSum;
    long maxLeftBorderSum, leftBorderSum;
    long maxRightBorderSum, rightBorderSum;
    if (left==right)                       //当子序列只有一个元素时
    {   if (a[left]>0)                     //该元素大于 0 时返回它
            return a[left];
        else                               //该元素小于或等于 0 时返回 0
            return 0;
    }
    int mid=(left+right)/2;                //求中间位置
    maxLeftSum=maxSubSum(a,left,mid);      //求左边的最大连续子序列之和
    maxRightSum=maxSubSum(a,mid+1,right);  //求右边的最大连续子序列之和
    maxLeftBorderSum=0, leftBorderSum=0;
    for (i=mid;i>=left;i--)                //求出以左边加上 a[mid]元素构成的序列的最大和
    {   leftBorderSum+=a[i];
        if (leftBorderSum>maxLeftBorderSum)
            maxLeftBorderSum=leftBorderSum;
    }
    maxRightBorderSum=0, rightBorderSum=0;
    for (j=mid+1;j<=right;j++)             //求出 a[mid]右边元素构成的序列的最大和
    {   rightBorderSum+=a[j];
```

```
                if (rightBorderSum>maxRightBorderSum)
                    maxRightBorderSum=rightBorderSum;
        }
        return max3(maxLeftSum,maxRightSum,maxLeftBorderSum+maxRightBorderSum);
}
void main( )
{       int a[]={-2,11,-4,13,-5,-2},n=6;
        int b[]={-6,2,4,-7,5,3,2,-1,6,-9,10,-2},m=12;
        printf("a 序列的最大连续子序列的和:%ld\n",maxSubSum4(a,0,n-1));
        printf("b 序列的最大连续子序列的和:%ld\n",maxSubSum4(b,0,m-1));
}
```

【算法分析】 设求解序列 $a[0..n-1]$ 最大连续子序列和的执行时间为 $T(n)$,第(1)、(2)两种情况的执行时间为 $T(n/2)$,第(3)种情况的执行时间为 $O(n)$,所以得到以下递推式:

$T(n)=1$ 　　　　　　　　　当 $n=1$ 时
$T(n)=2T(n/2)+n$ 　　　　当 $n>1$ 时

容易推出 $T(n)=O(n\log_2 n)$。

思考题:给定一个有 $n(n≥1)$ 个整数的序列,可能含有负整数,求出其中最大连续子序列的积,是否采用上述求最大连续子序列和的方法?

思考题解析:结论是不可以! 例如,$a[0..5]=\{-2,3,2,4,1,-5\}$,显然最大连续子序列的积$=(-2)×3×2×4×(-5)=240$。如果采用上述分治法,mid$=(0+5)/2=2$,划分为 $a[0..2]$ 和 $a[3..5]$ 左、右两个部分。递归求出左部分$(-2,3,2)$的最大连续子序列积为 $3×2=6$,递归求出右部分$(4,1,-5)$的最大连续子序列积为 $4×1=4$,再求出以 $a[mid]=2$ 为中心的最大连续子序列积为 $3×2×4×1=24$,最终结果为 $\max\{6,4,24\}=24$。

为什么求最大连续子序列积不能采用上述分治法求解,而求最大连续子序列和可以呢? 这是因为这两个问题都是求最优解,采用分治法求最优解需要满足最优性原理,即整个问题的最优解由各个子问题的最优解构成,显然求最大连续子序列和问题满足最优性原理,而求最大连续子序列积并不满足最优性原理。例如,当 $x>0$、$y<0$ 时有 $x+y≤x$、$x×y≤x$;当 $x<0$、$y<0$ 时有 $x+y≤x$,而 $x×y≥x$。

3.4.2　求解棋盘覆盖问题

【问题描述】 有一个 $2^k×2^k(k>0)$ 的棋盘,恰好有一个方格与其他方格不同,称之为特殊方格。现在要用如图 3.10 所示的 L 形骨牌覆盖除了特殊方格以外的其他全部方格,骨牌可以任意旋转,并且任何两个骨牌不能重叠。请给出一种覆盖方法。

【问题求解】 棋盘中的方格数$=2^k×2^k=4^k$,覆盖使用的 L 形骨牌个数$=(4^k-1)/3$。采用的方法是将棋盘划分为大小相同的 4 个象限,根据特殊方格的位置(dr,dc),在中间位置放置一个合适的 L 形骨牌。例如,如图 3.11(a)所示,特殊方格在左上角象限中,在中间放置一个覆

扫一扫

视频讲解

图 3.10　L 形的骨牌

盖其他 3 个象限中各一个方格的 L 形骨牌。图 3.11(b)~图 3.11(d) 是特殊方格在其他象限中放置 L 形骨牌的情况。

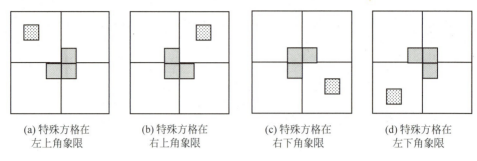

(a) 特殊方格在　　(b) 特殊方格在　　(c) 特殊方格在　　(d) 特殊方格在
　左上角象限　　　　右上角象限　　　　右下角象限　　　　左下角象限

图 3.11　放置一个 L 形骨牌

这样每个象限和包含特殊方格的象限类似，都需要少覆盖一个方格，也与整个问题类似，所以采用分治法求解，将原问题分解为 4 个子问题。

用 (tr,tc) 表示一个象限左上角方格的坐标，(dr,dc) 是特殊方格所在的坐标，size 是棋盘的行数和列数。用二维数组 board 存放覆盖方案，用全局变量 tile 表示 L 形骨牌的编号（从整数 1 开始），board 中 3 个相同的整数表示一个 L 形骨牌。

对应的完整程序如下：

```
#include<stdio.h>
#define MAX 1025
//问题表示
int k;                                  //棋盘大小
int x,y;                                //特殊方格的位置
//求解问题表示
int board[MAX][MAX];
int tile=1;                             //L 形骨牌的编号，从 1 开始
void ChessBoard(int tr,int tc,int dr,int dc,int size)
{   if(size==1) return;                 //递归出口
    int t=tile++;                       //取一个 L 形骨牌，其牌号为 tile
    int s=size/2;                       //分割棋盘
    //考虑左上角象限
    if(dr<tr+s && dc<tc+s)              //特殊方格在此象限中
        ChessBoard(tr,tc,dr,dc,s);
    else                                //此象限中无特殊方格
    {   board[tr+s-1][tc+s-1]=t;        //用 t 号 L 形骨牌覆盖右下角
        ChessBoard(tr,tc,tr+s-1,tc+s-1,s);  //将右下角作为特殊方格继续处理该象限
    }
    //考虑右上角象限
    if(dr<tr+s && dc>=tc+s)             //特殊方格在此象限中
        ChessBoard(tr,tc+s,dr,dc,s);
    else                                //此象限中无特殊方格
    {   board[tr+s-1][tc+s]=t;          //用 t 号 L 形骨牌覆盖左下角
        ChessBoard(tr,tc+s,tr+s-1,tc+s,s);  //将左下角作为特殊方格继续处理该象限
    }
    //处理左下角象限
```

```
        if(dr>=tr+s && dc<tc+s)              //特殊方格在此象限中
            ChessBoard(tr+s,tc,dr,dc,s);
        else                                  //此象限中无特殊方格
        {   board[tr+s][tc+s-1]=t;            //用t号L形骨牌覆盖右上角
            ChessBoard(tr+s,tc,tr+s,tc+s-1,s); //将右上角作为特殊方格继续处理该象限
        }
        //处理右下角象限
        if(dr>=tr+s && dc>=tc+s)              //特殊方格在此象限中
            ChessBoard(tr+s,tc+s,dr,dc,s);
        else                                  //此象限中无特殊方格
        {   board[tr+s][tc+s]=t;              //用t号L形骨牌覆盖左上角
            ChessBoard(tr+s,tc+s,tr+s,tc+s,s); //将左上角作为特殊方格继续处理该象限
        }
}
void main()
{   k=3;
    x=1; y=2;
    int size=1<<k;
    ChessBoard(0, 0, x, y, size);
    for(int i=0; i<size; i++)                 //输出覆盖方案
    {   for(int j=0; j<size;j++)
            printf("%4d",board[i][j]);
        printf("\n");
    }
}
```

上述程序的执行结果如图 3.12 所示,这里 $k=3$,其中值相同的 3 个方格为一个 L 形骨牌,值为 0 的方格是特殊方格。

3	3	4	4	8	8	9	9
3	2	2	4	8	7	7	9
5	2	6	6	10	10	7	11
5	5	6	0	1	10	11	11
13	13	14	1	1	18	19	19
13	12	14	14	18	18	17	19
15	12	12	16	20	17	17	21
15	15	16	16	20	20	21	21

图 3.12 一种棋盘覆盖方案

【算法分析】 用 $T(k)$ 表示 $2^k \times 2^k (k \geq 0)$ 的棋盘问题的求解时间,有:

$T(k)=1$ 当 $k=0$
$T(k)=4T(k-1)$ 当 $k>0$

求出 $T(k)=O(4^k)$。

3.4.3 求解循环日程安排问题

【问题描述】 设有 $n=2^k$ 个选手要进行网球循环赛,设计一个满足以下要求的比赛日程表:

(1) 每个选手必须与其他 $n-1$ 个选手各赛一次。
(2) 每个选手一天只能赛一次。
(3) 循环赛在 $n-1$ 天之内结束。

【问题求解】 按问题要求可将比赛日程表设计成一个 n 行 $n-1$ 列的二维表,其中第 i 行、第 j 列表示和第 i 个选手在第 j 天比赛的选手。

假设 n 位选手被顺序编号为 $1、2、\cdots、n(2^k)$。当 $k=1、2、3$ 时比赛日程表如图 3.13 所示,其中第 1 列是增加的,取值为 $1\sim n$ 对应各位选手,这样比赛日程表变成一个 n 行 n 列的二维表。

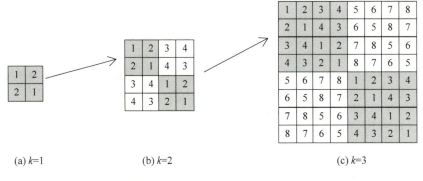

图 3.13 $k=1\sim3$ 的比赛日程表

从中可以看出规律,$k=1$ 只有两个选手时比赛安排十分简单,而 $k=2$ 时可以基于 $k=1$ 的结果进行安排,$k=3$ 时可以基于 $k=2$ 的结果进行安排。

看一看 $k=3$(即 8 个选手)的比赛日程表,右下角(4 行 4 列)的值等于左上角的值,左下角(4 行 4 列)的值等于右上角的值。

$k=3$ 的左上角(4 行 4 列)的值等于 $k=2$(即 4 个选手)的比赛日程表。

$k=3$ 的左下角(4 行 4 列)的值等于 $k=3$ 的左上角对应元素加上数字 4。

因此,采用分治策略可以将所有的选手分为两半,2^k 个选手的比赛日程表就可以通过为 2^{k-1} 个选手设计的比赛日程来决定。将 $n=2^k$ 问题划分为 4 个部分。

(1) 左上角:左上角为 2^{k-1} 个选手在前半程的比赛日程($k=1$ 时直接给出,否则上一轮求出的就是 2^{k-1} 个选手的比赛日程)。

(2) 左下角:左下角为另 2^{k-1} 个选手在前半程的比赛日程,由左上角加 2^{k-1} 得到,例如 2^2 个选手比赛,左下角由左上角直接加 $2(2^{k-1})$ 得到,2^3 个选手比赛,左下角由左上角直接加 $4(2^{k-1})$ 得到。

(3) 右上角:将左下角直接复制到右上角得到另 2^{k-1} 个选手在后半程的比赛日程。

(4) 右下角:将左上角直接复制到右下角得到 2^{k-1} 个选手在后半程的比赛日程。

对应的完整程序如下：

```c
#include <stdio.h>
#define MAX 101
//问题表示
int k;
//求解结果表示
int a[MAX][MAX];                              //存放比赛日程表(行、列下标为0的元素不用)
void Plan(int k)
{   int i,j,n,t,temp;
    n=2;                                      //n 从 $2^1=2$ 开始
    a[1][1]=1; a[1][2]=2;                     //求解两个选手的比赛日程,得到左上角元素
    a[2][1]=2; a[2][2]=1;
    for (t=1;t<k;t++)                         //迭代处理,依次处理 $2^2$(t=1)、…、$2^k$(t=k-1)个选手
    {   temp=n;                               //temp=$2^t$
        n=n*2;                                //n=$2^{(t+1)}$
        for (i=temp+1;i<=n;i++)               //填左下角元素
            for (j=1; j<=temp; j++)
                a[i][j]=a[i-temp][j]+temp;    //左下角元素和左上角元素的对应关系
        for (i=1; i<=temp; i++)               //填右上角元素
            for (j=temp+1; j<=n; j++)
                a[i][j]=a[i+temp][(j+temp)%n];
        for (i=temp+1; i<=n; i++)             //填右下角元素
            for (j=temp+1; j<=n; j++)
                a[i][j]=a[i-temp][j-temp];
    }
}
void main()
{   k=3;
    int n=1<<k;                               //n 等于 2 的 k 次方,即 n=$2^k$
    Plan(k);                                  //产生 n 个选手的比赛日程表
    for(int i=1; i<=n; i++)                   //输出比赛日程表
    {   for(int j=1; j<=n; j++)
            printf("%4d",a[i][j]);
        printf("\n");
    }
}
```

这里 $k=3$,执行程序的输出结果如图 3.13(c)所示。

【算法分析】 用 $T(k)$ 表示 2^k 个选手网球循环赛问题的求解时间,有：

$T(k)=1$ 当 $k=1$

$T(k)=4T(k-1)$ 当 $k>1$

求出 $T(k)=O(4^k)$。

3.5 求解大整数乘法和矩阵乘法问题

3.5.1 求解大整数乘法问题

【问题描述】 设 X 和 Y 都是 n（为了简单，假设 n 为 2 的幂，且 X、Y 均为正数）位的二进制整数，现在要计算它们的乘积 $X \times Y$。当位数 n 很大时可以用传统方法来设计一个计算乘积 $X \times Y$ 的算法，但是这样做计算步骤太多，显得效率较低，此时可以采用分治法来设计一个更有效的大整数乘积算法。

【问题求解】 先将 n 位的二进制整数 X 和 Y 各分为两段，每段的长为 $n/2$ 位，如图 3.14 所示。

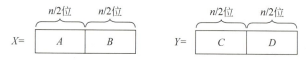

图 3.14 大整数 X 和 Y 的分段

由此，$X = A \times 2^{n/2} + B$，$Y = C \times 2^{n/2} + D$。这样，X 和 Y 的乘积如下：
$$X \times Y = (A \times 2^{n/2} + B) \times (C \times 2^{n/2} + D)$$
$$= A \times C \times 2^n + (A \times D + C \times B) \times 2^{n/2} + B \times D$$

如果这样计算 $X \times Y$，则必须进行 4 次 $n/2$ 位整数的乘法（$A \times C$，$A \times D$，$B \times C$ 和 $B \times D$），以及 3 次不超过 n 位的整数加法，此外还要做两次移位（分别对应乘 2^n 和乘 $2^{n/2}$）。这些加法和移位共用 $O(n)$ 步运算。设 $T(n)$ 是两个 n 位整数相乘所需的运算总数，则有以下递推式：

$T(n) = O(1)$	当 $n = 1$ 时
$T(n) = 4T(n/2) + O(n)$	当 $n > 1$ 时

由此可得 $T(n) = O(n^2)$。

这种分治法求解 $X \times Y$ 对应的完整程序如下（注意当 n 很大时必须用整型数组来存放 X 和 Y 的各位）：

```
#include <stdio.h>
#include <math.h>
#define MAXN 20                             //最多的位数
void Left(int A[],int B[],int n)            //取 A 的左边（高位）n/2 位
{   int i;
    for (i=0;i<MAXN;i++)
        B[i]=0;
    for (i=n/2;i<=n;i++)
        B[i-n/2]=A[i];
}
void Right(int A[],int B[],int n)           //取 A 的右边（低位）n/2 位
```

```
    int i;
    for (i=0;i<MAXN;i++)
        B[i]=0;
    for (i=0;i<n/2;i++)
        B[i]=A[i];
    B[i]='\0';
}
long Trans2to10(int A[])            //二进制数转换成十进制数
{   int i;
    long s=A[0],x=1;
    for (i=1;i<MAXN;i++)
    {   x=2*x;
        s+=A[i]*x;
    }
    return s;
}

void Trans10to2(int x,int A[])      //将十进数转换成二进制数
{   int i,j=0;
    while (x>0)
    {   A[j]=x%2;j++;
        x=x/2;
    }
    for (i=j;i<MAXN;i++)
        A[i]=0;
}
void disp(int A[])                  //从高位到低位输出二进制数 A
{   int i;
    for (i=MAXN-1;i>=0;i--)
        printf("%d",A[i]);
    printf("\n");
}
void MULT(int X[],int Y[],int Z[],int n)   //求 Z=X*Y
{   int i;
    long e,e1,e2,e3,e4;
    int A[MAXN],B[MAXN],C[MAXN],D[MAXN];
    int m1[MAXN],m2[MAXN],m3[MAXN],m4[MAXN];
    for (i=0;i<MAXN;i++)            //Z 初始化为 0
        Z[i]=0;
    if (n==1)                       //递归出口
    {   if (X[0]==1 && Y[0]==1)Z[0]=1;
        else Z[0]=0;
    }
    else
    {   Left(X,A,n);                //A 取 X 的左边 n/2 位
        Right(X,B,n);               //B 取 X 的右边 n/2 位
        Left(Y,C,n);                //C 取 Y 的左边 n/2 位
        Right(Y,D,n);               //D 取 Y 的右边 n/2 位
        MULT(A,C,m1,n/2);           //m1=AC
        MULT(A,D,m2,n/2);           //m2=AD
        MULT(B,C,m3,n/2);           //m3=BC
```

```
            MULT(B,D,m4,n/2);              //m4=BD
            e1=Trans2to10(m1);             //将 m1 转换成十进制数 e1
            e2=Trans2to10(m2);             //将 m2 转换成十进制数 e2
            e3=Trans2to10(m3);             //将 m3 转换成十进制数 e3
            e4=Trans2to10(m4);             //将 m4 转换成十进制数 e4
            e=e1*(int)pow(2,n)+(e2+e3)*(int)pow(2,n/2)+e4;
            Trans10to2(e,Z);               //将 e 转换成二进制数 Z
        }
    }
    void trans(char a[],int n,int A[])     //将字符串 a 转换为整数数组 A
    {   int i;
        for (i=0;i<n;i++)
            A[i]=int(a[n-1-i]-'0');
        for (i=n;i<MAXN;i++)
            A[i]=0;
    }
    void main()
    {   long e;
        char a[]="10101100";               //两个参与运算的二进制数
        char b[]="10010011";
        int X[MAXN],Y[MAXN],Z[MAXN];
        int n=8;
        trans(a,n,X);                      //将 a 转换成整数数组 X
        trans(b,n,Y);                      //将 b 转换成整数数组 Y
        printf("X:"); disp(X);             //输出 X
        printf("Y:"); disp(Y);             //输出 Y
        printf("Z=X*Y\n");
        MULT(X,Y,Z,n);                     //求 Z=X*Y
        printf("Z:"); disp(Z);             //输出 Z
        e=Trans2to10(Z);                   //将 Z 转换成十进制数 e
        printf("Z 对应的十进制数:%ld\n",e);
        printf("验证正确性:\n");
        long x,y,z;
        x=Trans2to10(X);                   //将 X 转换成十进制数 x
        y=Trans2to10(Y);                   //将 X 转换成十进制数 y
        printf("X 对应的十进制数 x:%ld\n",x);
        printf("Y 对应的十进制数 y:%ld\n",y);
        printf("z=x*y\n");
        z=x*y;                             //求 z=x*y
        printf("求解结果 z:%d\n",z);
    }
```

本程序的执行结果如下：

```
X:000000000000010101100
Y:000000000000010010011
Z=X*Y
Z:00000110001011000100
Z 对应的十进制数:25284
```

验证正确性：
X 对应的十进制数 x:172
Y 对应的十进制数 y:147
z=x*y
求解结果 z:25284

【算法改进】 上述算法计算 X 和 Y 的乘积并不比小学生的方法更有效,要想减少算法的计算复杂性,必须减少乘法次数,为此把 $X \times Y$ 写成另一种形式：

$$X \times Y = A \times C \times 2^n + [(A-B) \times (D-C) + A \times C + B \times D] \times 2^{n/2} + B \times D$$

虽然该式看起来比前式复杂一些,但它仅需做 3 次 $n/2$ 位整数的乘法($A \times C$、$B \times D$ 和 $(A-B) \times (D-C)$),6 次加、减法和两次移位,由此可以推出 $T(n) = O(n^{\log_2 3}) = O(n^{1.59})$。

3.5.2 求解矩阵乘法问题

【问题描述】 对于两个 $n \times n$ 的矩阵 A 和 B,计算 $C = A \times B$。

【问题求解】 常用的计算公式是 $C_{ij} = \sum_{k=1}^{n} A_{ik} B_{kj}$,对应算法的时间复杂度为 $O(n^3)$。

那么是否存在更有效的算法呢？假设 $n = 2^k$,考虑采用分治法思路,当 $n \geq 2$ 时将 A、B 分成 4 个 $n/2 \times n/2$ 的矩阵：

$$A = \begin{pmatrix} A_{11} & A_{12} \\ A_{21} & A_{22} \end{pmatrix}, \quad B = \begin{pmatrix} B_{11} & B_{12} \\ B_{21} & B_{22} \end{pmatrix}, \quad C = \begin{pmatrix} C_{11} & C_{12} \\ C_{21} & C_{22} \end{pmatrix}$$

利用块矩阵的乘法,矩阵 C 可表示为：

$$C = \begin{pmatrix} A_{11}B_{11} + A_{12}B_{21} & A_{11}B_{12} + A_{12}B_{22} \\ A_{21}B_{11} + A_{22}B_{21} & A_{21}B_{12} + A_{22}B_{22} \end{pmatrix}$$

因此原问题可以划分成计算 8 个子问题的乘积问题,两个 $n \times n$ 矩阵乘积的计算量是两个 $n/2 \times n/2$ 矩阵乘积计算量的 8 倍,再加上 $n/2 \times n/2$ 阶矩阵相加的 4 倍,后者最多需要 $O(n^2)$,因此有：

$T(n) = O(1)$ 当 $n=1$ 时
$T(n) = 8T(n/2) + O(n^2)$ 当 $n>1$ 时

可以推导出 $T(n) = O(n^3)$。也就是说,它跟前面介绍的两个矩阵直接相乘的计算量没有什么差别。那么是否可以算得更快呢？

Strassen 通过研究分析提出了 Strassen 算法,其思路如下。

要计算矩阵乘积：$C = \begin{pmatrix} A_{11} & A_{12} \\ A_{21} & A_{22} \end{pmatrix} \begin{pmatrix} B_{11} & B_{12} \\ B_{21} & B_{22} \end{pmatrix}$

只需要计算 $C = \begin{pmatrix} d_1 + d_4 - d_5 + d_7 & d_3 + d_5 \\ d_2 + d_4 & d_1 + d_3 - d_2 + d_6 \end{pmatrix}$

其中：

$d_1 = (A_{11} + A_{22})(B_{11} + B_{22})$
$d_2 = (A_{21} + A_{22})B_{11}$

$$d_3 = A_{11}(B_{12} - B_{22})$$
$$d_4 = A_{22}(B_{21} - B_{11})$$
$$d_5 = (A_{11} + A_{12})B_{22}$$
$$d_6 = (A_{21} - A_{11})(B_{11} + B_{12})$$
$$d_7 = (A_{12} - A_{22})(B_{21} + B_{22})$$

【算法分析】 由上面可知,两个 $n \times n$ 矩阵乘积的计算量是两个 $n/2 \times n/2$ 矩阵乘积计算量的 7 倍,再加上它们进行加或减运算的 18 倍,加减运算共需要 $O(n^2)$,因此有:

$$T(n) = O(1) \quad \text{当} \ n = 1 \ \text{时}$$
$$T(n) = 7T(n/2) + O(n^2) \quad \text{当} \ n > 1 \ \text{时}$$

可以推导出 $T(n) = O(n^{\log_2 7}) = O(n^{2.81})$,因此 Strassen 算法的效率更高。

3.6 并行计算简介

3.6.1 并行计算概述

传统计算机是串行结构,每一时刻只能按一条指令对一个数据进行操作,在传统计算机上设计的算法称为串行算法。并行算法是用多台处理器联合求解问题的方法和步骤,其执行过程是将给定的问题首先分解成若干个尽量相互独立的子问题,然后使用多台计算机同时求解它,从而最终求得原问题的解。

为利用并行计算,通常计算问题表现出以下特征:

(1) 将工作分离成离散部分有助于同时解决。例如,对于分治法设计的串行算法,可以将各个独立的子问题并行求解,最后合并成整个问题的解,从而转化为并行算法。

(2) 随时并及时地执行多个程序指令。

(3) 多计算资源下解决问题的耗时要少于单个计算资源下的耗时。

3.6.2 并行计算模型

并行计算模型通常指从并行算法的设计和分析出发,将各种并行计算机(至少某一类并行计算机)的基本特征抽象出来,形成一个抽象的计算模型。从更广的意义上说,并行计算模型为并行计算提供了硬件和软件界面,在该界面的约定下,并行系统硬件设计者和软件设计者可以开发对并行性的支持机制,从而提高系统的性能。

并行算法设计是基于并行计算模型的,下面简要介绍目前常见的两种并行计算模型。

1. PRAM 模型

PRAM(Parallel Random Access Machine,随机存取并行机器)模型也称为共享存储的 SIMD(单指令流多数据流)模型,是一种抽象的并行计算模型,它是从串行的 RAM 模型直接发展起来的。在这种模型中,假定有一个无限大容量的共享存储器,并且有多个功能相同的处理器,且它们都具有简单的算术运算和逻辑判断功能,在任意时刻各个处理器可以访问共享存储单元。

2. BSP 模型

BSP(Bulk Synchronous Parallel,整体同步并行)模型是分布存储的 MIMD(多指令流多数据流)计算模型,由哈佛大学的 Viliant 和牛津大学的 Bill McColl 提出。

一台 BSP 计算机由 n 个处理器/存储器(结点)组成,通过通信网络进行互联,如图 3.15 所示。

一个 BSP 程序有 n 个进程,每个进程驻留在一个结点上,程序按严格的超步(可以理解为并行计算中子问题的求解)顺序执行,如图 3.16 所示。超步间采用路障同步,每个超步分成以下有序的 3 个部分。

(1) 计算:一个或多个处理器执行若干个局部计算操作,操作的所有数据只能是局部存储器中的数据。一个进程的计算与其他进程无关。

(2) 通信:处理器之间相互交换数据,通信总是以点对点的方式进行。

(3) 同步:确保通信过程中交换的数据被传送到目的处理器上,并使一个超步中的计算和通信操作全部完成后才能开始下一个超步中的任何动作。

BSP 模型总的执行时间等于各超步执行时间之和。

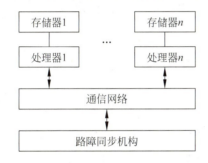
图 3.15 BSP 模型

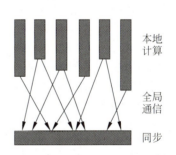
图 3.16 BSP 的一个超步

3.6.3 快速排序的并行算法

基于 BSP 模型,快速排序算法并行化的一个简单思想是对每次划分后所得到的两个序列分别使用两个处理器完成递归排序。

例如对一个长为 n 的序列首先划分得到两个长为 $n/2$ 的序列,将其交给两个处理器分别处理;然后进一步划分得到 4 个长为 $n/4$ 的序列,再分别交给 4 个处理器处理;如此递归下去最终得到排好序的序列。当然这里说的是理想的划分情况,如果划分步骤不能达到平均分配的目的,那么排序的效率会相对较差。

以下算法描述了使用 2^m 个处理器完成对 n 个输入数据(即 $a[0..n-1]$)排序的并行算法:

```
void ParaQuickSort(int a[],int i,int j,int m,int id)
{   if((j-i<=k)||(m=0))           //若排序数据个数足够少或 m=0
        P_id 执行 QuickSort(a,i,j);  //在 P_id 处理器上直接执行传统快速排序算法
    else
    {   P_id 执行 r=Partition(a,i,j); //在 P_id 处理器上执行一趟划分
```

```
            P_id 发送 a[r+1,m-1]数据到 P_{id+2^{m-1}};
            ParaQuickSort(a,i,r-1,m-1,id);
            ParaQuickSort(a,r+1,j,m-1,id+2^{m-1});
            P_{id+2^{m-1}} 发送 a[r+1,m-1]到 P_id;
        }
    }
    void main( )
    {
        ParaQuickSort(data,0,n-1,m,0)
    }
```

在最好情况下该并行算法形成一个高度为 $\lceil \log_2 n \rceil$ 的排序树,其计算时间复杂度为 $O(n)$。和串行算法一样,在最坏情况下时间复杂度降为 $O(n^2)$。正常情况下该算法的平均时间复杂度为 $O(n)$。

3.7 练习题

1. 分治法的设计思想是将一个难以直接解决的大问题分割成规模较小的子问题,分别解决子问题,最后将子问题的解组合起来形成原问题的解,这要求原问题和子问题(　　)。
   A. 问题规模相同,问题性质相同　　B. 问题规模相同,问题性质不同
   C. 问题规模不同,问题性质相同　　D. 问题规模不同,问题性质不同

2. 在寻找 n 个元素中第 k 小的元素的问题中,如采用快速排序算法思想,运用分治法对 n 个元素进行划分,如何选择划分基准?下面(　　)答案最合理。
   A. 随机选择一个元素作为划分基准
   B. 取子序列的第一个元素作为划分基准
   C. 用中位数的中位数方法寻找划分基准
   D. 以上皆可行,但不同方法的算法复杂度上界可能不同

3. 对于下列二分查找算法,正确的是(　　)。
   A.

```
int binarySearch(int a[], int n, int x)
{   int low=0, high=n-1;
    while(low<=high)
    {   int mid=(low+high)/2;
        if(x==a[mid]) return mid;
        if(x>a[mid]) low=mid;
            else high=mid;
    }
    return -1;
}
```

B.

```
int binarySearch(int a[], int n, int x)
{   int low=0, high=n-1;
    while(low+1!=high)
    {   int mid=(low+high)/2;
        if(x>=a[mid]) low=mid;
            else high=mid;
    }
    if(x==a[low]) return low;
    else return -1;
}
```

C.

```
int binarySearch(int a[], int n, int x)
{   int low=0, high=n-1;
    while(low < high-1)
    {   int mid=(low+high)/2;
        if(x < a[mid])
            high=mid;
        else low=mid;
    }
    if(x==a[low]) return low;
    else return -1;
}
```

D.

```
int binarySearch(int a[], int n, int x)
{   if(n > 0 && x >= a[0])
    {   int low = 0, high = n-1;
        while(low < high)
        {   int mid=(low+high+1)/2;
            if(x < a[mid])
                high=mid-1;
            else low=mid;
        }
        if(x==a[low]) return low;
    }
    return -1;
}
```

4. 快速排序算法是根据分治策略来设计的,简述其基本思想。

5. 假设含有 n 个元素的待排序数据 a 恰好是递减排列的,说明调用 QuickSort(a, 0, $n-1$) 递增排序的时间复杂度为 $O(n^2)$。

6. 以下哪些算法采用分治策略:

(1) 堆排序算法;

(2) 二路归并排序算法；

(3) 折半查找算法；

(4) 顺序查找算法。

7. 适合并行计算的问题通常表现出哪些特征？

8. 设有两个复数 $x=a+bi$ 和 $y=c+di$。复数乘积 xy 可以使用 4 次乘法来完成，即 $xy=(ac-bd)+(ad+bc)i$。设计一个仅用 3 次乘法来计算乘积 xy 的方法。

9. 有 4 个数组 a、b、c 和 d，都已经排好序，说明找出这 4 个数组的交集的方法。

10. 设计一个算法，采用分治法求一个整数序列中的最大和最小元素。

11. 设计一个算法，采用分治法求 x^n。

12. 假设二叉树采用二叉链存储结构进行存储，设计一个算法采用分治法求一棵二叉树 bt 的高度。

13. 假设二叉树采用二叉链存储结构进行存储，设计一个算法采用分治法求一棵二叉树 bt 中度为 2 的结点个数。

14. 有一种二叉排序树，其定义为空树是一棵二叉排序树，若不空，左子树中的所有结点值小于根结点值，右子树中的所有结点值大于根结点值，并且左、右子树都是二叉排序树。现在该二叉排序树采用二叉链存储，采用分治法设计查找值为 x 的结点地址，并分析算法的最好平均时间复杂度。

15. 设有 n 个互不相同的整数，按递增顺序存放在数组 $a[0..n-1]$ 中，若存在一个下标 $i(0 \leq i < n)$，使得 $a[i]=i$，设计一个算法以 $O(\log_2 n)$ 时间找到这个下标 i。

16. 请模仿二分查找过程设计一个三分查找算法，分析其时间复杂度。

17. 对于大于 1 的正整数 n，可以分解为 $n=x_1 \times x_2 \times \cdots \times x_m$，其中 $x_i \geq 2$。例如，$n=12$ 时有 8 种不同的分解式，即 $12=12,12=6\times 2,12=4\times 3,12=3\times 4,12=3\times 2\times 2,12=2\times 6,12=2\times 3\times 2,12=2\times 2\times 3$，设计一个算法求 n 的不同分解式的个数。

18. 设计一个基于BSP模型的并行算法，假设有 p 台处理器，计算整数数组 $a[0..n-1]$ 的所有元素之和，并分析算法的时间复杂度。

3.8 上机实验题

实验 1. 求解查找假币问题

编写一个实验程序查找假币问题。有 $n(n>3)$ 个硬币，其中有一个假币，且假币较轻，采用天平称重方式找到这个假币，并给出操作步骤。

实验 2. 求解众数问题

给定一个整数序列，每个元素出现的次数称为重数，重数最大的元素称为众数。编写一个实验程序对递增有序序列 a 求众数。例如 $S=\{1,2,2,2,3,5\}$，多重集 S 的众数是 2，其重数为 3。

实验 3. 求解逆序数问题

给定一个整数数组 $A=(a_0,a_1,\cdots,a_{n-1})$，若 $i<j$ 且 $a_i>a_j$，则 $<a_i,a_j>$ 就为一个逆序对。例如数组 $(3,1,4,5,2)$ 的逆序对有 $<3,1>$、$<3,2>$、$<4,2>$、$<5,2>$。编写一个实验程

序采用分治法求 A 中逆序对的个数,即逆序数。

实验 4. 求解半数集问题

给定一个自然数 n,由 n 开始可以依次产生半数集 $set(n)$ 中的数如下:

(1) $n \in set(n)$。

(2) 在 n 的左边加上一个自然数,但该自然数不能超过最近添加的数的一半。

(3) 按此规则进行处理,直到不能再添加自然数为止。

例如,$set(6)=\{6,16,26,126,36,136\}$,半数集 $set(6)$ 中有 6 个元素。编写一个实验程序求给定 n 时对应半数集中元素的个数。

实验 5. 求解一个整数数组划分为两个子数组问题

已知由 $n(n \geq 2)$ 个正整数构成的集合 $A=\{a_k\}(0 \leq k<n)$,将其划分为两个不相交的子集 A_1 和 A_2,元素个数分别是 n_1 和 n_2,A_1 和 A_2 中的元素之和分别为 S_1 和 S_2。设计一个尽可能高效的划分算法,满足 $|n_1-n_2|$ 最小且 $|S_1-S_2|$ 最大,算法返回 $|S_1-S_2|$ 的结果。

3.9 在线编程题

在线编程题 1. 求解满足条件的元素对个数问题

【问题描述】 给定 N 个整数 A_i 以及一个正整数 C,问其中有多少对 i、j 满足 $A_i-A_j=C$。

输入描述:第 1 行输入两个空格隔开的整数 N 和 C,第 $2 \sim N+1$ 行每行包含一个整数 A_i。

输出描述:输出一个数表示答案。

输入样例:

```
5 3
2
1
4
2
5
```

样例输出:

```
3
```

在线编程题 2. 求解查找最后一个小于等于指定数的元素问题

【问题描述】 给定一个长度为 n 的单调递增的正整数序列,即序列中的每一个数都比前一个数大,有 m 个询问,每次询问一个 x,问序列中最后一个小于等于 x 的数是什么?

输入描述:给定一个长度为 n 的单调递增的正整数序列,即序列中的每一个数都比前一个数大,有 m 个询问,每次询问一个 x。

输出描述:输出共 m 行,表示序列中最后一个小于等于 x 的数是多少。如果没有,输出-1。

输入样例：

```
5 3
1 2 3 4 6
5
1
3
```

样例输出：

```
4
1
3
```

数据范围限制：$1 \leq n$、$m \leq 100\,000$，序列中的元素和 x 都不超过 10^6。

在线编程题 3. 求解递增序列中与 x 最接近的元素问题

【问题描述】 在一个非降序列中查找与给定值 x 最接近的元素。

输入描述：第 1 行包含一个整数 n，为非降序列长度（$1 \leq n \leq 100\,000$）；第 2 行包含 n 个整数，为非降序列的各个元素，所有元素的大小均在 $0 \sim 1\,000\,000\,000$ 范围内；第 3 行包含一个整数 m，为要询问的给定值个数（$1 \leq m \leq 10\,000$）；接下来 m 行，每行一个整数，为要询问最接近元素的给定值，所有给定值的大小均在 $0 \sim 1\,000\,000\,000$ 范围内。

输出描述：输出共 m 行，每行一个整数，为最接近相应给定值的元素值，并保持输入顺序。若有多个元素值满足条件，输出最小的一个。

输入样例：

```
3
2 5 8
2
10
5
```

样例输出：

```
8
5
```

在线编程题 4. 求解按"最多排序"到"最少排序"的顺序排列问题

【问题描述】 一个序列中的"未排序"的度量是相对于彼此顺序不一致的条目对的数量，例如，在字母序列"DAABEC"中该度量为5，因为D大于其右边的4个字母，E大于其右边的1个字母。该度量称为该序列的逆序数。序列"AACEDGG"只有一个逆序对（E和D），它几乎被排好序了，而序列"ZWQM"有6个逆序对，它是未排序的，恰好是反序。

需要对若干个DNA序列（仅包含4个字母 A、C、G 和 T 的字符串）分类，注意是分类而不是按字母顺序排列，是按照"最多排序"到"最少排序"的顺序排列，所有 DNA 序列的长度都相同。

输入描述：第 1 行包含两个整数，$n(0<n\leqslant 50)$ 表示字符串长度，$m(0<m\leqslant 100)$ 表示字符串个数；后面是 m 行，每行包含一个长度为 n 的字符串。

输出描述：按"最多排序"到"最小排序"的顺序输出所有字符串。若两个字符串的逆序对个数相同，按原始顺序输出它们。

输入样例：

```
10 6
AACATGAAGG
TTTTGGCCAA
TTTGGCCAAA
GATCAGATTT
CCCGGGGGGA
ATCGATGCAT
```

样例输出：

```
CCCGGGGGGA
AACATGAAGG
GATCAGATTT
ATCGATGCAT
TTTTGGCCAA
TTTGGCCAAA
```

第 4 章 蛮力法

蛮力法(brute force method)也称为穷举法(或枚举法)或暴力法,它是算法设计中最常用的方法之一。蛮力法的基本思路是对问题的所有可能状态——测试,直到找到解或将全部可能状态都测试为止。本章介绍蛮力法算法策略和相关示例。

4.1 蛮力法概述

蛮力法是一种简单、直接地解决问题的方法,通常直接基于问题的描述和所涉及的概念定义。这里的"力"是指计算机的计算"能力",而不是人的"智力"。一般来说,蛮力法是最容易应用的方法。

蛮力法是基于计算机运算速度快这一特性,在解决问题时采取的一种"懒惰"策略。这种策略不经过(或者说经过很少)思考,把问题的所有情况或所有过程交给计算机去——尝试,从中找出问题的解。

蛮力法的优点如下:
- 逻辑清晰,编写程序简洁。
- 可以用来解决广阔领域的问题。
- 对于一些重要的问题,它可以产生一些合理的算法。
- 可以解决一些小规模的问题。
- 可以作为其他高效算法的衡量标准。

蛮力法的主要缺点是设计的大多数算法的效率都不高,主要适合问题规模比较小的问题的求解。

蛮力法依赖的基本技术是扫描技术,即采用一定的方式将待求解问题的所有元素依次处理一次,从而找出问题的解。依次处理所有元素是蛮力法的关键,为了避免陷入重复试探,应该保证处理过的元素不再被处理。使用蛮力法通常有以下几种情况。

(1) 搜索所有的解空间:问题的解存在于规模不大的解空间中。解决这类问题一般是找出某些特定的解,这些解满足某些特征或要求。使用蛮力法就是把所有可能的解都列出来,看这些解是否满足特定的条件或要求,从中选出符合要求的解。

(2) 搜索所有的路径:这类问题中不同的路径对应不同的解,需要找出特定解。采用蛮力法就是把所有可能的路径都搜索一遍,计算出所有路径对应的解,找出特定解。

(3) 直接计算:按照基于问题的描述和所涉及的概念定义直接进行计算,往往是一些简单的题,不需要算法技巧。

(4) 模拟和仿真:按照求解问题的要求直接模拟或仿真即可。

从算法实现的角度看,采用蛮力法设计算法分为两类,一类是采用基本穷举思路,即直接采用穷举思想设计算法,另一类是在穷举中应用递归,即采用递归方法穷举搜索解空间,前者相对直接、简单,后者需要结合递归算法设计方法,相对复杂一些。

4.2 蛮力法的基本应用

4.2.1 采用直接穷举思路的一般格式

在采用直接穷举思路的算法中主要是使用循环语句和选择语句,循环语句用于穷举所有可能的情况,而选择语句判定当前的条件是否为所求的解。其基本格式如下:

```
for(循环变量 x 取所有可能的值)
{   ...
    if(x 满足指定的条件)
        输出 x;
    ...
}
```

实际上,在直接穷举 x 的所有可能取值时可能存在重复的情况,对于如何避免重复试探,更有效的方法将在下一章中讨论。

【例 4.1】 编写一个程序,输出 2~1000 的所有完全数。所谓完全数是指这样的数,该数的各因子(除该数本身以外)之和正好等于该数本身。例如:

```
6=1+2+3
28=1+2+4+7+14
```

解 先考虑对于一个整数 m,如何判断它是否为完全数。从数学知识可知:一个数 m 的除该数本身以外的所有因子都在 1~$m/2$ 区间。若算法中要取得因子之和,只要在 1~$m/2$ 区间找到所有整除 m 的数,将其累加起来即可。如果累加和与 m 本身相等,则表示 m 是一个完全数,可以将 m 输出。其循环格式如下:

```
for (m=2;m<=1000;m++)
{   求出 m 的所有因子之和 s;
    if (m==s) 输出 s;
}
```

对应的程序如下:

```c
#include <stdio.h>
void main()
{   int m,i,s;
    for (m=2;m<=1000;m++)
    {   s=0;
        for (i=1;i<=m/2;i++)
            if (m%i==0) s+=i;        //i 是 m 的一个因子
        if (m==s)
            printf("%d ",m);
```

```
    }
    printf("\n");
}
```

本程序的执行结果如下：

```
6 28 496
```

【例 4.2】 编写一个程序,求这样的 4 位数：该 4 位数的千位上的数字和百位上的数字都被擦掉了,知道十位上的数字是 1、个位上的数字是 2,又知道这个数如果减去 7 就能被 7 整除,减去 8 就能被 8 整除,减去 9 就能被 9 整除。

解 设这个数为 ab12,则 $n=1000\times a+100\times b+10+2$,且有 $0<a\leqslant 9,0\leqslant b\leqslant 9$。采用穷举法求解,其循环格式如下：

```
for (a=1;a<=9;a++)
    for (b=0;b<=9;b++)
    {   n=1000*a+100*b+10+2;
        if (n满足题中给定条件) 输出 n;
    }
```

对应的程序如下：

```
#include <stdio.h>
void main()
{   int n,a,b;
    for (a=1;a<=9;a++)
        for (b=0;b<=9;b++)
        {   n=1000*a+100*b+10+2;
            if ((n-7)%7==0 && (n-8)%8==0 && (n-9)%9==0)
            {   printf("n=%d\n",n);
                break;
            }
        }
}
```

本程序的执行结果如下：

```
n=1512
```

【例 4.3】 在象棋算式中不同的棋子代表不同的数,有如图 4.1 所示的算式,设计一个算法求这些棋子各代表哪些数字。

解 在采用逻辑推理时先从"卒"入手,卒和卒相加,和的个位数仍是卒,这个数只能是 0,确定卒是 0 后所有是卒的地方都为 0。这时会看到"兵+兵=车 0",从而得到兵为 5、车是 1,进一步得到"马+1=5",所以马=4,又有"炮+炮=4",从而炮=2。

视频讲解

　　兵炮马卒
＋　兵炮车卒
―――――――
　　车卒马兵卒

图 4.1　象棋算式

最后的结果是兵＝5,炮＝2,马＝4,卒＝0,车＝1。

采用直接穷举思路,设兵、炮、马、卒和车的取值分别为 a、b、c、d、e,则有 a、b、c、d、e 的取值范围为 0～9 且均不相等(即 $a==b \ || \ a==c \ || \ a==d \ || \ a==e \ || \ b==c \ || \ b==d \ || \ b==e \ || \ c==d \ || \ c==e \ || \ d==e$ 不成立)。

设：$m = a \times 1000 + b \times 100 + c \times 10 + d$

$n = a \times 1000 + b \times 100 + e \times 10 + d$

$s = e \times 10000 + d \times 1000 + c \times 100 + a \times 10 + d$

则满足的条件转换为 $m+n==s$。

对应的完整程序如下：

```c
#include <stdio.h>
void fun()
{   int a,b,c,d,e,m,n,s;
    for (a=1;a<=9;a++)
        for (b=0;b<=9;b++)
            for (c=0;c<=9;c++)
                for (d=0;d<=9;d++)
                    for (e=0;e<=9;e++)
                        if (a==b || a==c || a==d || a==e || b==c || b==d
                            || b==e || c==d || c==e || d==e)
                            continue;            //避免重复
                        else
                        {   m=a*1000+b*100+c*10+d;
                            n=a*1000+b*100+e*10+d;
                            s=e*10000+d*1000+c*100+a*10+d;
                            if (m+n==s)
                                printf("兵:%d 炮:%d 马:%d 卒:%d 车:%d\n",
                                    a,b,c,d,e);
                        }
}
void main()
{
    fun();
}
```

程序的输出结果如下：

兵:5 炮:2 马:4 卒:0 车:1

【**例 4.4**】 有 $n(n \geqslant 4)$ 个正整数,存放在数组 a 中,设计一个算法从中选出 3 个正整数组成周长最长的三角形,输出该三角形的周长,若无法组成三角形则输出 0。

解 采用直接穷举思路,用 i、j、k 三重循环,让 $i<j<k$,以避免正整数被重复选中,设选中的 3 个正整数 $a[i]$、$a[j]$ 和 $a[k]$ 之和为 len,其中最大正整数为 ma,能组成三角形的条件是两边之和大于第三边,即 ma<len-ma。对应的完整程序如下：

```c
#include <stdio.h>
#define max(x,y) ((x)>(y)?(x):(y))
#define max3(x,y,z) max(max(x,y),(z))       //求3个整数中的最大者
void solve(int a[],int n)
{   int i,j,k,len,ma,maxlen=0;
    for (i=0;i<n;i++)
        for (j=i+1;j<n;j++)
            for (k=j+1;k<n;k++)
            {   len=a[i]+a[j]+a[k];
                ma=max3(a[i],a[j],a[k]);
                if (ma<len-ma)               //a[i]、a[j]、a[k]能组成一个三角形
                {   if (len>maxlen)          //比较求最长的周长
                        maxlen=len;
                }
            }
    if (maxlen>0)
        printf("最长三角形的周长=%d\n",maxlen);
    else
        printf("0\n");
}
void main()
{   int a[]={4,5,8,20};
    int n=4;
    solve(a,n);
}
```

程序的输出结果如下：

最长三角形的周长=17

直接穷举法提供了一种直接求解问题的思路，实际中可以加以改进提高算法效率。

4.2.2 简单选择排序和冒泡排序

【问题描述】 对于给定的含有 n 个元素的数组 a，将其按元素值递增排序。

第2章介绍过采用递归方法设计简单选择排序和冒泡排序算法，这里讨论采用直接穷举思路设计这两种算法。

视频讲解

1. 简单选择排序

假设整型数组 a 中有10个元素，简单选择排序将整个元素分为有序区和无序区，有序区的所有元素均小于无序区的元素，这样的有序区称为全局有序区。然后针对无序区的每个位置 $i(0 \leq i \leq n-2)$ 从无序区挑选第 i 小的元素放在该位置，挑选过程采用直接穷举方法，用 k 记录无序区中最小元素的下标，依次通过无序区中所有元素的比较来实现，当 k 不等于 i 时将 $a[i]$ 与 $a[k]$ 元素交换。

例如，图4.2所示为 $i=3$ 的一趟简单选择排序过程，其中 $a[0..2]$ 是有序的，从 $a[3..9]$ 中挑选最小元素 $a[5]$，将其与 $a[3]$ 进行交换，从而扩大有序区、减小无序区。

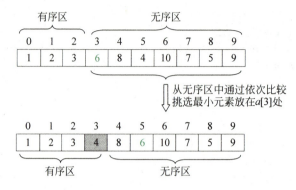

图 4.2 一趟简单选择排序过程

采用穷举思路实现简单选择排序的完整程序如下：

```c
#include <stdio.h>
void swap(int &x,int &y)                    //交换 x 和 y
{   int tmp=x;
    x=y; y=tmp;
}
void SelectSort(int a[],int n)              //对 a[0..n-1]元素进行递增简单选择排序
{   int i,j,k;
    for (i=0;i<n-1;i++)                     //进行 n-1 趟排序
    {   k=i;                                //用 k 记录每趟无序区中最小元素的位置
        for (j=i+1;j<n;j++)                 //在 a[i+1..n-1]中采用穷举法找最小元素 a[k]
            if (a[j]<a[k])
                k=j;
        if (k!=i)                           //若 a[k]不是最小元素，将 a[k]与 a[i]交换
            swap(a[i],a[k]);
    }
}
void disp(int a[],int n)                    //输出 a 中的所有元素
{   int i;
    for (i=0;i<n;i++)
        printf("%d ",a[i]);
    printf("\n");
}
void main()
{   int n=10;
    int a[]={2,5,1,7,10,6,9,4,3,8};
    printf("排序前:"); disp(a,n);
    SelectSort(a,n);
    printf("排序后:"); disp(a,n);
}
```

【算法分析】 在含有 n 个元素的数组 a 中采用举穷法找出最小元素需要进行 $n-1$ 次比较，则在 $a[i+1..n-1]$ 中找最小元素 $a[k]$ 需要进行 $n-i-1$ 次比较，所以算法总的比较次数为 $\sum_{i=0}^{n-2}(n-i-1)=\dfrac{n(n-1)}{2}=O(n^2)$。简单选择排序的时间主要花费在元素的比较

上,移动元素的最多次数为$3(n-1)$,所以该算法的时间复杂度为$O(n^2)$。

2. 冒泡排序

冒泡排序也将整个元素分为有序区和无序区,有序区的所有元素均小于无序区的元素,即为全局有序区。然后针对无序区的每个位置$i(0 \leqslant i \leqslant n-2)$从无序区通过交换方式将第$i$小的元素放在该位置,交换过程也是采用直接穷举方法,从无序区尾部开始,当相邻的两个元素逆序时将两者交换。当某一趟没有元素交换时说明无序区已经有序了,所有元素均有序,算法结束。

例如,图 4.3 所示为$i=3$的一趟冒泡排序过程,其中$a[0..2]$是有序的,从$a[3..9]$中通过交换将最小元素放在$a[5]$处,从而扩大有序区、减小无序区。

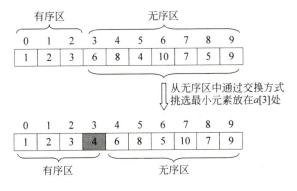

图 4.3 一趟冒泡排序过程

采用穷举思路实现冒泡排序的完整程序如下:

```
#include <stdio.h>
void BubbleSort(int a[],int n)        //对 a[0..n-1]按递增有序进行冒泡排序
{   int i,j; int tmp;
    bool exchange;
    for (i=0;i<n-1;i++)                //进行 n-1 趟排序
    {   exchange=false;                //本趟排序前置 exchange 为 false
        for (j=n-1;j>i;j--)            //无序区元素比较,找出最小元素
            if (a[j]<a[j-1])           //当相邻元素反序时
            {   swap(a[j],a[j-1]);     //a[j]与 a[j-1]进行交换
                exchange=true;         //本趟排序发生交换置 exchange 为 true
            }
        if (exchange==false)           //本趟未发生交换时结束算法
            return;
    }
}
void disp(int a[],int n)               //输出 a 中的所有元素
{   int i;
    for (i=0;i<n;i++)
        printf("%d ",a[i]);
    printf("\n");
}
void main()
```

```
{   int n=10;
    int a[]={2,5,1,7,10,6,9,4,3,8};
    printf("排序前:"); disp(a,n);
    BubbleSort(a,n);
    printf("排序后:"); disp(a,n);
}
```

【算法分析】 冒泡排序的时间主要花费在元素的比较和交换上，当初始数据正序时只需通过一趟排序，此时呈现最好的时间复杂度为 $O(n)$。当数据反序时呈现最坏情况，元素比较次数为 $\sum_{i=0}^{n-2}\sum_{j=i+1}^{n-1}1 = \sum_{i=0}^{n-2}(n-i-1) = \frac{n(n-1)}{2}$，元素移动次数为其 3 倍，最坏时间复杂度为 $O(n^2)$。该算法的平均时间复杂度也为 $O(n^2)$。

4.2.3 字符串匹配

【问题描述】 对于字符串 s 和 t，若 t 是 s 的子串，返回 t 在 s 中的位置（t 的首字符在 s 中对应的下标），否则返回 -1。

【问题求解】 采用直接穷举法求解，称为 BF 算法。该算法从 s 的每一个字符开始查找，看 t 是否会出现。例如 $s=$"aababcde"，$t=$"abcd"，两个字符串的匹配过程如图 4.4 所示，在成功时 $i=7$，$j=4$，返回 $i-j=3$。

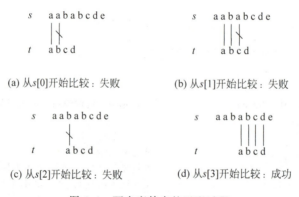

图 4.4 两个字符串的匹配过程

对应的 BF 算法如下：

```
int BF(string s,string t)          //字符串的匹配
{   int i=0,j=0;
    while (i<s.length() && j<t.length())
    {   if (s[i]==t[j])             //比较的两个字符相同时
        {   i++;
            j++;
        }
        else                        //比较的两个字符不相同时
        {   i=i-j+1;                //i 回退到原来 i 的下一个位置
            j=0;                    //j 从 0 开始
        }
    }
```

```
        }
    if (j==t.length())                   //t 的字符比较完毕
        return i−j;                      //t 是 s 的子串,返回位置
    else
        return −1;                       //返回−1
}
```

【算法分析】 BF 算法花费的主要时间是字符的比较。若 s 和 t 中字符的个数分别为 n 和 m,并且 t 是 s 的子串,最好的情况是从 s[0]的比较(第 1 趟)成功,此时 $T(n,m)=O(m)$;最坏的情况是 s 的末尾的 m 个字符为 t,前面 n−m 趟比较均失败并且每次需要比较 m 次,此时 $T(n,m)=O(n\times m)$,容易求出平均时间复杂度也是 $O(n\times m)$。

显然 BF 算法效率不高,对其改进的高效算法有 KMP、BM 算法等。

【例 4.5】 有两个字符串 s 和 t,设计一个算法求 t 在 s 中出现的次数。例如 s= "abababa",t="aba",则 t 在 s 中出现两次(不考虑子串重叠的情况)。

解 采用 BF 算法思路,用 num 记录 t 在 s 中出现的次数(初始时为 0)。当在 s 中找到 t 出现一次时 num++,此时 j=t 的长度,i 指向 s 中本次出现 t 子串的下一个字符,所以为了继续查找 t 子串的下一次出现,只需要置 j=0。对应的算法如下:

```
int Count(string s,string t)             //求 t 在 s 中出现的次数
{   int num=0;                           //累计出现次数
    int i=0,j=0;
    while (i<s.length() && j<t.length())
    {   if (s[i]==t[j])                  //比较的两个字符相同时
        {   i++;
            j++;
        }
        else                             //比较的两个字符不相同时
        {   i=i−j+1;                     //i 回退
            j=0;                         //j 从 0 开始
        }
        if(j==t.length())
        {   num++;                       //出现次数增 1
            j=0;                         //j 从 0 开始继续
        }
    }
    return num;
}
```

4.2.4 求解最大连续子序列和问题

【问题描述】 给定一个有 $n(n \geqslant 1)$ 个整数的序列,求出其中最大连续子序列的和。例如序列(−2,11,−4,13,−5,−2)的最大子序列和为 20,序列(−6,2,4,−7,5,3,2,−1,6,−9,10,−2)的最大子序列和为 16。规定一个序列的最大连续子序列和至少为 0,如果小于 0,其结果为 0。

在第 3 章中介绍过采用分治法思路求解,这里采用穷举法思路求解。

扫一扫

视频讲解

解法1：设含有 n 个整数的序列 $a[0..n-1]$ 和其中任何连续子序列 $a[i..j]$ ($i \leq j, 0 \leq i \leq n-1, i \leq j \leq n-1$)，求出它的所有元素之和 thisSum，并通过比较将最大值存放在 maxSum 中，最后返回 maxSum。这种解法是通过穷举所有连续子序列（一个连续子序列由起始下标 i 和终止下标 j 确定）来得到，是典型的穷举法思想。

例如，对于 $a[0..5] = \{-2, 11, -4, 13, -5, -2\}$，求出的 $a[i..j]$ ($i \leq j$) 的所有元素和如图 4.5 所示（行号为 i，列号为 j），其中 20 是最大值，即最大连续子序列和。

	0	1	2	3	4	5
0	−2	9	5	18	13	11
1		11	7	20	15	13
2			−4	9	4	2
3				13	8	6
4					−5	−7
5						−2

图 4.5　所有 $a[i..j]$ 的元素和

本解法对应的完整程序如下：

```c
#include <stdio.h>
int maxSubSum1(int a[], int n)              //求 a 的最大连续子序列和
{   int i,j,k;
    int maxSum=0, thisSum;
    for (i=0;i<n;i++)                       //两重循环穷举所有的连续子序列
    {   for (j=i;j<n;j++)
        {   thisSum=0;
            for (k=i;k<=j;k++)
                thisSum+=a[k];
            if (thisSum>maxSum)             //通过比较求最大连续子序列之和
                maxSum=thisSum;
        }
    }
    return maxSum;
}
void main()
{   int a[]={-2,11,-4,13,-5,-2};
    int n=sizeof(a)/sizeof(a[0]);
    int b[]={-6,2,4,-7,5,3,2,-1,6,-9,10,-2};
    int m=sizeof(b)/sizeof(b[0]);
    printf("a 序列的最大连续子序列的和:%ld\n",maxSubSum1(a,n));    //输出:20
    printf("b 序列的最大连续子序列的和:%ld\n",maxSubSum1(b,m));    //输出:16
}
```

【**算法分析**】 maxSubSum1(a,n) 算法中用了三重循环，所以有：

$$T(n) = \sum_{i=0}^{n-1}\sum_{j=i}^{n-1}\sum_{k=i}^{j} 1 = \sum_{i=0}^{n-1}\sum_{j=i}^{n-1}(j-i+1) = \frac{1}{2}\sum_{i=0}^{n-1}(n-i)(n-i+1) = O(n^3)$$

解法2：改进前面的解法，在求两个相邻子序列之和时它们之间是关联的。例如，设 $\text{Sum}(a[i..j])$ 表示 $a[i..j]$ 中所有元素的和，$\text{Sum}(a[0..3]) = a[0]+a[1]+a[2]+a[3]$，而 $\text{Sum}(a[0..4]) = a[0]+a[1]+a[2]+a[3]+a[4]$，在前者计算出来后求后者时只需在前者的基础上加 $a[4]$ 即可，没有必要每次都重复计算，即求 $\text{Sum}(a[i..j])$ 的递推关系如下：

$\text{Sum}(a[i..j])=0$	当 $a[i..j]$ 没有元素时
$\text{Sum}(a[i..j])=\text{Sum}(a[i..j-1])+a[j]$	当 $a[i..j]$ 存在元素时

注意求 Sum($a[i..j]$) 和 Sum($a[i..j-1]$) 时对应的子序列都是从 $a[i]$ 开始的。改进后的完整程序如下：

```c
#include <stdio.h>
int maxSubSum2(int a[], int n)              //求 a 的最大连续子序列和
{   int i,j;
    int maxSum=0,thisSum;
    for (i=0;i<n;i++)
    {   thisSum=0;
        for (j=i;j<n;j++)
        {   thisSum+=a[j];
            if (thisSum>maxSum)
                maxSum=thisSum;
        }
    }
    return maxSum;
}
void main()
{   int a[]={-2,11,-4,13,-5,-2};
    int n=sizeof(a)/sizeof(a[0]);
    int b[]={-6,2,4,-7,5,3,2,-1,6,-9,10,-2};
    int m=sizeof(b)/sizeof(b[0]);
    printf("a 序列的最大连续子序列的和:%ld\n",maxSubSum2(a,n));    //输出:20
    printf("b 序列的最大连续子序列的和:%ld\n",maxSubSum2(b,m));    //输出:16
}
```

【算法分析】 maxSubSum2(a,n)算法中只有两重循环，容易求出 $T(n)=O(n^2)$。尽管这样改进后降低了算法的时间复杂度，但采用的仍是穷举法思路。

解法 3：进一步改进解法 2，从头开始扫描数组 a，用 thisSum（初值为 0）记录当前子序列之和，用 maxSum（初值为 0）记录最大连续子序列和。如果在扫描中遇到负数，当前子序列和 thisSum 将会减小，若 thisSum 为负数，表明前面已经扫描的那个子序列可以抛弃了，则放弃这个子序列，重新开始下一个子序列的分析，并置 thisSum 为 0。若这个子序列和 thisSum 不断增加，那么最大子序列和 maxSum 也不断增加。本算法仍采用穷举法的思路。

进一步改进后的完整程序如下：

```c
#include <stdio.h>
int maxSubSum3(int a[], int n)              //求 a 的最大连续子序列和
{   int i,maxSum=0,thisSum=0;
    for (i=0;i<n;i++)
    {   thisSum+=a[i];
        if (thisSum<0)                       //若当前子序列和为负数,则重新开始下一个子序列
            thisSum=0;
        if (maxSum<thisSum)                  //比较求最大连续子序列和
            maxSum=thisSum;
    }
    return maxSum;
}
```

```
void main()
{   int a[]={-2,11,-4,13,-5,-2};
    int n=sizeof(a)/sizeof(a[0]);
    int b[]={-6,2,4,-7,5,3,2,-1,6,-9,10,-2};
    int m=sizeof(b)/sizeof(b[0]);
    printf("a序列的最大连续子序列的和:%ld\n",maxSubSum3(a,n));   //输出:20
    printf("b序列的最大连续子序列的和:%ld\n",maxSubSum3(b,m));   //输出:16
}
```

【算法分析】 显然在该算法中仅扫描 a 数组一次,其算法的时间复杂度为 $O(n)$。

从中看出,尽管一般而言采用蛮力法设计的算法效率不高,但通过精心设计,仍可以设计出高效的算法。

4.2.5 求解幂集问题

【问题描述】 对于给定的正整数 $n(n \geqslant 1)$,求 $1 \sim n$ 构成的集合的幂集(即由 $1 \sim n$ 的集合中所有子集构成的集合,包括全集和空集)。

解法1:采用直接穷举法求解,将 $1 \sim n$ 存放到数组 a 中,求解问题变为构造集合 a 的所有子集合。设集合 $a[0..2]=\{1,2,3\}$,其所有集合元素对应的二进制位及其十进制数如表 4.1 所示。

扫一扫

视频讲解

表 4.1 所有子集对应的二进制位

集合元素	对应的二进制位	对应的十进制数
{}	—	—
{1}	001	1
{2}	010	2
{1,2}	011	3
{3}	100	4
{1,3}	101	5
{2,3}	110	6
{1,2,3}	111	7

因此对于含有 $n(n \geqslant 1)$ 个元素的集合 a,求幂集的过程如下:

```
for (i=0;i<2^n;i++)                //穷举 a 的所有集合元素并输出
{   将 i 转换为二进制数 b;
    输出 b 中为 1 的位对应的 a 元素构成一个集合元素;
}
```

采用直接穷举法求 $a=\{1,2,3\}$ 的幂集的完整程序如下:

```
# include <stdio.h>
# include <math.h>
# define MaxN 10
void inc(int b[], int n)              //将 b 表示的二进制数增 1
{   for(int i=0;i<n;i++)              //遍历数组 b
```

```
    {   if(b[i])
            b[i]=0;                      //将元素1改为0
        else
        {   b[i]=1;                      //将元素0改为1并退出for循环
            break;
        }
    }
}
void PSet(int a[],int b[],int n)         //求幂集
{   int i,k;
    int pw=(int)pow(2,n);                //求2ⁿ
    printf("1～%d 的幂集:\n",n);
    for(i=0;i<pw;i++)                    //执行2ⁿ次
    {   printf("{ ");
        for (k=0;k<n;k++)                //执行n次
            if(b[k])
                printf("%d ",a[k]);
        printf("} ");
        inc(b,n);                        //b 表示的二进制数增1
    }
    printf("\n");
}
void main()
{   int n=3;
    int a[MaxN],b[MaxN];
    for (int i=0;i<n;i++)
    {   a[i]=i+1;                        //a 初始化为{1,2,3}
        b[i]=0;                          //b 初始化为{0,0,0}
    }
    PSet(a,b,n);
}
```

程序的输出结果如下：

1～3 的幂集:
{ } { 1 } { 2 } { 1 2 } { 3 } { 1 3 } { 2 3 } { 1 2 3 }

【算法分析】 算法中 pw 循环 2^n 次,不考虑幂集输出,inc() 的时间为 $O(n)$,所以算法的时间复杂度为 $O(n\times 2^n)$,属于指数级的算法。

解法 2：采用增量穷举法求解 1～n 的幂集,n=3 时的求解过程如图 4.6 所示,用 ps 表示幂集结果(它的每一个元素是一个整数集合)。

求 1～3 的幂集的过程如下：

(1) 产生一个空集元素{}添加到 ps 中,即 ps={ { } }。

(2) 在步骤(1)得到的 ps 的每一个集合元素的末尾添加 1 构成新集合元素{1},将其添加到 ps 中,即 ps=

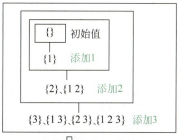

图 4.6 求 1～3 的幂集的过程

{ {},{1} }。

（3）在步骤（2）得到的 ps 的每一个集合元素的末尾添加 2 构成新集合元素{2}、{1,2}，将其添加到 ps 中，即 ps＝{ {},{1},{2},{1,2} }。

（4）在步骤（3）得到的 ps 的每一个集合元素的末尾添加 3 构成新集合元素{3}、{1,3}、{2,3}、{1,2,3}，将其添加到 ps 中，即 ps＝{ {},{1},{2},{1,2},{3},{1,3},{2,3},{1,2,3}}。

最后的 ps 构成{1,2,3}的幂集。

在实现算法时用一个 vector＜int＞容器表示一个集合元素，用 vector＜vector＜int＞＞容器存放幂集（即集合的集合）。

用 i 穷举 1～n 产生所有集合元素得到幂集。对应的求解 1～n 集合的幂集的完整程序如下：

```c
#include <stdio.h>
#include <vector>
using namespace std;
vector<vector<int>> ps;                              //存放幂集
void PSet(int n)                                     //求 1～n 的幂集 ps
{   vector<vector<int>> ps1;                         //子幂集
    vector<vector<int>>::iterator it;                //幂集迭代器
    vector<int> s;
    ps.push_back(s);                                 //添加{}空集合元素
    for (int i=1;i<=n;i++)                           //循环添加 1～n
    {   ps1=ps;                                      //ps1 存放上一步得到的幂集
        for (it=ps1.begin();it!=ps1.end();++it)
            (*it).push_back(i);                      //在 ps1 的每个集合元素的末尾添加 i
        for (it=ps1.begin();it!=ps1.end();++it)
            ps.push_back(*it);                       //将 ps1 的每个集合元素添加到 ps 中
    }
}

void dispps()                                        //输出幂集 ps
{   vector<vector<int>>::iterator it;                //幂集迭代器
    vector<int>::iterator sit;                       //幂集集合元素迭代器
    for (it=ps.begin();it!=ps.end();++it)
    {   printf("{ ");
        for (sit=(*it).begin();sit!=(*it).end();++sit)
            printf("%d ",*sit);
        printf("} ");
    }
    printf("\n");
}

void main()
{   int n=3;
    PSet(n);
    printf("1～%d 的幂集:\n",n);
    dispps();
}
```

程序的输出结果如下：

```
1~3 的幂集：
{ } { 1 } { 2 } { 1 2 } { 3 } { 1 3 } { 2 3 } { 1 2 3 }
```

【算法分析】 对于给定的 n，每一个集合元素都要处理，有 2^n 个，所以上述算法的时间复杂度为 $O(2^n)$。

说明：在本算法设计中采用 vector＜vector＜int＞＞容器存放幂集，并利用 vector 容器的相关成员函数实现算法思路，这样算法设计十分简单，程序员的精力主要花费在理解算法策略上而不是实现细节上。

4.2.6 求解简单 0/1 背包问题

【问题描述】 有 n 个重量分别为 w_1、w_2、$\cdots$、w_n 的物品（物品编号为 $1\sim n$），它们的价值分别为 v_1、v_2、$\cdots$、v_n，给定一个容量为 W 的背包。设计从这些物品中选取一部分物品放入该背包的方案，每个物品要么选中要么不选中，要求选中的物品不仅能够放到背包中，而且具有最大的价值，并对表 4.2 所示的 4 个物品求出 $W=6$ 时的所有解和最佳解。

视频讲解

表 4.2 4 个物品的信息

物品编号	重量	价值
1	5	4
2	3	4
3	2	3
4	1	1

【问题求解】 对于 n 个物品、容量为 W 的背包问题，采用前面求幂集的方法求出所有的物品组合，对于每一种组合，计算其总重量 sumw 和总价值 sumv，当 sumw 小于等于 W 时该组合是一种解，并通过比较将最佳方案保存到 maxsumw 和 maxsumv 中，最后输出所有的解和最佳解。

对于表 4.2 所示的 4 个物品，当 $W=6$ 时求所有解和最佳解的完整程序如下：

```
#include <stdio.h>
#include <vector>
using namespace std;
vector<vector<int>> ps;                        //存放幂集
void PSet(int n)                               //求 1~n 的幂集 ps
{   vector<vector<int>> ps1;                   //子幂集
    vector<vector<int>>::iterator it;          //幂集迭代器
    vector<int> s;
    ps.push_back(s);                           //添加{}空集合元素
    for (int i=1;i<=n;i++)                     //循环添加 1~n
    {   ps1=ps;                                //ps1 存放上一步得到的幂集
        for (it=ps1.begin();it!=ps1.end();++it)
            (*it).push_back(i);                //在 ps1 的每个集合元素的末尾添加 i
```

```
            for (it=ps1.begin();it!=ps1.end();++it)
                ps.push_back(*it);                          //将 ps1 的每个集合元素添加到 ps 中
        }
}
void Knap(int w[],int v[],int W)                            //求所有的方案和最佳方案
{   int count=0;                                            //方案编号
    int sumw,sumv;                                          //当前方案的总重量和总价值
    int maxi,maxsumw=0,maxsumv=0;                           //最佳方案的编号、总重量和总价值
    vector<vector<int>>::iterator it;                       //幂集迭代器
    vector<int>::iterator sit;                              //幂集集合元素迭代器
    printf(" 序号\t选中物品\t总重量\t总价值\t能否装入\n");
    for (it=ps.begin();it!=ps.end();++it)                   //扫描 ps 中的每一个集合元素
    {   printf(" %d\t",count+1);
        sumw=sumv=0;
        printf("{");
        for (sit=(*it).begin();sit!=(*it).end();++sit)
        {   printf("%d ",*sit);
            sumw+=w[*sit-1];                                //w 数组下标从 0 开始
            sumv+=v[*sit-1];                                //v 数组下标从 0 开始
        }
        printf("}\t\t%d\t%d ",sumw,sumv);
        if (sumw<=W)
        {   printf("能\n");
            if (sumv>maxsumv)                               //比较求最优方案
            {   maxsumw=sumw;
                maxsumv=sumv;
                maxi=count;
            }
        }
        else printf("否\n");
        count++;                                            //方案编号增加 1
    }
    printf("最佳方案为：");
    printf("选中物品");
    printf("{ ");
    for (sit=ps[maxi].begin();sit!=ps[maxi].end();++sit)
        printf("%d ",*sit);
    printf("},");
    printf("总重量:%d,总价值:%d\n",maxsumw,maxsumv);
}
void main()
{   int n=4,W=6;
    int w[]={5,3,2,1};
    int v[]={4,4,3,1};
    PSet(n);
    printf("0/1 背包的求解方案\n",n);
    Knap(w,v,W);
}
```

程序的执行结果如下：

```
0/1背包的求解方案
序号    选中物品     总重量      总价值      能否装入
1       { }         0           0           能
2       {1}         5           4           能
3       {2}         3           4           能
4       {1 2}       8           8           否
5       {3}         2           3           能
6       {1 3}       7           7           否
7       {2 3}       5           7           能
8       {1 2 3}     10          11          否
9       {4}         1           1           能
10      {1 4}       6           5           能
11      {2 4}       4           5           能
12      {1 2 4}     9           9           否
13      {3 4}       3           4           能
14      {1 3 4}     8           8           否
15      {2 3 4}     6           8           能
16      {1 2 3 4}   11          12          否
最佳方案为：选中物品{2 3 4},总重量:6,总价值:8
```

【算法分析】 对于 n 个物品，最主要的时间花费在求幂集上，所以算法的时间复杂度为 $O(2^n)$。

说明：上述求幂集和 0/1 背包问题本质上都是给定一个元素集合 $a=\{a_1,a_2,\cdots,a_n\}$，产生的解就是选择其中的元素，每个元素要么被选中，要么不被选中。这一类问题统称为**子集问题**。

4.2.7 求解全排列问题

【问题描述】 对于给定的正整数 $n(n\geq 1)$，求 $1\sim n$ 的所有全排列。

【问题求解】 这里采用增量穷举法求解。产生 $1\sim 3$ 全排列的过程如图 4.7 所示，这里 $n=3$，用 ps 表示全排列结果（它的每一个元素是一个整数集合），其求解过程如下：

视频讲解

(1) 产生一个{1}集合元素添加到 ps 中，即 ps={ {1} }。

(2) $i=2$，将 ps1 设置为空(ps1 与 ps 的类型相同)，对于 ps 的每一个集合元素 s(含 $i-1$ 个整数)，在 s 的每个位置(位置 j 等于 0 到 $i-1$)插入整数 i 产生新集合元素 $s1$，将 $s1$ 添加到 ps1 中，即 ps1={{2,1},{1,2}}。最后置 ps=ps1。

(3) $i=3$，将 ps1 设置为空，对于 ps 的每一个集合元素 s(含 $i-1$ 个整数)，在 s 的每个

图 4.7 产生 $1\sim 3$ 全排列的过程

位置(位置 j 等于 0 到 i−1)插入整数 i 产生新集合元素 s1,将 s1 添加到 ps1 中,即 ps1={{3,2,1},{2,3,1},{2,1,3},{3,1,2},{1,3,2},{1,2,3}}。最后置 ps=ps1。

得到的 ps 构成{1,2,3}的全排列。ps 的元素顺序与常规顺序正好相反,最后将 ps 的集合元素反向输出即可。

在实现算法时用一个 vector<int>容器表示一个集合元素,用 vector<vector<int>>容器存放幂集(即集合的集合)。

求解 1~n 的全排列的完整程序如下:

```cpp
#include <stdio.h>
#include <vector>
using namespace std;
vector<vector<int>> ps;                              //存放全排列
void Insert(vector<int> s,int i,vector<vector<int>> &ps1)
//在每个集合元素中间插入 i 得到 ps1
{   vector<int> s1;
    vector<int>::iterator it;
    for (int j=0;j<i;j++)                            //在 s(含 i−1 个整数)的每个位置插入 i
    {   s1=s;
        it=s1.begin()+j;                             //求出插入位置
        s1.insert(it,i);                             //插入整数 i
        ps1.push_back(s1);                           //添加到 ps1 中
    }
}
void Perm(int n)                                     //求 1~n 的所有全排列
{   vector<vector<int>> ps1;                         //临时存放子排列
    vector<vector<int>>::iterator it;                //全排列迭代器
    vector<int> s,s1;
    s.push_back(1);
    ps.push_back(s);                                 //添加{1}集合元素
    for (int i=2;i<=n;i++)                           //循环添加 1~n
    {   ps1.clear();                                 //ps1 存放插入 i 的结果
        for (it=ps.begin();it!=ps.end();++it)
            Insert(*it,i,ps1);                       //在每个集合元素中间插入 i 得到 ps1
        ps=ps1;
    }
}
void dispps()                                        //输出全排列 ps
{   vector<vector<int>>::reverse_iterator it;        //全排列的反向迭代器
    vector<int>::iterator sit;                       //排列集合元素迭代器
    for (it=ps.rbegin();it!=ps.rend();++it)
    {   for (sit=(*it).begin();sit!=(*it).end();++sit)
            printf("%d",*sit);
        printf(" ");
    }
    printf("\n");
}
void main()
{   int n=3;
```

```
    printf("1~%d 的全排序如下:\n",n);
    Perm(n);
    dispps();
}
```

程序的执行结果如下:

```
1~3 的全排序如下:
    123 132 312 213 231 321
```

【算法分析】 对于给定的正整数 n,每一种全排列都必须处理,有 $n!$ 种,所以上述算法的时间复杂度为 $O(n \times n!)$。

4.2.8 求解任务分配问题

【问题描述】 有 $n(n \geqslant 1)$ 个任务需要分配给 n 个人执行,每个任务只能分配给一个人,每个人只能执行一个任务,第 i 个人执行第 j 个任务的成本是 $c[i][j](1 \leqslant i,j \leqslant n)$。求出总成本最小的一种分配方案。

扫一扫

视频讲解

【问题求解】 所谓一种分配方案就是由第 i 个人执行第 j 个任务,用 $(a_1,a_2,\cdots,a_n)$ 表示,即第 1 个人执行第 a_1 个任务,第 2 个人执行第 a_2 个任务,以此类推。全部的分配方案恰好是 $1\sim n$ 的全排列。

这里采用增量穷举法求出所有的分配方案 ps(见 4.2.7 求全排列),再计算出每种方案的成本,比较求出最小成本的方案,即最优方案。这里以 $n=4$、成本如表 4.3 所示为例讨论。

表 4.3 4 个人员、4 个任务的信息

人员	任务 1	任务 2	任务 3	任务 4
1	9	2	7	8
2	6	4	3	7
3	5	8	1	8
4	7	6	9	4

对应的完整求解程序如下:

```
#include <stdio.h>
#include <vector>
using namespace std;
#define INF 99999              //最大成本值
#define MAXN 21
//问题表示
int n=4;
int c[MAXN][MAXN]={ {9,2,7,8},{6,4,3,7},{5,8,1,8},{7,6,9,4} };
vector<vector<int>> ps;        //存放全排列
void Insert(vector<int> s,int i,vector<vector<int>> &ps1)
//在每个集合元素中间插入 i 得到 ps1
```

```cpp
{   vector<int> s1;
    vector<int>::iterator it;
    for (int j=0;j<i;j++)                      //在s(含i-1个整数)的每个位置插入i
    {   s1=s;
        it=s1.begin()+j;                       //求出插入位置
        s1.insert(it,i);                       //插入整数i
        ps1.push_back(s1);                     //添加到ps1中
    }
}
void Perm(int n)                               //求1~n的所有全排列
{   vector<vector<int>> ps1;                   //临时存放子排列
    vector<vector<int>>::iterator it;          //全排列迭代器
    vector<int> s,s1;
    s.push_back(1);
    ps.push_back(s);                           //添加{1}集合元素
    for (int i=2;i<=n;i++)                     //循环添加1~n
    {   ps1.clear();                           //ps1存放插入i的结果
        for (it=ps.begin();it!=ps.end();++it)
            Insert(*it,i,ps1);                 //在每个集合元素中间插入i得到ps1
        ps=ps1;
    }
}
void Allocate(int n,int &mini,int &minc)       //求任务分配问题的最优方案
{   Perm(n);                                   //求出全排列ps
    for (int i=0;i<ps.size();i++)              //求每个方案的成本
    {   int cost=0;
        for (int j=0;j<ps[i].size();j++)
            cost+=c[j][ps[i][j]-1];
        if (cost<minc)                         //比较求最小成本的方案
        {   minc=cost;
            mini=i;
        }
    }
}
void main()
{   int mincost=INF,mini;                      //mincost为最小成本,mini为ps中最优方案的编号
    Allocate(n,mini,mincost);
    printf("最优方案:\n");
    for (int k=0;k<ps[mini].size();k++)
        printf(" 第%d个人安排任务%d\n",k+1,ps[mini][k]);
    printf(" 总成本=%d\n",mincost);
}
```

上述程序的执行结果如下：

```
最优方案:
 第1个人安排任务2
 第2个人安排任务1
 第3个人安排任务3
 第4个人安排任务4
 总成本=13
```

说明：上述求全排列和任务分配问题本质上都是给定一个元素集合 $a=\{a_1,a_2,\cdots,a_n\}$，产生的解就是所有元素的一种排列，每个元素都被选中，不同解仅仅顺序不同。这一类问题统称为**排列问题**。

4.3　递归在蛮力法中的应用

蛮力法所依赖的基本技术是遍历技术，采用一定的策略将待求解问题的所有元素依次处理一次，从而找出问题的解。在遍历过程中，很多求解问题都可以采用递归方法来实现，例如二叉树的遍历和图的遍历等。本节通过几个经典示例介绍其算法设计方法。

4.3.1　用递归方法求解幂集问题

前面介绍了两种采用直接穷举思路求解由 $1\sim n$ 整数构成的集合的幂集的方法，这里以解法 2 为基础设计对应的递归蛮力法算法。

同样采用 vector<vector<int>>容器 ps 存放幂集，并作为全局变量。初始时 ps={{}}。

设 $f(i,n)$ 用于添加 $i\sim n$ 整数（共需添加 $n-i+1$ 个整数）产生的幂集，显然 $f(1,n)$ 就是生成 $1\sim n$ 的整数集合对应的幂集 ps。$f(i+1,n)$ 用于添加 $i+1\sim n$ 整数（共需添加 $n-i$ 个整数）产生的幂集，所以 $f(i,n)$ 是"大问题"，$f(i+1,n)$ 是"小问题"，对应的递归模型如下：

$f(i,n) \equiv$ 产生幂集 ps　　　　　　　　　　　　　　　当 $i>n$ 时
$f(i,n) \equiv$ 将整数 i 添加到 ps 中原有每个集合元素的末尾得到新集合元素；　否则
　　　　　将所有新集合元素添加到 ps 中；
　　　　　$f(i+1,n)$;

对应的完整求解程序如下：

```cpp
#include <stdio.h>
#include <vector>
using namespace std;
vector<vector<int>> ps;                    //存放幂集
void Inserti(int i)                        //向幂集 ps 中的每个集合元素添加 i 并插入到 ps 中
{   vector<vector<int>> ps1;               //子幂集
    vector<vector<int>>::iterator it;      //幂集迭代器
    ps1=ps;                                //ps1 存放原来的幂集
    for (it=ps1.begin();it!=ps1.end();++it)
        (*it).push_back(i);                //在 ps1 的每个集合元素的末尾添加 i
    for (it=ps1.begin();it!=ps1.end();++it)
        ps.push_back(*it);                 //将 ps1 的每个集合元素添加到 ps 中
}
void PSet(int i,int n)                     //求 1~n 的幂集 ps
{   if (i<=n)
    {   Inserti(i);                        //将 i 插入到现有子集中产生新的子集
        PSet(i+1,n);                       //递归调用
    }
}
```

}
```
void dispps()                                    //输出幂集 ps
{   vector<vector<int>>::iterator it;            //幂集迭代器
    vector<int>::iterator sit;                   //幂集集合元素迭代器
    for (it=ps.begin();it!=ps.end();++it)
    {   printf("{ ");
        for (sit=(*it).begin();sit!=(*it).end();++sit)
            printf("%d ",*sit);
        printf("} ");
    }
    printf("\n");
}
void main()
{   int n=3;
    vector<int> s;
    ps.push_back(s);
    PSet(1,n);                                   //求 1～n 的幂集 ps
    printf("1～%d 的幂集:\n",n);
    dispps();                                    //输出幂集 ps
}
```

【算法分析】 设 $T(n)=T_1(1,n)$ 表示求 1～n 的幂集 ps 的执行时间,Inserti(i)中的循环为 2^{i-1} 次,对应的递推式如下：

| $T_1(i,n)=1$ | 当 $i=n+1$ 时 |
| $T_1(i,n)=T_1(i+1,n)+2^{i-1}$ | 其他情况 |

可以求出 $T(n)=O(2^n)$。

4.3.2 用递归方法求解全排列问题

4.2.5 小节介绍过一种求 1～n 的全排列的方法,现在采用递归蛮力法求解。

同样采用 vector<vector<int>>容器 ps 存放全排列,并作为全局变量。首先初始化 ps={{1}}。

设 $f(i,n)$ 用于添加 i～n 整数(共需添加 $n-i+1$ 个整数)产生的全排列 ps,显然 $f(2,n)$ 就是生成 1～n 的整数集合对应的全排列 ps。$f(i+1,n)$ 用于添加 $i+1$～n 整数(共需添加 $n-i$ 个整数)产生的全排列,所以 $f(i,n)$ 是"大问题", $f(i+1,n)$ 是"小问题",对应的递归模型如下：

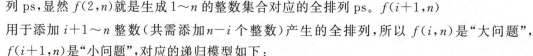

视频讲解

$f(i,n)\equiv$产生全排序 ps	当 $i>n$ 时
$f(i,n)\equiv$置 ps 为空,取出 ps 的每个集合元素 s,在 s 的每个位置插入 i;	否则
将插入 i 后的新集合元素添加到 ps1 中;置 ps=ps1;	
$f(i+1,n)$;	

采用递归穷举法求解 1~n 的全排列的完整程序如下：

```cpp
#include <stdio.h>
#include <vector>
using namespace std;
vector<vector<int>> ps;                                    //存放全排列
void Insert(vector<int> s,int i,vector<vector<int>> &ps1)
//在每个集合元素中间插入 i 得到 ps1
{   vector<int> s1;
    vector<int>::iterator it;
    for (int j=0;j<i;j++)                                  //在 s(含 i-1 个整数)的每个位置插入 i
    {   s1=s;
        it=s1.begin()+j;                                   //求出插入位置
        s1.insert(it,i);                                   //插入整数 i
        ps1.push_back(s1);                                 //添加到 ps1 中
    }
}
void Perm(int i, int n)                                    //求 1~n 的全排列 ps
{   vector<vector<int>>::iterator it;                      //全排列迭代器
    if (i<=n)
    {   vector<vector<int>> ps1;                           //临时存放子排列
        for (it=ps.begin();it!=ps.end();++it)
            Insert(*it,i,ps1);                             //在每个集合元素中间插入 i 得到 ps1
        ps=ps1;
        Perm(i+1,n);                                       //继续添加整数 i+1
    }
}
void dispps()                                              //输出全排列 ps
{   vector<vector<int>>::reverse_iterator it;              //全排列的反向迭代器
    vector<int>::iterator sit;                             //排列集合元素迭代器
    for (it=ps.rbegin();it!=ps.rend();++it)
    {   for (sit=(*it).begin();sit!=(*it).end();++sit)
            printf("%d",*sit);
        printf(" ");
    }
    printf("\n");
}
void main()
{   int n=3;
    printf("1~%d 的全排序如下:\n",n);
    vector<int> s;
    s.push_back(1);
    ps.push_back(s);                                       //初始化 ps 为{{1}}
    Perm(2,n);
    dispps();
}
```

【算法分析】 设 $T(n)=T_1(2,n)$ 表示求 $1 \sim n$ 的全排列 ps 的执行时间。在插入 i 之前 ps 中有 $(i-1)!$ 个集合元素,在每个集合元素的 i 个位置插入元素 i,总时间为 $i(i-1)!$,对应的递推式如下:

$$T_1(i,n)=1 \qquad \text{当 } i=n+1 \text{ 时}$$
$$T_1(i,n)=T_1(i+1,n)+i\times(i-1)! \qquad \text{其他情况}$$

可以求出 $T(n)=O(n\times n!)$。

4.3.3 用递归方法求解组合问题

【问题描述】 求从 $1 \sim n$ 的正整数中取 $k(k \leqslant n)$ 个不重复整数的所有组合。

【问题求解】 用一维数组 $a[0..k-1]$ 来保存一个组合(每次找到一个组合时输出 a 中的元素,然后继续找下一个组合),由于一个组合中的所有元素不会重复出现,这里约定 a 中的所有元素递增排列,并将数组 a 设置为全局变量。

扫一扫

视频讲解

设 $f(n,k)$ 为从 $1 \sim n$ 中任取 k 个数的所有组合,它是"大问题",$f(m,k-1)$ 为从 $1 \sim m$ 中任取 $k-1$ 个数的所有组合 $(k-1 \leqslant m < n)$,它是"小问题"。因为 a 中的元素递增排列,所以 $a[k-1]$ 的取值范围只能为 $k \sim n$,当 $a[k-1]$ 确定为 i 后合并 $f(i-1,k-1)$ 的一个结果便构成 $f(n,k)$ 的一个组合结果,如图 4.8 所示。当 $k=0$ 时 a 中的所有元素均已确定,输出 a 中的一种组合。

图 4.8 求 $f(n,k)$ 的过程

对应的递归模型如下:

$$f(n,k) \equiv \text{输出 } a \text{ 中的一种组合} \qquad \text{当 } k=0 \text{ 时}$$
$$f(n,k) \equiv i \text{ 的取值从 } k \text{ 到 } n: \qquad \text{当 } k>0 \text{ 时}$$
$$\qquad \{a[k-1]=i; f(i-1,k-1)\}$$

求从 $1 \sim n$ 中取 k 个整数的组合的完整程序如下:

```c
#include <stdio.h>
#define MAXK 10
//问题表示
int n,k;
int a[MAXK];                        //存放一个组合
void dispacomb()                    //输出一个组合
{   for (int i=0;i<k;i++)
        printf("%3d",a[i]);
    printf("\n");
}
void comb(int n,int k)              //求 1~n 中 k 个整数的组合
{   if (k==0)                       //k 为 0 时输出一个组合
        dispacomb();
```

```
       else
       {   for (int i=k;i<=n;i++)
           {   a[k-1]=i;                //a[k-1]的位置取 k~n 的整数
               comb(i-1,k-1);           //a[k-1]组合 a[0..i-1]中的 k-1 个整数产生一个组合
           }
       }
}
void main()
{   n=5; k=3;
    printf("1~%d 中%d 个整数的所有组合:\n",n,k);
    comb(n,k);
}
```

该程序的输出结果如下：

```
1~5 中 3 个整数的所有组合:
   1   2   3
   1   2   4
   1   3   4
   2   3   4
   1   2   5
   1   3   5
   2   3   5
   1   4   5
   2   4   5
   3   4   5
```

求从 1~5 中取 3 个整数的组合的过程如图 4.9 所示。

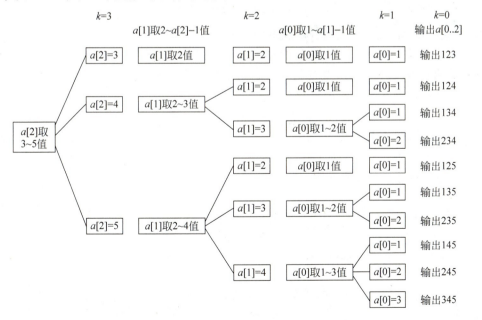

图 4.9　求从 1~5 中取 3 个整数的组合的过程

【算法分析】设 $T(n,k)$ 表示求 $1 \sim n$ 中 k 个整数的全部组合，对应的递推式如下：

$$T(n,k) = 1 \qquad \text{当 } k=0 \text{ 时}$$
$$T(n,k) = \sum_{i=k}^{n} T(i-1, k-1) \qquad \text{其他情况}$$

可以求出 $T(n) = O(C_n^k)$。

4.4 图的深度优先和广度优先遍历

图遍历是图算法的设计基础，根据搜索方法的不同图遍历主要有深度优先遍历(depth-first search, DFS)和广度优先遍历(breadth-first search, BFS)，这两种遍历方法的应用十分广泛，它们本质上都是基于蛮力法思路。

4.4.1 图的存储结构

无论多么复杂的图都是由顶点和边构成的。采用形式化的定义，图 G (Graph)由两个集合 V (Vertex)和 E (Edge)组成，记为 $G=(V,E)$，其中 V 是顶点的有限集合，记为 $V(G)$，E 是连接 V 中两个不同顶点(顶点对)的边的有限集合，记为 $E(G)$。

图分为无向图和有向图两种类型，根据图中的边是否带有权值又可将图分为不带权图和带权图两类。

说明：为了使算法设计简单，对于含 $n(n>0)$ 个顶点的图，除了特别指定以外，每个顶点的编号为 $0 \sim n-1$，即通过顶点编号唯一标识顶点。

图的存储结构除了要存储图中各个顶点本身的信息以外，还要存储顶点与顶点之间的所有关系(边的信息)。常用的图的存储结构有邻接矩阵和邻接表。

1. 邻接矩阵存储方法

邻接矩阵是表示顶点之间相邻关系的矩阵。设 $G=(V,E)$ 是含有 $n(n>0)$ 个顶点的图，各顶点的编号为 $0 \sim (n-1)$，则 G 的邻接矩阵 A 是 n 阶方阵，其定义如下：

(1) 如果 G 是不带权无向图，则：

$$A[i][j] = 1 \qquad \text{若 } (i,j) \in E(G)$$
$$A[i][j] = 0 \qquad \text{其他}$$

(2) 如果 G 是不带权有向图，则：

$$A[i][j] = 1 \qquad \text{若 } <i,j> \in E(G)$$
$$A[i][j] = 0 \qquad \text{其他}$$

(3) 如果 G 是带权无向图，则：

$$A[i][j] = w_{ij} \qquad \text{若 } i \neq j \text{ 且 } (i,j) \in E(G)$$
$$A[i][j] = 0 \qquad i=j$$
$$A[i][j] = \infty \qquad \text{其他}$$

(4) 如果 G 是带权有向图,则:

$A[i][j] = w_{ij}$ 若 $i \neq j$ 且 $<i,j> \in E(G)$
$A[i][j] = 0$ $i = j$
$A[i][j] = \infty$ 其他

例如,图 4.10(a)所示的无向图对应的邻接矩阵如图 4.10(b)所示。

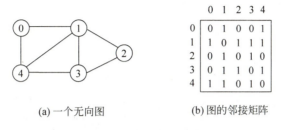

(a) 一个无向图   (b) 图的邻接矩阵

图 4.10 一个无向图及其邻接矩阵表示

图的完整邻接矩阵类型的声明如下:

```
#define MAXV <最大顶点个数>
typedef struct
{   int no;                          //顶点编号
    char data[MAXL];                 //顶点其他信息
} VertexType;                        //顶点类型
typedef struct
{   int edges[MAXV][MAXV];           //邻接矩阵的边数组
    int n,e;                         //顶点数、边数
    VertexType vexs[MAXV];           //存放顶点信息
} MGraph;                            //完整的图邻接矩阵类型
```

2. 邻接表存储方法

图的邻接表存储方法是一种链式存储结构。图的每个顶点建立一个单链表,第 $i(0 \leq i \leq n-1)$ 个单链表中的结点表示依附于顶点 i 的边。每个单链表上附设一个表头结点,将所有表头结点构成一个表头结点数组。边结点(或表结点)和表头结点的结构如下:

边结点(或表结点)   表头结点

| adjvex | weight | nextarc |

| data | firstarc |

其中,边结点由 3 个域组成,adjvex 指定与顶点 i 邻接的顶点的编号,weight 存储相应边的相关权值,nextarc 指向下一条边的结点;表头结点由两个域组成,data 存储顶点 i 的名称或其他信息,firstarc 指向顶点 i 的单链表中的第一个边结点。

例如,图 4.11(a)所示的有向图对应的邻接表如图 4.11(b)所示(不带权图中的所有边权值看成 1,这里没有画出 weight 数据域)。

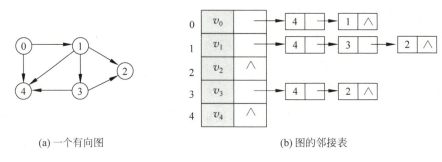

(a) 一个有向图　　　　　　　　　　　(b) 图的邻接表

图 4.11　一个有向图及其邻接表表示

图的完整邻接表存储类型的声明如下：

```
typedef struct ANode
{   int adjvex;                    //该边的终点编号
    int weight;                    //该边的权值
    struct ANode * nextarc;        //指向下一条边的指针
} ArcNode;                         //边结点类型
typedef struct Vnode
{   char data[MAXL];               //顶点的其他信息
    ArcNode * firstarc;            //指向第一条边
} VNode;                           //邻接表头结点类型
typedef VNode AdjList[MAXV];       //AdjList 是邻接表类型
typedef struct
{   AdjList adjlist;               //邻接表
    int n,e;                       //图中顶点数 n 和边数 e
} ALGraph;
```

4.4.2　深度优先遍历

从给定图中任意指定的顶点（称为初始点）出发，按照某种搜索方法沿着图的边访问图中的所有顶点，使每个顶点仅被访问一次，这个过程称为**图的遍历**。

为了避免同一个顶点被重复访问，必须记住每个被访问过的顶点。为此设置一个访问标志数组 visited[]，当顶点 i 被访问过时数组中的元素 visited[i] 置为 1，否则置为 0。

视频讲解

图的搜索方法有两种，一种叫深度优先搜索（DFS）方法，另一种叫广度优先搜索（BFS）方法，这两种搜索方法对有向图和无向图都适用。

深度优先搜索的过程是从图中某个初始顶点 v 出发，首先访问初始顶点 v，然后选择一个与顶点 v 相邻且没被访问过的顶点 w 作为初始顶点，再从 w 出发进行深度优先搜索，直到图中与当前顶点 v 邻接的所有顶点都被访问过为止。显然这个搜索过程是一个递归过程。

以邻接矩阵为存储结构的深度优先搜索算法如下（其中，v 是初始顶点编号，visited[] 是一个全局数组，初始时所有元素均为 0 表示所有顶点尚未访问过）：

```
void DFS(MGraph g,int v)                //邻接矩阵的 DFS 算法
{   int w;
    printf("%3d",v);                    //输出被访问顶点的编号
    visited[v]=1;                       //置已访问标记
    for (w=0;w<g.n;w++)                 //找顶点 v 的所有相邻点
        if (g.edges[v][w]!=0 && g.edges[v][w]!=INF&&visited[w]==0)
            DFS(g,w);                   //找顶点 v 的未访问过的相邻点 w
}
```

其中，INF 表示∞。对于含有 n 个顶点的图 g，上述算法的时间复杂度为 $O(n^2)$。

以邻接表为存储结构的深度优先搜索算法如下（其中，v 是初始顶点编号，visited[ ]是一个全局数组，初始时所有元素均为 0 表示所有顶点尚未访问过）：

```
void DFS(ALGraph *G,int v)              //邻接表的 DFS 算法
{   ArcNode *p;
    printf("%3d",v);                    //输出被访问顶点的编号
    visited[v]=1;                       //置已访问标记
    p=G->adjlist[v].firstarc;           //p 指向顶点 v 的第一个邻接点
    while (p!=NULL)
    {   if (visited[p->adjvex]==0)      //若 p->adjvex 顶点未访问,递归访问它
            DFS(G,p->adjvex);
        p=p->nextarc;                   //p 指向顶点 v 的下一个邻接点
    }
}
```

对于含有 n 个顶点、e 条边的图 G，上述算法的时间复杂度为 $O(n+e)$。

深度优先搜索算法所遵循的搜索策略是尽可能"深"地搜索一个图，对于最新访问的顶点 u（对应的试探边为 (v,u)），如果它还有以此为起点而未试探过的边，就沿此边继续试探下去。当顶点 u 的所有边都被试探过以后，搜索过程将回溯到顶点 v，再试探顶点 v 的其他没有试探过的边。整个过程反复进行，直到所有的顶点都被访问为止。对于图 4.11(b)所示的邻接表，DFS(G,0)算法的执行过程是 DFS(G,0)→DFS(G,4)→DFS(G,1)→DFS(G,3)→DFS(G,2)。DFS 常用于图的路径查找。

【例 4.6】 假设图 G 采用邻接表存储，设计一个算法判断图 G 中从顶点 u 到 v 是否存在简单路径。

解 所谓简单路径是指路径上的顶点不重复。采用深度优先遍历方法，从顶点 u 出发搜索到顶点 v 的过程如图 4.12 所示。

图 4.12 从顶点 u 到 v 的深度优先搜索过程

对应的算法如下：

```
bool ExistPath(ALGraph *G,int u,int v)  //判断 G 中从顶点 u 到 v 是否存在简单路径
{   int w;
```

```
    ArcNode *p;
    visited[u]=1;                          //置已访问标记
    if (u==v)                              //找到了一条路径,返回 true
        return true;
    p=G->adjlist[u].firstarc;              //p 指向顶点 u 的第一个相邻点
    while (p!=NULL)
    {   w=p->adjvex;                       //w 为顶点 u 的相邻顶点
        if (visited[w]==0)                 //若 w 顶点未访问,递归访问它
        {   bool flag=ExistPath(G,w,v);    //以 w 出发搜索路径
            if (flag) return true;
        }
        p=p->nextarc;                      //p 指向顶点 u 的下一个相邻点
    }
    return false;                          //没有找到 v,返回 false
}
```

【例 4.7】 假设图 G 采用邻接表存储,设计一个算法输出图 G 中从顶点 u 到 v 的一条简单路径(假设图 G 中从顶点 u 到 v 至少有一条简单路径)。

解 采用深度优先遍历方法,$f(G,u,v,apath,path)$ 搜索图 G 中从顶点 u 到 v 的一条简单路径 path,它是引用型参数,不能作为递归函数的状态,所以增加 apath 临时参数,它是非引用类型,在递归调用中可以自动回退。通过顶点 u 在图 G 中搜索,当 $u=v$ 时说明找到一条从 u 到 v 的简单路径,将 apath 复制到 path 中并返回,否则继续深度优先遍历。对应的算法如下:

```
void FindaPath(ALGraph *G, int u, int v, vector<int> apath, vector<int> &path)
{   int w;
    ArcNode *p;
    visited[u]=1;
    apath.push_back(u);                    //顶点 u 加入到 apath 路径中
    if (u==v)                              //找到一条路径
    {   path=apath;                        //将 apath 复制到 path
        return;                            //返回 true
    }
    p=G->adjlist[u].firstarc;              //p 指向顶点 u 的第一个相邻点
    while (p!=NULL)
    {   w=p->adjvex;                       //相邻点的编号为 w
        if (visited[w]==0)
            FindaPath(G,w,v,apath,path);
        p=p->nextarc;                      //p 指向顶点 u 的下一个相邻点
    }
}
```

说明:DFS(s_n) 是一个递归算法,其执行过程的状态变化是 $s_n \Rightarrow s_{n-1} \Rightarrow \cdots \Rightarrow s_1 \Rightarrow s_0$。状态 s_0 是递归出口状态,$s_i \Rightarrow s_{i-1}$ 是通过状态 s_i 扩展得到状态 s_{i-1}。DFS 是一种通用的方法,不同的问题扩展方式有所不同,从求解问题中提炼出状态和扩展方式能够体现出一个程序员的算法设计的重要能力。例如在图搜索中扩展方式是从一个顶点 u 通过关联边找到相邻

点 v,这样就有 $u \Rightarrow v$ 的扩展。

4.4.3 广度优先遍历

广度优先搜索的过程是首先访问初始顶点 v,接着访问顶点 v 的所有未被访问过的邻接点 v_1、v_2、…、v_t,然后再按照 v_1、v_2、…、v_t 的次序访问每一个顶点的所有未被访问过的邻接点,以此类推,直到图中所有和初始顶点 v 有路径相通的顶点都被访问过为止。

扫一扫

视频讲解

以邻接矩阵为图的存储结构,在采用广度优先搜索图时需要使用一个队列。对应的算法如下(其中,v 是初始顶点的编号):

```
void BFS(MGraph g,int v)              //邻接矩阵的 BFS 算法
{   queue<int> qu;                     //定义一个队列 qu
    int visited[MAXV];                 //定义存放结点的访问标志的数组
    int w,i;
    memset(visited,0,sizeof(visited)); //访问标志数组初始化
    printf("%3d",v);                   //输出被访问顶点的编号
    visited[v]=1;                      //置已访问标记
    qu.push(v);                        //v 进队
    while (!qu.empty())                //队列不空时循环
    {   w=qu.front(); qu.pop();        //出队顶点 w
        for (i=0;i<g.n;i++)            //找与顶点 w 相邻的顶点
            if (g.edges[w][i]!=0 && g.edges[w][i]!=INF && visited[i]==0)
            {   //若当前相邻顶点 i 未被访问
                printf("%3d",i);       //访问相邻顶点
                visited[i]=1;          //置该顶点已被访问的标志
                qu.push(i);            //该顶点进队
            }
    }
    printf("\n");
}
```

对于含有 n 个顶点的图 g,上述算法的时间复杂度为 $O(n^2)$。

以邻接表为图的存储结构,在采用广度优先搜索图时需要使用一个队列。对应的算法如下(其中,v 是初始顶点的编号):

```
void BFS(ALGraph *G,int v)             //邻接表的 BFS 算法
{   ArcNode *p;
    queue<int> qu;                     //定义一个队列 qu
    int visited[MAXV];                 //定义存放顶点的访问标志的数组
    int w;
    memset(visited,0,sizeof(visited)); //访问标志数组初始化
    printf("%3d",v);                   //输出被访问顶点的编号
    visited[v]=1;                      //置已访问标记
    qu.push(v);                        //v 进队
    while (!qu.empty())                //队列不空时循环
    {   w=qu.front(); qu.pop();        //出队顶点 w
        p=G->adjlist[w].firstarc;      //找顶点 w 的第一个邻接点
```

```
                while (p!=NULL)
                {   if (visited[p->adjvex]==0)      //若当前相邻顶点未被访问
                    {   printf("%3d",p->adjvex);    //访问相邻顶点
                        visited[p->adjvex]=1;       //置该顶点已被访问的标志
                        qu.push(p->adjvex);         //该顶点进队
                    }
                    p=p->nextarc;                   //找顶点 w 的下一个邻接点
                }
            }
            printf("\n");
        }
```

对于含有 n 个顶点、e 条边的图 G，上述算法的时间复杂度为 $O(n+e)$。

图的广度优先搜索算法是从顶点 v 出发，以横向方式一步一步向后访问各个顶点的，即访问过程是一层一层地向后推进，每次都是从一个顶点 u 出发找其所有相邻的未访问过的顶点 u_1、u_2、$\cdots$、u_m，并将 u_1、u_2、$\cdots$、u_m 依次进队，若采用非环形队列（出队后的顶点仍在队列中），则队列中的每个顶点都有唯一的前驱顶点，可以利用这一特征采用广度优先搜索算法找从顶点 u 到顶点 v 的路径。

在广度优先搜索中，所谓一层一层地推进，是按照顶点 u 距离起点 v 的最短路径长度表示的，将起点 v 的层次作为 1，起点 v 到顶点 u 的最短路径长度为 k，则顶点 u 的层次为 $k+1$。这样找到顶点 u 时反推出路径上每层仅含一个顶点，所以对应的路径一定是最短路径。

【**例 4.8**】 假设图 G 采用邻接表存储，设计一个算法，求不带权无向连通图 G 中从顶点 u 到顶点 v 的一条最短路径。

解 图 G 是不带权的无向连通图，一条边的长度计为 1，因此求顶点 u 和顶点 v 的最短路径即求距离顶点 u 到顶点 v 的边数最少的顶点序列。利用广度优先遍历算法，从 u 出发一层一层地向外扩展，当扩展到某个顶点时记录其前驱顶点，当第一次找到顶点 v 时队列中便隐含从顶点 u 到顶点 v 的最近路径，如图 4.13 所示，再利用队列输出最短路径。

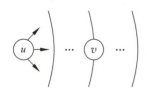

图 4.13 查找顶点 u 和顶点 v 的最短路径

由于 STL 中的 queue 容器不能顺序遍历，为此设置一个数组 pre，用 pre[i]=j 表示最短路径中顶点 i 的前驱顶点为 j，起始顶点的 pre 值为 -1。例如对于图 4.11(b) 的邻接表，查找从顶点 0 到 2 的最短路径的过程如下：

(1) 顶点 0 进队（进队前置访问元素为 1，下同），pre[0] 置为 -1。

(2) 出队顶点 0，它的扩展顶点有 4 和 1，将顶点 4 和 1 进队，并置 pre[4]=0、pre[1]=0。

(3) 出队顶点 4，它没有可扩展的顶点。

(4) 出队顶点 1，它的扩展顶点有 3 和 2，将顶点 3 和 2 进队，并置 pre[3]=1、pre[2]=1。

(5) 出队顶点 3，它没有可扩展的顶点。

(6) 出队顶点 2，它是目标顶点。通过 pre[2] 找到 1，通过 pre[1] 找到 0，pre[0]=-1（结束），所以路径 path=(2,1,0)，反向输出得到 0 1 2 为从顶点 0 到 2 的最短路径。

求图 4.11(b) 中所有两个顶点之间最短路径的完整程序如下：

```cpp
#include "Graph.cpp"                              //包含图的基本运算算法
#include <queue>
#include <vector>
using namespace std;
void Findpath(int pre[],int v,vector<int> &path)  //用pre产生逆路径path
{   int d=v;
    while (d!=-1)
    {   path.push_back(d);
        d=pre[d];
    }
}
void ShortPath(ALGraph *G,int u,int v,vector<int> &path)
//求图G中从顶点u到顶点v的最短(逆)路径path
{   ArcNode *p;
    int w;
    queue<int> qu;                                //定义一个队列qu
    int pre[MAXV];                                //表示前驱关系
    int visited[MAXV];                            //定义存放顶点的访问标志的数组
    memset(visited,0,sizeof(visited));            //访问标志数组初始化
    qu.push(u);                                   //顶点u进队
    visited[u]=1;
    pre[u]=-1;                                    //起始顶点的前驱置为-1
    while (!qu.empty())                           //队不空时循环
    {   w=qu.front(); qu.pop();                   //出队顶点w
        if (w==v)                                 //找到v时输出路径之逆并退出
        {   Findpath(pre,v,path);
            return;
        }
        p=G->adjlist[w].firstarc;                 //找w的第一个邻接点
        while (p!=NULL)
        {   if (visited[p->adjvex]==0)
            {   visited[p->adjvex]=1;             //访问w的邻接点
                qu.push(p->adjvex);               //将w的邻接点进队
                pre[p->adjvex]=w;                 //设置p->adjvex顶点的前驱为w
            }
            p=p->nextarc;                         //找w的下一个邻接点
        }
    }
}
void Disppath(vector<int> path)                   //正向输出路径path
{   vector<int>::reverse_iterator it;
    for (it=path.rbegin();it!=path.rend();++it)
        printf("%d ",*it);
    printf("\n");
}
void main()
{   ALGraph *G;
    int A[][MAXV]={                               //图4.11(a)的有向图
        {0,1,0,0,1},{0,0,1,1,1},{0,0,0,0,0},
        {0,0,1,0,1},{0,0,0,0,0}};
```

```
    int n=5,e=7;
    int u=0,v=2;
    CreateAdj(G,A,n,e);                    //创建图的邻接表存储结构G
    vector<int> path;
    printf("求解结果\n");
    for (int i=0;i<n;i++)
        for (int j=0;j<n;j++)
            if (i!=j)
            {   path.clear();
                ShortPath(G,i,j,path);
                if (path.size()>0)          //顶点i到j存在路径时
                {   printf(" 从顶点%d到%d 的最短路径: ",i,j);
                    Disppath(path);
                }
            }
    DestroyAdj(G);                         //销毁邻接表G
}
```

上述程序的执行结果如下：

```
求解结果
    从顶点0到1的最短路径: 0 1
    从顶点0到2的最短路径: 0 1 2
    从顶点0到3的最短路径: 0 1 3
    从顶点0到4的最短路径: 0 4
    从顶点1到2的最短路径: 1 2
    从顶点1到3的最短路径: 1 3
    从顶点1到4的最短路径: 1 4
    从顶点3到2的最短路径: 3 2
    从顶点3到4的最短路径: 3 4
```

4.4.4 求解迷宫问题

【问题描述】 有如下 8×8 的迷宫图：

```
OXXXXXXX
OOOOOXXX
XOXXOOOX
XOXXOXXO
XOXXXXXX
XOXXOOOX
XOOOOXOO
XXXXXXXO
```

扫一扫

视频讲解

其中，O 表示通路方块，X 表示障碍方块。假设入口位置为(0,0)，出口为右下角方块位置(7,7)。设计一个程序求指定入口到出口的一条迷宫路径。

【问题求解】 用 n 表示迷宫大小，用二维数组 Maze 存放迷宫，从 (x,y) 方块可以试探上、下、左、右 4 个方位，如图 4.14 所示。假设总是按从方位 0 到方位 3 的顺序试探，各方位对应的水平方向偏移量 $H[4]=\{0,1,0,-1\}$、垂直偏移量 $V[4]=\{-1,0,1,0\}$。本题可以采用深度优先遍历和广度优先遍历方法求解。

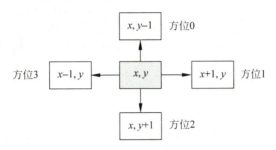

图 4.14　从 (x,y) 方块可以试探的 4 个方位

解法 1：采用深度优先遍历方法，从 (x,y) 出发（初始为入口）搜索目标（出口）。对于当前方块 (x,y)，需要试探 4 个相邻的方块为了避免重复，每走过一个方块将对应的迷宫值由'O'改为' '（空格字符），当回过来时将其迷宫值恢复为'O'。对应的完整程序如下：

```
#include <stdio.h>
#define MAxN 10                                    //最大迷宫大小
//问题表示
int n=8;                                           //实际迷宫大小
char Maze[MAxN][MAxN]=
{   {'O','X','X','X','X','X','X','X'},
    {'O','O','O','O','O','X','X','X'},
    {'X','O','X','X','O','O','O','X'},
    {'X','O','X','X','O','X','X','O'},
    {'X','O','X','X','X','X','X','X'},
    {'X','O','X','X','O','O','O','X'},
    {'X','O','O','O','O','X','X','O'},
    {'X','X','X','X','X','X','X','O'},
};
int H[4]={0, 1, 0, -1};                            //水平偏移量,下标对应方位号0~3
int V[4]={-1, 0, 1, 0};                            //垂直偏移量
void disppath()                                    //输出一条迷宫路径
{   for (int i=0; i<n;i++)
    {   printf(" ");
        for(int j=0; j<n;j++)
            printf("%c",Maze[i][j]);
        printf("\n");
    }
}
void DFS(int x,int y)                              //求从(x,y)出发的一条迷宫路径
{   if (x==n-1 && y==n-1)                          //找到一条路径,输出
    {   Maze[n-1][n-1]=' ';
        disppath();
        return;
    }
    else
    {   for (int k=0;k<4;k++)                      //试探每一个方位
```

```
            if(x>=0 && y>=0 && x<n && y<n && Maze[x][y]=='O')
            {                            //若(x,y)方块是可走的
                Maze[x][y]=' ';          //将该方块迷宫值设置为空格字符
                DFS(x+V[k],y+H[k]);      //查找(x,y)周围的每一个相邻方块
                Maze[x][y]='O';          //若从该相邻方块出发没有找到路径,恢复(x,y)迷宫值
            }
        }
}
void main()
{    int x=0,y=0;                        //指定入口,出口默认为(n-1,n-1)
     printf("一条迷宫路径:\n");
     DFS(x,y);                           //求(0,0)->(7,7)的一条迷宫路径
}
```

上述程序的执行结果如图 4.15 所示。

	X	X	X	X	X	X	
		O	O	O	X	X	
X		X	X	O	O	O	X
X		X	X	O	X	X	O
X		X	X	X	X	X	
X		X	X				X
X				X			
X	X	X	X	X	X		

图 4.15 程序的执行结果

解法 2：采用广度优先遍历方法，从 (x,y) 出发(初始为入口)搜索目标(出口)。由于在 STL 中 queue 不能顺序遍历，这里用一个数组作为非循环队列，front 和 rear 分别为队头和队尾(初始时均设置为 -1)，每个进队元素有唯一的下标，队列元素类型声明如下：

```
struct Position                         //队列元素类型
{    int x,y;                           //当前方块位置
     int pre;                           //前驱方块的下标
};
```

定义的队列如下：

```
Position qu[MAXQ];                      //定义一个队列 qu
int front=-1,rear=-1;                   //定义队头和队尾
```

首先将根入口方块(其 pre 置为 -1)进队，队列不空时循环：出队方块 $p1$ 作为当前方块(在队列数组中的下标为 front)，若 $p1$ 为出口，通过队列数组 qu 反向推出迷宫路径并输出；否则查找 $p1$ 的每一个相邻方块 $p2$，若 $p2$ 位置有效(即 $p2.x>=0$ && $p2.y>=0$ && $p2.x<n$ && $p2.y<n$)并且可走(Maze[$p2.x$][$p2.y$]=='O')，置 $p2.\text{pre}=\text{front}$(表示 $p2$ 的前驱方块是 $p1$)并将 $p2$ 方块进队。对应的完整程序如下：

```c
#include <stdio.h>
#define MAXQ 100                                    //队列大小
#define MAxN 10                                     //最大迷宫大小
//问题表示
int n=8;                                            //迷宫大小
char Maze[MAxN][MAxN]=
{   {'O','X','X','X','X','X','X','X'},
    {'O','O','O','O','O','X','X','X'},
    {'X','O','X','X','O','O','O','X'},
    {'X','O','X','X','O','X','X','O'},
    {'X','O','X','X','X','X','X','X'},
    {'X','O','X','X','O','O','O','X'},
    {'X','O','O','O','O','X','O','O'},
    {'X','X','X','X','X','X','X','O'}
};
int H[4] = {0, 1, 0, -1};                           //水平偏移量,下标对应方位号0~3
int V[4] = {-1, 0, 1, 0};                           //垂直偏移量
struct Position                                     //队列元素类型
{   int x,y;                                        //当前方块位置
    int pre;                                        //前驱方块的下标
};
Position qu[MAXQ];                                  //定义一个队列qu
int front=-1,rear=-1;                               //定义队头和队尾
void disppath(int front)                            //输出一条迷宫路径
{   int i,j;
    for (i=0; i<n;i++)                              //将所有'*'改为'O'
        for (j=0;j<n;j++)
            if (Maze[i][j]=='*')
                Maze[i][j]='O';
    int k=front;
    while (k!=-1)                                   //路径上的方块改为' '
    {   Maze[qu[k].x][qu[k].y]=' ';
        k=qu[k].pre;
    }
    for (i=0; i<n;i++)                              //输出迷宫路径
    {   printf(" ");
        for(int j=0; j<n;j++)
            printf("%c",Maze[i][j]);
        printf("\n");
    }
}
void BFS(int x,int y)                               //求从(x,y)出发的一条迷宫路径
{   Position p,p1,p2;
    p.x=x; p.y=y; p.pre=-1;                         //建立入口结点
    Maze[p.x][p.y]='*';                             //改为'*'避免重复查找
    rear++; qu[rear]=p;                             //入口方块进队
    while (front!=rear)                             //队不空时循环
    {   front++; p1=qu[front];                      //出队方块p1
        if (p1.x==n-1 && p1.y==n-1)                 //找到出口
        {   disppath(front);                        //输出路径
```

```
                return;
            }
            for (int k=0;k<4;k++)              //试探p1的每个相邻方位
            {   p2.x=p1.x+V[k];                 //找到p1的相邻方块p2
                p2.y=p1.y+H[k];
                if (p2.x>=0 && p2.y>=0 && p2.x<n && p2.y<n && Maze[p2.x][p2.y]=='O')
                {                               //方块p2有效并且可走
                    Maze[p2.x][p2.y]='*';       //改为'*'避免重复查找
                    p2.pre=front;
                    rear++;qu[rear]=p2;         //方块p2进队
                }
            }
        }
    }
    void main()
    {   int x=0,y=0;                            //指定入口,出口默认为(n-1,n-1)
        printf("一条迷宫路径:\n");
        BFS(x,y);                               //求(0,0)->(7,7)的一条迷宫路径
    }
```

采用广度优先遍历找到的迷宫路径一定是最短路径,而采用深度优先遍历找到的迷宫路径不一定是最短路径,本例的迷宫只有一条路径,所以上述程序的执行结果与解法 1 相同。

4.5 练习题

1. 简要比较蛮力法和分治法。
2. 采用蛮力法求解时在什么情况下使用递归?
3. 考虑下面这个算法,它求的是数组 a 中大小相差最小的两个元素的差。请对这个算法做尽可能多的改进。

```
#define INF 99999
#define abs(x) (x)<0?-(x):(x)                   //求绝对值
int Mindif(int a[],int n)
{   int dmin=INF;
    for (int i=0;i<=n-2;i++)
        for (int j=i+1;j<=n-1;j++)
        {   int temp=abs(a[i]-a[j]);
            if (temp < dmin)
                dmin=temp;
        }
    return dmin;
}
```

4. 给定一个整数数组 $A=(a_0,a_1,\cdots,a_{n-1})$，若 $i<j$ 且 $a_i>a_j$，则 $<a_i,a_j>$ 就为一个逆序对。例如数组 (3,1,4,5,2) 的逆序对有 $<3,1>$、$<3,2>$、$<4,2>$、$<5,2>$。设计一个算法采用蛮力法求 A 中逆序对的个数，即逆序数。

5. 对于给定的正整数 $n(n>1)$，采用蛮力法求 $1!+2!+\cdots+n!$，并改进该算法提高效率。

6. 有一群鸡和一群兔，它们的只数相同，它们的脚数都是三位数，且这两个三位数的各位数字只能是 0、1、2、3、4、5。设计一个算法用蛮力法求鸡和兔各有多少只，它们的脚数各是多少。

7. 有一个三位数，个位数字比百位数字大，百位数字又比十位数字大，并且各位数字之和等于各位数字相乘之积，设计一个算法用穷举法求此三位数。

8. 某年级的同学集体去公园划船，如果每只船坐 10 人，那么多出两个座位；如果每只船多坐两人，那么可少租 1 只船，设计一个算法用蛮力法求该年级的最多人数。

9. 若一个合数的质因数分解式逐位相加之和等于其本身逐位相加之和，则称这个数为 Smith 数。例如 $4937775=3\times5\times5\times65837$，而 $3+5+5+6+5+8+3+7=42$，$4+9+3+7+7+7+5=42$，所以 4 937 775 是 Smith 数。给定一个正整数 N，求大于 N 的最小 Smith 数。

输入描述：若干个 case，每个 case 一行代表正整数 N，输入 0 表示结束。

输出描述：大于 N 的最小 Smith 数。

输入样例：

```
4937774
0
```

样例输出：

```
4937775
```

10. 求解涂棋盘问题。小易有一块 $n\times n$ 的棋盘，棋盘的每一个格子都为黑色或者白色，小易现在要用他喜欢的红色去涂画棋盘。小易会找出棋盘的某一列中拥有相同颜色的最大区域去涂画，帮助小易算算他会涂画多少个棋格。

输入描述：输入数据包括 $n+1$ 行，第 1 行为一个整数 $n(1\leqslant n\leqslant 50)$，即棋盘的大小；接下来的 n 行每行一个字符串表示第 i 行棋盘的颜色，'W' 表示白色、'B' 表示黑色。

输出描述：输出小易会涂画的区域大小。

输入样例：

```
3
BWW
BBB
BWB
```

样例输出：

```
3
```

11. 给定一个含 $n(n>1)$ 个整数元素的 a,所有元素都不相同,采用蛮力法求出 a 中所有元素的全排列。

4.6 上机实验题

实验 1. 求解 $\lfloor\sqrt{n}\rfloor$ 问题

编写一个实验程序计算 $\lfloor\sqrt{n}\rfloor$($\sqrt{n}$ 的下界,例如 $\lfloor 2.8 \rfloor = 2$),其中 n 是任意正整数,要求除了赋值和比较运算,该算法只能用到基本的四则运算,并输出 1~20 的求解结果。

实验 2. 求解钱币兑换问题

某个国家仅有 1 分、2 分和 5 分硬币,将钱 $n(n \geqslant 5)$ 兑换成硬币有很多种兑法。编写一个实验程序计算出 10 分钱有多少种兑法,并列出每种兑换方式。

实验 3. 求解环绕的区域问题

给定一个包含'X'和'O'的面板,捕捉所有被'X'环绕的区域,并将该区域中的所有'O'翻转为'X'。例如面板如下:

    X X X X
    X O O X
    X X O X
    X O X X

在执行程序后变为:

    X X X X
    X X X X
    X X X X
    X O X X

要求采用 DFS 和 BFS 两种方法求解。

实验 4. 求解钓鱼问题

某人想在 h 小时内钓到数量最多的鱼。这时他已经在一条路边,从他所在的地方开始,放眼望去,n 个湖一字排开,湖编号依次是 1、2、…、n。他已经知道,从湖 i 走到湖 $i+1$ 需要花 $5 \times ti$ 分钟;他在湖 i 钓鱼,第一个 5 分钟可钓到数量为 fi 的鱼,若他继续在湖 i 钓鱼,每过 5 分钟,钓鱼量将减少 di。请给他设计一个最佳钓鱼方案。

4.7 在线编程题

在线编程题 1. 求解一元三次方程问题

【问题描述】 有一个一元三次方程 $ax^3 + bx^2 + cx + d = 0$,给出所有的系数,并规定该方程存在 3 个不同的实根(根范围为 $-100 \sim 100$),且根与根之差的绝对值 $\geqslant 1$。要求从小到大依次在同一行输出这3个根,并精确到小数点后两位。

输入描述:包含4个实数 a、b、c、d。

输出描述:从小到大的3个实根。

输入样例:

```
1 −5 −4 20
```

样例输出:

```
−2.00 2.00 5.00
```

在线编程题 2. 求解完数问题

【问题描述】 如果一个大于1的正整数的所有因子之和等于它的本身,则称这个数是完数,例如6、28都是完数,即 $6=1+2+3$,$28=1+2+4+7+14$。本题的任务是判断两个正整数之间完数的个数。

输入描述:输入数据包含多行,第1行是一个正整数 n,表示测试实例的个数;然后是 n 个测试实例,每个实例占一行,由两个正整数 num1 和 num2 组成($1<$num1、num2<10000)。

输出描述:对于每组测试数据,请输出 num1 和 num2 之间(包括 num1 和 num2)存在的完数个数。

输入样例:

```
2
2 5
5 7
```

样例输出:

```
0
1
```

在线编程题 3. 求解好多鱼问题

【问题描述】 牛牛有一个鱼缸,鱼缸里面已经有 n 条鱼,每条鱼的大小为 fishSize[i]($1 \leq i \leq n$,均为正整数),牛牛现在想把新捕捉的鱼放入鱼缸。鱼缸里存在着大鱼吃小鱼的定律。经过观察,牛牛发现一条鱼 A 的大小为另外一条鱼 B 的大小的 2~10 倍(包括两倍大小和10倍大小)时鱼 A 会吃掉鱼 B。考虑到这个情况,牛牛要放入的鱼需要保证以下几点:

(1) 放进去的鱼是安全的,不会被其他鱼吃掉。

(2) 这条鱼放进去也不能吃掉其他鱼。

(3) 鱼缸里面存在的鱼已经相处了很久,不考虑它们互相捕食。

现在知道新放入鱼的大小范围[minSize,maxSize](考虑鱼的大小都是用整数表示),牛牛想知道有多少种大小的鱼可以放入这个鱼缸。

输入描述:输入数据包括3行,第1行为新放入鱼的尺寸范围[minSize、maxSize]($1 \leq$ minSize、maxSize≤ 1000),以空格分隔,第2行为鱼缸里面已经有鱼的数量 n($1 \leq n \leq 50$),第

3 行为已经有的鱼的大小 fishSize[i](1≤fishSize[i]≤1000),以空格分隔。

输出描述:输出有多少种大小的鱼可以放入这个鱼缸,考虑鱼的大小都是用整数表示。

输入样例:

```
1 12
1
1
```

样例输出:

```
3
```

在线编程题 4. 求解推箱子游戏问题

【问题描述】 推箱子游戏的具体规则是在一个 $N×M$ 的地图上有一个玩家、一个箱子、一个目的地以及若干个障碍,其余是空地。玩家可以往上、下、左、右 4 个方向移动,但是不能移出地图或者移到障碍里去。如果往这个方向移动推到了箱子,箱子也会按这个方向移动一格,当然,箱子也不能被推出地图或推到障碍里。当箱子被推到目的地以后游戏目标达成。现在告诉你游戏开始是初始的地图布局,请求出玩家最少需要移动多少步才能够将游戏目标达成。

输入描述:每个测试输入包含一个测试用例,第 1 行输入两个正整数 N、M 表示地图的大小,其中 $0<N,M≤8$。接下来有 N 行,每行包含 M 个字符表示该行地图,其中'.'表示空地、'X'表示玩家、' * '表示箱子、'♯'表示障碍、'@'表示目的地。每个地图必定包含一个玩家、一个箱子、一个目的地。以 $N=0$ 表示结束。

输出描述:输出一个数字表示玩家最少需要移动多少步才能将游戏目标达成。当无论如何达成不了的时候输出-1。

输入样例:

```
4 4              //第 1 个测试用例
....
. . *@
....
. X . .
6 6              //第 2 个测试用例
. . . ♯ . .
....
♯ * ♯♯ . .
. . ♯ . ♯ .
. . X . . .
.@♯ . . .
0
```

样例输出:

```
3
11
```

第5章 回溯法

回溯法(backtracking)实际上是一个类似穷举的搜索尝试过程,主要是在搜索尝试过程中寻找问题的解,当发现已不满足求解条件时就"回溯"(即回退),尝试其他路径,所以回溯法有"通用的解题法"之称。本章介绍回溯法求解问题的一般方法,并给出一些用回溯法求解的经典示例。

5.1 回溯法概述

5.1.1 问题的解空间

一个复杂问题的解决方案是由若干个小的决策步骤组成的决策序列,所以一个问题的解可以表示成解向量 $X=(x_1,x_2,\cdots,x_n)$,其中分量 x_i 对应第 i 步的选择,通常可以有两个或者多个取值,表示为 $x_i \in S_i$,S_i 为 x_i 的取值候选集。X 中各个分量 x_i 所有取值的组合构成问题的解向量空间,简称为**解空间**(solution space)或者**解空间树**(因为解空间一般用树形式来组织),由于一个解向量往往对应问题的某个状态,所以解空间又称为问题的**状态空间树**(state space tree)。

在状态空间树中求解可以看成是从初始状态出发搜索目标状态(解所在的状态)的过程,如图 5.1 所示。搜索的过程可描述为 $S_0 \Rightarrow S_1 \Rightarrow \cdots \Rightarrow S_n$,其中 S_0 为初态,S_n 为终态。

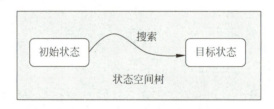

图 5.1 状态空间树中的求解过程

在一般情况下,问题的解仅是问题解空间的一个子集,解空间中满足约束条件的解空间称为**可行解**(feasible solution)。解空间中使目标函数取最大或者最小值的可行解称为**最优解**(optimal solution)。用回溯法求解的问题可以分为两种,一种是求一个(或全部)可行解,另一种是求最优解。

例如求 $a[\,]=(1,-2,3)$ 的幂集,解向量 $X=(x_1,x_2,x_3)$,$x_i=1(1 \leqslant i \leqslant 3)$ 表示选择 a_i,$x_i=0$ 表示不选择 a_i。求解过程分为 3 步,分别对 a 的 3 个元素做决策(选择或者不选择),对应的解空间如图 5.2 所示,其中每个叶子结点都构成一个解,例如 I 结点的解向量为 $(1,1,0)$,对应的解是 $(1,-2)$,图中左分枝用 1 标识,表示选择 a_i,右分枝用 0 标识,表示不选择 a_i(实际上也可以用左分枝表示不选择 a_i,用右分枝表示选择 a_i)。每个非叶子结点对应一个部分解向量,例如 E 结点对应 $(1,0)$,它也表示一个解空间树的状态。

根结点为 A 结点(对应的部分解向量为空,即( )),其层次是 1,其子树对应元素 a_1 的选择情况(如果指定 a 数组的第一个元素是 a_0,那么对应的根结点的层次应该为 0)。第 2 层的结点有两个,它们的子树对应元素 a_2 的选择情况。第 3 层的结点有 4 个,它们的子树对

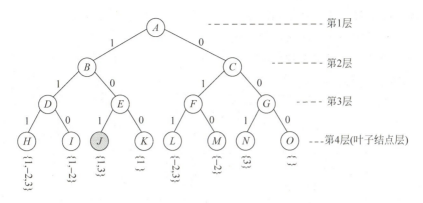

图 5.2 求集合$\{1,-2,3\}$的幂集的解空间树

应元素 a_3 的选择情况,叶子结点对应每一个解,即子集。

从中看出,解空间树是很规范的,数组 a 的元素个数 $n=3$,对应的解空间树的高度为 $n+1(4)$。第 i 层是对元素 a_i 的决策。在通常情况下,从根结点到叶子结点(不含搜索失败的结点)的路径构成了解空间的一个可行解。

本问题是求数组 a 的幂集,属于求全部可行解的问题,所以问题的解恰好包含整个解空间。如果问题是求数组 a 的元素和最大的子集,这就是一个求最优解问题,对应图中的 J 结点,对应问题的解是解空间的一部分(解空间的子集)。

一个问题的求解过程就是在对应的解空间中搜索以寻找满足目标函数的解,所以算法设计的关键点有 3 个:

(1) 结点是如何扩展的,例如求幂集问题中,第 i 层结点的扩展方式就是选择 a_i 和不选择 a_i 两种,但在有些问题中结点扩展是很复杂的。

(2) 在解空间树中按什么方式搜索,一种是采用深度优先遍历(DFS),回溯法就是这种方式;另一种是采用广度优先遍历(BFS),下一章介绍的分枝限界法就是这种方式。

(3) 解空间树通常是十分庞大的,如何高效地找到问题的解。

【例 5.1】 一个农夫(人)过河问题,指在河东岸有一个农夫、一只狼、一只鸡和一袋谷子,只有当农夫在现场时狼不会把鸡吃掉,鸡也不会吃谷子,否则会出现吃掉的情况。另有一条小船,该船只能由农夫操作,且最多只能载农夫和另一样东西。设计一种过河方案,将农夫、狼、鸡和谷子借助小船运到河西岸。

解 在该问题中用东、西两岸的人或物品构成状态,开始状态为所有人或物品在东岸,西岸是空的,此时人可以带任何一个物品驾船到西岸去,这样引出 3 个状态,对于每一种状态,又根据题目规则引出一个或多个状态,所有这些状态及其关系构成了本问题的解空间。

该问题的部分搜索空间如图 5.3 所示,图中每个方框表示一种状态,带阴影的框表示终点,带⊠的框表示有冲突,即出现狼吃鸡或鸡吃谷子的情况,带×的框表示与以前的状态重复。从图中看出一种可行的方案如下:

① 农夫驾船带鸡从河东岸到西岸。
② 农夫驾船不带任何东西从河西岸到东岸。
③ 农夫驾船带狼从河东岸到西岸。
④ 农夫驾船带鸡从河西岸到东岸。

⑤ 农夫驾船带谷子从河东岸到西岸。
⑥ 农夫驾船不带任何东西从河西岸到东岸。
⑦ 农夫驾船带鸡从河东岸到西岸。

图 5.3 中的一个解向量为（①～⑦）。

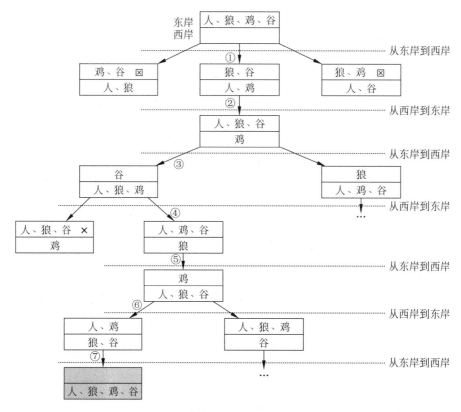

图 5.3　农夫过河的部分搜索空间

图 5.4 所示为 4 皇后问题的解空间树，图中每个状态由当前放置的皇后的行、列号构成。它给出了 4 皇后问题的全部搜索过程，共有 18 个结点，其中标有✕号的结点无法继续扩展。

在采用回溯法求 4 皇后的一个解时，通过深度优先遍历，从(*,*,*,*)到(1,*,*,*)再到(1,3,*,*)，此时无法继续，回退到(1,*,*,*)，再到(1,4,*,*)，如此等等，找到一个解(2,4,1,3)。如果问题是求 4 皇后的所有解，还需要按这个过程继续下去，再找到另外一个解(3,1,4,2)，直到所有结点访问完毕。

解空间树通常有两种类型。当所给的问题是从 n 个元素的集合 S 中找出满足某种性质的子集时，相应的解空间树称为**子集树**（subset tree），如图 5.2 所示。当所给的问题是确定 n 个元素满足某种性质的排列时，相应的解空间树称为**排列树**（permutation tree），后面介绍的求全排列的解空间树就是排列树。

需要注意的是，问题的解空间树是虚拟的，并不需要在算法执行时构造一棵真正的树结构，然后再在该解空间树中搜索问题的解，而是只存储从根结点到当前结点的路径。实际上，有些问题的解空间因过于复杂或状态过多难以画出来。

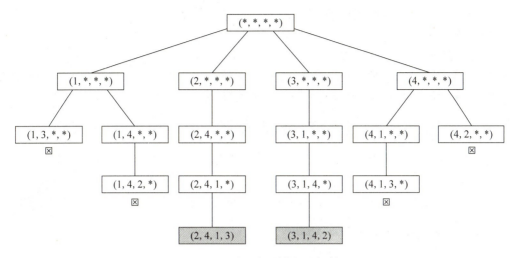

图 5.4　4 皇后问题的解空间树

5.1.2　什么是回溯法

在包含问题的所有解的解空间树中,按照深度优先搜索的策略,从根结点(开始结点)出发搜索解空间树。首先根结点成为**活结点**(active node,活结点是指自身已生成但其孩子结点没有全部生成的结点),同时也成为当前的**扩展结点**(expansion node,扩展结点是指正在产生孩子结点的结点,也称为 E 结点)。

在当前的扩展结点处,搜索向纵深方向移至一个新结点。这个新结点就成为新的活结点,并成为当前扩展结点。如果在当前的扩展结点处不能再向纵深方向移动,则当前扩展结点就成为**死结点**(dead node,死结点是指其所有子结点均已产生的结点)。此时应往回移动(回溯)至最近的一个活结点处,并使这个活结点成为当前的扩展结点。回溯法以这种方式递归地在解空间中搜索,直到找到所要求的解或解空间中已无活结点为止。

如图 5.5 所示,当从状态 s_i 搜索到状态 s_{i+1} 后,如果 s_{i+1} 变为死结点,则从状态 s_{i+1} 回退到 s_i,再从 s_i 找其他可能的路径,所以回溯法体现出走不通就退回再走的思路。若用回溯法求问题的所有解,需要回溯到根结点,且根结点的所有可行的子树都已被搜索完才结束。若使用回溯法求任意一个解,只要搜索到问题的一个解就可以结束。

图 5.5　回溯过程

由于采用回溯法求解时存在退回到祖先结点的过程,所以需要保存搜索过的结点。通常有两种方法,其一是用自定义栈来保存祖先结点;其二是采用递归方法,因为递归调用会将祖先结点保存到系统栈中,在递归调用返回时自动回退到祖先结点。

另外,用回溯法搜索解空间时通常采用两种策略避免无效搜索,以提高回溯的搜索效率,一是用**约束函数**在扩展结点处剪除不满足约束条件的路径,二是用**限界函数**剪去得不到问题解或最优解的路径,这两类函数统称为**剪枝函数**。

归纳起来,用回溯法解题的一般步骤如下:

(1) 针对给定的问题确定问题的解空间树,问题的解空间树应至少包含问题的一个解或者最优解。

(2) 确定结点的扩展搜索规则。

(3) 以深度优先方式搜索解空间树,并在搜索过程中可以采用剪枝函数来避免无效搜索。其中,深度优先方式可以选择递归回溯或者迭代(非递归)回溯。

5.1.3 回溯法的算法框架及其应用

设问题的解是一个 n 维向量$(x_1,x_2,\cdots,x_n)$,约束条件是 x_i 满足某种条件,记为 $constraint(x_i)$;限界函数是 x_i 应满足某种条件,记为 $bound(x_i)$,回溯法的算法通常分为非递归回溯框架和递归回溯框架两种。

扫一扫

视频讲解

1. 非递归回溯框架

基本的非递归(迭代)回溯框架如下:

```
int x[n];                           //x 存放解向量,全局变量
void backtrack(int n)               //非递归框架
{   int i=1;                        //根结点层次为1
    while (i>=1)                    //尚未回溯到头
    {   if(ExistSubNode(t))         //当前结点存在子结点
        {   for (j=下界;j<=上界;j++)  //对于子集树,j 从 0 到 1 循环
            {   x[i]取一个可能的值;
                if (constraint(i) && bound(i))  //x[i]满足约束条件或界限函数
                {   if (x 是一个可行解)
                        输出 x;
                    else i++;        //进入下一层次
                }
            }
        }
        else i--;                    //不存在子结点,返回上一层,即回溯
    }
}
```

说明:算法中的变量 i 十分重要,它对应解空间的第 i 层的某个结点,也就是为整个解向量 **X** 的第 i 步选择一个合适的分量 x_i。

【**例 5.2**】 采用回溯法求解例 4.3。

解 这里的解向量为(a,b,c,d,e),分别表示兵、炮、马、卒和车的取值。

采用多重循环来试探各棋子不同的取值情况,逐一判断它们是否满足例 4.3 中列出的条件;为了避免同一数字被重复使用,可设立布尔型数组 dig,当 $dig[i]$($0 \leqslant i \leqslant 9$)值为 0 时表示数字 i 没有被使用,为 1 时表示数字 i 已经被使用。例如对于棋子兵,先试探它取值 a,让 $dig[a]=1$ 表示其他棋子不能再取值 a,继续其他棋子的试探,当不成功(放弃当前候选解)或输出一个解(找到一个解)后进行回溯,让 $dig[a]=0$ 表示其他棋子可以取值 a,即再试探其他候选解。对应的程序如下:

```
#include <stdio.h>
#include <string.h>
```

```
void fun()
{   bool dig[10];
    int a,b,c,d,e,m,n,s;
    memset(dig,0,sizeof(dig));              //置初值为0表示所有数字均没有使用
    for (a=1;a<=9;a++)
    {   dig[a]=1;                           //试探兵取值a
        for (b=0;b<=9;b++)
            if (!dig[b])
            {   dig[b]=1;                   //试探炮取值b
                for (c=0;c<=9;c++)
                    if (!dig[c])
                    {   dig[c]=1;           //试探马取值c
                        for (d=0;d<=9;d++)
                            if (!dig[d])
                            {   dig[d]=1;   //试探卒取值d
                                for (e=0;e<=9;e++)
                                    if (!dig[e])
                                    {   dig[e]=1;   //试探车取值e
                                        m=a*1000+b*100+c*10+d;
                                        n=a*1000+b*100+e*10+d;
                                        s=e*10000+d*1000+c*100+a*10+d;
                                        if (m+n==s)
                                            printf("兵:%d 炮:%d 马:%d
                                                卒:%d 车:%d\n",a,b,c,d,e);
                                        dig[e]=0;   //回溯车的取值
                                    }
                                dig[d]=0;   //回溯卒的取值
                            }
                        dig[c]=0;           //回溯马的取值
                    }
                dig[b]=0;                   //回溯炮的取值
            }
        dig[a]=0;                           //回溯兵的取值
    }
}
void main()
{
    fun();
}
```

2. 递归回溯框架

回溯法是对解空间的深度优先搜索,正是因为递归算法中的形参具有自动回退(回溯)的能力,所以许多用回溯法设计的算法都设计成递归算法,比同样的非递归算法设计起来更加简便。其中,i 为搜索的层次(深度),通常从 0 或者 1 开始。这里重点讨论解空间为子集树和排列树的两种情况。

1)解空间为子集树

一般地,解空间为子集树的递归回溯框架如下:

```
int x[n];                              //x 存放解向量,为全局变量
void backtrack(int i)                  //求解子集树的递归框架
{    if(i>n)
         输出结果;                      //搜索到叶子结点,输出一个可行解
     else
     {   for(j=下界;j<=上界;j++)         //用 j 枚举 i 所有可能的路径
         {   x[i]=j;                    //产生一个可能的解分量
             ...                        //其他操作
             if (constraint(i) && bound(i))
                 backtrack(i+1);        //满足约束条件和限界函数,继续下一层
         }
     }
}
```

采用上述算法框架需要注意以下几点:

(1) i 从 1 开始调用上述回溯算法框架,此时根结点为第 1 层,叶子结点为第 $n+1$ 层。当然 i 也可以从 0 开始,这样根结点为第 0 层,叶子结点为第 n 层,所以需要将上述代码中的"if (i>n)"改为"if (i>=n)"。

(2) 在上述框架中通过 for 循环用 j 枚举 i 的所有可能路径,如果扩展路径只有两条,可以改为两次递归调用(如求解 0/1 背包问题、子集和问题等都是如此)。

(3) 这里回溯框架只有 i 一个参数,在实际应用中可以根据具体情况设置多个参数。

【例 5.3】 有一个含 n 个整数的数组 a,所有元素均不相同,设计一个算法求其所有子集(幂集)。例如 $a[]=\{1,2,3\}$,所有子集是 $\{\}$、$\{3\}$、$\{2\}$、$\{2,3\}$、$\{1\}$、$\{1,3\}$、$\{1,2\}$、$\{1,2,3\}$ (输出顺序无关)。

解 在上一章介绍过用蛮力法求幂集,这里采用回溯法求解。显然本问题的解空间为子集树,每个元素只有两种扩展,要么选择,要么不选择。采用深度优先搜索思路,解向量为 $x[]$,$x[i]=0$ 表示不选择 $a[i]$,$x[i]=1$ 表示选择 $a[i]$。用 i 扫描数组 a,也就是说问题的初始状态是 $(i=0,x$ 的元素均为 $0)$,目标状态是 $(i=n,x$ 为一个解$)$。从状态 (i,x) 可以扩展出两个状态:

(1) 不选择 $a[i]$ 元素⇨下一个状态为 $(i+1,x[i]=0)$。
(2) 选择 $a[i]$ 元素⇨下一个状态为 $(i+1,x[i]=1)$。

这里 i 总是递增的,所以不会出现状态重复的情况。对应的完整程序如下:

```
#include <stdio.h>
#include <string.h>
#define MAXN 100
void dispasolution(int a[],int n,int x[])      //输出一个解
{    printf(" {");
     for (int i=0;i<n;i++)
         if (x[i]==1)
             printf("%d",a[i]);
     printf("}");
}
void dfs(int a[],int n,int i,int x[])          //用回溯法求解向量 x
```

```
{   if (i>=n)
        dispasolution(a,n,x);
    else
    {   x[i]=0;dfs(a,n,i+1,x);              //不选择 a[i]
        x[i]=1;dfs(a,n,i+1,x);              //选择 a[i]
    }
}
void main()
{   int a[]={1,2,3};                        //s[0..n-1]为给定的字符串,设置为全局变量
    int n=sizeof(a)/sizeof(a[0]);
    int x[MAXN];                            //解向量
    memset(x,0,sizeof(x));                  //解向量初始化
    printf("求解结果\n");
    dfs(a,n,0,x);
    printf("\n");
}
```

将上述回溯算法 dfs(a,n,i,x) 简写为 dfs(i,x),则求解 $a[\,]=\{1,2,3\}$($n=3$) 问题 dfs(0,[0,0,0]) 的执行过程如图 5.6 所示,图中方框旁边的"(i)"表示递归调用的顺序,例如 "dfs(1,[0,0,0])"旁边的"(2)"表示该递归调用在第 2 步执行,从中可以看出清晰的深度优先遍历过程。

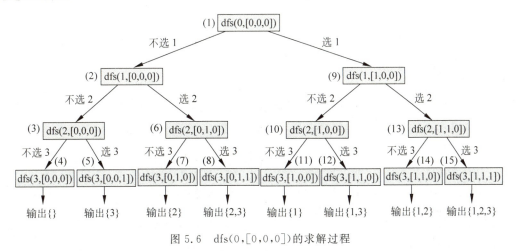

图 5.6 dfs(0,[0,0,0])的求解过程

上述算法采用标准的解向量 x,实际上在许多情况下不采用标准的解向量,而是直接求最终结果。例如求所有子集可以采用 vector<int>容器 path 直接存放获取的子集,对应的完整程序如下:

```
#include <stdio.h>
#include <vector>
using namespace std;
void dispasolution(vector<int> path)        //输出一个解
{   printf("  {");
    for (int i=0;i<path.size();i++)
        printf("%d",path[i]);
```

```
            printf("}");
    }
    void dfs(int a[],int n,int i,vector<int> path)     //用回溯法求子集 path
    {   if (i>=n)
            dispasolution(path);
        else
        {   dfs(a,n,i+1,path);                          //不选择 a[i]
            path.push_back(a[i]);                       //选择 a[i],将 a[i] 添加到 path 中
            dfs(a,n,i+1,path);
        }
    }
    void main()
    {   int a[]={1,2,3};
        int n=sizeof(a)/sizeof(a[0]);
        vector<int> path;
        printf("求解结果\n");                           //s[0..n-1]为给定的字符串,设置为全局变量
        dfs(a,n,0,path);
        printf("\n");
    }
```

【例 5.4】 设计一个算法在 1、2、…、9(顺序不能变)数字之间插入＋或－或什么都不插入,使得计算结果总是 100 的程序,并输出所有的可能性。例如 1＋2＋34－5＋67－8＋9＝100。

解 用数组 a 存放 1～9 的整数,用字符数组 op 存放插入的运算符,op[i] 表示在 a[i] 之前插入的运算符。采用回溯法产生和为 100 的表达式,op[i] 只能取值＋、－或者空格(不同于上一个示例,这里是三选一)。设计函数 fun(op,sum,prevadd,a,i),其中 sum 记录考虑整数 a[i] 时前面表达式计算的整数和(初始值为 a[0]),prevadd 记录前面表达式中的一个数值(初始值为 a[0]),i 从 1 开始到 8 结束,如果 sum＝100,得到一个解。对应的完整程序如下:

```
#include<stdio.h>
#define N 9
void fun(char op[],int sum,int prevadd,int a[],int i)
{   if (i==N)                                           //扫描完所有位置
    {   if (sum==100)                                   //找到一个解
        {   printf(" %d",a[0]);                         //输出解
            for (int j=1;j<N;j++)
            {   if (op[j]!=' ')
                    printf("%c",op[j]);
                printf("%d",a[j]);
            }
            printf("=100\n");
        }
        return;
    }
    op[i]='+';                                          //位置 i 插入'＋'
    sum+=a[i];                                          //计算结果
```

```
            fun(op,sum,a[i],a,i+1);              //继续处理下一个位置
            sum-=a[i];                           //回溯
            op[i]='-';                           //位置i插入'-'
            sum-=a[i];                           //计算结果
            fun(op,sum,-a[i],a,i+1);             //继续处理下一个位置
            sum+=a[i];                           //回溯
            op[i]=' ';                           //位置i插入' '
            sum-=prevadd;                        //先减去前面的元素值
            int tmp;                             //计算新元素值
            if (prevadd>0)
                tmp=prevadd*10+a[i];             //如prevadd=5,a[i]=6,结果为56
            else
                tmp=prevadd*10-a[i];             //如prevadd=-5,a[i]=6,结果为-56
            sum+=tmp;                            //计算合并结果
            fun(op,sum,tmp,a,i+1);               //继续处理下一个位置
            sum-=tmp;                            //回溯sum
            sum+=prevadd;
}
void main()
{   int a[N];
    char op[N];                                  //op[i]表示在位置i插入运算符
    for (int i=0;i<N;i++)                        //将a赋值为1、2、…、9
        a[i]=i+1;
    printf("求解结果\n");
    fun(op,a[0],a[0],a,1);                       //插入位置i从1开始
}
```

上述程序的执行结果如下：

```
求解结果
    1+2+3-4+5+6+78+9=100
    1+2+34-5+67-8+9=100
    1+23-4+5+6+78-9=100
    1+23-4+56+7+8+9=100
    12+3+4+5-6-7+89=100
    12+3-4+5+67+8+9=100
    12-3-4+5-6+7+89=100
    123+4-5+67-89=100
    123+45-67+8-9=100
    123-4-5-6-7+8-9=100
    123-45-67+89=100
```

2）解空间为排列树

一般地，解空间为排列树的递归回溯框架如下：

```
int x[n];                                        //x存放解向量,并初始化
void backtrack(int i)                            //求解排列树的递归框架
{   if(i>n)                                      //搜索到叶子结点,输出一个可行解
        输出结果;
```

```
        else
        {   for(j=i;j<=n;j++)          //用j枚举i的所有可能路径
            {   …                        //第i层的结点选择x[j]的操作
                swap(x[i],x[j]);         //为保证排列中的每个元素不同,通过交换来实现
                if (constraint(i) && bound(i))
                    backtrack(i+1);     //满足约束条件和限界函数,进入下一层
                swap(x[i],x[j]);         //恢复状态
                …                        //第i层的结点选择x[j]的恢复操作
            }
        }
}
```

同样的几点注意见解空间为子集树的递归回溯框架的说明。

【例 5.5】 有一个含 n 个整数的数组 a,所有元素均不相同,求其所有元素的全排列。例如,$a[\ ]=\{1,2,3\}$,得到的结果是 $(1,2,3)$、$(1,3,2)$、$(2,3,1)$、$(2,1,3)$、$(3,1,2)$、$(3,2,1)$。

解 在上一章介绍过用蛮力法求全排列,这里采用回溯法求解。显然本问题的解空间为排列树,直接用数组 a 生成其排列,每个位置可以取 a 中的任何元素,但一个排列中的元素不能重复。为此采用元素交换的方式,对于排列树的第 i 层,扩展状态是 $a[i]$ 位置可以取 $a[i]$ 到 $a[n-1]$ 的任何元素,即 $j=i$ 到 $n-1$ 循环:将 $a[i]$ 与 $a[j]$ 交换,在这种方式下求出排列后需要恢复,即将 $a[i]$ 与 $a[j]$ 再次交换,回到交换之前的状态(回溯),然后继续求其他排列。

实际上也可以从递归角度考虑,设 $f(a,n,i)$ 表示求 $a[i..n-1]$(共 $n-i$ 个元素)的全排列,而 $f(a,n,i+1)$ 表示求 $a[i+1..n-1]$(共 $n-i-1$ 个元素)的全排列,前者是大问题,后者为小问题(i 越小,求全排列的元素个数越多,$i=0$ 是求 $a[0..n-1]$ 的全排列,$i=n$ 表示求 $a[n..n-1]$ 的全排列,若为空序列,排列就是本身)。

归纳起来,递归模型 $f(a,n,i)$ 如下:

$f(a,n,i) \equiv$ 输出产生的解   若 $i=n$
$f(a,n,i) \equiv$ 对于 $j=i \sim n-1$: $a[i]$ 与 $a[j]$ 交换位置;   其他情况
       $f(a,n,i+1)$;
       将 $a[i]$ 与 $a[j]$ 交换位置(恢复环境)

求 $f(a,n,i)$ 的过程如图 5.7 所示。

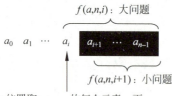

a_i 位置取 $a_i \sim a_{n-1}$ 的每个元素,再组合 $f(a,n,i+1)$ 得到 $f(a,n,i)$:

- a_i: a_i 与 a_i 交换,$f(a,n,i+1) \Rightarrow$ 以 a_i 开头的 $a[i..n-1]$ 的全排列
- a_{i+1}: a_i 与 a_{i+1} 交换,$f(a,n,i+1) \Rightarrow$ 以 a_{i+1} 开头的 $a[i..n-1]$ 的全排列
- …
- a_{n-1}: a_i 与 a_{n-1} 交换,$f(a,n,i+1) \Rightarrow$ 以 a_{n-1} 开头的 $a[i..n-1]$ 的全排列

图 5.7 求 $f(a,n,i)$ 的过程

例如 $a[\ ]=\{1,2,3\}$ 时求全排列的过程如图 5.8 所示。图中的树就是对应的解空间树,这里数组 a 的下标从 0 开始,所以根结点"$a=\{1,2,3\}$"的层次为 0,它的子树分别对应 $a[0]$ 位置选择 $a[0]$、$a[1]$ 和 $a[2]$ 元素。实际上,对于第 i 层的结点,其子树分别对应 $a[i]$ 位置选择 $a[i]$、$a[i+1]$、$\cdots$、$a[n-1]$ 元素。树的高度为 $n+1$,叶子结点的层次是 n,解空间树更清晰的描述如图 5.9 所示。

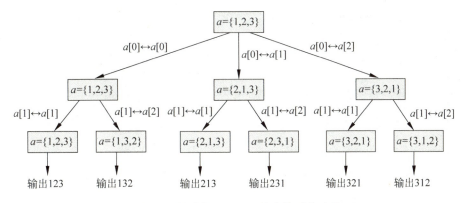

图 5.8　求 $a[\ ]=\{1,2,3\}$ 的全排列的过程

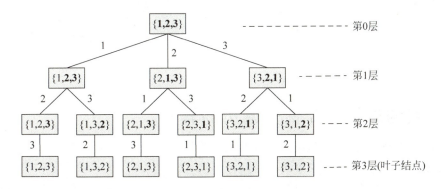

图 5.9　求全排列的解空间树

从图 5.9 中可以看出,对于第 i 层的结点,其扩展仅仅考虑 $a[i]$ 及后面的元素,而不必考虑前面已经选择的元素。例如第 2 层的"1,3,2"结点,不必考虑前面的"1,3",仅仅扩展 $a[2]$,即 $a[2]$ 取值为从根结点到该结点的路径上没有取过的值 2,产生"1,3,2"的解。

对应的完整程序如下:

```c
#include <stdio.h>
void swap(int &x,int &y)                //交换 x、y
{   int tmp=x;
    x=y; y=tmp;
}
void dispasolution(int a[],int n)       //输出一个解
{   printf(" (");
    for (int i=0;i<n-1;i++)
        printf("%d,",a[i]);
    printf("%d)",a[n-1]);
}
```

```
void dfs(int a[],int n,int i)          //求 a[0..n-1]的全排列
{   if (i>=n)                          //递归出口
        dispasolution(a,n);
    else
    {   for (int j=i;j<n;j++)
        {   swap(a[i],a[j]);           //交换 a[i]与 a[j]
            dfs(a,n,i+1);
            swap(a[i],a[j]);           //交换 a[i]与 a[j]:恢复
        }
    }
}
void main()
{   int a[]={1,2,3};
    int n=sizeof(a)/sizeof(a[0]);
    printf("a 的全排列\n");
    dfs(a,n,0);
    printf("\n");
}
```

上述程序的执行结果如下：

```
a 的全排列
    (1,2,3)  (1,3,2)  (2,1,3)  (2,3,1)  (3,2,1)  (3,1,2)
```

思考题：在 dfs()中如果不执行第 2 个交换语句即 swap($a[i]$,$a[j]$)，会出现什么问题呢？为什么？

5.1.4　回溯法与深度优先遍历的异同

先看一个图路径搜索示例，第 4 章的例 4.7 采用深度优先遍历求图 G 中从顶点 u 到 v 的一条简单路径，下面的示例求多条简单路径。

【**例 5.6**】 假设图 G 采用邻接表存储，设计一个算法输出图 G 中从顶点 u 到 v 的所有简单路径(假设图 G 中从顶点 u 到 v 至少有一条简单路径)。

解 由于需要求从顶点 u 到 v 的全部路径，采用一般的深度优先遍历算法不能实现(只能找到一条路径)，需要在深度优先遍历中增加回溯。当从顶点 u 出发搜索时，先将 visited[u]置为 1，并将 u 加到路径 path 中，如果找到终点 v 且路径长度大于 0，表示找到了一条从顶点 u 到 v 的简单路径，输出 path 并继续；当从顶点 u 出发的路径搜索完毕后需要将 visited[u]恢复为 0，以便将顶点 u 作为其他路径上的顶点，这一过程就是回溯的深度优先遍历。

对应的算法如下：

```
int visited[MAXV];                     //全局变量
void dispapath(vector<int> path)       //输出一条路径
{   printf("  ");
    for (int i=0;i<path.size();i++)
        printf("%d ",path[i]);
    printf("\n");
}
```

```
void dfs(ALGraph *G, int u, int v, vector<int> path)    //输出从u到v的全部路径
{   ArcNode *p;
    path.push_back(u);                                   //路径长度d增1,顶点u加入到路径中
    visited[u]=1;                                        //置已访问标记
    if (u==v && path.size()>=1)                          //找到一条路径则输出
        dispapath(path);
    p=G->adjlist[u].firstarc;                            //p指向顶点u的第一个相邻点
    while (p!=NULL)
    {   int w=p->adjvex;                                 //w为顶点u的相邻点
        if (visited[w]==0)                               //若w顶点未访问,递归访问它
            dfs(G,w,v,path);
        p=p->nextarc;                                    //p指向顶点u的下一个相邻点
    }
    visited[u]=0;                                        //回溯
}
```

对比例4.7和例5.5,可以看出回溯法与深度优先遍历的异同。两者的相同点是回溯法在实现上也是遵循深度优先的,即一步一步往前探索,而不像广度优先遍历那样由近及远一层一层地搜索。

两者的不同点如下。

(1) 访问次序不同:深度优先遍历的目的是"遍历",本质是无序的,也就是说访问次序不重要,重要的是是否被访问过,因此在实现上只需要对于每个位置记录是否被访问就足够了(图遍历中的visited数组就是完成这个功能的)。回溯法的目的是"求解过程",本质是有序的,也就是说必须每一步都是要求的次序,如例5.3和例5.4中的解空间树中的层次 i 就是有序的,因此在实现上要使用访问状态来记录,也就是对于每个顶点记录已经访问过的邻居方向,回溯之后从新的未访问过的方向去访问其他邻居。

(2) 访问次数不同:深度优先遍历对已经访问过的顶点不再访问,所有顶点仅访问一次。回溯法中已经访问过的顶点可能再次访问,如例5.5就是通过重置visited[u]=0来实现回溯的。

(3) 剪枝不同:深度优先遍历不含剪枝,而很多回溯法采用剪枝条件剪除不必要的分枝以提高效能。

实际上,除了剪枝是回溯法的一个明显特征外(并非任何回溯法都包含剪枝部分,例如求全排列问题就无法剪枝,因为解空间包含全部的解),很难严格区分回溯法与深度优先遍历,甚至回溯法和蛮力法之间也没有十分清晰的分界线。因为这些算法很多都是递归算法,在递归调用中隐含着状态的自动回退和恢复。

所以回溯法的定义有两种观点,一是狭义定义,认为"回溯法=DFS+剪枝";另外一种是广义定义,认为带回退(包括递归算法)的算法都是回溯算法。

5.1.5 回溯法的时间分析

通常以回溯算法的解空间树中的结点数作为算法的时间分析依据,假设解空间树共有 n 层,第1层有 m_0 个满足约束条件的结点,每个结点有 m_1 个满足约束条件的结点,则第2层有 m_0m_1 个满足约束条件的结点,同理,第3层有 $m_0m_1m_2$ 个满足约束条件的结点,以此

类推,第 n 层有 $m_0m_1\cdots m_{n-1}$ 个满足约束条件的结点,则采用回溯法求所有解的算法的执行时间为 $T(n)=m_0+m_0m_1+m_0m_1m_2+\cdots+m_0m_1m_2\cdots m_{n-1}$。

这是一种最基本的时间分析方法,在实际中并不一定如此,如第 1 层有 m_0 个满足约束条件的结点,但每个结点满足约束条件的结点并非都是 m_1 个。为了使估算更精确,可以选取若干条不同的随机路径,分别对各随机路径估算结点总数,然后再取这些结点总数的平均值。在通常情况下,回溯法的效率会高于蛮力法。

通常,解空间树为子集树时对应算法的时间复杂度为 $O(2^n)$,解空间树为排列树时对应算法的时间复杂度为 $O(n!)$。

5.2 求解 0/1 背包问题

0/1 背包问题的描述见第 4 章的 4.2.6 小节,在给定 w、v、W 的条件下求最大的装入物品价值和方案。第 4 章中采用蛮力法求解,这里采用回溯法求解,分为两种情况讨论。

1. 装入背包中物品重量和恰好为 W

设 n 个物品的编号为 $1\sim n$,重量用数组 $w[1..n]$ 存放,价值用数组 $v[1..n]$ 存放,限制重量用 W 表示。用 $x[1..n]$ 数组存放最优解,$x[i]=1$ 表示第 i 个物品放入背包中,$x[i]=0$ 表示第 i 个物品不放入背包中。

扫一扫

视频讲解

由于每个物品要么装入,要么不装入,其解空间是一棵子集树,树中每个结点表示背包的一种选择状态,记录当前放入背包的物品总重量和总价值,每个分枝结点下面有两条边表示对某物品是否放入背包的两种可能的选择。

对第 i 层上的某个分枝结点,对应的状态为 dfs(i,tw,tv,op),其中 tw 表示装入背包中的物品总重量,tv 表示背包中物品总价值,op 记录一个解向量。该状态的两种扩展如下:

(1) 选择第 i 个物品放入背包:op[i]=1,tw=tw+$w[i]$,tv=tv+$v[i]$,转向下一个状态 dfs($i+1$,tw,tv,op)。该决策对应左分枝。

(2) 不选择第 i 个物品放入背包:op[i]=0,tw 不变,tv 不变,转向下一个状态 dfs($i+1$,tw,tv,op)。该决策对应右分枝。

解空间树中叶子结点表示已经对 n 个物品做了决策,对所有叶子结点进行比较求出满足 tw=W 的最大价值 maxv,对应的最优解 op 存放到 x 中。

对于表 4.2 所示的 4 个物品,在限制背包总重量 $W=6$ 时,描述问题求解过程的解空间树如图 5.10 所示,每个结点中两个数值为(tw,tv)。

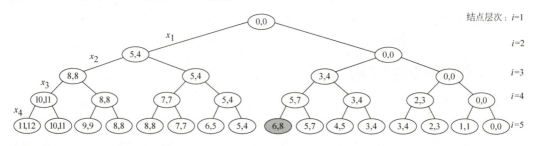

图 5.10 0/1 背包问题求解过程的解空间树

对于层次为1的根结点为(0,0),考虑物品1,选择它:op[1]=1,tw=0+5=5,tv=0+4=4,产生新结点(5,4)作为根的左孩子;不选择它:op[1]=0,tw=0,tv=0,产生新结点(0,0)作为根的右孩子。以此类推可以构造出整棵子集树(共有 $2^5-1=31$ 个结点)。

采用递归框架设计的求解程序(其中 dispasolution()函数用于输出最优解)如下:

```
# include < stdio.h >
# define MAXN 20                    //最多物品数
//问题表示
int n=4;                            //4 种物品
int W=6;                            //限制重量为 6
int w[]={0,5,3,2,1};                //存放 4 个物品重量,不用下标 0 元素
int v[]={0,4,4,3,1};                //存放 4 个物品价值,不用下标 0 元素
//求解结果表示
int x[MAXN];                        //存放最终解
int maxv=0;                         //存放最优解的总价值
void dfs(int i,int tw,int tv,int op[])  //求解 0/1 背包问题
{   if (i>n)                        //找到一个叶子结点
    {   if (tw==W && tv>maxv)       //找到一个满足条件的更优解,保存它
        {   maxv=tv;
            for (int j=1;j<=n;j++)
                x[j]=op[j];
        }
    }
    else                            //尚未找完所有物品
    {   op[i]=1;                    //选取第 i 个物品
        dfs(i+1,tw+w[i],tv+v[i],op);
        op[i]=0;                    //不选取第 i 个物品,回溯
        dfs(i+1,tw,tv,op);
    }
}
void main( )
{    int op[MAXN];                  //存放临时解
     dfs(1,0,0,op);                 //i 从 1 开始
     dispasolution();
}
```

执行上述程序求出一种最佳装入方案是选取第2、3、4个物品,对应物品总重量为6,总价值为8。

从图 5.10 中看到,对于第 i 层的有些结点,tw+$w[i]$ 已超过了 W,显然再选择 $w[i]$ 是不合适的。如第 2 层的(5,4)结点,tw=5,$w[2]$=3,而 tw+$w[2]$>W,选择物品 2 的扩展是不必要的,可以增加一个限界条件进行剪枝,如果选择物品 i 会导致超重,即 tw+$w[i]$>W,就不再扩展该结点,也就是仅仅扩展 tw+$w[i]$≤W 的左孩子结点。剪枝后的解空间树如图 5.11 所示(共 21 个结点,不计虚结点)。对应的带左孩子剪枝的 dfs 算法如下:

```
void dfs(int i,int tw,int tv,int op[])        //求解 0/1 背包问题
{    if (i>n)                                  //找到一个叶子结点
     {    if (tw==W && tv>maxv)                //找到一个满足条件的更优解,保存它
          {    maxv=tv;
               for (int j=1;j<=n;j++)
                    x[j]=op[j];
          }
     }
     else                                      //尚未找完所有物品
     {    if (tw+w[i]<=W)                      //左孩子结点剪枝
          {    op[i]=1;                        //选取第 i 个物品
               dfs(i+1,tw+w[i],tv+v[i],op);
          }
          op[i]=0;                             //不选取第 i 个物品,回溯
          dfs(i+1,tw,tv,op);
     }
}
```

从图 5.11 看到,只对左子树进行了剪枝,没有对右子树进行剪枝,下面考虑对右子树进行剪枝。用 rw 表示考虑第 i 个物品时剩余物品的重量,即 rw=$w[i]$+…+$w[n]$(其中包含 $w[i]$),初始时 rw 是所有物品的重量和。对于第 i 层上的某个分枝结点(对应物品 i 的选择和不选择),其状态改为 dfs(i,tw,tv,rw,op),对应的两种扩展如下:

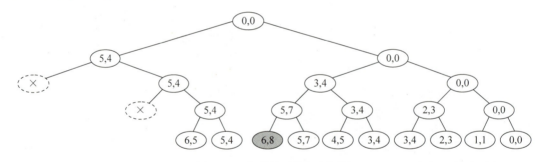

图 5.11 左剪枝后的解空间树

(1) 选择第 i 个物品放入背包(不超重,超重时左孩子剪枝):op[i]=1,tw=tw+$w[i]$,tv=tv+$v[i]$,rw=rw−$w[i]$,转向下一个状态 dfs(i+1,tw,tv,rw,op)。该决策对应左分枝。

(2) 不选择第 i 个物品放入背包:op[i]=0,tw 不变,tv 不变,rw=rw−$w[i]$,转向下一个状态 dfs(i+1,tw,tv,rw,op)。该决策对应右分枝。

显然,当不选择物品 i 时,tw+rw−$w[i]$=tw+$w[i+1]$+…+$w[n]$,若该值小于 W 时,也就是说即使选择后面的所有物品,背包中所有物品的重量也不会达到 W(该问题要求所有背包中物品的重量后恰好为 W),因此不必要再考虑扩展这样的右结点,也就是说,对于右分枝仅仅扩展 tw+rw−$w[i]$≥W 的结点。从而产生进一步剪枝后的解空间树如图 5.12 所示(共 9 个结点,不计虚结点),图中结点内的 3 个数字分别表示 tw、tv 和 rw。该算法仍能产生最优解,但比图 5.10 的结点减少一半以上,因此效率得到提高。

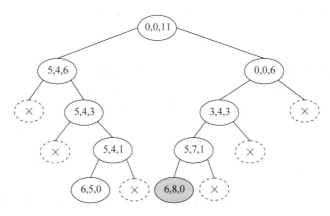

图 5.12 左右进一步剪枝后的解空间树

对应的算法(初始调用时 rw 为所有物品重量和)如下:

```
void dfs(int i,int tw,int tv,int rw,int op[ ])    //求解 0/1 背包问题
{   if (i>n)                                       //找到一个叶子结点
    {   if (tw==W && tv>maxv)                      //找到一个满足条件的更优解,保存它
        {   maxv=tv;
            for (int j=1;j<=n;j++)                 //复制最优解
                x[j]=op[j];
        }
    }
    else                                           //尚未找完所有物品
    {   if (tw+w[i]<=W)                            //左孩子结点剪枝
        {   op[i]=1;                               //选取第 i 个物品
            dfs(i+1,tw+w[i],tv+v[i],rw−w[i],op);
        }
        if (tw+rw−w[i]>=W)                         //右孩子结点剪枝
        {   op[i]=0;                               //不选取第 i 个物品,回溯
            dfs(i+1,tw,tv,rw−w[i],op);
        }
    }
}
```

从本问题求解过程看到,为了提高算法的效率,选择合理的限界条件是剪枝的关键,在第 6 章将进一步介绍这种剪枝技术。

2. 装入背包中物品重量和不超过 W

由于问题变为求背包中物品重量和不超过 W 的最大价值的装入方案,前面左剪枝方式不变,但右剪枝方式不再有效,改为采用上界函数进行右剪枝。

对于第 i 层上的某个分枝结点,其状态为 dfs(i,tw,tv,op),若不选择物品 i,设置对应的上界函数 bound(i)=tv+r(表示沿着该方向选择得到物品的价值上限),其中 r 表示剩余物品的总价值。假设当前求出最大价值 maxv,若 bound(i)≤maxv,则右剪枝,否则继续扩展。显然 r 越小,bound(i)也越小,剪枝越多,为了构造更小的 r,将所有物品以单位重量价值递减排列。

扫一扫

视频讲解

采用数组 $A[1..n]$ 存放 n 个物品,其成员 no、w、v 和 $p(p=v/w)$ 分别表示物品编号、重量、价值和单位重量价值,先按成员 p 递减排序。bound() 函数如下:

```
int bound(int i,int tw,int tv)           //求上界
{    i++;                                 //从 i+1 开始
     while (i<=n && tw+A[i].w<=W)        //若序号为 i 的物品可以整个放入
     {   tw+=A[i].w;
         tv+=A[i].v;
         i++;
     }
     if (i<=n) return tv+(W-tw)*A[i].p;  //序号为 i 的物品不能整个放入
     else return tv;
}
```

采用这样的剪枝后,一旦找到一个解后,后面找到的其他解 (tv,op) 只能越来越优,将其存放在最优解 (maxv,x) 中。对应的算法如下:

```
void dfs(int i,int tw,int tv,int op[])   //求解 0/1 背包问题
{    if (i>n)                             //找到一个叶子结点
     {   maxv=tv;                         //存放更优解
         for (int j=1;j<=n;j++)
             x[j]=op[j];
     }
     else                                 //尚未找完所有物品
     {   if (tw+A[i].w<=W)                //左孩子结点剪枝
         {   op[i]=1;                     //选取序号为 i 的物品
             dfs(i+1,tw+A[i].w,tv+A[i].v,op);
         }
         if (bound(i,tw,tv)>maxv)         //右孩子结点剪枝
         {   op[i]=0;                     //不选取序号为 i 的物品,回溯
             dfs(i+1,tw,tv,op);
         }
     }
}
```

如图 5.13 所示,对表 4.2 的 4 个物品按 p_i 递减排序,结点中的 3 个数字分别表示 tw、tv 和 bound(bound 仅仅在选择右分枝时计算出来)。

初始时 maxv=0,从根结点开始,沿着左分枝依次选择物品 3、2 和 4,到达 $i=4$ 层的 (6,8) 结点,左孩子被剪枝,计算 bound=tv+0=8,bound>maxv 成立,不选择序号为 4 的物品(物品 1),到达叶子结点得到一个解 maxv=8。

回溯到 $i=3$ 层的 (5,7) 结点,计算 bound=7+(W−5)×0.8=7,由于 bound>maxv 不成立,右孩子被剪枝。

回溯到 $i=2$ 层的 (2,3) 结点,计算 bound=3+1+(W−2−1)×0.8=6,由于 bound>

maxv 不成立,右孩子被剪枝。

回溯到 $i=1$ 层的 $(0,0)$ 结点,计算 bound $=0+4+1+(W-3-1)\times 0.8=6$,由于 bound $>$ maxv 不成立,右孩子被剪枝。

【算法分析】 解空间中最多生成 $2^{n+1}-1$ 个结点,考虑右剪支中限界函数的计算时间以及复制更优解的时间均为 $O(n)$,所有算法的最坏时间复杂度为 $O(n\times 2^n)$。

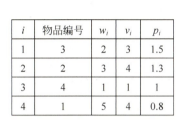
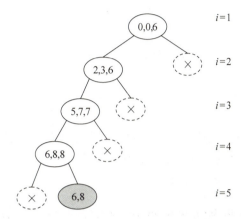

图 5.13 4 个物品的求解过程

5.3 求解装载问题

5.3.1 求解简单装载问题

【问题描述】 有 n 个集装箱要装上一艘载重量为 W 的轮船,其中集装箱 $i(1\leqslant i\leqslant n)$ 的重量为 w_i。不考虑集装箱的体积限制,现要从这些集装箱中选出重量和小于等于 W 并且尽可能大的若干装上轮船。例如,$n=5$,$W=10$,$w=\{5,2,6,4,3\}$ 时,其最佳装载方案是 $(1,1,0,0,1)$ 或者 $(0,0,1,1,0)$,即装载的集装箱重量和达到最大值 10。

【问题求解】 采用带剪枝的回溯法求解。问题的表示如下:

```
int w[]={0,5,2,6,4,3};       //各集装箱重量,不用下标 0 的元素
int     n=5,W=10;
```

求解的结果表示如下:

```
int maxw=0;                  //存放最优解的总重量
int x[MAXN];                 //存放最优解向量
```

将上述数据设计为全局变量。求解算法如下:

```
void dfs(int i,int tw,int rw,int op[])
```

其中参数 i 表示考虑的集装箱 i，tw 表示选择的集装箱重量和，rw 表示剩余集装箱的重量和（初始时为全部集装箱重量和），op 表示一个解，即对应一个装载方案。

对第 i 层上的某个分枝结点，其状态为 dfs(i,tw,rw,op)，对应的两种扩展如下：

(1) 选择第 i 个集装箱：op$[i]$=1,tw=tw+$w[i]$,rw=rw-$w[i]$，转向下一个状态 dfs(i+1,tw,rw,op)。该决策对应左分枝。

(2) 不选择第 i 个集装箱：op$[i]$=0,tw 不变，rw=rw-$w[i]$，转向下一个状态 dfs(i+1,tw,rw,op)。该决策对应右分枝。

采用的剪枝方式如下：

(1) 左分枝剪枝：仅仅扩展满足 tw+$w[i]$≤W 条件的左孩子结点。

(2) 右分枝剪枝：仅仅扩展满足 tw+rw-$w[i]$>maxw 条件的右孩子结点，即不选择第 i 个集装箱也可能找到更优解。

最优方案选择：i>n 对应一个可行解（装载集装箱重量和为 tw）的叶子结点，将 tw 与 maxv 比较选择一个更优的装载方案 x。

对应的算法如下：

```
void dfs(int i,int tw,int rw,int op[])        //求解简单装载问题
{  if (i>n)                                    //找到一个叶子结点
   {  if (tw>maxw)
      {  maxw=tw;                              //找到一个满足条件的更优解，保存它
         for (int j=1;j<=n;j++)                //复制最优解
            x[j]=op[j];
      }
   }
   else                                        //尚未找完所有集装箱
   {  if (tw+w[i]<=W)                          //左孩子结点剪枝
      {  op[i]=1;                              //选取第 i 个集装箱
         dfs(i+1,tw+w[i],rw-w[i],op);
      }
      if (tw+rw-w[i]>maxw)                    //右孩子结点剪枝
      {  op[i]=0;                              //不选取第 i 个集装箱，回溯
         dfs(i+1,tw,rw-w[i],op);
      }
   }
}
```

对于前面的实例，求出的一种最优方案是选择集装箱 1、2 和 5，总重量恰好为 10。用 dfs(tw,rw) 表示状态（tw 的初始值为 0，rw 的初始值为 20），求解过程如图 5.14 所示，图中带阴影的方框表示最优解。

【算法分析】 解空间中最多生成 $2^{n+1}-1$ 个结点，考虑复制更优解的时间为 O(n)，所有算法的最坏时间复杂度为 O($n×2^n$)。前面的实例中，n=5，解空间树中结点个数应为 63，采用剪枝后结点个数为 16。

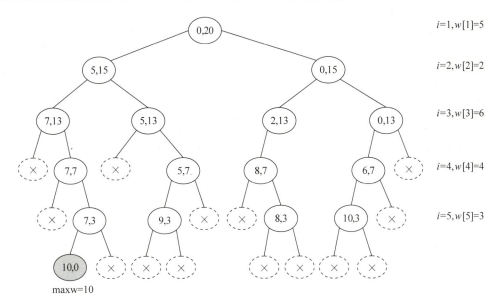

图 5.14 装载问题的的解空间树

5.3.2 求解复杂装载问题

【问题描述】 有一批共 n 个集装箱要装上两艘载重量分别为 c1 和 c2 的轮船,其中集装箱 i 的重量为 w_i,且 $w_1+w_2+\cdots+w_n \leqslant c1+c2$。装载问题要求确定是否有一个合理的装载方案可将这些集装箱装上这两艘轮船。如果有,找出一种装载方案。例如,当 $n=3$,c1=c2=50,且 $w=\{10,40,40\}$ 时,则可以将集装箱 1 和 2 装到第一艘轮船上,而将集装箱 3 装到第二艘轮船上。如果 $w=\{20,40,40\}$,则无法将这 3 个集装箱都装上轮船。

【问题求解】 如果一个给定的复杂装载问题有解,则可以采用如下方式得到一个装载方案:首先将第一艘轮船尽可能装满,然后将剩余的集装箱装在第二艘轮船上。

可以用反证法证明其正确性。假设问题有解但没有一个装载方案是尽可能将第一艘轮船装满,即它有剩余载重能够容纳更多的集装箱,设第一艘轮船剩余载重能够容纳的集装箱为集合 S。如果给定的问题有解,则将 S 装到第二艘轮船上有 3 种情况:

(1) 集装箱无法全部装载:改为将 S 装到第一艘轮船,导致问题有解。

(2) 集装箱全部装载,第二艘轮船仍有剩余载重:改为将 S 装到第一艘轮船,问题仍然问题有解。

(3) 集装箱全部装载,第二艘轮船正好装满:改为将 S 装到第一艘轮船,问题仍然问题有解。

视频讲解

上述 3 种情况都说明这样的解是存在的,与假设矛盾,问题即证。从而问题转化为在 w 中选择尽可能重的集装箱装到第一艘轮船,使该子集中集装箱重量之和接近 c1,得到一个解 x,求出剩余的集装箱重量 sum,若 sum$\leqslant$c2,表示有解,否则表示没有解。

对应的完整程序如下:

```
#include <stdio.h>
#include <string.h>
```

```c
#define MAXN 20                                 //最多集装箱个数
//问题表示
int w[]={0,10,40,40};                           //各集装箱重量,不用下标0的元素
int    n=3;
int c1=50,c2=50;
int maxw=0;                                     //存放第一艘轮船最优解的总重量
int x[MAXN];                                    //存放第一艘轮船最优解向量
void dfs(int i,int tw,int rw,int op[])          //求第一艘轮船的最优解
{   if (i>n)                                    //找到一个叶子结点
    {   if (tw>maxw)
        {   maxw=tw;                            //找到一个满足条件的更优解,保存它
            for (int j=1;j<=n;j++)              //复制最优解
                x[j]=op[j];
        }
    }
    else                                        //尚未找完所有集装箱
    {   if (tw+w[i]<=c1)                        //左孩子结点剪枝
        {   op[i]=1;                            //选取第i个集装箱
            dfs(i+1,tw+w[i],rw-w[i],op);
        }
        if (tw+rw-w[i]>maxw)                    //右孩子结点剪枝
        {   op[i]=0;                            //不选取第i个集装箱,回溯
            dfs(i+1,tw,rw-w[i],op);
        }
    }
}
void dispasolution(int n)                       //输出一个解
{   for (int j=1;j<=n;j++)
        if (x[j]==1)
            printf("\t将第%d个集装箱装上第一艘轮船\n",j);
        else
            printf("\t将第%d个集装箱装上第二艘轮船\n",j);
}
bool solve()                                    //求解复杂装载问题
{   int sum=0;                                  //累计第一艘轮船装完后剩余的集装箱重量
    for (int j=1;j<=n;j++)
        if (x[j]==0)
            sum+=w[j];
    if (sum<=c2)                                //第二艘轮船可以装完
        return true;
    else                                        //第二艘轮船不能装完
        return false;
}
void main()
{   int op[MAXN];                               //存放临时解
    memset(op,0,sizeof(op));
    int rw=0;
    for (int i=1;i<=n;i++)
        rw+=w[i];
    dfs(1,0,rw,op);                             //求第一艘轮船的最优解
```

```
    printf("求解结果\n");
    if (solve())                              //输出结果
    {   printf("    最优方案\n");
        dispasolution(n);
    }
    else
        printf("    没有合适的装载方案\n");
}
```

上述程序的执行结果如下:

```
求解结果
    装载方案
        将第 1 个集装箱装上第一艘轮船
        将第 2 个集装箱装上第一艘轮船
        将第 3 个集装箱装上第二艘轮船
```

5.4 求解子集和问题

5.4.1 求子集和问题的解

【问题描述】 给定 n 个不同的正整数集合 $w=(w_1,w_2,\cdots,w_n)$ 和一个正整数 W,要求找出 w 的子集 s,使该子集中所有元素的和为 W。例如,当 $n=4$ 时,$w=(11,13,24,7)$,$W=31$,则满足要求的子集为 $(11,13,7)$ 和 $(24,7)$。

【问题求解】 和前面求幂集与 0/1 背包问题一样,该问题的解空间树是一棵子集树。设解向量 $x=(x_1,x_2,\cdots,x_n)$,这里是求所有满足目标条件的解,所以一旦搜索到叶子结点(即 $i>n$),如果相应的子集和为 W,则输出 x 解向量。

视频讲解

当搜索到第 $i(1 \leqslant i \leqslant n)$ 的某个结点时,用 tw 表示选取的整数和,rw 表示余下的整数和,即 $rw=w[i]+\cdots+w[n-1]$(其中包含 $w[i]$),采用的剪枝函数如下:

(1) 左剪枝:通过检查当前整数 $w[i]$ 加入后子集和是否超过 W,若是则剪枝,即仅仅扩展满足 $tw+w[i] \leqslant W$ 的左孩子结点。

(2) 右剪枝:如果一个结点满足 $tw+rw-w[i]<W$,也就是说即便选择剩余所有整数,也不可能找到一个解,即仅仅扩展满足 $tw+rw-w[i] \geqslant W$ 的右孩子结点。

求解子集和问题的程序(其中 dispasolution()函数用于输出一个解)如下:

```
#include<stdio.h>
#define MAXN 20                              //最多整数个数
//问题表示
int n=4,W=31;
int w[]={0,11,13,24,7};                      //存放所有整数,不用下标 0 的元素
```

```
int count=0;                                    //累计解个数
void dfs(int i,int tw,int rw,int x[])           //求解子集和
                                                //tw 为考虑第 i 个整数时选取的整数和,rw 为剩下的整数和
{
    if (i>n)                                    //找到一个叶子结点
    {   if (tw==W)                              //找到一个满足条件的解,输出它
            dispasolution(x);
    }
    else                                        //尚未找完所有整数
    {   if (tw+w[i]<=W)                         //左孩子结点剪枝:选取满足条件的整数 w[i]
        {   x[i]=1;                             //选取第 i 个整数
            dfs(i+1,tw+w[i],rw−w[i],x);
        }
        if (tw+rw−w[i]>=W)                      //右孩子结点剪枝
        {   x[i]=0;                             //不选取第 i 个整数,回溯
            dfs(i+1,tw,rw−w[i],x);
        }
    }
}
void main( )
{   int x[MAXN];                                //存放一个解向量
    int rw=0;
    for (int j=1;j<=n;j++)                      //求所有整数和 rw
        rw+=w[j];
    dfs(1,0,rw,x);                              //i 从 1 开始
}
```

程序的执行结果如下:

```
第 1 个解:
    选取的数为 11 13 7
第 2 个解:
    选取的数为 24 7
```

上述求解子集和问题的解空间树图 5.15 所示,其中两个带阴影的叶子结点为找到的两个满足目标条件的解。

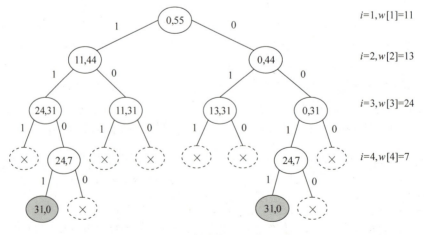

图 5.15　子集和问题的解空间树

【算法分析】 解空间中最多生成 $2^{n+1}-1$ 个结点,考虑输出一个解的时间为 $O(n)$,所有算法的最坏时间复杂度为 $O(n \times 2^n)$。

5.4.2 判断子集和问题是否存在解

采用回溯法一般是针对问题存在解时求出相应的一个或多个解,或者最优解。如果要判断问题是否存在解(一个或者多个),可以将求解函数改为 bool 类型,当找到任何一个解时返回 true,否则返回 false。需要注意的是当问题没有解时需要搜索所有解空间。

以下程序用于判断子集和问题是否存在解:

```c
#include <stdio.h>
#define MAXN 20                                     //最多整数个数
//问题表示
int n=4,W;
int w[]={0,11,13,24,7};                             //存放所有整数,不用下标 0 的元素
bool dfs(int i,int tw,int rw)                       //求解子集和
{   if (i>n)
    {   if (tw==W)                                  //找到一个叶子结点
            return true;                            //找到一个满足条件的解,返回 true
    }
    else
    {   if (tw+w[i]<=W)                             //尚未找完所有物品
            return dfs(i+1,tw+w[i],rw-w[i]);        //左孩子结点剪枝
                                                    //选取第 i 个整数
        if (tw+rw-w[i]>=W)                          //右孩子结点剪枝
            return dfs(i+1,tw,rw-w[i]);             //不选取第 i 个整数,回溯
    }
    return false;
}
bool solve()                                        //判断子集和问题是否存在解
{   int rw=0;
    for (int j=1;j<=n;j++)                          //求所有整数和 rw
        rw+=w[j];
    return dfs(1,0,rw);                             //i 从 1 开始
}
void main()
{   W=7;
    printf("W=%d 时%s\n",W,(solve()?"存在解":"没有解"));
    W=15;
    printf("W=%d 时%s\n",W,(solve()?"存在解":"没有解"));
    W=21;
    printf("W=%d 时%s\n",W,(solve()?"存在解":"没有解"));
    W=24;
    printf("W=%d 时%s\n",W,(solve()?"存在解":"没有解"));
}
```

上述程序的执行结果如下：

```
W=7 时存在解
W=15 时没有解
W=21 时没有解
W=24 时存在解
```

另外一种方法是通过解个数来判断，如设置全局变量 count 表示解个数，初始化为 0，调用搜索解的回溯算法，当找到一个解时置 count++。最后判断 count>0 算法成立，若为真，表示存在解，否则表示不存在解。

以下算法采用这种方法判断子集和问题是否存在解：

```
int count;                                  //全局变量，累计解个数
void dfs(int i,int tw,int rw)               //求解子集和
{   if (i>n)                                //找到一个叶子结点
    {   if (tw==W)                          //找到一个满足条件的解，解个数增 1
            count++;
    }
    else                                    //尚未找完所有物品
    {   if (tw+w[i]<=W)                     //左孩子结点剪枝
            dfs(i+1,tw+w[i],rw-w[i]);       //选取第 i 个整数
        if (tw+rw-w[i]>=W)                  //右孩子结点剪枝
            dfs(i+1,tw,rw-w[i]);            //不选取第 i 个整数，回溯
    }
}
bool solve()                                //判断子集和问题是否存在解
{    count=0;
    int rw=0;
    for (int j=1;j<=n;j++)                  //求所有整数和 rw
        rw+=w[j];
    dfs(1,0,rw);                            //i 从 1 开始
    if (count>0)                            //有解的情况
        return true;
    else                                    //无解的情况
        return false;
}
```

5.5 求解 n 皇后问题

2.3.2 小节介绍过 n 皇后问题，并采用递归技术求解，这里采用回溯法求解。

以 4 皇后问题为例，找第 1 个解的过程如图 5.16 所示，其中阴影表示放置一个皇后，"×"表示试探位置。

视频讲解

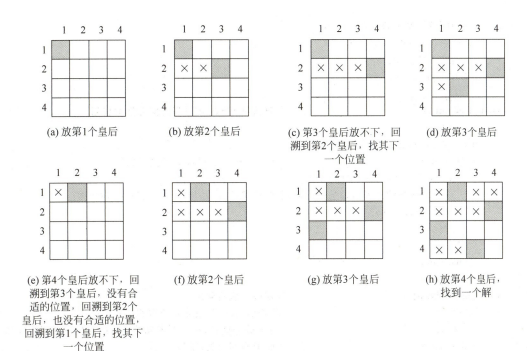

图 5.16 4 皇后问题找第一个解的过程

从中可以总结出 n 皇后求解的规则：

(1) 用数组 $q[\ ]$ 存放皇后的位置，$(i,q[i])$ 表示第 i 个皇后放置的位置，n 皇后问题的一个解是 $(1,q[1])(2,q[2])\cdots(n,q[n])$，数组的下标为 0 的元素不用。

(2) 先放置第 1 个皇后，然后依 $2,3,\cdots,n$ 的次序放置其他皇后，当第 n 个皇后放置好后产生一个解。为了找到所有解，此时算法还不能结束，继续试探第 n 个皇后的下一个位置。

(3) 第 $i(i<n)$ 个皇后放置后，接着放置第 $i+1$ 个皇后，在试探第 $i+1$ 个皇后的位置时都是从第 1 列开始的。

(4) 当第 i 个皇后试探了所有列都不能放置时，则回溯到第 $i-1$ 个皇后，此时与第 $i-1$ 个皇后的位置 $(i-1,q[i-1])$ 有关，如果第 $i-1$ 个皇后的列号小于 n，即 $q[i-1]<n$，则将其移到下一列，继续试探；否则回溯到第 $i-2$ 个皇后，依此类推。

(5) 若第 1 个皇后的所有位置回溯完毕，则算法结束。

(6) 放置第 i 个皇后应与前面已经放置的 $i-1$ 个皇后不发生冲突。

采用非递归回溯框架设计的完整程序如下：

```
#include <stdio.h>
#include <stdlib.h>
#define MAXN 20                //最多皇后个数
int q[MAXN];                   //存放各皇后所在的列号，为全局变量
int count=0;                   //累计解个数
void dispasolution(int n)      //输出一个解
```

```
{   printf(" 第%d个解:",++count);
    for (int i=1;i<=n;i++)
        printf("(%d,%d) ",i,q[i]);
    printf("\n");
}

bool place(int i)                    //测试第 i 行的 q[i]列上能否摆放皇后
{   int j=1;
    if (i==1) return true;
    while (j<i)                      //j=1～i-1 是已放置了皇后的行
    {   if ((q[j]==q[i]) || (abs(q[j]-q[i])==abs(j-i)))
            //该皇后是否与以前的皇后同列,位置(j,q[j])与(i,q[i])是否同对角线
            return false;
        j++;
    }
    return true;
}

void Queens(int n)                   //求解 n 皇后问题
{   int i=1;                         //i 表示当前行,也表示放置第 i 个皇后
    q[i]=0;                          //q[i]是当前列,每个新考虑的皇后的初始位置置为 0 列
    while (i>=1)                     //尚未回溯到头,循环
    {   q[i]++;                      //原位置后移一列
        while (q[i]<=n && !place(i)) //试探一个位置(i,q[i])
            q[i]++;
        if (q[i]<=n)                 //为第 i 个皇后找到了一个合适位置(i,q[i])
        {   if (i==n)                //若放置了所有皇后,输出一个解
                dispasolution(n);
            else                     //皇后没有放置完
            {   i++;                 //转向下一行,即开始下一个新皇后的放置
                q[i]=0;              //每个新考虑的皇后的初始位置为 0 列
            }
        }
        else i--;                    //若第 i 个皇后找不到合适的位置,则回溯到上一个皇后
    }
}

void main()
{   int n;                           //n 存放实际的皇后个数
    scanf("%d",&n);
    printf("%d 皇后问题求解如下:\n",n);
    Queens(n);
}
```

上述程序与 2.3.2 小节程序的执行结果完全相同。实际上 2.3.2 小节的算法是采用解空间为子集树后递归回溯框架实现的。

【算法分析】 该算法中每个皇后都要试探 n 列,共 n 个皇后,其解空间是一棵子集树,每个结点可能有 n 棵子树,考虑每个皇后试探一个合适位置的时间为 $O(n)$,所有算法的最坏时间复杂度为 $O(n \times n^n)$。

5.6 求解图的 m 着色问题

【问题描述】 给定无向连通图 G 和 m 种不同的颜色,用这些颜色为图 G 的各顶点着色,每个顶点着一种颜色。如果有一种着色法使 G 中每条边的两个顶点着不同颜色,则称这个图是 m 可着色的。图的 m 着色问题是对于给定图 G 和 m 种颜色,找出所有不同的着色法。

输入描述:第 1 行有 3 个正整数 n、k 和 m,表示给定的图 G 有 n 个顶点、k 条边、m 种颜色,顶点的编号为 $1、2、\cdots、n$。在接下来的 k 行中每行有两个正整数 u、v,表示图 G 的一条边 (u,v)。

输出描述:程序运行结束时将计算出的不同着色方案数输出。如果不能着色,则程序输出 -1。

输入样例:

```
5 8 4
1 2
1 3
1 4
2 3
2 4
2 5
3 4
4 5
```

样例输出:

```
48
```

扫一扫

视频讲解

【问题求解】 对于图 G,采用邻接矩阵 a 存储,根据求解问题需要,这里 a 为一个二维数组(下标 0 不用),当顶点 i 与顶点 j 有边时置 $a[i][j]=1$,其他情况置 $a[i][j]=0$。图中的顶点编号为 $1 \sim n$,着色编号为 $1 \sim m$。对于图 G 中的每一个顶点,可能的着色为 $1 \sim m$,所以对应的解空间是一棵 m 叉树,高度为 n,层次 i 从 1 开始。该问题表示如下:

```
int n,k,m;
int a[MAXN][MAXN];
```

求解结果表示如下:

```
int count=0;                    //累计解个数
int x[MAXN];                    //x[i]表示顶点 i 的着色
```

为了使算法清晰,将上述数据均设置为全局变量。对于顶点 i(对应解空间树第 i 层的结点),其约束条件是不能与任何相邻的顶点的着色相同,采用 Same(i) 函数来实现,当该顶点的着色 $x[i]$ 与任何相邻顶点 j 的着色 $x[j]$ 相同时返回 false,否则返回 true。采用递归回溯法框架设计的完整程序如下:

```c
#include <stdio.h>
#include <string.h>
#define MAXN 20                          //图最多的顶点个数
//问题表示
int n,k,m;
int a[MAXN][MAXN];
//求解结果表示
int count=0;                             //全局变量,累计解个数
int x[MAXN];                             //全局变量,x[i]表示顶点 i 的着色
bool Same(int i)                         //判断顶点 i 是否与相邻顶点存在相同的着色
{   for (int j=1;j<=n;j++)
        if (a[i][j]==1 && x[i]==x[j])
            return false;
    return true;
}
void dfs(int i)                          //求解图的 m 着色问题
{   if (i>n)                             //达到叶子结点
        count++;                         //着色方案数增 1
    else
    {   for (int j=1;j<=m;j++)           //试探每一种着色
        {   x[i]=j;                      //试探着色 j
            if (Same(i))                 //可以着色 j,进入下一个顶点着色
                dfs(i+1);
            x[i]=0;                      //回溯
        }
    }
}
int main()
{   memset(a,0,sizeof(a));               //a 初始化
    memset(x,0,sizeof(x));               //x 初始化
    int x,y;
    scanf("%d%d%d",&n,&k,&m);            //输入 n、k、m
    for (int j=1;j<=k;j++)
    {   scanf("%d%d",&x,&y);             //输入一条边的两个顶点
        a[x][y]=1;                       //无向图的边对称
        a[y][x]=1;
    }
    dfs(1);                              //从顶点 1 开始搜索
    if (count>0)                         //输出结果
        printf("%d\n",count);
```

```
            else
                printf("-1\n");
            return 0;
        }
```

如果要输出所有的着色方案,只需要在找到一个解后输出 x 中的所有元素即可。对应的算法如下:

```
void dispasolution()                    //输出一种着色方案
{   printf("第%d个着色方案: ",count);
    for (int j=1;j<=n;j++)
        printf("%d ",x[j]);
    printf("\n");
}
void dfs(int i)                         //求解图的 m 着色问题
{   if (i>n)                            //达到叶子结点
    {   count++;                        //着色方案数增1
        dispasolution();                //输出一种方案
    }
    else
    {   for (int j=1;j<=m;j++)          //试探每一种着色
        {   x[i]=j;
            if (Same(i))                //可以着色j,进入下一个顶点着色
                dfs(i+1);
            x[i]=0;                     //回溯
        }
    }
}
```

例如,输入测试用例如下:

```
4 4 3
1 2
1 3
1 4
3 4
```

对应的图 G 如图 5.17 所示,这里 $n=4$, $k=4$, $m=3$,其着色方案有 12 个。

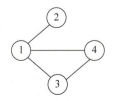

图 5.17 一个无向连通图

```
第1个着色方案：1 2 2 3
第2个着色方案：1 2 3 2
第3个着色方案：1 3 2 3
第4个着色方案：1 3 3 2
第5个着色方案：2 1 1 3
第6个着色方案：2 1 3 1
第7个着色方案：2 3 1 3
第8个着色方案：2 3 3 1
第9个着色方案：3 1 1 2
第10个着色方案：3 1 2 1
第11个着色方案：3 2 1 2
第12个着色方案：3 2 2 1
```

【算法分析】 解空间中最多生成 $O(m^n)$ 个结点，每个结点调用 Same() 花费 $O(n)$ 的时间判断当前颜色是否合适，所有算法的最坏时间复杂度为 $O(n \times m^n)$。

5.7 求解任务分配问题

任务分配问题描述见 4.2.8 小节。

【问题求解】 这里采用回溯法求解。问题表示如下：

```
int n=4;
int c[MAXN][MAXN]={{0},{0,9,2,7,8},{0,6,4,3,7},{0,5,8,1,8},{0,7,6,9,4}};
                    //下标为0的元素不用，c[i][j]表示第i个人执行第j个任务的成本
```

视频讲解

考虑为第 i 个人员分配任务（i 从 1 开始），由于每个任务只能分配给一个人员，为了避免重复分配，设计一个布尔数组 worker，初始时均为 false，当任务 j 分配后置 worker[j] = true。求解结果表示如下：

```
int x[MAXN];                //临时解
int cost=0;                 //临时解的成本
int bestx[MAXN];            //最优解
int mincost=INF;            //最优解的成本
bool worker[MAXN];          //worker[j]表示任务j是否已经分配人员
```

对应的解空间是一个子集树，每个人员可以选择 n 个任务中的一个，但不重复选择。对应的完整求解程序如下：

```
#include <stdio.h>
#include <string.h>
#include <queue>
#include <vector>
using namespace std;
#define INF 99999           //定义∞
#define MAXN 21
```

```
//问题表示
int n=4;
int c[MAXN][MAXN]={{0},{0,9,2,7,8},{0,6,4,3,7},{0,5,8,1,8},{0,7,6,9,4} };
//求解结果表示
int x[MAXN];                                    //临时解
int cost=0;                                     //临时解的成本
int bestx[MAXN];                                //最优解
int mincost=INF;                                //最优解的成本
bool worker[MAXN];                              //worker[j]表示任务j是否已经分配人员
void dfs(int i)                                 //为第i个人员分配任务
{   if (i>n)                                    //到达叶子结点
    {   if (cost<mincost)                       //比较求最优解
        {   mincost=cost;
            for (int j=1;j<=n;j++)
                bestx[j]=x[j];
        }
    }
    else
    {   for (int j=1;j<=n;j++)                  //为人员i试探任务j,从1到n
            if (!worker[j])                     //若任务j还没有分配
            {   worker[j]=true;
                x[i]=j;                         //任务j分配给人员i
                cost+=c[i][j];
                dfs(i+1);                       //为人员i+1分配任务
                worker[j]=false;                //回溯
                x[j]=0;
                cost-=c[i][j];
            }
    }
}
void main( )
{   memset(worker,0,sizeof(worker));            //worker 初始化为false
    dfs(1);                                     //从人员1开始
    printf("最优方案:\n");
    for (int k=1;k<=n;k++)
        printf("    第%d个人安排任务%d\n",k,bestx[k]);
    printf("    总成本=%d\n",mincost);
}
```

上述程序的执行结果如下(与蛮力法的求解结果相同):

最优方案:
　　第1个人安排任务2
　　第2个人安排任务1
　　第3个人安排任务3
　　第4个人安排任务4
　　总成本=13

【算法分析】 在该算法中每个人员试探1~n个任务,对应的解空间树是一棵n叉树(子集树),算法的时间复杂度为$O(n^n)$。

5.8 求解活动安排问题

【问题描述】 假设有一个需要使用某一资源的由 n 个活动组成的集合 $S,S=(1,\cdots,n)$。该资源在任何时刻只能被一个活动所占用,活动 i 有一个开始时间 b_i 和结束时间 $e_i(b_i<e_i)$,其执行时间为 e_i-b_i,假设最早活动执行时间为 0。一旦某个活动开始执行,就不能被打断,直到其执行完毕。若活动 i 和活动 j 有 $b_i \geqslant e_j$ 或 $b_j \geqslant e_i$,则称这两个活动兼容。设计算法求一种最优活动安排方案,使得所有安排的活动个数最多。

扫一扫

视频讲解

【问题求解】 这里采用回溯法求解,相当于找到 $S=(1,\cdots,n)$ 的某个排列,即调度方案,使得其中所有兼容活动的个数最大,显然对应的解空间是一个排列树,直接采用排列树递归框架实现,对于每一种调度方案求出所有兼容活动个数,通过比较求出最多活动个数,对应的调度方案就是最优调度方案,即为本问题的解。

对于一种调度方案,如何计算所有兼容活动的个数呢?因为其中可能存在不兼容的活动。例如,有如表 5.1 所示的 4 个活动,若调度方案为 (1,2,3,4),则求所有兼容活动个数的过程如下。

(1) 置当前活动最大结束时间 laste=0,所有兼容活动个数 sum=0。

(2) 活动 1:其开始时间为 1,大于等于 laste,属于兼容活动,选取它,sum 增加 1,sum=1,置 laste=其结束时间=3。

(3) 活动 2:其开始时间为 2,小于 laste,属于非兼容活动,不选取它。

(4) 活动 3:其开始时间为 4,大于等于 laste,属于兼容活动,选取它,sum 增加 1,sum=2,置 laste=其结束时间=8。

(5) 活动 4:其开始时间为 6,小于 laste,属于非兼容活动,不选取它。

这样得到该调度方案的所有兼容活动个数 sum 为 2,而调度方案 (4,1,2,3) 或者 (4,2,3,1) 的所有兼容活动个数均为 1。

表 5.1 一个活动表

活动编号	1	2	3	4
开始时间	1	2	4	6
结束时间	3	5	8	10

现在考虑求出所有的调度方案,首先将问题表示如下:

```
struct Action
{   int b;                                        //活动起始时间
    int e;                                        //活动结束时间
};
int n=4;
Action A[]={{0,0},{1,3},{2,5},{4,8},{6,10}};      //下标 0 不用
```

问题的求解结果表示如下：

```
int x[MAX];                    //临时解向量
int bestx[MAX];                //最优解向量
int laste=0;                   //一个调度方案中最后兼容活动的结束时间,初值为 0
int sum=0;                     //一个调度方案中所有兼容活动的个数,初值为 0
int maxsum=0;                  //最优调度方案中所有兼容活动的个数,初值为 0
```

上述数据均设计为全局变量。

再看看解空间为排列树的回溯算法框架,先让 $x=(1,2,\cdots,n)$ 作为初始调度方案,在此基础上改变顺序得到其他调度方案。

对于第 i 层的非叶子结点, j 从 i 到 n 循环的目的是让 $x[i]$ 位置选取 $x[i]$ 到 $x[n]$ 的每一个元素,一旦这样选取后就构成一种新调度方案,由于第 1 次循环就是 $x[i]$ 与 $x[i]$ 交换,所以可以在回溯法排列树算法框架的第 1 个 swap 语句之前添加对本调度方案的处理,求出其 laste 和 sum。即:

```
if (A[x[j]].b>=laste)          //活动 x[j]与前面兼容
{   sum++;                     //增加兼容活动个数
    laste=A[x[j]].e;           //修改本方案的最后兼容时间
}
```

回溯法排列树算法框架的第 2 个 swap 语句之后表示该调度方案处理完毕,由于这里 laste 和 sum 是全局变量,不能自己回退,所以需要恢复为该调度方案之前的结果,这里采用临时变量 laste1 和 sum1 保存该调度方案之前的值,现在只需要执行 laste=last1 和 sum=sum1 即可。如果将 laste 和 sum 作为递归函数参数,则不必这样恢复。

对于每个叶子结点,对应一个调度方案,通过比较 sum 求出 maxsum 和 bestx,即最优调度方案。最后在 bestx 中找到兼容活动并输出。

对应的完整程序如下:

```
#include <stdio.h>
#define MAX 51
//问题表示
struct Action
{   int b;                     //活动起始时间
    int e;                     //活动结束时间
};
int n=4;
Action A[]={{0,0},{1,3},{2,5},{4,8},{6,10}};   //下标 0 不用
//求解结果表示
int x[MAX];                    //解向量
int bestx[MAX];                //最优解向量
int laste=0;                   //一个方案中最后兼容活动的结束时间
int sum=0;                     //一个方案中所有兼容活动的个数
int maxsum=0;                  //最优方案中所有兼容活动的个数
void swap(int &x,int &y)       //交换 x、y
{   int tmp=x;
```

```
        x=y; y=tmp;
    }
    void dispasolution( )                           //输出一个解
    {   printf("最优调度方案\n");
        int laste=0;
        for (int j=1;j<=n;j++)
            {   if (A[bestx[j]].b>=laste)           //选取活动 bestx[j]
                    {   printf(" 选取活动%d：[%d,%d]\n",bestx[j],A[bestx[j]].b,A[bestx[j]].e);
                        laste=A[bestx[j]].e;
                    }
            }
        printf(" 安排活动的个数=%d\n",maxsum);
    }
    void dfs(int i)                                 //搜索活动问题最优解
    {   if (i>n)                                    //到达叶子结点,产生一种调度方案
            {   if (sum>maxsum)
                    {   maxsum=sum;
                        for (int k=1;k<=n;k++)
                            bestx[k]=x[k];
                    }
            }
        else
            {   for(int j=i; j<=n; j++)             //没有到达叶子结点,考虑i到n的活动
                    {   swap(x[i],x[j]);            //排序树问题递归框架：交换 x[i]、x[j]
                                                    //第i层结点选择活动 x[j]
                        int sum1=sum;               //保存 sum、laste 以便回溯
                        int laste1=laste;
                        if (A[x[j]].b>=laste)       //活动 x[j]与前面兼容
                            {   sum++;             //兼容活动个数增1
                                laste=A[x[j]].e;   //修改本方案的最后兼容时间
                            }
                        dfs(i+1);                   //排序树问题递归框架：进入下一层
                        swap(x[i],x[j]);            //排序树问题递归框架：交换 x[i]、x[j]
                        sum=sum1;                   //回溯
                        laste=laste1;               //即撤销第i层结点对活动 x[j]的选择,以便再选择其他活动
                    }
            }
    }
    void main( )
    {   for (int i=1;i<=n;i++)
            x[i]=i;
        dfs(1);                                     //i 从 1 开始搜索
        dispasolution( );                           //输出结果
    }
```

上述程序的执行结果如下：

最优调度方案
    选取活动1：[1,3)
    选取活动3：[4,8)
    安排活动的个数=2

说明：本问题的最优解可能有多个，这里仅输出一个。在第 7 章将给出该问题更好的求解方法。

【算法分析】 该算法对应的解空间树是一棵排列树，与例 5.5 求全排列算法的时间复杂度相同，即为 $O(n!)$。

5.9 求解流水作业调度问题

【问题描述】 有 n 个作业（编号为 $1\sim n$）要在由两台机器 M_1 和 M_2 组成的流水线上完成加工。每个作业加工的顺序都是先在 M_1 上加工，然后在 M_2 上加工。M_1 和 M_2 加工作业 i 所需的时间分别为 a_i 和 $b_i(1\leqslant i\leqslant n)$。

流水作业调度问题要求确定这 n 个作业的最优加工顺序，使得从第一个作业在机器 M_1 上开始加工，到最后一个作业在机器 M_2 上加工完成所需的时间最少。可以假定任何作业一旦开始加工，就不允许被中断，直到该作业被完成，即非优先调度。

【输入格式】 输入包含若干个用例。每个用例第一行是作业数 $n(1\leqslant n\leqslant 1000)$，接下来 n 行，每行两个非负整数，第 i 行的两个整数分别表示在第 i 个作业在第一台机器和第二台机器上加工时间。以输入 $n=0$ 结束。

【输出格式】 每个用例输出一行，表示采用最优调度所用的总时间，即从第一台机器开始到第二台机器结束的时间。

输入样例

```
4
5 6
12 2
4 14
8 7
0
```

视频讲解

样例输出

```
33
```

【问题求解】 采用回溯法求解，对应的解空间是一个是排列树，相当于求出 n 个作业的一种排列使完成时间最少。作业的编号是 $1\sim n$，用数组 $x[]$ 作为解向量即调度方案，即 $x[i]$ 表示第 i 顺序执行的作业编号，初始时数组 x 的元素分别是 $1\sim n$，最优解向量用 $bestx[]$ 存储，对应的最优调度时间用 $bestf$ 表示。

求作业的所有排列可以直接采用排列树递归框架实现，对于每一种调度方案求出其所有作业执行的总时间，通过比较求出最小的总时间，对应的调度方案就是最优调度方案，即为本问题的解。

现在问题的关键是对于某种调用方案，如何求对应的作业执行总时间。因为每个作业在两个机器上执行，作业之间是执行时间是关联的。

用 f_1 数组表示在 M_1 上执行完当前作业 i 的总时间（含前面作业的执行时间），f_2 数组表示在 M_2 上执行完当前作业 i 的总时间（含前面作业的执行时间）。由于一个作业总是先在 M_1 上执行后在 M_2 执行，所以 $f_2[n]$ 就是执行全部作业的总时间。

考虑一个示例，假设有 3 个作业，如表 5.2 所示，现在的调用方案为 (1,2,3)，即按作业 1、2、3 的顺序执行。首先将 f_1 和 f_2 数组所有元素初始化为 0。该调度方案的总时间计算如下：

表 5.2　一个作业表

作业编号	1	2	3
M_1 时间 a	2	3	2
M_2 时间 b	1	1	3

（1）作业 1：在 M_1 上执行作业 1，完毕后 $f_1[1]=a[1]=2$。再在 M_2 上执行作业 1，因为 $f_2[0] \leqslant f_1[1]$，说明作业 1 在 M_1 上执行完后可以立即在 M_2 时执行，不需要等待，在 M_2 上执行完的时间 $f_2[1]=f_1[1]+b[1]=2+1=3$。

（2）作业 2：作业 1 在 M_1 时执行完后就可以直接执行作业 2，作业 2 在 M_1 上执行完的时间 $f_1[2]=f_1[1]+a[2]=2+3=5$。再在 M_2 上执行作业 2，因为 $f_2[1] \leqslant f_1[2]$，同样说明作业 2 在 M_1 上执行完后可以立即在 M_2 时执行，不需要等待，在 M_2 上执行完的时间 $f_2[2]=f_1[2]+b[2]=5+1=6$。

（3）作业 3：作业 2 在 M_1 时执行完后就可以直接执行作业 3，作业 3 在 M_1 上执行完的时间 $f_1[3]=f_1[2]+a[3]=5+2=7$。再在 M_2 上执行作业 3，因为 $f_2[2] \leqslant f_1[3]$，同样说明作业 3 在 M_1 上执行完后可以立即在 M_2 时执行，不需要等待，在 M_2 上执行完的时间 $f_2[3]=f_1[3]+b[3]=7+3=10$。

上述执行过程如图 5.18 所示。所以，对于调用方案为 (1,2,3)，$f_2[3]=10$ 就是对应的执行总时间。

从中看出，由于每个作业都是从 M_1 开始的，即 M_1 上各个作业是连续执行的，不需要等待，所以 f_1 不需要用数组表示，直接用单个变量 f_1 表示，即 $f_1=0$，$f_1=f_1+a[i]$。但 M_2 上执行就不同了，所以 f_2 仍然采用数组表示。

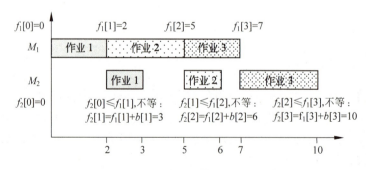

图 5.18　一种调度方案的总时间计算

再看看另外一种调用方案，假设调用方案为 (3,1,2)，即第 1 步执行作业 3，第 2 步执行作业 1，第 3 步执行作业 2。该调度方案的总时间计算如下，其中 $f_2[i]$ 中的 i 表示执行步骤编号而不是作业编号：

（1）作业 3：在 M_1 上执行作业 1，完毕后 $f_1=a[3]=2$。再在 M_2 上执行作业 1，因为

$f_2[0] \leqslant f_1$，说明作业 3 在 M_1 上执行完后可以立即在 M_2 时执行，不需要等待，在 M_2 上执行完的时间 $f_2[1]=f_1+b[3]=2+3=5$。

（2）作业 1：作业 3 在 M_1 时执行完后就可以直接执行作业 1，作业 1 在 M_1 上执行完的时间 $f_1=f_1+a[1]=2+2=4$。再在 M_2 上执行作业 1，因为 $f_2[1]>f_1$，说明在 f_1 时刻 M_2 上作业 3 还没有执行完，此时作业 1 需要等待，等到作业 3 在 M_2 上执行完后再执行作业 1，所以作业 1 在 M_2 的执行完的时间 $f_2[2]=f_2[1]+b[1]=5+1=6$。

（3）作业 2：作业 1 在 M_1 时执行完后就可以直接执行作业 2，作业 2 在 M_1 上执行完的时间 $f_1=f_1+a[2]=4+3=7$。再在 M_2 上执行作业 2，因为 $f_2[2] \leqslant f_1$，说明作业 2 在 M_1 上执行完后可以立即在 M_2 时执行，不需要等待，在 M_2 上执行完的时间 $f_2[3]=f_1+b[2]=7+1=8$。

上述执行过程如图 5.19 所示。所以，对于调用方案，$f_2[3]=8$ 就是对应的执行总时间。

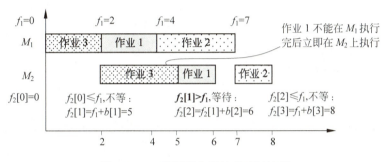

图 5.19　一种调度方案的总时间计算

将某个调度方案用 $(x[1],x[2],\cdots,x[n])$ 表示，对于排序树第 i 层的某个结点，若选择执行作业 $x[i]$（对应第 i 步的一个决策），显然其在 M_1 上执行完的时间为 $f_1=f_1+a[x[i]]$；考虑机器 2 的时间，这分为两种情况：

（1）$f_2[i-1] \leqslant f_1$：说明该作业在 M_1 上执行完后可以立即在 M_2 时执行，不需要等待，它执行完的时间是 $f_2[i]=f_1+b[x[i]]$。

（2）$f_2[i-1]>f_1$：说明在 f_1 时刻 M_2 上前一个作业还没有执行完，此时该作业需要等待，等到前一个作业在 M_2 上执行完后再执行它，该作业在 M_2 上执行完的时间是 $f_2[i]=f_2[i-1]+b[x[i]]$。

将两者情况合并起来：$f_2[i]=\max(f_1,f_2[i-1])+b[x[i]]$。

另外设置剪枝的条件是：当第 i 层求出的 $f_2[i]$ 即执行作业 $x[i]$ 后的总时间已经大于等于 bestf（bestf 为当前求出的执行全部作业的最优总时间），就没有必要从该结点向下扩展了，让其成为死结点，也就是说仅仅扩展满足 $f_2[i]<$ bestf 的结点。

为了简单，直接求解题目中的样例，对应的完整程序如下：

```
# include <stdio.h>
# include <string.h>
# define INF 0x3f3f3f3f           //最大整数∞
# define MAX 1001                 //最多的作业数
# define max(x,y) ((x)>(y)?(x):(y))   //求 x,y 的最大值
```

```
//问题表示
int n=4;                                    //作业数
int a[MAX]={0,5,12,4,8};                    //M1上的执行时间,不用下标0的元素
int b[MAX]={0,6,2,14,7};                    //M2上的执行时间,不用下标0的元素
//求解结果表示
int bestf;                                  //存放最优调度时间
int f1;                                     //M1的执行时间
int f2[MAX];                                //M2的执行时间
int x[MAX];                                 //当前调度方案
int bestx[MAX];                             //存放当前作业最佳调度
void swap(int &x,int &y)                    //交换 x 和 y
{   int tmp=x;
    x=y; y=tmp;
}
void dfs(int i)                             //从第i层开始搜索
{   if (i>n)                                //到达叶结点,产生一种调度方案
    {   if (f2[n]<bestf)                    //找到更优解
        {   bestf=f2[n];
            for(int j=1; j<=n; j++)         //复制解向量
                bestx[j] = x[j];
        }
    }
    else
    {   for(int j=i; j<=n; j++)             //没有到达叶结点,考虑其他可能的作业
        {   swap(x[i],x[j]);
            f1 += a[x[i]];                  //在第i层选择执行作业x[i],在M1上执行完的时间
            f2[i]=max(f1,f2[i-1])+b[x[i]];
            if (f2[i]<bestf)                //剪枝:仅仅扩展当前总时间小于bestf的结点
                dfs(i+1);
            f1 -= a[x[i]];                  //回溯:撤销作业x[i]的选择,以便再选择其他作业
            swap(x[i],x[j]);
        }
    }
}
void main()
{   f1=0;
    bestf=INF;
    memset(f2,0,sizeof(f2));
    for(int k=1; k<=n; k++)                 //设置初始调度为作业1,2,…,n的顺序
        x[k]=k;
    dfs(1);                                 //从作业1开始搜索
    printf("最少时间:%d,最优调度方案:",bestf);
    for (int j=1;j<=n;j++)
        printf("%d ",bestx[j]);
    printf("\n");
}
```

上述程序的执行结果如下:

最少时间:33,最优调度方案:3 1 4 2

可以采用限界函数进一步剪枝。由于该问题是求最少时间,故设计下界函数。对于第

i 层的某个结点,前面选择的作业为 $(x[1],x[2],\cdots,x[i])$,此时 $f_2[i]$ 为执行完这些作业的总时间,sum 为它们的 b 时间,设全部 n 个作业的 b 时间和为 tot,则下界函数为 bound$(i)=f_2[i]+\text{tot}-\text{sum}$。显然从该结点到任何叶子结点对应的调度方案的总时间一定大于等于 bound(i),所以仅仅扩展 bound(i)<bestf 的结点。对应的相关算法如下:

```
int bound(int i)                    //求结点的下界值
{   int sum=0;
    for (int j=1;j<=i;j++)          //扫描所有选择的作业
        sum+=b[x[j]];               //累计所有选择作业的 b 时间
    return f2[i]+tot-sum;            //全部 n 个作业的 b 时间和为 tot
}
void dfs(int i)                     //从第 i 层开始搜索
{   if (i>n)                        //到达叶结点,产生一种调度方案
    {   if (f2[n]<bestf)            //找到更优解
        {   bestf=f2[n];
            for(int j=1; j<=n; j++) //复制解向量
                bestx[j] = x[j];
        }
    }
    else
    {   for(int j=i; j<=n; j++)     //没有到达叶结点,考虑其他可能的作业
        {   swap(x[i],x[j]);
            f1 += a[x[i]];          //在第 i 层选择执行作业 x[i],在 M1 上执行完的时间
            f2[i]=max(f1,f2[i-1])+b[x[i]];
            if (bound(i)< bestf)    //剪枝:仅仅扩展当前总时间小于 bestf 的结点
                dfs(i+1);
            f1 -= a[x[i]];          //回溯:撤销作业 x[i] 的选择,以便再选择其他作业
            swap(x[i],x[j]);
        }
    }
}
```

【算法分析】 上述算法的解空间树是一棵高度为 n 的排列树,对应算法的时间复杂度为 $O(n!)$。

5.10 练习题

1. 回溯法在问题的解空间树中按(　　)策略从根结点出发搜索解空间树。
   A. 广度优先　　　B. 活结点优先　　　C. 扩展结点优先　　D. 深度优先
2. 关于回溯法以下叙述中不正确的是(　　)。
   A. 回溯法有"通用解题法"之称,它可以系统地搜索一个问题的所有解或任意解
   B. 回溯法是一种既带系统性又带跳跃性的搜索算法
   C. 回溯算法需要借助队列这种结构来保存从根结点到当前扩展结点的路径
   D. 回溯算法在生成解空间的任一结点时先判断该结点是否可能包含问题的解,如果肯定不包含,则跳过对该结点为根的子树的搜索,逐层向祖先结点回溯

3. 回溯法的效率不依赖于下列（　　）。
   A. 确定解空间的时间 B. 满足显式约束的值的个数
   C. 计算约束函数的时间 D. 计算限界函数的时间

4. 下面（　　）是回溯法中为避免无效搜索采取的策略。
   A. 递归函数　　　B. 剪枝函数　　　C. 随机数函数　　　D. 搜索函数

5. 回溯法的搜索特点是什么？

6. 用回溯法解 0/1 背包问题时，该问题的解空间是何种结构？用回溯法解流水作业调度问题时，该问题的解空间是何种结构？

7. 对于递增序列 $a[\ ]=\{1,2,3,4,5\}$，采用例 5.5 的回溯法求全排列，以 1、2 开头的排列一定最先出现吗？为什么？

8. 考虑 n 皇后问题，其解空间树由 $1、2、\cdots、n$ 构成的 $n!$ 种排列所组成。现用回溯法求解，要求：

   (1) 通过解搜索空间说明 $n=3$ 时是无解的。

   (2) 给出剪枝操作。

   (3) 最坏情况下在解空间树上会生成多少个结点？分析算法的时间复杂度。

9. 设计一个算法求解简单装载问题。设有一批集装箱要装上一艘载重量为 W 的轮船，其中编号为 $i(0 \leqslant i \leqslant n-1)$ 的集装箱的重量为 w_i。现要从 n 个集装箱中选出若干个装上轮船，使它们的重量之和正好为 W。如果找到任一种解，返回 true，否则返回 false。

10. 给定若干个正整数 $a_0、a_1、\cdots、a_{n-1}$，从中选出若干个数，使它们的和恰好为 k，要求找出选择元素个数最少的解。

11. 设计求解有重复元素的排列问题的算法。设有 n 个元素 $a[\ ]=\{a_0,a_1,\cdots,a_{n-1}\}$，其中可能含有重复的元素，求这些元素的所有不同排列。例如 $a[\ ]=\{1,1,2\}$，输出结果是 $(1,1,2)、(1,2,1)、(2,1,1)$。

12. 采用递归回溯法设计一个算法，求从 $1\sim n$ 的 n 个整数中取出 m 个元素的排列，要求每个元素最多只能取一次。例如，$n=3、m=2$ 的输出结果是 $(1,2)、(1,3)、(2,1)、(2,3)、(3,1)、(3,2)$。

13. 对于 n 皇后问题，有人认为当 n 为偶数时，其解具有对称性，即 n 皇后问题的解个数恰好为 $n/2$ 皇后问题的解个数的 2 倍，这个结论正确吗？请编写回溯法程序对 $n=4、6、8、10$ 的情况进行验证。

14. 给定一个无向图，由指定的起点前往指定的终点，途中经过所有其他顶点且只经过一次，称为哈密顿路径，闭合的哈密顿路径称作**哈密顿回路**（Hamiltonian Cycle）。设计一个回溯算法求无向图的所有哈密顿回路。

5.11　上机实验题

实验 1. 求解查找假币问题

有 12 个硬币，分别用 A～L 表示，其中恰好有一个假币，假币的重量不同于真币，所有真币的重量相同。现在采用天平称重方式找这个假币，某人已经给出了一种 3 次称重的方

案,一种方案如下:

```
ABCD EFGH even          //表示ABCD硬币的重量等于EFGH硬币的重量
ABCI EFJK up            //表示ABCI硬币的重量大于EFJK硬币的重量
ABIJ EFGH even          //表示ABIJ硬币的重量等于EFGH硬币的重量
```

每次将两组硬币个数相同的硬币称重,结果为 even 表示相等,为 up 表示前者重,为 down 表示后者重。编写一个实验程序找出这个假币。

实验 2. 求解填字游戏问题

在 $3×3$ 个方格的方阵中要填入数字 $1\sim10$ 的某 9 个数字,每个方格填一个整数,使所有相邻两个方格内的两个整数之和为素数。编写一个实验程序,求出所有满足这个要求的数字填法。

实验 3. 求解组合问题

编写一个实验程序,采用回溯法输出自然数 $1\sim n$ 中任取 r 个数的所有组合。

实验 4. 求解满足方程解问题

编写一个实验程序,求出 a、b、c、d、e,满足 $ab-cd+e=1$ 方程,其中所有变量的取值为 $1\sim5$ 并且均不相同。

5.12 在线编程题

在线编程题 1. 求解会议安排问题

【问题描述】 陈老师是一个比赛队的主教练。有一天,他想给团队成员开会,应该为这次会议安排教室,但教室非常缺乏,所以教室管理员必须通过接受订单和拒绝订单优化教室的利用率。如果接受一个订单,则该订单的开始时间和结束时间成为一个活动。注意,每个时间段只能安排一个订单(即假设只有一个教室)。请找出一个最大化的总活动时间的方法。你的任务是这样的:读入订单,计算所有活动(接受的订单)占用时间的最大值。

输入描述:标准的输入将包含多个测试用例。对于每个测试用例,第 1 行是一个整数 $n(n\leqslant 10\,000)$,接着的 n 行中每一行包括两个整数 p 和 $k(1\leqslant p\leqslant k\leqslant 300\,000)$,其中 p 是一个订单的开始时间,k 是结束时间。

输出描述:对于每个测试用例,输出所有活动占用时间的最大值。

输入样例:

```
4
1 2
3 5
1 4
4 5
```

样例输出:

```
4
```

在线编程题 2. 求解最小机器重量设计问题 Ⅰ

【问题描述】 设某一机器由 n 个部件组成,部件编号为 $1\sim n$,每一种部件都可以从 m 个供应商处购得,供应商编号为 $1\sim m$。设 w_{ij} 是从供应商 j 处购得的部件 i 的重量,c_{ij} 是相应的价格。对于给定的机器部件重量和机器部件价格,计算总价格不超过 cost 的最小重量机器设计,可以在同一个供应商处购得多个部件。

输入描述:第 1 行输入 3 个整数 n、m、cost,接下来 n 行输入 w_{ij}(每行 m 个整数),最后 n 行输入 c_{ij}(每行 m 个整数),这里 $1\leqslant n, m\leqslant 100$。

输出描述:输出的第 1 行包括 n 个整数,表示每个对应的供应商编号,第 2 行为对应的重量。

输入样例:

```
3 3 7
1 2 3
3 2 1
2 3 2
1 2 3
5 4 2
2 1 2
```

样例输出:

```
1 3 1
4
```

在线编程题 3. 求解最小机器重量设计问题 Ⅱ

【问题描述】 设某一机器由 n 个部件组成,部件编号为 $1\sim n$,每一种部件都可以从 m 个供应商处购得,供应商编号为 $1\sim m$。设 w_{ij} 是从供应商 j 处购得的部件 i 的重量,c_{ij} 是相应的价格。对于给定的机器部件重量和机器部件价格,计算总价格不超过 cost 的最小重量机器设计,要求在同一个供应商处最多只能购得一个部件。

输入描述:第 1 行输入 3 个整数 n、m、cost,接下来 n 行输入 w_{ij}(每行 m 个整数),最后 n 行输入 c_{ij}(每行 m 个整数),这里 $1\leqslant n, m\leqslant 100$。

输出描述:输出的第 1 行包括 n 个整数,表示每个对应的供应商编号,第 2 行为对应的重量。

输入样例:

```
3 3 7
1 2 3
3 2 1
2 3 2
1 2 3
5 4 2
2 1 2
```

样例输出：

1 2 3
5

在线编程题 4. 求解密码问题

【问题描述】 给定一个整数 n 和一个由不同大写字母组成的字符串 str(长度大于 5、小于 12)，每一个字母在字母表中对应有一个序数($A=1,B=2,\cdots,Z=26$)，从 str 中选择 5 个字母构成密码，例如选取的 5 个字母为 v、w、x、y 和 z，它们要满足 v 的序数$-$(w 的序数)$^2+$(x 的序数)$^3-$(y 的序数)$^4+$(z 的序数)$^5=n$。例如，给定的 $n=1$、字符串 str 为 "ABCDEFGHIJKL"，一个可能的解是"FIECB"，因为 $6-9^2+5^3-3^4+2^5=1$，但这样的解可以有多个，最终结果是按字典序最大的那个，所以这里的正确答案为"LKEBA"。

输入描述：每一行为 n 和 str，以输入 $n=0$ 结束。

输出描述：每一行输出相应的密码，当密码不存在时输出 "no solution"。

输入样例：

1 ABCDEFGHIJKL
11700519 ZAYEXIWOVU
3072997 SOUGHT
1234567 THEQUICKFROG
0

样例输出：

LKEBA
YOXUZ
GHOST
no solution

在线编程题 5. 求解马走棋问题

【问题描述】 在 m 行 n 列的棋盘上有一个中国象棋中的马，马走日字且只能向右走。请找到可行路径的条数，使得马从棋盘的左下角(1,1)走到右上角(m,n)。

输入描述：输入多个测试用例，每个测试用例包括一行，各有两个正整数 n、m，以输入 $n=0$、$m=0$ 结束。

输出描述：每个测试用例输出一行，表示相应的路径条数。

输入样例：

4 4
0 0

样例输出：

2

说明：样例对应的两条路径是(1,1)(3,2)(4,4)和(1,1)(2,3)(4,4)。

在线编程题 6. 求解最大团问题

【问题描述】 一个无向图 G 中含顶点个数最多的完全子图称为最大团。输入含 n 个顶点(顶点编号为 1~n)、m 条边的无向图，求其最大团的顶点个数。

输入描述：输入多个测试用例，每个测试用例的第 1 行包含两个正整数 n、m，接下来 m 行，每行两个整数 s、t，表示顶点 s 和 t 之间有一条边，以输入 $n=0$、$m=0$ 结束，规定 $1 \leq n \leq 50$、$1 \leq m \leq 300$。

输出描述：每个测试用例输出一行，表示相应的最大团的顶点个数。

输入样例：

```
5 6
1 2
2 3
2 4
3 4
3 5
4 5
0 0
```

样例输出：

```
3
```

在线编程题 7. 求解幸运的袋子问题

【问题描述】 一个袋子里面有 n 个球，每个球上都有一个号码(拥有相同号码的球是无区别的)。对于一个袋子，当且仅当所有球的号码的和大于所有球的号码的积时是幸运的。例如，如果袋子里面的球的号码是{1,1,2,3}，这个袋子就是幸运的，因为 $1+1+2+3>1\times1\times2\times3$。另外，可以适当从袋子里移除一些球(可以移除 0 个，但是不要移除完)，要使移除后的袋子是幸运的。现在编程计算可以获得多少种不同的幸运袋子。

输入描述：第 1 行输入一个正整数 $n(n \leq 1000)$，第 2 行为 n 个正整数 $a_i(a_i \leq 1000)$。

输出描述：输出可以产生的幸运的袋子数。

输入样例：

```
3
1 1 1
```

样例输出：

```
2
```

第 6 章 分枝限界法

本章介绍分枝限界法(branch and bound method)求解问题的一般方法,并讨论一些采用分枝限界法求解的经典示例。

6.1 分枝限界法概述

6.1.1 什么是分枝限界法

视频讲解

分枝限界法类似于回溯法,也是一种在问题的解空间树上搜索问题解的算法,但在一般情况下分枝限界法和回溯法的求解目标不同。回溯法的求解目标是找出解空间树中满足约束条件的所有解,而分枝限界法的求解目标则是找出满足约束条件的一个解,或是在满足约束条件的解中找出使某一目标函数值达到极大或极小的解,即在某种意义下的最优解。

所谓"分枝",就是采用广度优先的策略依次搜索活结点的所有分枝,也就是所有相邻结点,如图 6.1 所示。为了有效地选择下一扩展结点,以加速搜索的进程,在每一活结点处计算一个函数值(限界函数),并根据这些已计算出的函数值从当前活结点表中选择一个最有利的结点作为扩展结点,使搜索朝着解空间树上有最优解的分枝推进,以便尽快地找出一个最优解。

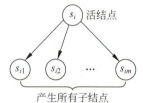

图 6.1 扩展活结点的所有子结点

分枝限界法和回溯法的主要区别如表 6.1 所示。

表 6.1 分枝限界法和回溯法的区别

方法	解空间搜索方式	存储结点的数据结构	结点存储特性	常用应用
回溯法	深度优先	栈	活结点的所有可行子结点被遍历后才从栈中出栈	找出满足条件的所有解
分枝限界法	广度优先	队列、优先队列	每个结点只有一次成为活结点的机会	找出满足条件的一个解或者特定意义的最优解

6.1.2 分枝限界法的设计思想

本小节介绍应用分枝限界法时需要解决的几个关键问题。

1. 设计合适的限界函数

在搜索解空间树时每个活结点可能有很多子结点,其中有些子结点搜索下去是不可能产生问题解或最优解的,可以设计好的限界函数在扩展时删除这些不必要的子结点,从而提高搜索效率。如图 6.2 所示,假设活结点 s_i 有 4 个子结点,而满足限界函数的子结点只有两个,可以删除这两个不满足限界函数的子结点,使得从 s_i 出发的搜索效率提高一倍。

好的限界函数不仅计算简单,还要保证最优解在搜索空间中,更重要的是能在搜索的早期对超出目标函数的结点进行丢弃。

限界函数设计难以找出通用的方法,需根据具体问题来分析。

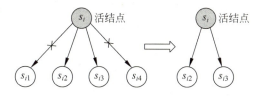

图 6.2 通过限界函数删除一些不必要的子结点

一般先要确定问题解的特性,如果目标函数是求最大值,则设计上界限界函数 ub(根结点的 ub 值通常大于或等于最优解的 ub 值),若 s_i 是 s_j 的双亲结点,则应满足 ub(s_i)≥ub(s_j),找到一个可行解 ub(s_k)后将所有小于 ub(s_k)的结点剪枝。

如果目标函数是求最小值,则设计下界限界函数 lb(根结点的 lb 值一定要小于或等于最优解的 lb 值),若 s_i 是 s_j 的双亲结点,则应满足 lb(s_i)≤lb(s_j),找到一个可行解 lb(s_k)后将所有大于 lb(s_k)的结点剪枝。

2. 组织活结点表

根据选择下一个扩展结点的方式来组织活结点表,不同的活结点表对应不同的分枝搜索方式,常见的有队列式分枝限界法和优先队列式分枝限界法两种。

1) 队列式分枝限界法

队列式分枝限界法将活结点表组织成一个队列(queue),并按照队列先进先出(First In First Out,FIFO)原则选取下一个结点为扩展结点。步骤如下:

(1) 将根结点加入活结点队列。

(2) 从活结点队列中取出队头结点作为当前扩展结点。

(3) 对于当前扩展结点,先从左到右产生它的所有子结点,用约束条件检查,把所有满足约束条件的子结点加入活结点队列。

(4) 重复步骤(2)和(3),直到找到一个解或活结点队列为空为止。

2) 优先队列式分枝限界法

优先队列式分枝限界法的主要特点是将活结点表组成一个优先队列(priority queue),并选取优先级最高的活结点作为当前扩展结点。步骤如下:

(1) 计算起始结点(根结点)的优先级并加入优先队列(与特定问题相关的信息的函数值决定优先级)。

(2) 从优先队列中取出优先级最高的结点作为当前扩展结点,使搜索朝着解空间树上可能有最优解的分枝推进,以便尽快地找出一个最优解。

(3) 对于当前扩展结点,先从左到右产生它的所有子结点,然后用约束条件检查,对所有满足约束条件的子结点计算优先级并加入优先队列。

(4) 重复步骤(2)和(3),直到找到一个解或优先队列为空为止。

在一般情况下,结点的优先级用与该结点相关的一个数值 p 来表示,如价值、费用、重量等。最大优先队列规定 p 值越大优先级越高,常用大根堆来实现;最小优先队列规定 p 值越小优先级越高,常用小根堆来实现。

3. 确定最优解的解向量

分枝限界法在采用广度优先遍历方式搜索解空间树时,结点的处理是跳跃式的,回溯也不是单纯地沿着双亲结点一层一层地向上回溯,那么当搜索到某个叶子结点且该结点对应一个可行解时,得到对应的解向量的方法主要有两种:

(1) 对每个扩展结点保存从根结点到该结点的路径,也就是说每个结点都带有一个可能的解向量,当找到一个可行解时该结点中可能的解向量就是真正的解向量。如图 6.3 所示,结点编号为搜索顺序,每个结点带有一个可能的解向量,带阴影的结点为最优解结点,对应的最优解向量为[0,1,1]。这种做法比较浪费空间,但实现起来简单,后面的示例均采用这种方式。

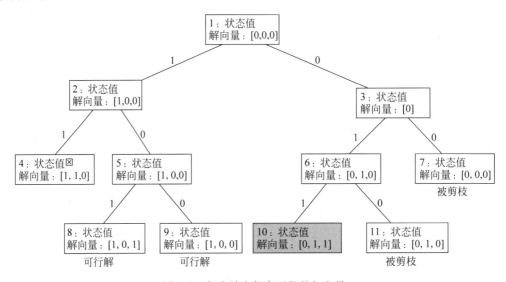

图 6.3 每个结点保存可能的解向量

(2) 在搜索过程中构建搜索经过的树结构,在求得最优解时从叶子结点不断回溯到根结点,以确定最优解的各个分量。如图 6.4 所示,结点编号为搜索顺序,每个结点带有一个双亲结点指针(根结点的双亲结点指针为 0 或 −1,图中虚箭头连线表示指向双亲结点的指

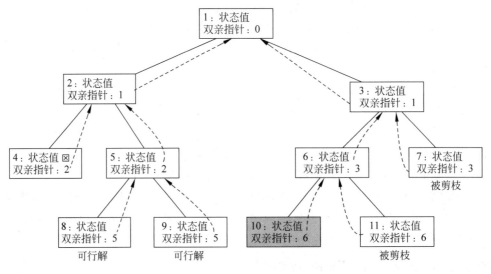

图 6.4 每个结点保存指向双亲的指针

针),带阴影的结点为最优解结点,当找到最优解时通过双亲指针找到对应的最优解向量为[0,1,1]。这种做法需保存搜索经过的树结构,每个结点增加一个指向双亲结点的指针。

所以,采用分枝限界法求解的 3 个关键问题如下:

(1) 如何确定合适的限界函数。
(2) 如何组织待处理结点的活结点表。
(3) 如何确定解向量的各个分量。

6.1.3　分枝限界法的时间性能

一般情况下,在问题的解向量 $X=(x_1,x_2,\cdots,x_n)$ 中,分量 $x_i(1\leqslant i\leqslant n)$ 的取值范围为某个有限集合 $S_i=(s_{i1},s_{i2},\cdots,s_{ir})$,根结点从 1 开始。因此,问题的解空间由笛卡儿积 $S_1\times S_2\times\cdots\times S_n$ 构成,第 1 层的根结点有 $|S_1|$ 棵子树,第 2 层有 $|S_1|$ 个结点,第 2 层的每个结点有 $|S_2|$ 棵子树,则第 3 层有 $|S_1|\times|S_2|$ 个结点,依此类推,第 $n+1$ 层有 $|S_1|\times|S_2|\times\cdots\times|S_n|$ 个结点,它们都是叶子结点,代表问题的所有可能解。

分枝限界法和回溯法实际上都属于穷举法,当然不能指望有很好的最坏时间复杂度,在最坏情况下,时间复杂性是指数阶。分枝限界法的较高效率是以付出一定代价为基础的,其工作方式也造成了算法设计的复杂性。另外,算法要维护一个活结点表(队列),并且需要在该表中快速查找取得极值的结点,这都需要较大的存储空间,在最坏情况下,分枝限界法需要的空间复杂性是指数阶。

归纳起来,与回溯法相比,分枝限界法算法的优点是可以更快地找到一个解或者最优解,其缺点是要存储结点的限界值等信息,占用的内存空间较多。另外,求解效率基本上由限界函数决定,若限界估计不好,在极端情况下将与穷举搜索没多大区别。

6.2　求解 0/1 背包问题

0/1 背包问题的描述见 4.2.6 小节,这里采用分枝限界法求解。假设一个 0/1 背包问题是 $n=3$,重量为 $w=(16,15,15)$,价值为 $v=(45,25,25)$,背包限重为 $W=30$,求放入背包总重量小于等于 W 并且价值最大的解,设解向量为 $x=(x_1,x_2,x_3)$,其解空间树如图 6.5 所示。本节通过队列式和优先队列式两种分枝限界法求解该问题。

扫一扫

视频讲解

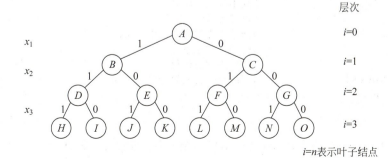

图 6.5　求 0/1 背包问题的解空间树

6.2.1 采用队列式分枝限界法求解

不考虑限界问题,但对左孩子采用"已选物品重量和＋当前物品重量≤W"进行约束。用 qu 表示队列,初始时 qu=[ ],其求解过程如下:

(1) 根结点 $A(0,0)$ 进队(括号内的两个数分别表示此状态下装入背包的重量和价值,初始时均为 0),qu=[A]。

(2) 出队 A,其子结点 $B(16,45)$、$C(0,0)$ 进队,qu=[B,C]。

(3) 出队 B,其孩子 $D(31,70)$ 变为死结点,只有孩子 $E(16,45)$ 进队,qu=[C,E]。

(4) 出队 C,其孩子 $F(15,25)$ 和 $G(0,0)$ 进队,qu=[E,F,G]。

(5) 出队 E,其孩子 $J(31,70)$ 变为死结点(超重),孩子 $K(16,45)$ 是叶子结点,总重量<W,为一个可行解,总价值为 45,对应的解向量为 $(1,0,0)$,qu=[F,G]。

(6) 出队 F,其孩子 $L(30,50)$ 为叶子结点,构成一个可行解,总价值为 50,解向量=$(0,1,1)$;其孩子 $M(15,25)$ 为叶子结点,构成一个可行解,总价值为 25,解向量=$(0,1,0)$。qu=[G]。

(7) 出队 G,其孩子 $N(15,25)$ 为叶子结点,构成一个可行解,总价值为 25,解向量=$(0,0,1)$;其孩子 $O(0,0)$ 为叶子结点,构成一个可行解,总价值为 0,解向量=$(0,0,0)$。qu=[ ]。

(8) 因为 qu=[ ],算法结束。

对应的搜索空间如图 6.6 所示,图中带有"×"的结点表示死结点,通过所有可行解的总价值比较得到最优解为 $(0,1,1)$,总价值为 50。

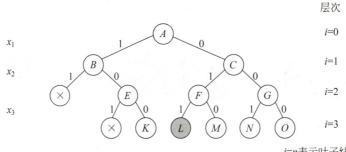

图 6.6　采用队列式分枝限界法(不考虑限界函数)求解的搜索空间

采用 STL 的 queue<NodeType>容器 qu 作为队列,队列中的结点类型声明如下:

```
struct NodeType
{   int no;           //结点编号,从 1 开始
    int i;            //当前结点在搜索空间中的层次
    int w;            //当前结点的总重量
    int v;            //当前结点的总价值
    int x[MAXN];      //当前结点包含的解向量
    double ub;        //上界
};
```

现在设计限界函数,为了简便,设根结点为第 0 层,然后各层依次递增,显然 $i=n$ 时表示叶子结点层。由于该问题是求装入背包的最大价值,属求最大值问题,采用上界设计方式

（将所有物品按单位重量价值递减排列，本例中 3 个物品就是这样排列的）。

对于第 i 层的某个结点 e，用 $e.w$ 表示结点 e 已装入的总重量，用 $e.v$ 表示已装入的总价值，如果所有剩余的物品都能装入背包，那么价值的上界 $e.ub$ 显然是 $e.v + \sum_{j=i+1}^{n} v[j]$；如果所有剩余的物品不能全部装入背包，假设物品 $i+1$～物品 k 能够全部装入，而物品 $k+1$ 只能装入一部分，那么价值的上界 $e.ub$ 应是 $e.v + \sum_{j=i+1}^{k} v[j] +$（物品 $k+1$ 装入的部分重量）$\times$（物品 $k+1$ 的单位价值）。这样每个结点实际装入背包的价值一定小于等于该上界。

例如在图 6.6 中，根结点 A 的层次 $i=0, w=0, v=0$，其 $ub=0+45+(30-16)\times 25/15=68$（为了简单，均采用取整运算）；结点 F 中 $w=15, v=25, i=2$，其 $ub=25+(30-15)\times 25/15=50$。

对应的求结点 e 的上界 $e.ub$ 的算法如下：

```
void bound(NodeType &e)              //计算分枝结点 e 的上界
{   int i=e.i+1;                     //考虑结点 e 的余下物品
    int sumw=e.w;                    //求已装入的总重量
    double sumv=e.v;                 //求已装入的总价值
    while ((sumw+w[i]<=W) && i<=n)
    {   sumw+=w[i];                  //计算背包已装入载重
        sumv+=v[i];                  //计算背包已装入价值
        i++;
    }
    if (i<=n)                        //余下物品只能部分装入
        e.ub=sumv+(W-sumw)*v[i]/w[i];
    else                             //余下物品全部可以装入
        e.ub=sumv;
}
```

限界函数给出每一个可行结点相应的子树可能获得的最大价值的上界。如果这个上界不比当前最优值更大，则说明相应的子树中不含问题的最优解，因此该结点可以剪去（剪枝）。

求解最优解的过程是先将求出上界的根结点进队，在队不空时循环：出队一个结点 e，检查其左子结点并求出其上界，若满足约束条件（$e.w+w[e.i+1] \le W$），将其进队，否则该左子结点变成死结点；再检查其右子结点并求出其上界，若它是可行的（即其上界大于当前已找到可行解的最大总价值 $maxv$，否则沿该结点搜索下去不可能找到一个更优的解），则将该右子结点进队，否则该右子结点被剪枝。循环这一过程，直到队列为空。算法最后输出最优解向量和最大总价值。

在结点 e 进队时先判断是否为叶子结点（当 $e.i=n$ 时为叶子结点），若是叶子结点，表示找到一个可行解，通过比较将最优解向量保存在 $bestx$ 中，将最大总价值保存在 $maxv$ 中，可行解对应的结点不进队，否则将结点进队。

对应的完整程序如下：

```
#include <stdio.h>
#include <queue>
```

```cpp
using namespace std;
#define MAXN 20                                     //最多可能物品数
//问题表示
int n=3,W=30;
int w[]={0,16,15,15};                              //重量,下标为0的元素不用
int v[]={0,45,25,25};                              //价值,下标为0的元素不用
//求解结果表示
int maxv=-9999;                                     //存放最大价值,初始为最小值
int bestx[MAXN];                                    //存放最优解,全局变量
int total=1;                                        //解空间中的结点数累计,全局变量
struct NodeType                                     //队列中的结点类型
{   int no;                                         //结点编号
    int i;                                          //当前结点在搜索空间中的层次
    int w;                                          //当前结点的总重量
    int v;                                          //当前结点的总价值
    int x[MAXN];                                    //当前结点包含的解向量
    double ub;                                      //上界
};
void bound(NodeType &e)                             //计算分枝结点e的上界
{   int i=e.i+1;
    int sumw=e.w;
    double sumv=e.v;
    while ((sumw+w[i]<=W) && i<=n)
    {   sumw+=w[i];                                 //计算背包已装入载重
        sumv+=v[i];                                 //计算背包已装入价值
        i++;
    }
    if (i<=n)
        e.ub=sumv+(W-sumw)*v[i]/w[i];
    else
        e.ub=sumv;
}
void EnQueue(NodeType e,queue<NodeType> &qu)        //结点e进队qu
{   if (e.i==n)                                     //到达叶子结点
    {   if (e.v>maxv)                               //找到更大价值的解
        {   maxv=e.v;
            for (int j=1;j<=n;j++)
                bestx[j]=e.x[j];
        }
    }
    else qu.push(e);                                //非叶子结点进队
}
void bfs()                                          //求0/1背包的最优解
{   int j;
    NodeType e,e1,e2;                               //定义3个结点
    queue<NodeType> qu;                             //定义一个队列
    e.i=0;                                          //根结点置初值,其层次计为0
    e.w=0; e.v=0;
    e.no=total++;
    for (j=1;j<=n;j++)
```

```
            e.x[j]=0;
        bound(e);                              //求根结点的上界
        qu.push(e);                            //根结点进队
        while (!qu.empty())                    //队不空时循环
        {   e=qu.front(); qu.pop();            //出队结点 e
            if (e.w+w[e.i+1]<=W)               //剪枝：检查左孩子结点
            {   e1.no=total++;
                e1.i=e.i+1;                    //建立左孩子结点
                e1.w=e.w+w[e1.i];
                e1.v=e.v+v[e1.i];
                for (j=1;j<=n;j++)             //复制解向量
                    e1.x[j]=e.x[j];
                e1.x[e1.i]=1;
                bound(e1);                     //求左孩子结点的上界
                EnQueue(e1,qu);                //左孩子结点进队
            }
            e2.no=total++;                     //建立右孩子结点
            e2.i=e.i+1;
            e2.w=e.w; e2.v=e.v;
            for (j=1;j<=n;j++)                 //复制解向量
                e2.x[j]=e.x[j];
            e2.x[e2.i]=0;
            bound(e2);                         //求右孩子结点的上界
            if (e2.ub > maxv)                  //若右孩子结点可行,则进队,否则被剪枝
                EnQueue(e2,qu);
        }
}
void main( )
{   bfs();                                     //调用队列式分枝限界法求 0/1 背包问题
    printf("分枝限界法求解 0/1 背包问题:\n X=[");
    for(int i=1;i<=n;i++)                      //输出最优解
        printf("%2d",bestx[i]);                //输出所求 X[n]数组
    printf("],装入总价值为%d\n",maxv);
}
```

本程序的执行结果如下：

```
分枝限界法求解 0/1 背包问题:
X=[ 0 1 1],装入总价值为 50
```

上述 0/1 背包问题的求解过程如图 6.7 所示,图中为"×"的结点表示死结点,带阴影的结点是最优解结点,结点的编号为搜索顺序。从中看到由于采用队列,结点的扩展是一层一层顺序展开的,类似于广度优先搜索。其实际搜索的结点个数为 13,由于物品个数较少,没有明显体现出限界函数的作用,当物品个数较多时,使用限界函数的效率会得到较大的提高。

说明：在上述算法设计中采用的是在结点进队时判断是否为叶子结点,每个叶子结点对应一个可行解,也可以改为根结点不进队,直接扩展其子结点,将这些子结点进队,然后出

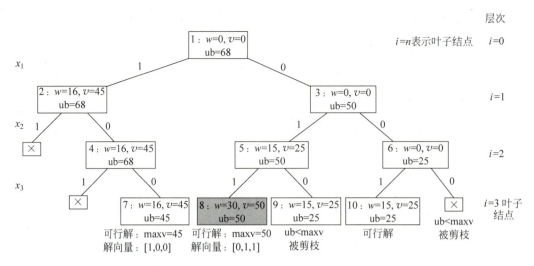

图 6.7 采用队列式分枝限界法求解 0/1 背包问题的过程

队结点 e，判断 e 是否为叶子结点，从中比较找到最优解。在有些情况下设计的限界函数满足第一次找到的叶子结点就对应最优解，此时一旦找到一个解就可以退出循环，不必等到队列为空。

6.2.2 采用优先队列式分枝限界法求解

采用优先队列式分枝限界法求解就是将一般的队列改为优先队列，但必须设计限界函数，因为优先级是以限界函数值为基础的。限界函数的设计方法同 6.2.1 小节。这里用大根堆表示活结点表，取优先级为活结点所获得的价值。

采用 STL 的 priority_queue<NodeType>容器作为优先队列（大根堆），优先队列结点类型与 6.2.1 小节的相同，仅仅需要添加比较重载函数，即指定按什么条件优先出队，这里是按结点的 ub 成员值越大越优先出队，为此设计 NodeType 结构体的比较重载函数如下：

```
bool operator <(const NodeType &s) const        //重载<关系函数
{
    return ub < s.ub;                            //按 ub 越大越优先出队
}
```

对应的完整程序如下：

```
#include <stdio.h>
#include <queue>
using namespace std;
#define MAXN 20                                  //最多可能物品数
#define INF 0x3f3f3f3f                           //定义∞
//问题表示
int n=3,W=30;
int w[]={0,16,15,15};                            //重量,下标为 0 的元素不用
int v[]={0,45,25,25};                            //价值,下标为 0 的元素不用
//求解结果表示
```

```cpp
int maxv=-9999;                              //存放最大价值,全局变量
int bestx[MAXN];                             //存放最优解,全局变量
int total=1;                                 //解空间中的结点数累计,全局变量
struct NodeType                              //队列中的结点类型
{   int no;                                  //结点编号
    int i;                                   //当前结点在搜索空间中的层次
    int w;                                   //当前结点的总重量
    int v;                                   //当前结点的总价值
    int x[MAXN];                             //当前结点包含的解向量
    double ub;                               //上界
    bool operator<(const NodeType &s) const  //重载<关系函数
    {
        return ub<s.ub;                      //ub越大越优先出队
    }
};
void bound(NodeType &e)                      //计算分枝结点e的上界
{   int i=e.i+1;
    int sumw=e.w;
    double sumv=e.v;
    while ((sumw+w[i]<=W) && i<=n)
    {   sumw+=w[i];                          //计算背包已装入载重
        sumv+=v[i];                          //计算背包已装入价值
        i++;
    }
    if (i<=n)
        e.ub=sumv+(W-sumw)*v[i]/w[i];
    else
        e.ub=sumv;
}
void EnQueue(NodeType e, priority_queue<NodeType> &qu)   //结点e进队qu
{   if (e.i==n)                              //到达叶子结点
    {   if (e.v>maxv)                        //找到更大价值的解
        {   maxv=e.v;
            for (int j=1;j<=n;j++)
                bestx[j]=e.x[j];
        }
    }
    else qu.push(e);
}
void bfs()                                   //求0/1背包的最优解
{   int j;
    NodeType e,e1,e2;                        //定义3个结点
    priority_queue<NodeType> qu;             //定义一个优先队列(大根堆)
    e.i=0;                                   //根结点置初值,其层次计为0
    e.w=0; e.v=0;
    e.no=total++;
```

```
        for (j=1;j<=n;j++)
            e.x[j]=0;
    bound(e);                              //求根结点的上界
    qu.push(e);                            //根结点进队
    while (!qu.empty())                    //队不空时循环
    {   e=qu.top(); qu.pop();              //出队结点 e
        if (e.w+w[e.i+1]<=W)               //剪枝：检查左孩子结点
        {   e1.no=total++;
            e1.i=e.i+1;                    //建立左孩子结点
            e1.w=e.w+w[e1.i];
            e1.v=e.v+v[e1.i];
            for (j=1;j<=n;j++)             //复制解向量
                e1.x[j]=e.x[j];
            e1.x[e1.i]=1;
            bound(e1);                     //求左孩子结点的上界
            EnQueue(e1,qu);                //左孩子结点进队
        }
        e2.no=total++;                     //建立右孩子结点
        e2.i=e.i+1;
        e2.w=e.w; e2.v=e.v;
        for (j=1;j<=n;j++)                 //复制解向量
            e2.x[j]=e.x[j];
        e2.x[e2.i]=0;
        bound(e2);                         //求右孩子结点的上界
        if (e2.ub>maxv)                    //若右孩子结点可行,则进队,否则被剪枝
            EnQueue(e2,qu);
    }
}
void main()
{   bfs();                                 //调用队列式分枝限界求 0/1 背包问题
    printf("分枝限界法求解 0/1 背包问题：\n X=[");
    for(int i=1;i<=n;i++)                  //输出最优解
        printf("%2d",bestx[i]);            //输出所求 X[n] 数组
    printf("],装入总价值为%d\n",maxv);
}
```

该程序的执行结果与采用队列式分枝限界法求解程序的结果相同。

采用优先队列式分枝限界法求解上述 0/1 背包问题的搜索过程如图 6.8 所示,图中为"×"的结点表示死结点,带阴影的结点是最优解结点,结点的编号为搜索顺序。从中看到由于采用优先队列,结点的扩展不再是一层一层顺序展开的,而是按限界函数值的大小跳跃式选取扩展结点的。该求解过程实际搜索的结点个数比队列式求解要少,当物品数较多时这种效率的提高会更为明显。

【算法分析】 无论是采用队列式分枝限界法还是采用优先队列式分枝限界法求解 0/1 背包问题,在最坏情况下都要搜索整个解空间树,所以最坏时间和空间复杂度均为 $O(2^n)$,其中 n 为物品个数。

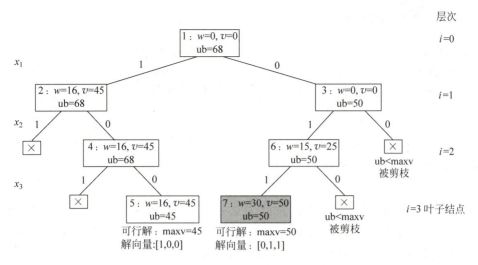

图 6.8 采用优先队列式分枝限界法求解 0/1 背包问题的过程

6.3 求解图的单源最短路径

【问题描述】 给定一个带权有向图 $G=(V,E)$,其中每条边的权是一个正整数,另外还给定 V 中的一个顶点 v,称为源点。计算从源点到其他所有各顶点的最短路径长度,这里的长度是指路上各边权之和。

6.3.1 采用队列式分枝限界法求解

带权有向图 G 采用邻接矩阵 a 数组存储,顶点个数为 n,顶点编号为 $0\sim n-1$。如图 6.9 所示的带权有向图,$n=6$,邻接矩阵 a 如下:

$$a = \begin{bmatrix} 0 & \infty & 10 & \infty & 30 & 100 \\ \infty & 0 & 4 & \infty & \infty & \infty \\ \infty & \infty & 0 & 50 & \infty & \infty \\ \infty & \infty & \infty & 0 & \infty & 10 \\ \infty & \infty & \infty & 20 & 0 & 60 \\ \infty & \infty & \infty & \infty & \infty & 0 \end{bmatrix}$$

扫一扫

视频讲解

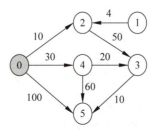

图 6.9 一个带权有向图

队列结点类型声明如下：

```
struct NodeType                    //队列结点类型
{   int vno;                       //顶点编号
    int length;                    //路径长度
};
```

其中，用 dist 数组存放从源点 v 出发的最短路径长度，dist$[i]$ 表示从源点 v 到顶点 i 的最短路径长度，初始时所有 dist$[i]$ 值为 ∞；用 prev 数组存放最短路径，prev$[i]$ 表示从源点 v 到顶点 i 的最短路径中顶点 i 的前驱顶点。

采用广度优先遍历方法查找最短路径，在扩展顶点 i 时若顶点 i 到顶点 j 有边，剪枝的原则是如果经过这条边到达顶点 j 的路径长度更短（即 dist$[j]$ 更小），则将顶点 j 作为子结点，否则不会将顶点 j 作为子结点。所有的子结点进入队列。

设源点 $v=0$，将 dist 数组元素设置为 ∞，用"(顶点编号，length)"表示状态，图 6.9 求单源最短路径的过程如下：

(1) 源点 (0,0) 进队。

(2) 出队结点 (0,0)，扩展其所有相邻顶点，这些相邻顶点的 dist 值之前都是 ∞，修改为 dist$[2]=10$，dist$[4]=30$，dist$[5]=100$，相应的有 prev$[2]=$prev$[4]=$prev$[5]=0$，它们都作为子结点，即将 (2,10)、(4,30)、(5,100) 进队。

(3) 出队结点 (2,10)，扩展其相邻顶点 3，由于 $10+a[2][3]=60<$dist$[3](\infty)$，修改为 dist$[3]=60$，prev$[3]=2$，将顶点 3 作为子结点，将 (3,60) 进队。

(4) 出队结点 (4,30)，它有两个相邻顶点 3 和 5。对于相邻顶点 3，由于 $30+a[4][3]=50<$dist$[3](60)$，修改 dist$[3]=50$，prev$[3]=4$，将顶点 3 作为子结点，将 (3,50) 进队。对于相邻顶点 5，由于 $30+a[4][5]=90<$dist$[5](100)$，修改 dist$[5]=90$，prev$[5]=4$，将顶点 5 作为子结点，将 (5,90) 进队。

(5) 出队结点 (5,100)，没有相邻的顶点。

(6) 出队结点 (3,60)，扩展其相邻顶点 5，由于 $60+a[3][5]=70<$dist$[5](90)$，修改为 dist$[5]=70$，prev$[5]=3$，将顶点 5 作为子结点，将 (5,70) 进队。

(7) 出队结点 (3,50)，扩展其相邻顶点 5，由于 $50+a[3][5]=60<$dist$[5](70)$，修改为 dist$[5]=60$，prev$[5]=3$，将顶点 5 作为子结点，将 (5,60) 进队。

(8) 出队结点 (5,90)，没有相邻的顶点。

(9) 出队结点 (5,70)，没有相邻的顶点。

(10) 出队结点 (5,60)，没有相邻的顶点。

此时队列为空，求出的 dist 就是从源点到各个顶点的最短路径长度，如图 6.10 所示，可以通过 prev 推出反向路径。例如对于顶点 5，有 prev$[5]=3$，prev$[3]=4$，prev$[4]=0$，则 (5,3,4,0) 就是反向路径，或者说从顶点 0 到顶点 5 的正向最短路径为 $0\rightarrow4\rightarrow3\rightarrow5$。

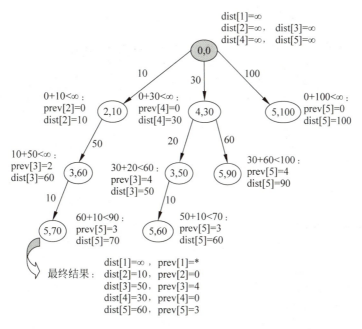

图 6.10 采用队列式分枝限界法求源点 0 的最短路径的过程

对应的完整程序如下：

```cpp
#include <stdio.h>
#include <string.h>
#include <queue>
#include <vector>
using namespace std;
#define INF 0x3f3f3f3f          //表示∞，采用这种表示见后面的说明
#define MAXN 51
//问题表示
int n;                          //图顶点个数
int a[MAXN][MAXN];              //图的邻接矩阵
int v;                          //源点
//求解结果表示
int dist[MAXN];                 //dist[i]表示从源点到顶点i的最短路径长度
int prev[MAXN];                 //prev[i]表示从源点到顶点i的最短路径中顶点i的前驱顶点
struct NodeType                 //队列结点类型
{   int vno;                    //顶点编号
    int length;                 //路径长度
};
void bfs(int v)                 //求解算法
{   NodeType e,e1;
    queue<NodeType> pqu;
    e.vno=v;                    //建立源点结点 e(根结点)
    e.length=0;
    pqu.push(e);                //源点结点 e 进队
    dist[v]=0;
    while(!pqu.empty())         //队列不空时循环
```

```
        { e=pqu.front(); pqu.pop();                    //出队列结点e
            for (int j=0; j<n; j++)
            { if(a[e.vno][j]< INF && e.length+a[e.vno][j]< dist[j])
                { 剪枝: e.vno 到顶点j有边并且路径长度更短
                    dist[j]=e.length+a[e.vno][j];
                    prev[j]=e.vno;
                    e1.vno=j;                          //建立相邻顶点j的结点e1
                    e1.length=dist[j];
                    pqu.push(e1);                      //结点e1进队
                }
            }
        }
    }
    void addEdge(int i, int j, int w)                  //图中添加一条边
    {
        a[i][j]=w;
    }
    void dispapath(int v, int i)                       //输出从v到i的最短路径
    { vector<int> path;
        if (v==i) return;
        if (dist[i]==INF)
            printf("    从源点%d到顶点%d没有路径\n",v,i);
        else
        { int k=prev[i];
            path.push_back(i);                         //添加目标顶点
            while (k!=v)                               //添加中间顶点
            { path.push_back(k);
                k=prev[k];
            }
            path.push_back(v);                         //添加源点
            printf("    从源点%d到顶点%d的最短路径长度: %d,路径: ",v,i,dist[i]);
            for (int j=path.size()-1;j>=0;j--)         //反向输出构成正向路径
                printf("%d ",path[j]);
            printf("\n");
        }
    }
    void dispallpath(int v)                            //输出从源点v出发的所有最短路径
    { for (int i=0;i<n;i++)
            dispapath(v,i);
    }
    void main()
    { memset(dist, INF, sizeof(dist));                 //初始化为∞
        memset(a, INF, sizeof(a));                     //初始化为∞
        n=6;                                           //有向图的顶点个数
        for (int i=0;i<n;i++)                          //对角线设置为0
            a[i][i]=0;
        addEdge(0,2,10);                               //添加8条边
        addEdge(0,4,30);
        addEdge(0,5,100);
        addEdge(1,2,4);
```

```
    addEdge(2,3,50);
    addEdge(3,5,10);
    addEdge(4,3,20);
    addEdge(4,5,60);
    v=0;
    bfs(v);
    printf("求解结果\n");
    dispallpath(v);
}
```

上述程序的执行结果如下:

```
求解结果
    从源点 0 到顶点 1 没有路径
    从源点 0 到顶点 2 的最短路径长度:10,路径:0 2
    从源点 0 到顶点 3 的最短路径长度:50,路径:0 4 3
    从源点 0 到顶点 4 的最短路径长度:30,路径:0 4
    从源点 0 到顶点 5 的最短路径长度:60,路径:0 4 3 5
```

说明:通常用 memset()函数对数组进行快速初始化,例如 memset(a,0,sizeof(a))将数组 a 的所有元素置为 0,memset(a,-1,sizeof(a))将数组 a 的所有元素置为-1,但 memset 是按 1 字节为单位对内存进行填充,所以无法初始化成 1 之类的值。那么如何使用 memset()函数设置无穷大常量呢?

如果问题中各数据的范围明确,那么无穷大的设定不是问题,在不明确的情况下,很多程序员都取 0x7fffffff 作为无穷大,因为这是 32 位 int 的最大值。如果这个无穷大只用于一般的比较(例如,求最小值时作为 min 变量的初值),那么 0x7fffffff 确实是一个完美的选择,但是在更多的情况下 0x7fffffff 并不是一个好的选择。因为在很多时候并不只是单纯地与无穷大做比较,而是在运算后再做比较,例如在求最短路径算法中有:

```
    if (d[u]+w[u][v]<d[v]) d[v]=d[u]+w[u][v];
```

知道如果顶点 u、v 之间没有边,那么 $w[u][v]$=INF,如果 INF 取 0x7fffffff,那么 $d[u]$+$w[u][v]$ 会溢出而变成负数,这样操作便出错了,也就是说 0x7fffffff 不能满足"无穷大加一个有穷的数依然是无穷大"的要求,此时结果变成了一个很小的负数。

除了要满足"加上一个常数后依然是无穷大"之外,有时还需要满足"无穷大加无穷大依然是无穷大",至少两个无穷大相加不应该出现灾难性的错误,在这一点上,0x7fffffff 依然不能满足要求。

最精巧的无穷大常量是 INF= 0x3f3f3f3f,因为 0x3f3f3f3f 的十进制是 1061109567,也就是 10^9 级别的(和 0x7fffffff 一个数量级),而一般场合下的数据都是小于 10^9 的,所以它可以作为无穷大使用而不致出现数据大于无穷大的情形。另一方面,由于一般的数据都不会大于 10^9,所以当把无穷大加上一个数据时,它并不会溢出。最后,0x3f3f3f3f 还能带来一个意想不到的额外好处,即当想将某个数组全部赋值为无穷大时(例如解决图算法中邻接矩阵的初始化)只需要执行 memset(a,0x3f,sizeof(a))就可以了,甚至用 memset(a,INF,sizeof(a))

也是正确的。

提示：求解本问题也可以将源点到某个顶点的最短路径直接存放在 NodeType 中，即 NodeType 改为如下：

```
struct NodeType                        //队列结点类型
{    int vno;                          //顶点编号
     vector<int> path;                 //存放从源点到 vno 顶点的最短路径
     int length;                       //路径长度
};
```

当从结点 e 扩展到结点 e1（对应顶点 j）时，执行 e1.path=e.path,e1.path.push_back(j)。这样在输出最短路径的 dispapath 算法中直接输出对应结点的 path 成员即可，从而使输出路径更加方便。但这种方式下结点占用空间相对较多。

6.3.2 采用优先队列式分枝限界法求解

在采用优先队列式分枝限界法求解时将一般的队列改为优先队列，其限界函数值就是从源点 v 到当前顶点的路径长度 length。

采用 STL 的 priority_queue<NodeType>容器作为优先队列（小根堆），优先队列结点类型与 6.3.1 小节的相同，添加比较重载函数，即按结点的 length 成员值越小越优先出队，为此设计 NodeType 结构体的比较重载函数如下：

```
bool operator<(const NodeType & node) const
{
     return length>node.length;        //length 越小越优先出队
}
```

对应的完整程序如下：

```
#include <stdio.h>
#include <string.h>
#include <queue>
#include <vector>
using namespace std;
#define INF 0x3f3f3f3f                 //表示∞
#define MAXN 51
//问题表示
int n;                                 //图顶点个数
int a[MAXN][MAXN];                     //图的邻接矩阵
int v;                                 //源点
//求解结果表示
int dist[MAXN];                        //dist[i]表示从源点到顶点 i 的最短路径长度
int prev[MAXN];                        //prev[i]表示从源点到顶点 i 的最短路径中顶点 i 的
前驱顶点
struct NodeType                        //队列结点类型
{    int vno;                          //顶点编号
     int length;                       //路径长度
```

```
    bool operator <(const NodeType & node) const
    {
        return length > node.length;         //length 越小越优先出队
    }
};
void bfs(int v)                              //求解算法
{   NodeType e,e1;
    priority_queue <NodeType> pqu;           //定义优先队列
    e.vno=v;                                 //建立源点结点 e
    e.length=0;
    pqu.push(e);                             //源点结点 e 进队
    dist[v]=0;
    while(!pqu.empty())                      //队列不空的循环
    {   e=pqu.top(); pqu.pop();              //出队列结点 e
        for (int j=0; j<n; j++)
        {   if(a[e.vno][j]<INF && e.length+a[e.vno][j]<dist[j])
            {   //剪枝：e.vno 到顶点 j 有边并且路径长度更短
                dist[j]=e.length+a[e.vno][j];
                prev[j]=e.vno;
                e1.vno=j;                    //建立相邻顶点 j 的结点 e1
                e1.length=dist[j];
                pqu.push(e1);                //结点 e1 进队
            }
        }
    }
}
//addEdge()、dispapath()、dispallpath()与 6.3.1 小节队列式求解相同
void main()
{   memset(dist,INF,sizeof(dist));           //初始化为∞
    memset(a,INF,sizeof(a));                 //初始化为∞
    n=6;                                     //有向图的顶点个数
    for (int i=0;i<n;i++)                    //对角线设置为 0
        a[i][i]=0;
    addEdge(0,2,10);                         //添加 8 条边
    addEdge(0,4,30);
    addEdge(0,5,100);
    addEdge(1,2,4);
    addEdge(2,3,50);
    addEdge(3,5,10);
    addEdge(4,3,20);
    addEdge(4,5,60);
    v=0;
    bfs(v);
    printf("求解结果\n");
    dispallpath(v);
}
```

该程序的执行结果与采用队列式分枝限界法求解程序的结果相同。

采用优先队列式分枝限界法求解上述图的单源最短路径的搜索过程如图 6.11 所示,对比可以看出,在求从源点 0 到顶点 5 的最短路径时队列式的求解顺序是(5,100)→(5,90)→

(5,70)→(5,60),而这里是(5,100)→(5,90)→(5,60),从而提高了效率(当图结点个数较多时效果更明显)。

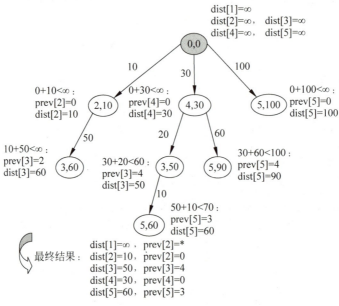

图 6.11 采用优先队列式分枝限界法求源点 0 的最短路径的过程

在后面介绍分枝限界法求解示例时主要采用优先队列式分枝限界法求解。

6.4 求解任务分配问题

任务分配问题描述见 4.2.8 小节,这里采用优先队列式分枝限界法求解。

视频讲解

【问题求解】 人员的编号为 $1\sim n$,解空间的每一层对应一个人员的任务分配,根结点对应人员 0(虚结点),依次为人员 1、2、$\cdots$、n 分配任务,叶子结点对应人员 n。队列结点的类型声明如下:

```
struct NodeType                              //队列结点类型
{   int no;                                  //结点编号
    int i;                                   //人员编号
    int x[MAXN];                             //x[i]为人员 i 分配的任务编号
    bool worker[MAXN];                       //worker[i]=true 表示任务 i 已经分配
    int cost;                                //已经分配任务所需要的成本
    int lb;                                  //下界
    bool operator<(const NodeType &s) const  //重载<关系函数>
    {
        return lb>s.lb;
    }
};
```

其中,各成员的说明如下:

(1) 成员 no 表示结点编号(从 1 开始),没有实际意义,仅用于标识结点。

(2) 成员 x 是对应解向量,例如 $x[\ ]=[2,1,0,0]$,表示第 1 个人员分配任务 2,第 2 个人员分配任务 1,第 3、4 个人员没有分配任务;相对应有 worker$[\ ]=[$true,true,false,false$]$,表示任务 1 和 2 已经分配,而任务 3、4 还没有分配。

(3) 成员 i 表示当前结点属于解空间的第 i 层(根结点的层次为 0),即准备为人员 i 分配任务;成员 cost 表示对应分配方案的成本。

(4) lb 为当前结点对应分配方案的成本下界,例如对于结点 e(e.i=2,),有 $x[\ ]=[2,1,0,0]$ 结点,表示编号为 1、2 的人员已经分配任务,e.cost=c[1][2]+c[2][1]=2+6=8,下一步最好的情况是在数组 c 中非第 1、2 行(即第 3、4 行)中找到非 1、2 列(因为 1、2 任务已经分配)中的最小元素和,显然为 1+4=5,即其 e.lb=e.cost+5=13。对于结点 e 求其 lb 的算法如下:

```
void bound(NodeType &e)                    //求结点 e 的限界值
{   int minsum=0;
    for (int i1=e.i+1;i1<=n;i1++)          //求 c[e.i+1..n]行中的最小元素和
    {   int minc=INF;
        for (int j1=1;j1<=n;j1++)
            if (e.worker[j1]==false && c[i1][j1]<minc)
                minc=c[i1][j1];
        minsum+=minc;
    }
    e.lb=e.cost+minsum;
}
```

用 bestx[MAXN]存放最优分配方案,mincost(初始值为∞)存放最优成本。显然一个结点的 lb≥mincost,则不可能从其子结点中找到最优解,进行剪枝。

对应的完整程序如下:

```
#include <stdio.h>
#include <queue>
using namespace std;
#define INF 0x3f3f3f3f                     //定义∞
#define MAXN 21
//问题表示
int n=4;
int c[MAXN][MAXN]={{0},{0,9,2,7,8},{0,6,4,3,7},{0,5,8,1,8},{0,7,6,9,4} };
                                           //下标为 0 的元素不用
int bestx[MAXN];                           //最优分配方案
int mincost=INF;                           //最小成本
int total=1;                               //结点个数累计
//NodeType 结点类型和 bound()函数同前面代码
void bfs()                                 //求解任务分配
{   int j;
    NodeType e,e1;
    priority_queue<NodeType> qu;
    memset(e.x,0,sizeof(e.x));             //初始化根结点的 x
```

```
            memset(e.worker,0,sizeof(e.worker));   //初始化根结点的worker
            e.i=0;                                  //根结点,指定人员为0
            e.cost=0;
            bound(e);                               //求根结点的lb
            e.no=total++;
            qu.push(e);                             //根结点进队列
            while (!qu.empty())
            {  e=qu.top(); qu.pop();                //出队结点e,当前考虑人员e.i
               if (e.i==n)                          //达到叶子结点
               {  if (e.cost<mincost)               //比较求最优解
                  {  mincost=e.cost;
                     for (j=1;j<=n;j++)
                        bestx[j]=e.x[j];
                  }
               }
               e1.i=e.i+1;                          //扩展分配下一个人员的任务,对应结点e1
               for (j=1;j<=n;j++)                   //考虑n个任务
               {  if (e.worker[j]) continue;        //任务j是否已分配人员,若已分配,跳过
                  for (int i1=1;i1<=n;i1++)         //复制e.x得到e1.x
                     e1.x[i1]=e.x[i1];
                  e1.x[e1.i]=j;                     //为人员e1.i分配任务j
                  for (int i2=1;i2<=n;i2++)         //复制e.worker得到e1.worker
                     e1.worker[i2]=e.worker[i2];
                  e1.worker[j]=true;                //表示任务j已经分配
                  e1.cost=e.cost+c[e1.i][j];
                  bound(e1);                        //求e1的lb
                  e1.no=total++;
                  if (e1.lb<mincost)                //剪枝
                     qu.push(e1);
               }
            }
         }
         void main()
         {  bfs();
            printf("最优方案:\n");
            for (int k=1;k<=n;k++)
               printf("   第%d个人员分配第%d个任务\n",k,bestx[k]);
            printf("   总成本=%d\n",mincost);
         }
```

上述程序的执行结果与采用蛮力法的结果相同。

对应程序中的4个人员、4个任务的数据,求解过程如下:

(1) 根结点1进队,即$e.i=0, e.cost=0, e.lb=10, x:[0,0,0,0]$进队

(2) 出队结点1:

$j=1$:对应结点2,$e.i=1, e.cost=9, e.lb=17, x:[1,0,0,0]$,进队

$j=2$:对应结点3,$e.i=1, e.cost=2, e.lb=10, x:[2,0,0,0]$,进队

$j=3$:对应结点4,$e.i=1, e.cost=7, e.lb=20, x:[3,0,1,0]$,进队

$j=4$:对应结点5,$e.i=1, e.cost=8, e.lb=18, x:[4,0,0,0]$,进队

(3) 出队结点3:

$j=1$:对应结点6,$e.i=2, e.cost=8, e.lb=13, x:[2,1,0,0]$,进队

$j=3$：对应结点 7，$e.i=2$，$e.\text{cost}=5$，$e.\text{lb}=14$，x：[2,3,0,0]，进队

$j=4$：对应结点 8，$e.i=2$，$e.\text{cost}=9$，$e.\text{lb}=17$，x：[2,4,0,0]，进队

（4）出队结点 6：

$j=3$：对应结点 9，$e.i=3$，$e.\text{cost}=9$，$e.\text{lb}=13$，x：[2,1,3,0]，进队

$j=4$：对应结点 10，$e.i=3$，$e.\text{cost}=16$，$e.\text{lb}=25$，x：[2,1,4,0]，进队

（5）出队结点 9：

$j=4$：对应结点 11，$e.i=4$，$e.\text{cost}=13$，$e.\text{lb}=13$，x：[2,1,3,4]，进队

（6）出队结点 11，为叶子结点，对应一个解，求出 $\text{bestx}=[2,1,3,4]$，$\text{mincost}=13$。

（7）出队结点 7，两个子结点的 lb 分别为 14 和 20，被剪枝。

（8）出队结点 8，两个子结点的 lb 分别为 23 和 17，被剪枝。

（9）出队结点 2，3 个子结点的 lb 分别为 18、24 和 23，被剪枝。

（10）出队结点 5，3 个子结点的 lb 分别为 21、20 和 22，被剪枝。

（11）出队结点 4，3 个子结点的 lb 分别为 25、20 和 25，被剪枝。

（12）出队结点 10，一个子结点的 lb 为 25，被剪枝。

（13）队列空，产生最优解：$\text{bestx}=[2,1,3,4]$，$\text{mincost}=13$，即第 1 个任务分配给第 2 个人员，第 2 个任务分配给第 1 个人员，第 3 个任务分配给第 3 个人员，第 4 个任务分配给第 4 个人员，总成本=13。

队列式分枝限界法求解任务分配问题的过程如图 6.12 所示。

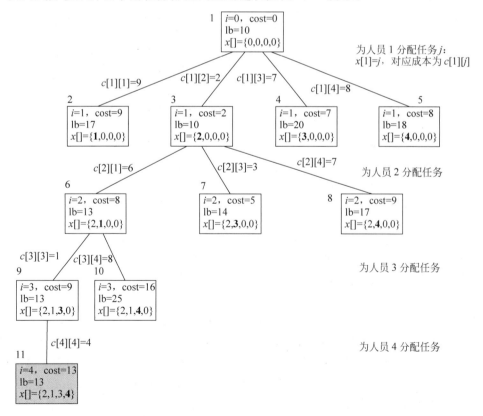

图 6.12　采用优先队列式分枝限界法求解任务分配问题的过程

6.5 求解流水作业调度问题

流水作业调度问题描述见第 5 章的 5.9 节,这里采用优先队列式分枝限界法求解。

【问题求解】 作业编号为 $1 \sim n$,调度方案的执行步骤为 $1 \sim n$,解空间每一层对应一个步骤的作业分配,根结点对应步骤 0(虚结点),依次为步骤 $1、2、\cdots、n$ 分配作业,叶子结点对应步骤 n。

5.9 节介绍过,对于按 $1 \sim n$ 顺序执行的调度方案,f_1 表示在 M_1 上执行完当前作业 i 的总时间,f_2 数组表示在 M_2 上执行完当前作业 i 的总时间,计算公式如下:

$$f_1 = f_1 + a[i];$$
$$f_2[i] = \max(f_1, f_2[i-1]) + b[i]$$

由于优先队列中每个结点都保存了 f_1 和 f_2,因此可以将 f_2 数组改为单个变量,其结点的类型声明如下:

```
struct NodeType                              //队列结点类型
{   int no;                                  //结点编号
    int x[MAX];                              //x[i]表示第 i 步分配作业编号
    int y[MAX];                              //y[i]=1 表示编号为 i 的作业已经分配
    int i;                                   //步骤编号
    int f1;                                  //已经分配作业 M1 的执行时间
    int f2;                                  //已经分配作业 M2 的执行时间
    int lb;                                  //下界
    bool operator <(const NodeType &s) const //重载<关系函数
    {
        return lb > s.lb;                    //lb 越小越优先出队
    }
};
```

其中,各成员的说明如下:

(1) 成员 no 表示结点编号(从 1 开始),没有实际意义,仅用于标识结点。

(2) 成员数组 x 是对应解向量,例如 $x[]=[1,3,0,0]$,表示第 1 步执行作业 1,第 2 步执行作业 3,第 3、4 步还没有分配作业。成员数组 y 表示哪些作业已经分配,例如 $y[]=[1,0,1,0]$,表示作业 1 和作业 3 已经分配,而作业 2 和 4 尚未分配。

(3) 成员 i 表示当前结点属于解空间的第 i 层,即准备为第 i 步分配作业;成员 f_1 表示第 i 步的作业在 M_1 上执行完的时间,成员 f_2 表示第 i 步的作业在 M_2 上执行完的时间。

(4) lb 为当前结点对应调度方案的时间下界。设一种调度方案在解空间中对应的叶子结点为 e,显然其总时间为 $e.f_2$。对于该调度方案中第 $i(i<n)$ 步的结点 e1,设置 e1.lb= e1.f_2+尚未分配的作业在 M_2 上执行的时间和,其中 e1.f_2 表示已经执行作业的时间和,显然剩余作业执行时间≥这些作业在 M_2 上的执行时间,即 $e.f_2 \geq$ e1.lb。

例如如图 6.13 所示,对于出队结点 e,有 $e.i=1, e.f_1=4, e.f_2=18, e.lb=33, x=[3,0,0,0]$(第 1 步执行作业 3),$y=[0,0,1,0]$(表示作业 3 已经分配)。如果在第 2 步选择作业 $1(j=1)$,对应结点为 e1,则 $e1.i=e.i+1=2, e1.f_1=e.f_1+a[1]=9, e1.f_2=\max(e.f_2, e1.f_1)+b[1]=18+6=24, e1.x=[3,1,0,0], e1.y=[1,0,1,0], e1.lb=e1.f_2+b[2]+b[4]=24+2+7=33$。

图 6.13 由结点 e 扩展产生子结点 e1

显然任何一个最终调度方案的执行时间 f_2 大于等于 lb,所以优先选择 lb 小的结点进行扩展是合理的。

说明:由于作业是按步骤顺序分配的,所以结点中数组 x 的非 0 值(作业编号)总是依作业执行顺序排列在前面,增加数组 y 的原因是为了方便检测一个作业是否已经分配过。

对应的求结点 e 的 lb 的算法如下:

```
void bound(NodeType &e)                  //求结点 e 的限界值
{   int sum=0;
    for (int i=1;i<=n;i++)               //扫描所有作业
        if (e.y[i]==0) sum+=b[i];        //仅累计 e.x 中还没有分配的作业的 b 时间
    e.lb=e.f2+sum;
}
```

用 bestf(初始值为∞)存放最优调度时间,bestx 数组存放一个最优调度方案。采用的剪枝原则是仅仅扩展 e.lb<bestf 的结点。

对应的完整程序如下:

```
#include <stdio.h>
#include <string.h>
#include <queue>
using namespace std;
#define max(x,y) ((x)>(y)?(x):(y))
#define INF 0x3f3f3f3f                   //定义∞
#define MAX 21
//问题表示
int n=4;                                 //作业数
int a[MAX]={0,5,12,4,8};                 //M1 上的执行时间,不用下标 0 的元素
int b[MAX]={0,6,2,14,7};                 //M2 上的执行时间,不用下标 0 的元素
//求解结果表示
int bestf=INF;                           //存放最优调度时间
int bestx[MAX];                          //存放当前作业最佳调度
int total=1;                             //结点个数累计
//NodeType 队列结点类型声明和 bound()函数同前面的代码
void bfs()                               //求解流水作业调度问题
{   NodeType e,e1;
    priority_queue<NodeType> qu;         //定义优先队列
    memset(e.x,0,sizeof(e.x));           //初始化根结点的 x
    memset(e.y,0,sizeof(e.y));           //初始化根结点的 y
    e.i=0;                               //根结点
```

```
                e.f1=0;
                e.f2=0;
                bound(e);
                e.no=total++;
                qu.push(e);                              //根结点进队列
                while (!qu.empty())
                {    e=qu.top(); qu.pop();               //出队结点 e
                    if (e.i==n)                          //达到叶子结点
                    {    if (e.f2 < bestf)               //比较求最优解
                        {    bestf=e.f2;
                            for (int j1=1;j1<=n;j1++)
                                bestx[j1]=e.x[j1];
                        }
                    }
                    e1.i=e.i+1;                          //扩展分配下一个步骤的作业,对应结点 e1
                    for (int j=1;j<=n;j++)               //考虑所有的 n 个作业
                    {    if (e.y[j]==1) continue;        //作业 j 是否已分配,若已分配,跳过
                        for (int i1=1;i1<=n;i1++)        //复制 e.x 得到 e1.x
                            e1.x[i1]=e.x[i1];
                        for (int i2=1;i2<=n;i2++)        //复制 e.y 得到 e1.y
                            e1.y[i2]=e.y[i2];
                        e1.x[e1.i]=j;                    //为第 i 步分配作业 j
                        e1.y[j]=1;                       //表示作业 j 已经分配
                        e1.f1=e.f1+a[j];                 //求 f1=f1+a[j]
                        e1.f2=max(e.f2,e1.f1)+b[j];      //求 f[i+1]=max(f2[i],f1)+b[j]
                        bound(e1);
                        if (e1.lb < bestf)               //剪枝,剪去不可能得到更优解的结点
                        {    e1.no=total++;              //结点编号增加 1
                            qu.push(e1);
                        }
                    }
                }
}
void main()
{    bfs();
    printf("最优方案:\n");
    for (int k=1;k<=n;k++)
        printf("    第%d 步执行作业%d\n",k,bestx[k]);
    printf("    总时间=%d\n",bestf);
}
```

上述程序的执行结果如下：

最优方案：
  第 1 步执行作业 3
  第 2 步执行作业 1
  第 3 步执行作业 4
  第 4 步执行作业 2
  总时间=33

前面的算法是对每个出队的结点判断是否为叶子结点，也就是说叶子结点也会在队列中，实际上叶子结点不必进队，所以修改算法为在扩展每个子结点时判断是否为叶子结点，若是则产生一个可行解，比较产生最优解，该叶子结点不进队；若不是叶子结点则将其进队。修改后的算法如下：

```
void bfs()                              //求解流水作业调度问题
{    NodeType e,e1;
     priority_queue<NodeType> qu;
     memset(e.x,0,sizeof(e.x));         //初始化根结点的 x
     memset(e.y,0,sizeof(e.y));         //初始化根结点的 y
     e.i=0;                             //根结点
     e.f1=0;
     e.f2=0;
     bound(e);
     e.no=total++;
     qu.push(e);                        //根结点进队列
     while (!qu.empty())
     {    e=qu.top(); qu.pop();         //出队结点 e
          e1.i=e.i+1;                   //扩展分配下一个步骤的作业,对应结点 e1
          for (int j=1;j<=n;j++)        //考虑 n 个作业
          {    if (e.y[j]==1) continue; //作业 j 是否已分配,若分配,跳过
               for (int i1=1;i1<=n;i1++)  //复制 e.x 得到 e1.x
                    e1.x[i1]=e.x[i1];
               for (int i2=1;i2<=n;i2++)  //复制 e.y 得到 e1.y
                    e1.y[i2]=e.y[i2];
               e1.x[e1.i]=j;            //为第 i 步分配作业 j
               e1.y[j]=1;               //表示作业 j 已经分配
               e1.f1=e.f1+a[j];
               e1.f2=max(e.f2,e1.f1)+b[j];
               bound(e1);
               if (e1.i==n)             //达到叶子结点
               {    if (e1.f2<bestf)    //比较求最优解
                    {    bestf=e1.f2;
                         for (int j1=1;j1<=n;j1++)
                              bestx[j1]=e1.x[j1];
                    }
               }
               if (e1.lb<bestf)         //剪枝
               {    e1.no=total++;      //结点编号增加 1
                    qu.push(e1);
               }
          }
     }
}
```

对于程序中的示例，$n=4$，其完整的解空间如图 6.14 所示，扩展的结点个数为 14 个，其中编号为 13 和 14 的叶子结点不会进队。与一般的广度优先遍历相比，队列中的结点个数大幅减少，从而大大提高了解空间的搜索效率。

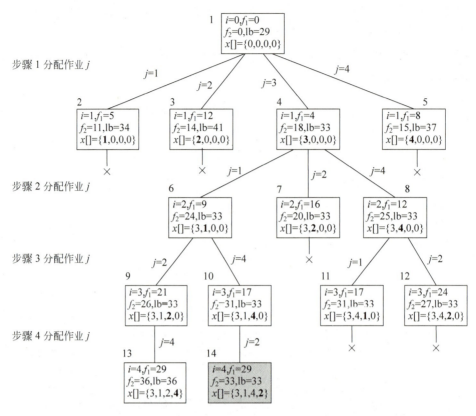

图 6.14 采用优先队列式分枝限界法求解流水作业调度问题的过程

6.6 练习题

1. 分枝限界法在问题的解空间树中按（　　）策略从根结点出发搜索解空间树。
   A. 广度优先　　　　　　　　　　　　B. 活结点优先
   C. 扩展结点优先　　　　　　　　　　D. 深度优先

2. 常见的两种分枝限界法为（　　）。
   A. 广度优先分枝限界法与深度优先分枝限界法
   B. 队列式(FIFO)分枝限界法与堆栈式分枝限界法
   C. 排列树法与子集树法
   D. 队列式(FIFO)分枝限界法与优先队列式分枝限界法

3. 在用分枝限界法求解 0/1 背包问题时，活结点表的组织形式是（　　）。
   A. 小根堆　　　　B. 大根堆　　　　C. 栈　　　　D. 数组

4. 下列采用最大效益优先搜索方式的算法是（　　）。
   A. 分枝界限法　　B. 动态规划法　　C. 贪心法　　D. 回溯法

5. 优先队列式分枝限界法选取扩展结点的原则是（　　）。
   A. 先进先出　　　B. 后进先出　　　C. 结点的优先级　　D. 随机

6. 简述分枝限界法的搜索策略。

7. 有一个 0/1 背包问题,其中 $n=4$,物品重量为 $(4,7,5,3)$,物品价值为 $(40,42,25,12)$,背包最大载重量 $W=10$,给出采用优先队列式分枝限界法求最优解的过程。

8. 有一个流水作业调度问题,$n=4$,$a[\,]=\{5,10,9,7\}$,$b[\,]=\{7,5,9,8\}$,给出采用优先队列式分枝限界法求一个解的过程。

9. 有一个含 n 个顶点(顶点编号为 $0\sim n-1$)的带权图,用邻接矩阵数组 A 表示,采用分枝限界法求从起点 s 到目标点 t 的最短路径长度,以及具有最短路径长度的路径条数。

10. 采用优先队列式分枝限界法求解最优装载问题。给出以下装载问题的求解过程和结果:$n=5$,集装箱重量为 $w=(5,2,6,4,3)$,限重为 $W=10$。在装载重量相同时最优装载方案是集装箱个数最少的方案。

6.7 上机实验题

实验 1. 求解 4 皇后问题

编写一个实验程序,采用队列式和优先队列式分枝限界法求解 4 皇后问题的一个解,分析这两种方式的求解过程,比较创建的队列结点个数。

实验 2. 求解布线问题

印制电路板将布线区域划分成 $n\times m$ 个方格。精确的电路布线问题要求确定连接方格 a 的中点到方格 b 的中点的最短布线方案。在布线时,电路只能沿直线或直角布线。为了避免线路相交,对已布了线的方格做了封锁标记,其他线路不允许穿过被封锁的方格。图 6.15 所示为一个布线的例子,图中阴影部分是指被封锁的方格,其起始点为 a、目标点为 b。编写一个实验程序采用分枝限界法求解。

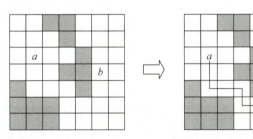

图 6.15 一个布线的例子

实验 3. 求解迷宫问题

迷宫问题的描述见 4.4.4 小节。

实验 4. 求解解救 Amaze 问题

在原始森林中有很多树,如线段树、后缀树和红黑树等,你了解所有的树吗?别担心,本问题不会讨论树,而是介绍原始森林中的一些动物,第一种是金刚,金刚是一种危险的动物,遇到金刚会死;第二种是野狗,它不像金刚那么危险,但它会咬人。

Amaze 是一个美丽的女孩,她不幸迷失于原始森林中。Magicpig 非常担心她,他要到原始森林找她。Magicpig 知道如果遇到金刚就会死,野狗也会咬他,而且咬两次(含一只野狗咬两次或者两只野狗各咬一次)之后也会死。Magicpig是多么可怜!

输入的第1行是单个数字$t(0 \leq t \leq 20)$,表示测试用例的数目。

每个测试用例是一个Magicforest地图,之前的一行指出$n(0 < n \leq 30)$,原始森林是一个$n \times n$单元矩阵,其中

(1) p 表示 Magicpig。

(2) a 表示 Amaze。

(3) r 表示道路。

(4) k 表示金刚。

(5) d 表示野狗。

注意,Magicpig只能在上、下、左、右4个方向移动。

对于每个测试用例,如果Magicpig能够找到Amaze,则在一行中输出"Yes",否则在一行中输出"No"。

输入样例:

```
4
3
pkk  rrd  rda
3
prr  kkk  rra
4
prrr  rrrr  rrrr  arrr
5
prrrr  ddddd  ddddd  rrrrr  rrrra
```

样例输出:

```
Yes
No
Yes
No
```

6.8 在线编程题

在线编程题1. 求解饥饿的小易问题

【问题描述】 小易总是感到饥饿,所以作为章鱼的小易经常出去寻找贝壳吃。最开始,小易在一个初始位置x_0。对于小易所处的当前位置x,它只能通过神秘的力量移动到$4 \times x+3$或者$8 \times x+7$。因为使用神秘力量要耗费太多体力,所以它最多只能使用神秘力量100 000次。贝壳总生长在能被1 000 000 007整除的位置(比如位置0、位置1 000 000 007、位置2 000 000 014等)。小易需要你帮忙计算最少使用多少次神秘力量就能吃到贝壳。

输入描述:输入一个初始位置x_0,范围为1~1 000 000 006。

输出描述:输出小易最少需要使用神秘力量的次数,如果次数使用完还没找到贝壳,则

输出-1。

输入样例:

```
125000000
```

样例输出:

```
1
```

在线编程题 2. 求解最小机器重量设计问题 Ⅰ

问题描述见第 5 章的在线编程题 2。

设某一机器由 n 个部件组成,部件编号为 $1\sim n$,每一种部件都可以从 m 个供应商处购得,供应商编号为 $1\sim m$。设 w_{ij} 是从供应商 j 处购得的部件 i 的重量,c_{ij} 是相应的价格。对于给定的机器部件重量和机器部件价格,计算总价格不超过 cost 的最小重量机器设计,可以在同一个供应商处购得多个部件。

在线编程题 3. 求解最小机器重量设计问题 Ⅱ

问题描述见第 5 章的在线编程题 3。

在线编程题 4. 求解最少翻译个数问题

【问题描述】 据美国动物分类学家欧内斯特·迈尔推算,世界上有超过 100 万种动物,各种动物有自己的语言。假设动物 A 可以与动物 B 进行通信,但它不能与动物 C 通信,动物 C 只能与动物 B 通信,所以动物 A、B 之间的通信需要动物 B 来当翻译。问两个动物之间相互通信至少需要多少个翻译。

测试数据中第 1 行包含两个整数 $n(2 \leqslant n \leqslant 200\,000)$、$m(1 \leqslant m \leqslant 300\,000)$,其中 n 代表动物的数量,动物编号从 0 开始,n 个动物编号为 $0\sim n-1$,m 表示可以互相通信的动物对数,接下来的 m 行中包含两个数字,分别代表两种动物可以互相通信。再接下来包含一个整数 $k(k \leqslant 20)$,代表查询的数量,每个查找包含两个数字,表示这两个动物想要与对方通信。

编写程序,对于每个查询,输出这两个动物彼此通信至少需要多少个翻译,若它们之间无法通过翻译来通信,则输出-1。

输入样例:

```
3 2
0 1
1 2
2
0 0
0 2
```

样例输出:

```
0
1
```

第 7 章 贪心法

第7章 贪心法

贪心法(Greedy algorithms)是一种典型的算法设计策略,用于求解问题的最优解。本章介绍用贪心法求解问题的一般方法,并讨论一些采用贪心法求解的经典示例。

7.1 贪心法概述

7.1.1 什么是贪心法

视频讲解

贪心法的基本思路是在对问题求解时总是做出在当前看来是最好的选择,也就是说贪心法不从整体最优上加以考虑,所做出的仅是在某种意义上的局部最优解。人们通常希望找到整体最优解(或全局最优解),那么贪心法是不是没有价值呢?答案是否定的,这是因为在某些求解问题中,当满足一定的条件时这些局部最优解就转变成了整体最优解,所以贪心法的困难部分就是要证明所设计的算法确实是整体最优解或求解了它要解决的问题。

在求解问题时,通常求解问题直接给出或者可以分析出某些约束条件,满足约束条件的问题解称为**可行解**。另外,求解问题直接给出或者可以分析出衡量可行解好坏的目标函数,使目标函数取最大(或最小)值的可行解称为**最优解**。

例如,求解一个带权无向图 G 中从顶点 i 到顶点 $j(i \neq j)$ 的最短路径,可以分析出这样的最短路径一定是简单路径,所以约束条件如下:

求解的路径为 $\{(i,i_1),(i_1,i_2),\cdots,(i_m,j)\}$,其中 (i,i_1)、(i_1,i_2)、$\cdots$、(i_m,j) 均为图 G 的边,且 $i_k(1 \leq k \leq m)$ 均不相同。

目标函数就是要使这样的路径最短,即 $\text{MIN}\underset{\text{pathlength}}{\{(i,i_1),(i_1,i_2),\cdots,(i_m,j)\}}$,其中 $\text{pathlength} = w(i,i_1) + w(i_1,i_2) + \cdots + w(i_m,j)$,$w(i,k)$ 表示边 (i,k) 的权值。

贪心法从问题的某一个初始空解出发,采用逐步构造最优解的方法向给定的目标前进,每一步决策产生 n 元组解 $(x_0,x_1,\cdots,x_{n-1})$ 的一个分量。每一步用作决策依据的选择准则被称为**最优量度标准**(或**贪心准则**),也就是说,在选择解分量的过程中,添加新的解分量 x_k 后,形成的部分解 $(x_0,x_1,\cdots,x_k)$ 不违反可行解约束条件。每一次贪心选择都将所求问题简化为规模更小的子问题,并期望通过每次所做的局部最优选择产生出一个全局最优解。

例如前面的求最短路径问题,初始解为空,然后一步一步地添加最短路径的边,直到产生最短路径 $\{(i,i_1),(i_1,i_2),\cdots,(i_m,j)\}$。

贪心法总是做出在当前看来最好的选择,这个局部最优选择仅依赖以前的决策,不依赖于以后的决策。计算机科学中的很多算法都属于贪心法。

【**例7.1**】 在操作系统的磁盘管理中有一个磁盘移臂调度问题,进程在执行时会多次访问磁盘,按访问的先后次序构成一个 I/O 序列,I/O 操作的数据存放在磁盘的各个柱面上,磁盘臂通过在这些柱面之间移动磁头找到相关数据,移动磁盘臂是要花费时间的,磁盘移臂调度的目的是使平均访问时间最小。例如某个磁盘访问序列为 98、183、37、122、14、124、65、67,开始时磁头位于 53 柱面上。磁盘移臂调度有多种算法,这里以先来先服务算法和最短寻道时间优先算法为例来求解。

解 **先来先服务算法**是按 I/O 请求的先后次序执行,而不考虑它们要访问的物理位置。

先来先服务算法的执行过程是将磁头从53移到98,接着再移到183、37、122、14、124、65,最后移到67,其过程如图7.1所示。总的磁头移动为640(45+85+146+85+108+110+59+2)个柱面,平均寻道长度=640/8=80。

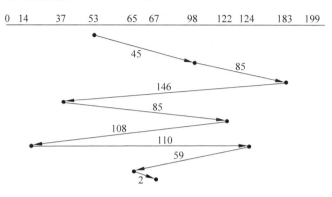

图7.1 先来先服务算法的磁盘调度过程

最短寻道时间优先算法让距离当前磁道最近的I/O请求先执行,即让移动磁头时间最短的那个I/O请求先执行,而不考虑请求I/O请求的先后次序。最短寻道时间优先算法的执行过程是:与开始磁头位置(53)最近的请求位于柱面65,先执行位于柱面65的请求,将磁头移动到该位置,当位于柱面65时,下一个最近请求位于柱面67,执行位于柱面67的请求,将磁头移动到该位置,如图7.2所示。总的磁头移动为236(12+2+30+23+84+24+2+59)个柱面,平均寻道长度=236/8=29.5。

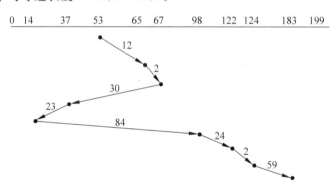

图7.2 最短寻道时间优先算法的磁盘调度过程

不考虑其他因素,从中可以看到最短寻道时间优先算法好于先来先服务算法。实际上,最短寻道时间优先算法就是采用贪心法的思想,这种思想在操作系统算法设计中多次体现出来。

在很多情况下,所有局部最优解合起来不一定构成整体最优解,所以贪心法不能保证对所有问题都得到整体最优解。因此在采用贪心法求解最优解问题时必须证明该算法的每一步上做出的选择都必然最终导致问题的一个整体最优解,对于许多问题,如背包问题、单源最短路径问题和最小生成树问题等,贪心法确实能产生整体最优解。

而在有些情况下,即使用贪心法也不能得到整体最优解,其最终结果却与最优解很近似。

另外,贪心与递归不同的是,推进的每一步不是依据某一固定的递归式,而是做一个当时看似最佳的贪心选择,不断地将问题实例归纳为更小的相似子问题。

7.1.2 用贪心法求解的问题应具有的性质

由于贪心法一般不会测试所有可能路径,而且容易过早做决定,因此有些问题可能不会找到最优解,能够采用贪心法求解的问题一般具有两个性质——贪心选择性质和最优子结构性质,所以贪心算法一般需要证明满足这两个性质。

1. 贪心选择性质

所谓**贪心选择性质**是指所求问题的整体最优解可以通过一系列局部最优的选择(即贪心选择)来达到。也就是说,贪心法仅在当前状态下做出最好选择,即局部最优选择,然后再去求解做出这个选择后产生的相应子问题的解。它是贪心法可行的第一个基本要素,也是贪心算法与后面介绍的动态规划算法的主要区别。

对于一个具体问题,要确定它是否具有贪心选择性质,必须证明每一步所做的贪心选择最终导致问题的整体最优解。这通常采用数学归纳法来证明,先考虑问题的一个整体最优解,并证明可以修改这个最优解,使其从贪心选择开始,在做出贪心选择后原问题转化为规模较小的类似问题,通过每一步的贪心选择,最后可得到问题的整体最优解。

2. 最优子结构性质

如果一个问题的最优解包含其子问题的最优解,则称此问题具有**最优子结构性质**。问题的最优子结构性质是该问题可用动态规划算法或贪心法求解的关键特征。

在证明问题是否具有最优子结构性质时通常采用反证法来证明,先假设由问题的最优解导出的子问题的解不是最优的,然后证明在这个假设下可以构造出比原问题的最优解更好的解,从而导致矛盾。

7.1.3 贪心法的一般求解过程

用贪心法求解问题的基本思路如下:

(1) 建立数学模型来描述问题。
(2) 把求解的问题分成若干个子问题。
(3) 对每一个子问题求解,得到子问题的局部最优解。
(4) 把子问题的局部最优解合成原来解问题的一个解。

用贪心法求解问题的算法框架如下:

```
SolutionType Greedy(SType a[], int n)
//假设解向量(x₀,x₁,…,xₙ₋₁)类型为 SolutionType,其分量为 SType 类型
{   SolutionType x={};                    //初始时解向量不包含任何分量
    for (int i=0;i<n;i++)                 //执行 n 步操作
    {   SType xᵢ=Select(a);               //从输入 a 中选择一个当前最好的分量
        if (Feasiable(xᵢ))                //判断 xᵢ 是否包含在当前解中
            solution=Union(x,xᵢ);         //将 xᵢ 分量合并形成 x
    }
    return x;                             //返回生成的最优解
}
```

7.2 求解活动安排问题

活动安排问题描述见 5.8 节，这里采用贪心法求解该问题。注意本问题的最优解是选取兼容活动最多的个数。

【问题求解】 假设活动时间的参考原点为 0。一个活动 $i(1 \le i \le n)$ 用一个半闭区间 $[b_i, e_i)$ 表示，当活动按结束时间（右端点）递增排序后，两个活动 $[b_i, e_i)$ 和 $[b_j, e_j)$ 兼容（满足 $b_i \ge e_j$ 或 $b_j \ge e_i$）实际上就是指它们不相交。

扫一扫

视频讲解

用数组 A 存放所有的活动，$A[i].b(1 \le i \le n)$ 存放活动起始时间，$A[i].e$ 存放活动结束时间。

采用贪心法的策略是每一步总是选择这样一个活动来占用资源，它能够使得余下的未调度的时间最大化，使得兼容的活动尽可能多。为此先按活动结束时间递增排序，再从头开始依次选择兼容活动（用 B 集合表示），从而得到最大兼容活动子集（包含兼容活动个数最多的子集）。由于活动按结束时间递增排序，每次总是选择具有最早完成的兼容活动加入集合 B 中，所以选择的兼容活动为未安排的活动留下尽可能多的时间，也就是使得剩余的可安排时间段极大化，以便安排尽可能多的兼容活动。

例如，对于表 7.1 所示的 $n=11$ 个活动（已按结束时间递增排序）A，$A=\{[1,4),[3,5),[0,6),[5,7),[3,8),[5,9),[6,10),[8,11),[8,12),[2,13),[12,15)\}$。设前一个兼容活动的结束时间为 preend（初始时为参考原点 0），求最大兼容活动 B 的过程如下。

$i=1$：preend$=0$，活动 1[1,4)的开始时间大于 0，选择它，preend$=$活动 1 的结束时间$=4$，$B=\{[1,4)\}$。

$i=2$：活动 2[3,5)的开始时间小于 preend，不选取。

$i=3$：活动 3[0,6)的开始时间小于 preend，不选取。

$i=4$：活动 4[5,7)的开始时间大于 preend，选择它，preend$=7$，$B=\{[1,4),[5,7)\}$。

$i=5$：活动 5[3,8)的开始时间小于 preend，不选取。

$i=6$：活动 6[5,9)的开始时间小于 preend，不选取。

$i=7$：活动 7[6,10)的开始时间小于 preend，不选取。

$i=8$：活动 8[8,11)的开始时间大于 preend，选择它，preend$=11$，$B=\{[1,4),[5,7),[8,11)\}$。

$i=9$：活动 9[8,12)的开始时间小于 preend，不选取。

$i=10$：活动 10[2,13)的开始时间小于 preend，不选取。

$i=11$：活动 11[12,15)的开始时间大于 preend，选择它，preend$=15$，$B=\{[1,4),[5,7),[8,11),[12,15)\}$。

表 7.1 11 个活动按结束时间递增排列

i	1	2	3	4	5	6	7	8	9	10	11
开始时间	1	3	0	5	3	5	6	8	8	2	12
结束时间	4	5	6	7	8	9	10	11	12	13	15

所以最后选择的最大兼容活动子集为 $B=\{1,4,8,11\}$。

对应的完整程序如下：

```c
#include <stdio.h>
#include <string.h>
#include <algorithm>
using namespace std;
#define MAX 51
//问题表示
struct Action                                       //活动的类型声明
{   int b;                                          //活动起始时间
    int e;                                          //活动结束时间
    bool operator<(const Action &s) const           //重载<关系函数
    {
        return e<=s.e;                              //用于按活动结束时间递增排序
    }
};
int n=11;
Action A[]={{0},{1,4},{3,5},{0,6},{5,7},{3,8},{5,9},{6,10},{8,11},
            {8,12},{2,13},{12,15}};                 //下标为0的元素不用
//求解结果表示
bool flag[MAX];                                     //标记选择的活动
int Count=0;                                        //选取的兼容活动个数
void solve()                                        //求解最大兼容活动子集
{   memset(flag,0,sizeof(flag));                    //初始化为 false
    sort(A+1,A+n+1);                                //A[1..n]按活动结束时间递增排序
    int preend=0;                                   //前一个兼容活动的结束时间
    for (int i=1;i<=n;i++)                          //扫描所有活动
    {   if (A[i].b>=preend)                         //找到一个兼容活动
        {   flag[i]=true;                           //选择 A[i]活动
            preend=A[i].e;                          //更新 preend 值
        }
    }
}
void main()
{   solve();
    printf("求解结果\n");
    printf(" 选取的活动:");
    for (int i=1;i<=n;i++)
        if (flag[i])
        {   printf("[%d,%d] ",A[i].b,A[i].e);
            Count++;
        }
    printf("\n 共%d个活动\n",Count);
}
```

【**算法分析**】 算法的时间主要花费在排序上，排序时间为 $O(n\log_2 n)$，所以整个算法的时间复杂度为 $O(n\log_2 n)$。

【**算法证明**】 通常，证明一个贪心选择得出的解是最优解的一般方法是构造一个初始

最优解,然后对该解进行修正,使其第一步为一个贪心选择,证明总是存在一个以贪心选择开始的求解方案。

对于本问题,所有活动按结束时间递增排序,就是要证明:若 X 是活动安排问题 A 的最优解,$X=X'\cup\{1\}$,则 X' 是 $A'=\{i\in A:e_i\geq b_1\}$ 的活动安排问题的最优解。

首先证明总存在一个以活动 1 开始的最优解。如果第 1 个选中的活动为 $k(k\neq 1)$,可以构造另一个最优解 Y,Y 中的活动是兼容的,Y 与 X 的活动数相同。那么用活动 1 取代活动 k 得到 Y',因为 $e_1\leq e_k$,所以 Y' 中的活动是兼容的,即 Y' 也是最优的,这就说明总存在一个以活动 1 开始的最优解。

当做出了对活动 1 的贪心选择后,原问题就变成了在活动 2、……、活动 n 中找与活动 1 兼容的那些活动的子问题。即如果 X 为原问题的一个最优解,则 $X'=X-\{1\}$ 也是活动选择问题 $A'=\{i\in A\mid b_i\geq e_1\}$ 的一个最优解。

采用反证法,如果能找到一个 A' 的含有比 X' 更多活动的解 Y',则将活动 1 加入 Y' 后就得到 A 的一个包含比 X 更多活动的解 Y,这就与 X 是最优解的假设相矛盾。因此,在每一次贪心选择后留下的是一个与原问题具有相同形式的最优化问题,即最优子结构性质。

【例 7.2】 求解畜栏保留问题。农场有 n 头牛,每头牛会有一个特定的时间区间 $[b,e]$ 在畜栏里挤牛奶,并且一个畜栏里在任何时刻只能有一头牛挤奶。现在农场主希望知道最少畜栏能够满足上述要求,并给出每头牛被安排的方案。对于多种可行方案,输出一种即可。

解 牛的编号为 $1\sim n$,每头牛的挤奶时间相当于一个活动,与前面的活动安排问题不同,这里的活动时间是闭区间,例如 $[2,4]$ 与 $[4,7]$ 是交叉的,它们不是兼容活动。

采用与求解活动安排问题类似的贪心思路将所有活动这样排序:结束时间相同按开始时间递增排序,否则按结束时间递增排序。求出一个最大兼容活动子集,将它们安排在一个畜栏中(畜栏编号为1);如果没有安排完,在剩余的活动中求下一个最大兼容活动子集,将它们安排在另一个畜栏中(畜栏编号为2),依此类推。也就是说,最大兼容活动子集的个数就是最少畜栏个数。

如图 7.3 所示,由一个活动集合产生 3 个最大兼容活动子集,其过程是先将活动集合在结束时间相同时按开始时间递增排序,否则按结束时间递增排序,图中的活动集合是排序后的结果。

活动 i	1	2	3	4	5	6	7
b	1	2	5	8	4	12	11
e	4	5	7	9	10	13	15

⇩

1	3	4	6
1	5	8	12
4	7	9	13

最大兼容活动子集 1

2	7
2	11
5	15

最大兼容活动子集 2

5
4
10

最大兼容活动子集 3

图 7.3 由一个活动集合产生 3 个最大兼容活动子集

建立一个活动标记数组 ans，ans[i]表示编号为 $A[i].no$ 的牛安排挤奶的畜栏编号，ans[i]为 0 表示该牛尚未安排畜栏，将所有元素设置为 0，置当前选取的畜栏编号 num＝1；从第一个活动开始寻找最大兼容活动子集 1，将其中所有活动编号 i 对应的 ans[i]设置为 num(1)；num＝2，在所有 ans[i]＝0 的活动集合中寻找最大兼容活动子集 2，将其中所有活动编号 i 对应的 ans[i]设置为 num(2)；依此类推，最后找出最大兼容活动子集个数为 3。

用数组 A 存放所有活动，用 ans 数组表示活动对应的畜栏编号（从 1 开始）。对应的完整程序如下：

```cpp
#include <stdio.h>
#include <string.h>
#include <algorithm>
using namespace std;
#define MAX 51
//问题表示
struct Cow                                  //奶牛的类型声明
{   int no;                                 //牛编号
    int b;                                  //起始时间
    int e;                                  //结束时间
    bool operator<(const Cow &s) const      //重载<关系函数
    {   if (e==s.e)                         //结束时间相同时按开始时间递增排序
            return b<=s.b;
        else                                //否则按结束时间递增排序
            return e<=s.e;
    }
};
int n=5;
Cow A[]={{0},{1,1,10},{2,2,4},{3,3,6},{4,5,8},{5,4,7}};   //下标为 0 的元素不用
//求解结果表示
int ans[MAX];                               //ans[i]表示第 A[i].no 头牛的畜栏编号
void solve()                                //求解最大兼容活动子集个数
{   sort(A+1,A+n+1);                        //A[1..n]按指定方式排序
    memset(ans,0,sizeof(ans));              //初始化为 0
    int num=1;                              //畜栏编号
    for (int i=1;i<=n;i++)                  //i,j 均为排序后的下标
    {   if (ans[i]==0)                      //第 i 头牛还没有安排畜栏
        {   ans[i]=num;                     //第 i 头牛安排畜栏 num
            int preend=A[i].e;              //前一个兼容活动的结束时间
            for (int j=i+1;j<=n;j++)        //查找一个最大兼容活动子集
            {   if (A[j].b>preend && ans[j]==0)
                {   ans[j]=num;             //将兼容活动子集中的活动安排在 num 畜栏中
                    preend=A[j].e;          //更新结束时间
                }
            }
            num++;                          //查找下一个最大兼容活动子集，num 增 1
        }
    }
}
void main()
```

```
{   solve();
    printf("求解结果\n");
    for (int i=1;i<=n;i++)
        printf("   牛%d 安排的畜栏:%d\n",A[i].no,ans[i]);
}
```

上述程序的执行结果如下:

```
求解结果
    牛 2 安排的畜栏:1
    牛 3 安排的畜栏:2
    牛 5 安排的畜栏:3
    牛 4 安排的畜栏:1
    牛 1 安排的畜栏:4
```

【例 7.3】 求解区间相交问题。给定 x 轴上的 n 个闭区间,去掉尽可能少的闭区间,使剩下的闭区间都不相交。对于给定的 n 个闭区间,计算去掉的最少闭区间数。

输入描述:对于每组输入数据,输入数据的第 1 行是正整数 $n(1 \leqslant n \leqslant 40\,000)$,表示闭区间数;在接下来的 n 行中,每行有两个整数,分别表示闭区间的两个端点。

输出描述:输出计算出的去掉的最少闭区间数。

输入样例:

```
3
10 20
15 10
20 15
```

样例输出:

```
2
```

解 采用贪心法求出最大兼容子集,所有兼容子集中的闭区间是不相交的。设其中的闭区间个数为 ans,则删除 n-ans 个闭区间得到不相交闭区间。对应的完整程序如下:

```
#include <stdio.h>
#include <algorithm>
using namespace std;
#define MAX 40001
//问题表示
int n;
struct NodeType
{   int b;                              //区间首部
    int e;                              //区间尾部
    bool operator<(const NodeType &s) const
    {   if (e==s.e)
            return b<s.b;
```

```
            return e<s.e;                    //按e递增排序
        }
} A[MAX];
//求解结果表示
int ans;
void solve()
{   int t,i;
    for (i=0; i<n; i++)
        if (A[i].b>A[i].e)                   //交换首、尾部,使首部小于尾部
        {   t=A[i].b;
            A[i].b=A[i].e;
            A[i].e=t;
        }
    sort(A,A+n);                             //排序
    int preend=A[0].e;
    ans=1;
    for(i=1; i<n; i++)
    {   if (A[i].b> preend)                  //A[j]与前一个求解不相交
        {   ans++;
            preend=A[i].e;
        }
    }
    ans=n-ans;
}
int main()
{   while(scanf("%d",&n)!=EOF)               //该题目中只有一个测试用例,但实际可以有多个
    {   for(int i=0; i<n; i++)
            scanf("%d%d",&A[i].b,&A[i].e);
        solve();
        printf("%d\n",ans);
    }
    return 0;
}
```

7.3 求解背包问题

【**问题描述**】 设有编号为 $1、2、\cdots、n$ 的 n 个物品,它们的重量分别为 $w_1、w_2、\cdots、w_n$,价值分别为 $v_1、v_2、\cdots、v_n$,其中 $w_i、v_i(1 \leqslant i \leqslant n)$ 均为正数。有一个背包可以携带的最大重量不超过 W。求解目标是在不超过背包负重的前提下使背包装入的总价值最大(即效益最大化)。与 0/1 背包问题的区别是,这里的每个物品可以取一部分装入背包。

【**问题求解**】 这里采用贪心法求解。设 x_i 表示物品 i 装入背包的情况,$0 \leqslant x_i \leqslant 1$。根据问题的要求,有如下约束条件和目标函数:

$$\sum_{i=1}^{n} w_i x_i \leqslant W \quad 0 \leqslant x_i \leqslant 1 \quad (1 \leqslant i \leqslant n)$$

视频讲解

$$\text{MAX}\left\{\sum_{i=1}^{n} v_i x_i\right\}$$

于是问题归结为寻找一个满足上述约束条件,并使目标函数达到最大的解向量 $X=(x_1,x_2,\cdots,x_n)$。

例如,$n=3$,$W=20$,$(w_1,w_2,w_3)=(18,15,10)$,$(v_1,v_2,v_3)=(25,24,15)$,其中的 4 个可行解如下:

解编号	(x_1,x_2,x_3)	$\sum_{i=1}^{n} w_i x_i$	$\sum_{i=1}^{n} v_i x_i$
①	(1/2,1/3,1/4)	16.5	24.25
②	(1,2/15,0)	20	28.2
③	(0,2/3,1)	20	31
④	(0,1,1/2)	20	31.5

在这 4 个可行解中,第④个解的效益最大,可以求出它是这个背包问题的最优解。

用贪心法求解的关键是如何选定贪心策略,使得按照一定的顺序选定每个物品,并尽可能装入背包,直到背包装满。至少有 3 种看似合理的贪心策略:

(1) 选择价值最大的物品,因为这可以尽可能快地增加背包的总价值。但是,虽然每一步选择获得了背包价值的极大增长,但背包容量却可能消耗得太快,使得装入背包的物品个数减少,从而不能保证目标函数达到最大。

(2) 选择重量最轻的物品,因为这可以装入尽可能多的物品,从而增加背包的总价值。但是,虽然每一步选择使背包的容量消耗得慢了,但背包的价值却没能保证迅速增长,从而不能保证目标函数达到最大。

(3) 选择单位重量下价值最大的物品,在背包价值增长和背包容量消耗之间寻找平衡。

应用第(3)种贪心策略,每次从物品集合中选择单位重量下价值最大的物品,如果其重量小于背包容量,就可以把它装入,并将背包容量减去该物品的重量,然后会面临一个最优子问题——它同样是背包问题,只不过背包容量减少了,物品集合减少了。因此背包问题具有最优子结构性质。

对于表 7.2 所示的一个背包问题,$n=5$,设背包容量 $W=100$,其求解过程如下:

(1) 将价值(即 v/w)递减排序,其结果为(66/30,20/10,30/20,60/50,40/40),物品重新按 1~5 编号。

(2) 设背包余下装入的重量为 weight,其初值为 W。

(3) 从 $i=1$ 开始,$w[1]<\text{weight}$ 成立,表明物品 1 能够装入,将其装入到背包中,置 $x[1]=1$,weight=weight−$w[1]$=70,i 增 1,即 $i=2$。

$w[2]<\text{weight}$ 成立,表明物品 2 能够装入,将其装入到背包中,置 $x[2]=1$,weight=weight−$w[2]$=60,i 增 1,即 $i=3$。

$w[3]<\text{weight}$ 成立,表明物品 3 能够装入,将其装入到背包中,置 $x[3]=1$,weight=weight−$w[3]$=50,i 增 1,即 $i=4$。

$w[4]<\text{weight}$ 不成立,且 weight>0,表明只能将物品 4 部分装入,装入比例=weight/$w[4]$=50/60=80%,置 $x[4]=0.8$,算法结束,得到 $X=(1,1,1,0.8,0)$。

表 7.2 一个背包问题的示例

i	1	2	3	4	5
w_i	10	20	30	40	50
v_i	20	30	66	40	60
v_i/w_i	2.0	1.5	2.2	1.0	1.2

说明：由于每个物品可以只取一部分，因此一定可以让总重量恰好为 W。当物品按价值递减排序后，除最后一个所取的物品可能只取其一部分外，其他物品要么不拿，要么全部拿走。

对应的完整程序如下：

```
#include<stdio.h>
#include<string.h>
#include<algorithm>
using namespace std;
#define MAXN 51
//问题表示
int n=5;
double W=100;                              //限重
struct NodeType
{   double w;
    double v;
    double p;                              //p=v/w
    bool operator<(const NodeType &s) const
    {
        return p>s.p;                      //按 p 递减排序
    }
};
NodeType A[]={{0},{10,20},{20,30},{30,66},{40,40},{50,60}};  //下标为 0 的元素不用
//求解结果表示
double V;                                  //最大价值
double x[MAXN];
void Knap()                                //求解背包问题并返回总价值
{   V=0;                                   //V 初始化为 0
    double weight=W;                       //背包中能装入的余下重量
    memset(x,0,sizeof(x));                 //初始化 x 向量
    int i=1;
    while (A[i].w<weight)                  //物品 i 能够全部装入时循环
    {   x[i]=1;                            //装入物品 i
        weight-=A[i].w;                    //减少背包中能装入的余下重量
        V+=A[i].v;                         //累计总价值
        i++;                               //继续循环
    }
    if (weight>0)                          //余下重量大于 0
    {   x[i]=weight/A[i].w;                //将物品 i 的一部分装入
        V+=x[i]*A[i].v;                    //累计总价值
    }
}
void dispA()                               //输出 A
{   int i;
    printf("\tW\tV\tV/W\n");
```

```
        for (i=1;i<=n;i++)
            printf("\t%g\t%g\t%3.1f\n",A[i].w,A[i].v,A[i].p);
}
void main( )
{   printf("求解过程\n");
    for (int i=1;i<=n;i++)  //求 v/w
        A[i].p=A[i].v/A[i].w;
    printf("(1)排序前\n");dispA();
    sort(A+1,A+n+1);  //排序
    printf("(2)排序后\n"); dispA();
    Knap();
    printf("(3)求解结果\n"); //输出结果
    printf(" x: [");
    for (int j=1;j<=n;j++)
        printf("%g, ",x[j]);
    printf("%g]\n", x[n]);
    printf(" 总价值=%g\n", V);
}
```

上述程序的输出结果如下：

```
求解过程
(1) 排序前
    W       V       V/W
    10      20      2.0
    20      30      1.5
    30      66      2.2
    40      40      1.0
    50      60      1.2
(2) 排序后
    W       V       V/W
    30      66      2.2
    10      20      2.0
    20      30      1.5
    50      60      1.2
    40      40      1.0
(3) 求解结果
    x: [1, 1, 1, 0.8, 0]
    总价值=164
```

【算法证明】 假设对于 n 个物品，按 $v_i/w_i(1 \leqslant i \leqslant n)$ 值递减排序得到 1、2、…、n 的序列，即 $v_1/w_1 \geqslant v_2/w_2 \geqslant \cdots \geqslant v_n/w_n$。设 $X=(x_1,x_2,\cdots,x_n)$ 时本算法找到解。如果所有的 x_i 都等于 1，这个解明显是最优解。否则，设 minj 是满足 xminj<1 的最小下标。考虑算法的工作方式，很明显，当 $i<$minj 时 $x_i=1$，当 $i>$minj 时 $x_i=0$，并且 $\sum_{i=1}^{n} w_i x_i = W$。设 X 的价值为 $V(X) = \sum_{i=1}^{n} v_i x_i$。

设 $Y=(y_1,y_2,\cdots,y_n)$ 是该背包问题的一个最优可行解，因此有 $\sum_{i=1}^{n} w_i y_i \leqslant W$，从而有 $\sum_{i=1}^{n} w_i(x_i-y_i) = \sum_{i=1}^{n} w_i x_i - \sum_{i=1}^{n} w_i y_i \geqslant 0$，这个解的价值为 $V(Y) = \sum_{i=1}^{n} v_i y_i$。

则 $V(X)-V(Y)=\sum_{i=1}^{n}v_i(x_i-y_i)=\sum_{i=1}^{n}w_i\dfrac{v_i}{w_i}(x_i-y_i)$

当 $i<\text{minj}$ 时 $x_i=1$，所以 $x_i-y_i\geqslant 0$，且 $v_i/w_i\geqslant \text{vminj}/\text{wminj}$。
当 $i>\text{minj}$ 时 $x_i=0$，所以 $x_i-y_i\leqslant 0$，且 $v_i/w_i\leqslant \text{vminj}/\text{wminj}$。
当 $i=\text{minj}$ 时 $v_i/w_i=\text{vminj}/\text{wminj}$。

则 $V(X)-V(Y)=\sum_{i=1}^{n}w_i\dfrac{v_i}{w_i}(x_i-y_i)=\sum_{i=1}^{\text{minj}-1}w_i\dfrac{v_i}{w_i}(x_i-y_i)+\sum_{i=\text{minj}}^{\text{minj}}w_i\dfrac{v_i}{w_i}(x_i-y_i)+$
$\sum_{i=\text{minj}+1}^{n}w_i\dfrac{v_i}{w_i}(x_i-y_i)$
$\geqslant \sum_{i=1}^{\text{minj}-1}w_i\dfrac{v_{\text{minj}}}{w_{\text{minj}}}(x_i-y_i)+\sum_{i=\text{minj}}^{\text{minj}}w_i\dfrac{v_{\text{minj}}}{w_{\text{minj}}}(x_i-y_i)+\sum_{i=\text{minj}+1}^{n}w_i\dfrac{v_{\text{minj}}}{w_{\text{minj}}}(x_i-y_i)$
$=\dfrac{v_{\text{minj}}}{w_{\text{minj}}}\sum_{i=1}^{n}w_i(x_i-y_i)\geqslant 0$

这样与 Y 是最优解的假设矛盾，也就是说没有哪个可行解的价值会大于 $V(X)$，因此解 X 是最优解。

【算法分析】 排序算法 sort() 的时间复杂性为 $O(n\log_2 n)$，while 循环的时间为 $O(n)$，所以本算法的时间复杂度为 $O(n\log_2 n)$。

说明：背包问题和 0/1 背包问题类似，所不同的是在选择物品装入背包时可以选择一部分，而不一定全部装入背包。这两类问题都具有最优子结构性质，但背包问题可以用贪心法求解，而 0/1 背包问题却不能用贪心法求解，因为用贪心法求解 0/1 背包问题可能得不到最优解。以表 7.2 所示的背包问题为例，如果作为 0/1 背包问题，因为重量为 60 的物品放不下（此时背包中只余下 50 重量的物品可放），所以只能舍弃它，选择重量为 40 的物品，这是一个可行解，但显然不是最优解。

【例 7.4】 求给定非负整数序列中的数字排列成的最大数字。例如，给定 $\{50,2,1,9\}$，最大数字为 95021。说明该算法的思路。

解 采用贪心思路，将数字位的越大的数字越排在前面，那么是不是将整数序列递减排序后，从前向后合并就可以了呢？答案是错误的，如果这样做，(50,2,1,9) 递减排序后为 (50,9,2,1)，合并后的结果是 50921 而不是正确的 95021。

采用的方法是先将所有整数转换为字符串，定制如下比较函数进行递减排序，例如"50"和"9"比较时，由于"950" > "509"，所以"9" > "50"。

```
struct Cmp
{   bool operator()(const string &s, const string &t) const
    {
        return s+t > t+s;
    }
};
```

a[]={50, 2, 1, 9}
⇩ 整数转换为字符串
b[]={"50", "2", "1", "9"}
⇩ 按 Cmp 排序
b[]={"9", "50", "2", "1"}
⇩ 合并
"95021"
⇩ 转换为整数
95021

在这样排序后将所有字符串元素从大到小合并起来，最后转换为整数即可。a[]={50,2,1,9} 求排列成的最大数字的过程如图 7.4 所示。

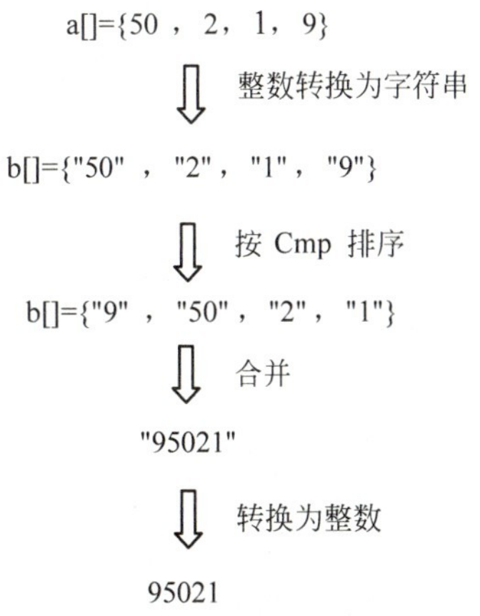

图 7.4 {50,2,1,9} 的求解过程

7.4 求解最优装载问题

【问题描述】 有 n 个集装箱要装上一艘载重量为 W 的轮船，其中集装箱 $i(1 \leqslant i \leqslant n)$ 的重量为 w_i。不考虑集装箱的体积限制，现要选出尽可能多的集装箱装上轮船，使它们的重量之和不超过 W。

视频讲解

【问题求解】 5.3.1 小节讨论了简单装载问题，采用回溯法选出尽可能少的集装箱个数。这里的最优解是选出尽可能多的集装箱个数，并采用贪心法求解。

当重量限制为 W 时，w_i 越小可装载的集装箱个数越多，所以采用优先选取重量轻的集装箱装船的贪心思路，如图 7.5 所示。

⇩ 优先选取重量轻的集装箱装船

图 7.5 最优装载问题的贪心思路

对 w_i 从小到大排序得到 $(w_1, w_2, \cdots, w_n)$，设最优解向量为 $x = (x_1, x_2, \cdots, x_n)$，显然，$x_1 = 1$，则 $x' = (x_2, \cdots, x_n)$ 是装载问题 $w' = (w_2, \cdots, w_n)$，$W' = W - w_1$ 的最优解，满足贪心最优子结构性质。

对应的完整程序如下：

```
#include <stdio.h>
#include <string.h>
#include <algorithm>
using namespace std;
#define MAXN 20                        //最多集装箱个数
//问题表示
int w[]={0,5,2,6,4,3};                 //各集装箱重量,不用下标为 0 的元素
int n=5,W=10;
//求解结果表示
```

```
    int maxw;                              //存放最优解的总重量
    int x[MAXN];                           //存放最优解向量
    void solve( )                          //求解最优装载问题
    {   memset(x,0,sizeof(x));             //初始化解向量
        sort(w+1,w+n+1);                   //w[1..n]递增排序
        maxw=0;
        int restw=W;                       //剩余重量
        for (int i=1;i<=n && w[i]<=restw;i++)
        {    x[i]=1;                       //选择集装箱i
             restw-=w[i];                  //减少剩余重量
             maxw+=w[i];                   //累计装载总重量
        }
    }
    void main( )
    {   solve();
        printf("最优方案\n");
        for (int i=1;i<=n;i++)
            if (x[i]==1)
                printf(" 选取重量为%d 的集装箱\n",w[i]);
        printf("总重量=%d\n",maxw);
    }
```

上述程序的执行结果如下：

```
最优方案
    选取重量为 2 的集装箱
    选取重量为 3 的集装箱
    选取重量为 4 的集装箱
总重量=9
```

【算法分析】 算法的时间主要花费在排序上，时间复杂度为 $O(n\log_2 n)$。

7.5　求解田忌赛马问题

【问题描述】 两千多年前的战国时期，齐威王与大将田忌赛马。双方约定每人各出 300 匹马，并且在上、中、下 3 个等级中各选一匹进行比赛，由于齐威王每个等级的马都比田忌的马略强，比赛的结果可想而知。现在双方各 n 匹马，依次派出一匹马进行比赛，每一轮获胜的一方将从输的一方得到 200 银币，平局则不用出钱，田忌已知所有马的速度值并可以安排出场顺序，问他如何安排比赛获得的银币最多？

输入描述：输入包含多个测试用例，每个测试用例的第 1 行是正整数 $n(n \leqslant 1000)$，表示马的数量；后两行分别是 n 个整数，表示田忌和齐威王的马的速度值；输入 n=0 结束。

输出描述：每个测试用例输出一行，表示田忌获得的最多银币数。

输入样例:

```
3
92 83 71
95 87 74
2
20 20
20 20
2
20 19
22 18
0
```

样例输出:

```
200
0
0
```

【问题求解】 田忌的马的速度用数组 a 表示,齐威王的马的速度用数组 b 表示,将 a、b 数组递增排序。采用常识性的贪心思路,分以下几种情况:

(1) 田忌最快的马比齐威王最快的马快,即 $a[righta]>b[rightb]$,则两者比赛(两个最快的马比赛),田忌赢。因为此时田忌最快的马一定赢,而选择与齐威王最快的马比赛对于田忌来说是最优的,如图 7.6(a)所示,图中"■"代表已经比赛的马,"□"代表尚未比赛的马,箭头指向的马速度更快。

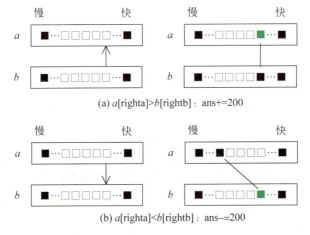

图 7.6 两者最快的马的速度不相同

(2) 田忌最快的马比齐威王最快的马慢,即 $a[righta]<b[rightb]$,则选择田忌最慢的马与齐威王最快的马比赛,田忌输。因为齐威王最快的马一定赢,而选择与田忌最慢的马比赛对于田忌来说是最优的,如图 7.6(b)所示。

(3) 若田忌最快的马与齐威王最快的马的速度相同,即 $a[righta]=b[rightb]$,又分为以下 3 种情况。

① 田忌最慢的马比齐威王最慢的马快,即 $a[lefta]>b[leftb]$,则两者比赛(两个最慢的马比赛),田忌赢。因为此时齐威王最慢的马一定输,而选择与田忌最慢的马比赛对于田忌来说是最优的,如图 7.7(a)所示。

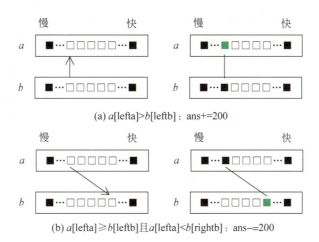

(a) $a[lefta]>b[leftb]$:ans+=200

(b) $a[lefta]⩾b[leftb]$ 且 $a[lefta]<b[rightb]$:ans-=200

图 7.7 两者最快的马的速度相同

② 田忌最慢的马比齐威王最慢的马慢,并且田忌最慢的马比齐威王最快的马慢,即 $a[lefta]⩽b[leftb]$ 且 $a[lefta]<b[rightb]$,则选择田忌最慢的马与齐威王最快的马比赛,田忌输。因为此时田忌最慢的马一定输,而选择与齐威王最快的马比赛对于田忌来说是最优的,如图 7.7(b)所示。

③ 其他情况,即 $a[righta]=b[rightb]$ 且 $a[lefta]⩽b[leftb]$ 且 $a[lefta]⩾b[rightb]$,则 $a[lefta]⩾b[rightb]=a[righta]$,即 $a[lefta]=a[righta],b[leftb]⩾a[lefta]=b[rightb]$,即 $b[leftb]=b[rightb]$,说明比赛区间的所有马的速度全部相同,任何两匹马比赛都没有输赢。

从上述过程看出每种情况对于田忌来说都是最优的,因此最终获得的比赛方案也一定是最优的。对应的完整程序如下:

```
#include <stdio.h>
#include <algorithm>
using namespace std;
#define MAX 1001
//问题表示
int n;
int a[MAX];
int b[MAX];
//求解结果表示
int ans;                              //田忌获得的最多银币数
void solve()                          //求解算法
{   sort(a,a+n);                      //对 a 递增排序
    sort(b,b+n);                      //对 b 递增排序
    ans=0;
    int lefta=0,leftb=0;
    int righta=n-1,rightb=n-1;
    while (lefta <= righta)           //比赛直到结束
    {   if (a[righta]> b[rightb])     //田忌最快的马比齐威王最快的马快,两者比赛
```

```
            {   ans+=200;
                righta--;
                rightb--;
            }
            else if (a[righta]< b[rightb])      //田忌最快的马比齐威王最快的马慢
            {   ans-=200;                        //选择田忌最慢的马与齐威王最快的马比赛
                lefta++;
                rightb--;
            }
            else                                 //田忌最快的马与齐威王最快的马的速度相同
            {   if (a[lefta]> b[leftb])         //田忌最慢的马比齐威王最慢的马快,两者比赛
                {   ans+=200;
                    lefta++;
                    leftb++;
                }
                else
                {   if (a[lefta]< b[rightb])   //否则用田忌最慢的马与齐威王最快的马比赛
                        ans-=200;
                    lefta++;
                    rightb--;
                }
            }
        }
    }
int main()
{   while (true)
    {   scanf("%d",&n);
        if (n==0) break;
        for (int i=0;i<n;i++)
            scanf("%d",&a[i]);
        for (int j=0;j<n;j++)
            scanf("%d",&b[j]);
        solve();
        printf("%d\n",ans);
    }
    return 0;
}
```

【算法分析】 算法的时间主要花费在排序上,时间复杂度为 $O(n\log_2 n)$。

7.6 求解多机调度问题

【问题描述】 设有 n 个独立的作业 $\{1,2,\cdots,n\}$,由 m 台相同的机器 $\{1,2,\cdots,m\}$ 进行加工处理,作业 i 所需的处理时间为 $t_i(1\leqslant i\leqslant n)$,每个作业均可在任何一台机器上加工处理,但未完工前不允许中断,任何作业也不能拆分成更小的子作业。多机调度问题要求给出一种作业调度方案,使所给的 n 个作业在尽可能短的时间内由 m 台机器加工处理完成。

扫一扫

视频讲解

【问题求解】 采用贪心思路,让最长处理时间的作业优先,即把处理时间最长的作业分配给最先空闲的机器,这样可以保证处理时间长的作业优先处理,从而在整体上获得尽可能短的处理时间。

按照最长处理时间的作业优先的贪心策略,当 $m \geq n$ 时,只要将机器 i 的 $[0, t_i)$ 时间区间分配给作业 i 即可;当 $m < n$ 时,首先将 n 个作业依其所需的处理时间从大到小排序,然后依此顺序将作业分配给空闲的处理机。

例如,有 7 个独立的作业(1,2,3,4,5,6,7),由 3 台机器(1,2,3)加工处理,各作业所需的处理时间如表 7.3 所示。

这里 $n=7, m=3$,采用贪心法求解的过程如下:

(1) 7 个作业按处理时间递减排序,其结果如表 7.4 所示。

(2) 先将排序后的前 3 个作业分配给 3 台机器,此时机器的分配情况为({4},{2},{5}),对应的总处理时间为(16,14,6)。

(3) 分配余下的作业。

分配作业 6:3 台机器中机器 3 在时间 6 后最先空闲,将作业 6 分配给它,此时机器的分配情况为({4},{2},{5,6}),对应的总处理时间为(16,14,6+5=11)。

分配作业 3:3 台机器中机器 3 在时间 11 后最先空闲,将作业 3 分配给它,此时机器的分配情况为({4},{2},{5,6,3}),对应的总处理时间为(16,14,11+4=15)。

分配作业 7:3 台机器中机器 2 在时间 14 后最先空闲,将作业 7 分配给它,此时机器的分配情况为({4},{2,7},{5,6,3}),对应的总处理时间为(16,14+3=17,15)。

分配作业 1:3 台机器中机器 3 在时间 15 后最先空闲,将作业 1 分配给它,此时机器的分配情况为({4},{2,7},{5,6,3,1}),对应的总处理时间为(16,17,15+2=17)。

由于每次需要求出最先空闲的机器,即求正在执行作业的 t 最小的机器,为此采用一个小根堆,堆中的作业是正在执行的作业,最多 m 个作业。当某个机器执行的作业的 t 最小时,它最先出队,加上当前安排的作业 j 的执行时间,然后继续进队执行。

表 7.3　7 个作业的处理时间

作业编号	1	2	3	4	5	6	7
作业的处理时间	2	14	4	16	6	5	3

表 7.4　7 个作业按处理时间递减排序后的结果

作业编号	4	2	5	6	3	7	1
作业的处理时间	16	14	6	5	4	3	2

对应的完整求解程序如下:

```
#include <stdio.h>
#include <queue>
#include <vector>
#include <algorithm>
using namespace std;
#define N 100
```

```
//问题表示
int n=7;
int m=3;
struct NodeType                             //优先队列结点类型
{   int no;                                 //作业序号
    int t;                                  //执行时间
    int mno;                                //机器序号
    bool operator<(const NodeType &s) const
    {   return t>s.t; }                     //按t越小越优先出队
};
struct NodeType A[]={{1,2},{2,14},{3,4},{4,16},{5,6},{6,5},{7,3}};
void solve( )                               //求解多机调度问题
{   NodeType e;
    if (n<=m)
    {   printf("为每一个作业分配一台机器\n");
        return;
    }
    sort(A,A+n);                            //按t递减排序
    priority_queue<NodeType> qu;            //小根堆
    for (int i=0;i<m;i++)                   //首先分配m个作业,每台机器一个作业
    {   A[i].mno=i+1;                       //作业对应的机器编号
        printf("  给机器%d分配作业%d,执行时间为%2d,占用时间段:[%d,%d]\n",
                A[i].mno,A[i].no,A[i].t,0,A[i].t);
        qu.push(A[i]);
    }
    for (int j=m;j<n;j++)                   //分配余下的作业
    {   e=qu.top(); qu.pop();               //出队e
        printf("  给机器%d分配作业%d,执行时间为%2d,占用时间段:[%d,%d]\n",
                e.mno,A[j].no,A[j].t,e.t,e.t+A[j].t);
        e.t+=A[j].t;
        qu.push(e);                         //e进队
    }
}
void main( )
{   printf("多机调度方案:\n");
    solve( );
}
```

程序的执行结果如下:

多机调度方案:
  给机器1分配作业4,执行时间为16,占用时间段:[0,16]
  给机器2分配作业2,执行时间为14,占用时间段:[0,14]
  给机器3分配作业5,执行时间为 6,占用时间段:[0,6]
  给机器3分配作业6,执行时间为 5,占用时间段:[6,11]
  给机器3分配作业3,执行时间为 4,占用时间段:[11,15]
  给机器2分配作业7,执行时间为 3,占用时间段:[14,17]
  给机器3分配作业1,执行时间为 2,占用时间段:[15,17]

多机调度问题是 NP 难问题,到目前为止还没有有效的解法,上述算法是采用贪心法求得的一个较好的近似解。

可以通过一个反例说明上述算法得到的不一定是最优解。例如 $n=7, m=3$,作业的执行时间$=\{16,14,12,11,10,9,8\}$。按照该算法得到的结果是 31,对应的方案是机器 1 执行时间长度为 16 和 9 的作业(总时间为 25),机器 2 执行时间长度为 14 和 10 的作业(总时间为 24),机器 3 执行时间长度为 12、11 和 8 的作业(总时间为 31)。而一个最优解是 27,对应的方案是:机器 1 执行时间长度为 16 和 11 的作业(总时间为 27),机器 2 执行时间长度为 14 和 12 的作业(总时间为 26),机器 3 执行时间长度为 10、9 和 8 的作业(总时间为 27)。

【算法分析】 排序的时间复杂度为 $O(n\log_2 n)$,两次 for 循环的时间合起来为 $O(n)$,所以本算法的时间复杂度为 $O(n\log_2 n)$。

7.7 哈夫曼编码

【问题描述】 设需要编码的字符集为 $\{d_1, d_2, \cdots, d_n\}$,它们出现的频率为 $\{w_1, w_2, \cdots, w_n\}$,应用哈夫曼树构造最优的不等长的由 0、1 构成的编码方案。

扫一扫

视频讲解

【问题求解】 先构建以 n 个结点为叶子结点的哈夫曼树,然后由哈夫曼树产生各叶子结点对应字符的哈夫曼编码。

哈夫曼树(Huffman Tree)的定义:设二叉树具有 n 个带权值的叶子结点,从根结点到每个叶子结点都有一个路径长度。从根结点到各个叶子结点的路径长度与相应结点权值的乘积的和称为该二叉树的**带权路径长度**,记作:

$$\mathrm{WPL} = \sum_{i=1}^{n} w_i \times l_i$$

其中,w_i 为第 i 个叶子结点的权值,l_i 为第 i 个叶子结点的路径长度。

由 n 个叶子结点可以构造出多种二叉树,其中具有最小带权路径长度的二叉树称为**哈夫曼树**(也称最优树)。

根据哈夫曼树的定义,一棵二叉树要使其 WPL 值最小,必须使权值越大的叶子结点越靠近根结点,而使权值越小的叶子结点越远离根结点。那么如何构造一棵哈夫曼树呢? 其方法如下:

(1) 由给定的 n 个权值 $\{w_1, w_2, \cdots, w_n\}$ 构造 n 棵只有一个叶子结点的二叉树,从而得到一个二叉树的集合 $F=\{T_1, T_2, \cdots, T_n\}$。

(2) 在 F 中选取根结点的权值最小和次小的两棵二叉树作为左、右子树构造一棵新的二叉树,这棵新的二叉树的根结点的权值为其左、右子树根结点的权值之和,即合并两棵二叉树为一棵二叉树。

(3) 重复步骤(2),当 F 中只剩下一棵二叉树时,这棵二叉树便是所要建立的哈夫曼树。

例如,给定 a~e 5 个字符,它们的权值集合为 $W=\{4,2,1,7,3\}$,构造哈夫曼树的过程如图 7.8 所示(图中带阴影的结点表示所属二叉树的根结点)。利用哈夫曼树构造的用于通信的二进制编码称为哈夫曼编码。在哈夫曼树中从根到每个叶子都有一条路径,对路径上的各分支约定指向左子树根的分支表示"0"码,指向右子树的分支表示"1"码,取每条路径上的"0"或"1"的序列作为和各个叶子对应的字符的编码,这就是哈夫曼编码。前面的示例产生的哈夫曼编码如图 7.9 所示。

每个字符编码由 0、1 构成,并且没有一个字符编码是另一个字符编码的前缀,这种编码称为**前缀码**,哈夫曼编码是一种最优前缀码。前缀码可以使译码过程变得十分简单,由于任一字符的编码都不是其他字符的前缀,从编码文件中不断取出代表某一字符的前缀码,转换为原字符,即可逐个译出文件中的所有字符。

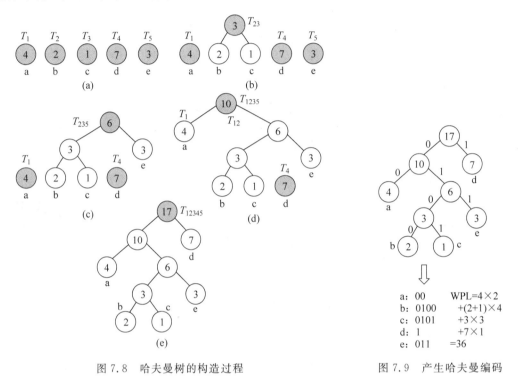

图 7.8 哈夫曼树的构造过程　　　　图 7.9 产生哈夫曼编码

在哈夫曼树的构造过程中,每次都合并两棵根结点权值最小的二叉树,这体现出贪心法的思想。那么是否可以像前面介绍的算法一样,先按权值递增排序,然后依次构造哈夫曼树呢? 由于每次合并两棵二叉树时都要找最小和次小的根结点,而且新构造的二叉树也参加这一过程,如果每次都排序,这样花费的时间更多,所以一般不这样做,而是在已构造的二叉树中直接通过比较来找最小和次小的根结点。

由 n 个权值构造的哈夫曼树的总结点个数为 $2n-1$,每个结点的二进制编码长度不会超过树高,可以推出这样的哈夫曼树的高度最多为 n。所以用一个数组 ht$[0..2n-2]$ 存放哈夫曼树,其中 ht$[0..n-1]$ 存放叶子结点,ht$[n..n-2]$ 存放其他需要构造的结点,ht$[i]$.parent 为该结点的双亲在 ht 数组中的下标,ht$[i]$.parent$=-1$ 表示它为根结点,ht$[i]$.lchild、ht$[i]$.rchild 分别为该结点的左、右孩子的下标。

用 map<char,string>容器 htcode 存放所有叶子结点的哈夫曼编码,例如 htcode['a']="10"表示字符'a'的哈夫曼编码为 10。

由于需要多次选择两棵根结点最小和次小的子树合并,为此设计一个小根堆来查找这样的子树。

对应的完整程序如下:

```cpp
#include <iostream>
#include <queue>
#include <vector>
#include <string>
#include <map>
using namespace std;
#define MAX 101
int n;
struct HTreeNode                            //哈夫曼树结点类型
{   char data;                              //字符
    int weight;                             //权值
    int parent;                             //双亲的位置
    int lchild;                             //左孩子的位置
    int rchild;                             //右孩子的位置
};
HTreeNode ht[MAX];                          //存放哈夫曼树
map<char,string> htcode;                    //存放哈夫曼编码
struct NodeType                             //优先队列结点类型
{   int no;                                 //对应哈夫曼树 ht 中的位置
    char data;                              //字符
    int weight;                             //权值
    bool operator<(const NodeType &s) const
    {                                       //用于创建小根堆
        return s.weight<weight;
    }
};
void CreateHTree()                          //构造哈夫曼树
{   NodeType e,e1,e2;
    priority_queue<NodeType> qu;
    for (int k=0;k<2*n-1;k++)               //设置所有结点的指针域
        ht[k].lchild=ht[k].rchild=ht[k].parent=-1;
    for (int i=0;i<n;i++)                   //将 n 个结点进队
    {   e.no=i;
        e.data=ht[i].data;
        e.weight=ht[i].weight;
        qu.push(e);
    }
    for (int j=n;j<2*n-1;j++)               //构造哈夫曼树的 n-1 个非叶子结点
    {   e1=qu.top(); qu.pop();              //出队权值最小的结点 e1
        e2=qu.top(); qu.pop();              //出队权值次小的结点 e2
        ht[j].weight=e1.weight+e2.weight;   //构造哈夫曼树的非叶子结点 j
        ht[j].lchild=e1.no;
        ht[j].rchild=e2.no;
        ht[e1.no].parent=j;                 //修改 e1.no 的双亲为结点 j
        ht[e2.no].parent=j;                 //修改 e2.no 的双亲为结点 j
        e.no=j;                             //构造队列结点 e
        e.weight=e1.weight+e2.weight;
        qu.push(e);
    }
}
void CreateHCode()                          //构造哈夫曼编码
```

```cpp
{   string code;
    code.reserve(MAX);
    for (int i=0;i<n;i++)               //构造叶子结点i的哈夫曼编码
    {   code="";
        int curno=i;
        int f=ht[curno].parent;
        while (f!=-1)                   //循环到根结点
        {   if (ht[f].lchild==curno)    //curno为双亲f的左孩子
                code='0'+code;
            else                        //curno为双亲f的右孩子
                code='1'+code;
            curno=f; f=ht[curno].parent;
        }
        htcode[ht[i].data]=code;        //得到ht[i].data字符的哈夫曼编码
    }
}
void DispHCode()                        //输出哈夫曼编码
{   map<char,string>::iterator it;
    for (it=htcode.begin();it!=htcode.end();++it)
        cout << "  " << it->first << ": " << it->second << endl;
}
void DispHTree()                        //输出哈夫曼树
{   for (int i=0;i<2*n-1;i++)
    {   printf("  data=%c, weight=%d, lchild=%d, rchild=%d, parent=%d\n",
            ht[i].data,ht[i].weight,ht[i].lchild,ht[i].rchild,ht[i].parent);
    }
}
int WPL()                               //求WPL
{   int wps=0;
    for (int i=0;i<n;i++)
        wps+=ht[i].weight * htcode[ht[i].data].size();
    return wps;
}
void main()
{   n=5;
    ht[0].data='a'; ht[0].weight=4;     //置初值,即n个叶子结点
    ht[1].data='b'; ht[1].weight=2;
    ht[2].data='c'; ht[2].weight=1;
    ht[3].data='d'; ht[3].weight=7;
    ht[4].data='e'; ht[4].weight=3;
    CreateHTree();                      //建立哈夫曼树
    printf("构造的哈夫曼树:\n");
    DispHTree();
    CreateHCode();                      //求哈夫曼编码
    printf("产生的哈夫曼编码如下:\n");
    DispHCode();                        //输出哈夫曼编码
    printf("WPL=%d\n",WPL());
}
```

上述程序的执行结果如下:

构造的哈夫曼树:
　　data=a, weight=4, lchild=-1, rchild=-1, parent=7

```
    data=b, weight=2, lchild=-1, rchild=-1, parent=5
    data=c, weight=1, lchild=-1, rchild=-1, parent=5
    data=d, weight=7, lchild=-1, rchild=-1, parent=8
    data=e, weight=3, lchild=-1, rchild=-1, parent=6
    data= , weight=3, lchild=2, rchild=1, parent=6
    data= , weight=6, lchild=4, rchild=5, parent=7
    data= , weight=10, lchild=0, rchild=6, parent=8
    data= , weight=17, lchild=3, rchild=7, parent=-1
产生的哈夫曼编码如下：
    a: 10
    b: 1111
    c: 1110
    d: 0
    e: 110
WPL=36
```

说明：在哈夫曼树的构造中，当合并两棵二叉树时，将两个权值最小和次小的根结点作为左或右孩子均可以，这样构造出的哈夫曼树可能不唯一，因此产生的哈夫曼编码也不唯一，但它们的 WPL 一定是唯一的。例如，上述程序的执行结果和图 7.9 所示的哈夫曼编码不同，但都是正确的哈夫曼编码，WPL 均为 36。

【**算法证明**】 先讨论两个命题及其证明过程。

命题 1：两个最小权值字符对应的结点 x 和 y 必须是哈夫曼树中最深的两个结点且它们互为兄弟。

证明：假设 x 结点在哈夫曼树（最优树）中不是最深的，那么存在一个结点 z，有 $w_z > w_x$，但它比 x 深，即 $l_z > l_x$，此时结点 x 和 z 的带权和为 $w_x \times l_x + w_z \times l_z$。

如果交换 x 和 z 结点的位置，其他不变，如图 7.10 所示，则交换后的带权和为 $w_x \times l_z + w_z \times l_x$，则有 $w_x \times l_z + w_z \times l_x < w_x \times l_x + w_z \times l_z$。

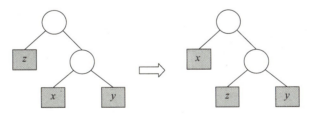

图 7.10 交换 x、z 结点

这是因为 $w_x \times l_z + w_z \times l_x - (w_x \times l_x + w_z \times l_z) = w_x(l_z - l_x) - w_z(l_z - l_x) = (w_x - w_z)(l_z - l_x) < 0$（由前面所设有 $w_z > w_x$ 和 $l_z > l_x$）。

这就与交换前的树是最优树的假设矛盾。所以上述命题成立。

命题 2：设 T 是字符集 C 对应的一棵哈夫曼树，结点 x 和 y 是兄弟，它们的双亲为 z，如图 7.11 所示，显然有 $w_z = w_x + w_y$，现删除结点 x 和 y，让 z 变为叶子结点，那么这棵新树 T_1 一定是字符集 $C_1 = C - \{x, y\} \cup \{z\}$ 的最优树。

证明：设 T 和 T_1 的带权路径长度分别为 WPL(T) 和 WPL(T_1)，则有 WPL(T) = WPL(T_1) + $w_x + w_y$。

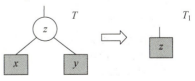

图 7.11 由 T 删除 x、y 结点得到 T_1

这是因为 WPL(T_1) 含有 T 中除 x、y 以外的所有叶子结点的带权路径长度和,另外加上 z 的带权路径长度。

假设 T_1 不是最优的,则存在另一棵树 T_2,有 WPL(T_2)<WPL(T_1)。

由于结点 $z \in C_1$,则 z 在 T_2 中一定是一个叶子结点。若将 x 和 y 加入 T_2 中作为结点 z 的左、右孩子,则得到表示字符集 C 的前缀树 T_3,如图 7.12 所示,则有 WPL(T_3) = WPL(T_2) + $w_x + w_y$。

由前面的几个式子看到 WPL(T_3) = WPL(T_2) + $w_x + w_y$ < WPL(T_1) + $w_x + w_y$ = WPL(T)。

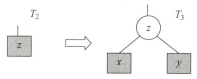

图 7.12 由 T_2 添加 x、y 结点得到 T_3

这与 T 为 C 的哈夫曼树的假设矛盾。本命题即证。

命题 1 说明该算法满足贪心选择性质,即通过合并来构造一棵哈夫曼树的过程可以从合并两个权值最小的字符开始。命题 2 说明该算法满足最优子结构性质,即该问题的最优解包含其子问题的最优解。所以采用哈夫曼树算法产生的树一定是一棵最优树。

【算法分析】 由于采用小根堆,从堆中删除两个结点(权值最小的两个二叉树根结点)和加入一个新结点的时间复杂度都是 $O(\log_2 n)$,所以构造哈夫曼树算法的时间复杂度为 $O(n\log_2 n)$。生成哈夫曼编码的算法循环 n 次,每次查找路径恰好是根结点到一个叶子结点的路径,平均高度为 $O(\log_2 n)$,所以由哈夫曼树生成哈夫曼编码的算法的时间复杂度也为 $O(n\log_2 n)$。

【例 7.5】 有一个英文句子 str = "The following code computes the intersection of two arrays.",统计其中各个字符出现的次数,以其为频度构造对应的哈夫曼编码,将该英文句子进行编码得到 enstr,然后将 enstr 解码为 destr。编写程序实现上述功能。

解 首先统计 str 中各个字符出现的次数,用 map<char,int> 容器 mp 存放。采用上述原理构造哈夫曼树 ht,继而产生对应的哈夫曼编码 htcode。扫描 str,将字符 str[i] 用 htcode[str[i]] 替换得到编码 enstr。在对 enstr 解码时扫描 enstr 的 0/1 字符串,从哈夫曼树的根结点开始匹配,当找到叶子结点时,用该叶子结点的字符替代匹配的 0/1 字符串,即可得到解码字符串 destr。对应的完整程序如下:

```
#include <iostream>
#include <queue>
#include <vector>
#include <string>
#include <map>
using namespace std;
#define MAX 101
//问题表示
int n;                              //叶子结点个数
string str;                         //英文句子字符串
//求解结果表示
struct HTreeNode                    //哈夫曼树结点类型
{   char data;                      //字符
    int weight;                     //权值
```

```cpp
        int parent;                      //双亲的位置
        int lchild;                      //左孩子的位置
        int rchild;                      //右孩子的位置
};
HTreeNode ht[MAX];                       //哈夫曼树
map<char,string> htcode;                 //哈夫曼编码
struct NodeType                          //优先队列结点类型
{   int no;                              //对应哈夫曼树中的位置
    char data;                           //字符
    int weight;                          //权值
    bool operator<(const NodeType &s) const
    {                                    //用于创建小根堆
        return s.weight<weight;
    }
};

void Init()                              //初始化哈夫曼树
{   int i;
    map<char,int> mp;
    for (i=0;i<str.length();i++)         //累计str中各个字符出现的次数
        mp[str[i]]++;
    n=mp.size();
    map<char,int>::iterator it;
    i=0;
    for (it=mp.begin();it!=mp.end();++it)//设置叶子结点的data和weight
    {   ht[i].data=it->first;
        ht[i].weight=it->second;
        i++;
    }
    for (int j=0;j<2*n-1;j++)            //设置所有结点的指针域为-1,表示空指针
        ht[j].lchild=ht[j].rchild=ht[j].parent=-1;
}

void CreateHTree()                       //构造哈夫曼树
{   NodeType e,e1,e2;
    priority_queue<NodeType> qu;
    for (int i=0;i<n;i++)                //将n个结点进队
    {   e.no=i;
        e.data=ht[i].data;
        e.weight=ht[i].weight;
        qu.push(e);
    }
    for (int j=n;j<2*n-1;j++)            //构造哈夫曼树的n-1个非叶子结点
    {   e1=qu.top(); qu.pop();           //出队权值最小的结点e1
        e2=qu.top(); qu.pop();           //出队权值次小的结点e2
        ht[j].weight=e1.weight+e2.weight;//构造哈夫曼树的非叶子结点j
        ht[j].lchild=e1.no;
        ht[j].rchild=e2.no;
        ht[e1.no].parent=j;              //修改e1.no的双亲为结点j
        ht[e2.no].parent=j;              //修改e2.no的双亲为结点j
        e.no=j;                          //构造队列结点e
        e.weight=e1.weight+e2.weight;
```

```cpp
            qu.push(e);
        }
    }
    void CreateHCode()                          //构造哈夫曼编码
    {   string code;
        code.reserve(MAX);
        for (int i=0;i<n;i++)                   //构造叶子结点i的哈夫曼编码
        {   code="";
            int curno=i;
            int f=ht[curno].parent;
            while (f!=-1)
            {   if (ht[f].lchild==curno)        //curno 为双亲 f 的左孩子
                    code='0'+code;
                else                            //curno 为双亲 f 的右孩子
                    code='1'+code;
                curno=f; f=ht[curno].parent;
            }
            htcode[ht[i].data]=code;
        }
    }
    void DispHCode()                            //输出哈夫曼编码
    {   map<char,string>::iterator it;
        for (it=htcode.begin();it!=htcode.end();++it)
            cout << "\t" << it->first << ": " << it->second << endl;
    }
    void EnCode(string str,string &enstr)       //编码字符串 str 得到 enstr
    {   for (int i=0;i<str.length();i++)
            enstr = enstr+htcode[str[i]];
    }
    void DeCode(string enstr,string &destr)     //解码字符串 enstr 得到 destr
    {   int r=2*n-2,p;                          //哈夫曼树的根结点为 ht[2*n-2]结点
        int i=0;
        while (i<enstr.length())
        {   p=r;
            while (true)
            {   if (enstr[i]=='0')
                    p=ht[p].lchild;
                else
                    p=ht[p].rchild;
                if (ht[p].lchild==-1 && ht[p].rchild==-1)//p 为叶子结点
                    break;                      //找到对应的字符
                i++;
            }
            destr=destr+ht[p].data;             //在解码字符串中添加 ht[p].data
            i++;
        }
    }
    void main()
    {   str="The following code computes the intersection of two arrays.";
        Init();
```

```
        CreateHTree();
        CreateHCode();
        cout << "哈夫曼编码:" << endl;
        DispHCode();
        string enstr="";
        EnCode(str,enstr);
        cout << "编码结果:" << endl;
        cout << enstr << endl;
        string destr="";
        DeCode(enstr,destr);
        cout << "解码结果:" << endl;
        cout << destr << endl;
}
```

上述程序的执行结果如下：

```
哈夫曼编码:
     : 101
    .: 100000
    T: 100001
    a: 11100
    c: 0000
    d: 100110
    e: 001
    f: 11010
    g: 110110
    h: 10010
    i: 0100
    l: 11000
    m: 100111
    n: 11101
    o: 011
    p: 100011
    r: 0101
    s: 0001
    t: 1111
    u: 110111
    w: 11001
    y: 100010
编码结果:
100001100100011011101001111000110000111100101001101110110101000001110011000110100001
110011110001110111111100100011011111100010011010011101111100101010001001000011111010
001111101101011101010111111100101110111100010101011100100010000110000
解码结果:
The following code computes the intersection of two arrays.
```

说明：从本例看出编码字符串 enstr 的长度（244 个字符）远远大于 str（59 个字符），在实际应用中可以用位图存放，这样可以将 enstr 压缩为 244/8＝31 个字符。

7.8 求解流水作业调度问题

流水作业调度问题的描述见 5.9 节，采用回溯法求解，在 6.5 节中采用优先队列式分枝限界法求解，这里采用贪心法求解。

【问题求解】 采用归纳思路。

当只有一个作业 (a_1,b_1) 时，显然最少时间 $T_{\min}=a_1+b_1$。

当有两个作业 (a_1,b_1) 和 (a_2,b_2) 时，若 (a_1,b_1) 在前 (a_2,b_2) 在后执行，有如图 7.13 所示的两种情况，图 7.13(a) 求出最少时间 $T_{\min}=a_1+b_1+a_2+b_2-b_1(b_1<a_2)$，图 7.13(b) 求出最少时间 $T_{\min}=a_1+b_1+a_2+b_2-a_2(a_2<b_1)$，合并起来，$T_{\min}=a_1+b_1+a_2+b_2-\min(a_2,b_1)$；若 (a_2,b_2) 在前 (a_1,b_1) 在后执行，可以求出最少时间 $T_{\min}=a_2+b_2+a_1+b_1-\min(b_2,a_1)$。

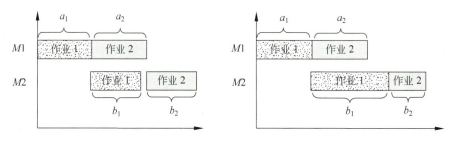

(a) 作业2在M2上执行没有等待的情况　　(b) 作业2在M2上执行有等待的情况

图 7.13　两个作业执行的两种情况

将两种执行顺序合并起来有 $T_{\min}=a_1+b_1+a_2+b_2-\max(\min(a_2,b_1),\min(a_1,b_2))$。

归纳起来，对于两个作业 (a_1,b_1) 和 (a_2,b_2)，若 $\min(a_1,b_2)\leqslant\min(a_2,b_1)$，则 (a_1,b_1) 放在 (a_2,b_2) 前面执行；反之，若 $\min(a_1,b_2)>\min(a_2,b_1)$，则 (a_2,b_2) 放在 (a_1,b_1) 前面执行。

由此可以得到一个贪心选择的性质：对于给定的作业 (a,b)，当 $a\leqslant b$ 时让 a 比较小的作业尽可能先执行；当 $a>b$ 时让 b 比较小的作业尽可能后执行。

Johnson 算法就是采用这种贪心思路。其步骤如下：

(1) 把所有作业按 $M1$、$M2$ 的时间分为两组，$a[i]\leqslant b[i]$ 对应第 1 组 N1，$a[i]>b[i]$ 对应第 0 组 N2。

(2) 将 N1 的作业按 $a[i]$ 递增排序，N2 的作业按 $b[i]$ 递减排序。

(3) 按顺序先执行 N1 的作业，再执行 N2 的作业，得到的就是耗时最少的最优调度方案。

其实现采用如下结构体数组 c：

```
struct NodeType
{   int no;                           //作业序号
    bool group;                       //1代表第1组N1,0代表第2组N2
    int time;                         //a、b的最小时间
    bool operator <(const NodeType &s) const
    {
        return time < s.time;         //用于按time递增排序
```

```
    }
};
```

扫描 a、b 数组得到 c,对数组 c 按 time 递增排序。用一维数组 best 存放最优调度序列,即将 N1 的作业序号按顺序存放在 best 的前面部分,将 N2 的作业序号按反序存放在 best 的后面部分即可。因为 N2 组中时间为 b 值,按时间递增排序后对应按 b 递增排序的结果,按反序存放到 best 中达到按 b 递减选取作业的目的。

例如,$n=4$,作业的 M1 时间 $a[\ ]=\{5,12,4,8\}$,作业的 M2 时间 $b[\ ]=\{6,2,14,7\}$。生成的数组 c 如表 7.5 所示,按 time 排序后的结果如表 7.6 所示。

再依次扫描数组 c 的所有元素,将第 1 组元素按 time 递增排列放在 best 的前面部分,将第 0 组元素按 time 递减排列放到 best 的后面部分,得到的结果如表 7.7 所示。此时 best 中的作业顺序即为最优调度方案,即 3、1、4、2。

表 7.5　排序前的 c 数组元素

作业号	1	2	3	4
M1 时间	5	12	4	8
M2 时间	6	2	14	7
组号	1	0	1	0
时间	5	2	4	7

表 7.6　排序后的 c 数组元素

作业号	2	3	1	4
M1 时间	12	4	5	8
M2 时间	2	14	6	7
组号	0	1	1	0
时间	2	4	5	7

表 7.7　best 的结果

best 序号	2	0	3	1
作业号	3	1	4	2
组号	1	1	0	0
时间	4	5	7	2

现在求最优调度下的总时间,用 $f1$ 累计 M1 上的执行时间(初始时 $f1=0$),用 $f2$ 累计 M2 上的执行时间(初始时 $f2=0$),最终 $f2$ 即为最优调度下的消耗总时间。对于最优调度方案 best,用 i 扫描 best 的元素,$f1$ 和 $f2$ 的计算如下(其推导过程见 5.9 节):

```
f1=f1+a[best[i]]
f2=max{f2,f1}+b[best[i]]
```

对应的完整程序如下:

```
#include <stdio.h>
#include <algorithm>
using namespace std;
```

```c
#define max(x,y) ((x)>(y)?(x):(y))
#define N 100
//问题表示
int n=4;
int a[N]={5,12,4,8};                    //对应 M1 的时间
int b[N]={6,2,14,7};                    //对应 M2 的时间
struct NodeType
{   int no;                             //作业序号
    bool group;                         //1 代表第一组 N1,0 代表第二组 N2
    int time;                           //a、b 的最小时间
    bool operator<(const NodeType &s) const
    {
        return time<s.time;             //按 time 递增排序
    }
};
//求解结果表示
int best[N];                            //最优调度序列
int solve()                             //求解流水作业调度问题
{   int i,j,k;
    NodeType c[N];
    for(i=0;i<n;i++)                    //在 n 个作业中求出每个作业的最小加工时间
    {   c[i].no=i;
        c[i].group=(a[i]<=b[i]);        //a[i]<=b[i]对应第 1 组 N1,a[i]>b[i]对应第 0 组 N2
        c[i].time=a[i]<=b[i]?a[i]:b[i]; //第 1 组存放 a[i],第 0 组存放 b[i]
    }
    sort(c,c+n);                        //c 中元素按 time 递增排序
    j=0; k=n-1;
    for(i=0;i<n;i++)                    //扫描 c 的所有元素,产生最优调度方案
    {   if(c[i].group==1)               //第 1 组,按 time 递增排列放在 best 的前面部分
            best[j++]=c[i].no;
        else                            //第 0 组,按 time 递减排列放到 best 的后面部分
            best[k--]=c[i].no;
    }
    int f1=0;                           //累计 M1 上的执行时间
    int f2=0;                           //最优调度下的消耗总时间
    for(i=0;i<n;i++)
    {   f1+=a[best[i]];
        f2=max(f2,f1)+b[best[i]];
    }
    return f2;
}
void main()
{   printf("求解结果\n");
    printf(" 总时间:%d\n",solve());
    printf(" 调度方案:");
    for(int i=0;i<n;i++)
        printf("%d ",best[i]+1);
    printf("\n");
}
```

上述程序的执行结果如下：

求解结果
  总时间：33
  调度方案：3 1 4 2

【算法分析】 算法的时间主要花费在排序上，所以时间复杂度为 $O(n\log_2 n)$，比采用回溯法和分枝限界法求解更高效。

7.9 练习题

1. 下面（　　）是贪心算法的基本要素之一。
  A. 重叠子问题 B. 构造最优解 C. 贪心选择性质 D. 定义最优解
2. 下面（　　）不能使用贪心法解决。
  A. 单源最短路径问题   B. n 皇后问题
  C. 最小花费生成树问题   D. 背包问题
3. 采用贪心算法的最优装载问题的主要计算量在于将集装箱依重量从小到大排序，故算法的时间复杂度为（　　）。
  A. $O(n)$ B. $O(n^2)$ C. $O(n^3)$ D. $O(n\log_2 n)$
4. 关于 0/1 背包问题，以下描述正确的是（　　）。
  A. 可以使用贪心算法找到最优解
  B. 能找到多项式时间的有效算法
  C. 使用教材介绍的动态规划方法可求解任意 0/1 背包问题
  D. 对于同一背包和相同的物品，做背包问题取得的总价值一定大于等于做 0/1 背包问题
5. 一棵哈夫曼树共有 215 个结点，对其进行哈夫曼编码共能得到（　　）个不同的码字。
  A. 107 B. 108 C. 214 D. 215
6. 求解哈夫曼编码时如何体现贪心思路？
7. 举反例证明 0/1 背包问题若使用的算法是按照 v_i/w_i 的非递减次序考虑选择的物品，即只要正在被考虑的物品装得进就装入背包，则此方法不一定能得到最优解（此题说明 0/1 背包问题与背包问题的不同）。
8. 求解硬币问题。有 1 分、2 分、5 分、10 分、50 分和 100 分的硬币各若干枚，现在要用这些硬币来支付 W 元，最少需要多少枚硬币？
9. 求解正整数的最大乘积分解问题。将正整数 n 分解为若干个互不相同的自然数之和，使这些自然数的乘积最大。
10. 求解乘船问题。有 n 个人，第 i 个人体重为 $w_i(0 \leq i < n)$。每艘船的最大载重量均为 C，且最多只能乘两个人。试用最少的船装载所有人。
11. 求解会议安排问题。有一组会议 A 和一组会议室 B，$A[i]$ 表示第 i 个会议的参加

人数，$B[j]$表示第 j 个会议室最多可以容纳的人数。当且仅当 $A[i] \leqslant B[j]$ 时第 j 个会议室可以用于举办第 i 个会议。给定数组 A 和数组 B，试问最多可以同时举办多少个会议。例如，$A[\ ]=\{1,2,3\}$，$B[\ ]=\{3,2,4\}$，结果为 3；若 $A[\ ]=\{3,4,3,1\}$，$B[\ ]=\{1,2,2,6\}$，结果为 2。

12. 假设要在足够多的会场里安排一批活动，n 个活动编号为 $1\sim n$，每个活动有开始时间 b_i 和结束时间 $e_i (1 \leqslant i \leqslant n)$。设计一个有效的贪心算法求出最少的会场个数。

13. 给定一个 $m \times n$ 的数字矩阵，计算从左到右走过该矩阵且经过的方格中整数最小的路径。一条路径可以从第 1 列的任意位置出发，到达第 n 列的任意位置，每一步为从第 i 列走到第 $i+1$ 列的相邻行(水平移动或沿 45° 斜线移动)，如图 7.14 所示。第 1 行和最后一行看作是相邻的，即应当把这个矩阵看成是一个卷起来的圆筒。

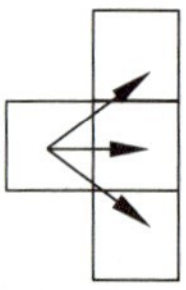

图 7.14 每一步的走向

两个略有不同的 5×6 的数字矩阵的最小路径如图 7.15 所示，只有最下面一行的数不同。右边矩阵的路径利用了第 1 行与最后一行相邻的性质。

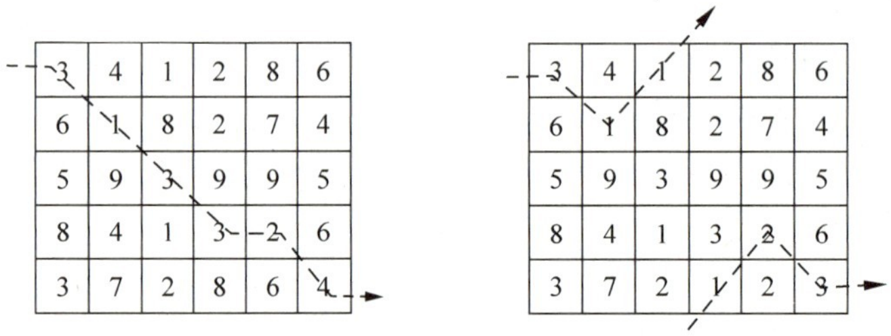

图 7.15 两个数字矩阵的最小路径

输入描述：包含多个矩阵，每个矩阵的第 1 行为两个数 m 和 n，分别表示矩阵的行数和列数，接下来的 $m \times n$ 个整数按行优先的顺序排列，即前 n 个数组成第 1 行，接下来的 n 个数组成第 2 行，依此类推。相邻整数间用一个或多个空格分隔，注意这些数不一定是正数。在输入中可能有一个或多个矩阵描述，直到输入结束。每个矩阵的行数为 $1\sim 10$，列数为 $1\sim 100$。

输出描述：对每个矩阵输出两行，第 1 行为最小整数之和的路径，路径由 n 个整数组成，表示路径经过的行号，如果这样的路径不止一条，则输出字典序最小的一条。

输入样例：

```
5 6
3 4 1 2 8 6
6 1 8 2 7 4
5 9 3 9 9 5
8 4 1 3 2 6
3 7 2 8 6 4
```

样例输出：

```
1 2 3 4 4 5
16
```

7.10 上机实验题

实验 1. 求解一个序列中出现次数最多的元素问题

给定 n 个正整数,编写一个实验程序找出它们中出现次数最多的数。如果这样的数有多个,请输出其中最小的一个。

输入描述:输入的第 1 行只有一个正整数 $n(1 \leqslant n \leqslant 1000)$,表示数字的个数;输入的第 2 行有 n 个整数 s_1、s_2、…、$s_n(1 \leqslant s_i \leqslant 10\,000, 1 \leqslant i \leqslant n)$。相邻的数用空格分隔。

输出描述:输出这 n 个次数中出现次数最多的数。如果这样的数有多个,输出其中最小的一个。

输入样例:

```
6
10 1 10 20 30 20
```

样例输出:

```
10
```

实验 2. 求解删数问题

编写一个实验程序求解删数问题。给定共有 n 位的正整数 d,去掉其中任意 $k \leqslant n$ 个数字后剩下的数字按原次序排列组成一个新的正整数。对于给定 n 位正整数 d 和正整数 k,找出剩下数字组成的新数最小的删数方案。

实验 3. 求解汽车加油问题

已知一辆汽车加满油后可行驶 d(如 $d=7$)km,而旅途中有若干个加油站。编写一个实验程序指出应在哪些加油站停靠加油,使加油次数最少。用 a 数组存放各加油站之间的距离,例如 $a[\ ]=\{2,7,3,6\}$,表示共有 $n=4$ 个加油站(加油站编号是 $0 \sim n-1$),从起点到 0 号加油站的距离为 2km,依此类推。

实验 4. 求解磁盘驱动调度问题

有一个磁盘请求序列给出了程序的 I/O 对各个柱面上数据块请求的顺序,例如,一个请求序列为 98,183,37,122,14,124,65,67,$n=8$,请求编号为 $1 \sim n$。如果磁头开始位于位置 C(假设不在任何请求的位置,例如 C 为 53)。最短寻道时间优先(SSTF)是一种移动磁头柱面数较小的调度算法。例如前面的请求序列,SSTF 算法的磁头移动柱面数为 236,而先来先服务(FCFS)算法的磁头移动柱面数为 640。编一个实验程序采用 SSTF 算法输出给定的磁盘请求序列的调度方案和磁头移动总数。

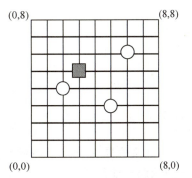

图 7.16 一个街道图

实验 5. 求解仓库设置位置问题

城市街道图如图 7.16 所示,所有街道都是水平或者垂直分布,假设水平和垂直方向均有 $m+1$ 条,任何两个相邻位置之间的距离为 1。在街道的十字路口有 n 个商店,图中的 $n=3$、$m=8$,3 个商店的坐标位置分别是(2,4)、(5,3)和(6,6)。现在需要在某个路口位置建立一个合用的仓库。若仓库位置为(3,5),那么这 3 个商店到仓库的路程(只能沿着街道行进)总长度最少是 10。设计一个算法找到仓库的最佳位置,使得所有商店到仓库的路程的总长度达到最短。

7.11　在线编程题

在线编程题 1. 求解最大乘积问题

【问题描述】　给定一个无序数组,包含正数、负数和 0,要求从中找出 3 个数的乘积,使得乘积最大,并且时间复杂度为 $O(n)$、空间复杂度为 $O(1)$。

输入描述:无序整数数组 $a[n]$。

输出描述:满足条件的最大乘积。

输入样例:

```
4
3 4 1 2
```

样例输出:

```
24
```

在线编程题 2. 求解区间覆盖问题

【问题描述】　用 i 来表示 x 坐标轴上坐标为 $(i-1,i)$、长度为 1 的区间,并给出 $n(1 \leqslant n \leqslant 200)$ 个不同的整数,表示 n 个这样的区间。现在要求画 m 条线段覆盖住所有的区间,条件是每条线段可以任意长,但是要求所画线段的长度之和最小,并且线段的数目不超过 $m(1 \leqslant m \leqslant 50)$。

输入描述:输入包括多组数据,每组数据的第 1 行表示区间个数 n 和所需线段数 m,第 2 行表示 n 个点的坐标。

输出描述:每组输出占一行,输出 m 条线段的最小长度和。

输入样例:

```
5 3
1 3 8 5 11
```

样例输出:

```
7
```

在线编程题 3. 求解 Wooden Sticks(POJ 1065)问题

【问题描述】　有 n 个需要加工的木棍,每个木棍有长度 L 和重量 W 两个参数,机器处理第一个木棍用时 1 分钟,如果当前处理的木棍为 L 和 W,之后处理的木棍 L' 和 W' 若满足

$L \leq L'$ 并且 $W \leq W'$，则不需要额外的时间，否则需要加时 1 分钟。需要求出给定木棍的最少加工时间。例如，5 个木棍的长度和重量分别是 (9,4)、(2,5)、(1,2)、(5,3)、(4,1)，则最少时间为 2 分钟，加工顺序是 (4,1)→(5,3)→(9,4)→(1,2)→(2,5)。

输入描述：输入第 1 行为整数 t，表示测试用例个数。每个测试用例的第 1 行为 $n(1 \leq n \leq 10\,000)$，表示木棍数，第 2 行是 $2n$ 个整数 l_1、w_1、l_2、w_2、$\cdots$、l_n、w_n，每个整数最大为 10 000。

输出描述：每个测试用例对应一行，即加工需要的最少分钟数。

输入样例：

```
3
5
4 9 5 2 2 1 3 5 1 4
3
2 2 1 1 2 2
3
1 3 2 2 3 1
```

样例输出：

```
2
1
3
```

在线编程题 4. 求解奖学金问题

【问题描述】 小 v 今年有 n 门课（课程编号为 $0 \sim n-1$），每门课程都有考试，为了拿到奖学金，小 v 必须让自己所有课程的平均成绩至少为 avg。每门课由平时成绩和考试成绩相加得到，满分为 r。现在他知道每门课的平时成绩为 $a_i(0 \leq i \leq n-1)$，若想让这门课的考试成绩多拿 1 分，小 v 要花 b_i 的时间复习，如果不复习，当然就是 0 分。同时，显然可以发现复习得再多也不会拿到超过满分的分数。为了拿到奖学金，小 v 至少要花多少时间复习？

输入描述：输入包含多个测试用例。每个测试用例的第 1 行为整数 $n(1 \leq n \leq 200)$，表示课程门数，接下来的 n 行，每行两个整数，分别表示一门课的平时成绩和 b_i，最后一行输入满分 r 和希望达到的平均成绩 avg。以输入 $n=0$ 结束。

输出描述：每个测试用例输出一行，表示小 v 要花的最少复习时间。

输入样例：

```
4
80 5
70 2
90 3
60 1
100 92.5
0
```

样例输出:

```
30
```

在线编程题 5. 求解赶作业问题

【问题描述】 小 v 上学,老师布置了 n 个作业,每个作业恰好需要一天做完,每个作业都有最后提交时间及其逾期的扣分。请给出小 v 做作业的顺序,以便扣最少的分数。

输入描述:输入包含多个测试用例。每个测试用例的第 1 行为整数 $n(1 \leq n \leq 100)$,表示作业数,第 2 行包括 n 个整数,表示每个作业最后提交的时间(天),第 3 行包括 n 个整数,表示每个作业逾期的扣分。以输入 $n=0$ 结束。

输出描述:每个测试用例对应两行输出,第 1 行为做作业的顺序(作业编号之间用空格分隔),第 2 行为最少的扣分。

输入样例:

```
3                    //3 个作业
1 3 1                //最后提交的时间(天)
6 2 3                //逾期的扣分
0
```

样例输出:

```
1 2
3
```

第 8 章 动态规划

动态规划(Dynamic Programming,DP)是将多阶段决策问题进行公式化的一种技术，由 R.Bellman 于 1957 年提出，被成功应用于许多领域，也是算法设计方法之一。本章介绍动态规划求解问题的一般方法，并讨论一些用动态规划求解的经典示例。

8.1 动态规划概述

动态规划并非是"动态编程"或者"动态查询设计"。动态规划法通常基于一个递推公式及一个或多个初始状态，当前子问题的解将由上一次子问题的解推出。许多看起来复杂的问题采用动态规划法求解十分方便，而且只需要多项式时间复杂度，比回溯法、暴力法等效率高，但并非任何问题都适合采用动态规划法求解，本节介绍其相关概念。

8.1.1 从求解斐波那契数列看动态规划法

在第 2 章中讨论过求解斐波那契数列的递归算法，这里以求 Fib(5) 为例可以看出如下几点：

(1) 递归调用 Fib(5) 采用自顶向下的执行过程，从调用 Fib(5) 开始到计算出 Fib(5) 结束。

(2) 计算过程中存在大量的重复计算，例如求 Fib(5) 的过程如图 8.1 所示，存在两次计算 Fib(3) 的值的情况。

视频讲解

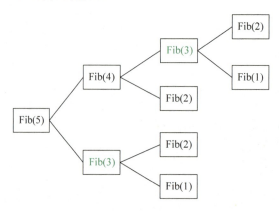

图 8.1 求 Fib(5) 的过程

为了避免重复设计，设计一个 dp 数组，$dp[i]$ 存放 $Fib(i)$ 的值，首先设置 $dp[1]$ 和 $dp[2]$ 均为 1，再让 i 从 3 到 n 循环以计算 $dp[3]$ 到 $dp[n]$ 的值，最后返回 $dp[n]$，即 Fib1(n)。对应的算法 1 如下：

```
int count=1;                            //累计求解步骤
int Fib1(int n)                         //求斐波那契数列的算法 1
{   dp[1]=dp[2]=1;
    printf("(%d)计算出 Fib1(1)=1\n",count++);
    printf("(%d)计算出 Fib1(2)=1\n",count++);
    for (int i=3;i<=n;i++)
```

```
        {   dp[i]=dp[i-1]+dp[i-2];
            printf("(%d)计算出 Fib1(%d)=%d\n",count++,i,dp[i]);
        }
        return dp[n];
    }
```

执行 Fib1(5)时的输出结果如下：

(1) 计算出 Fib1(1)=1
(2) 计算出 Fib1(2)=1
(3) 计算出 Fib1(3)=2
(4) 计算出 Fib1(4)=3
(5) 计算出 Fib1(5)=5

显然这种方法的执行效率得到提高，执行过程改变为自底向上，即先求出子问题的解，将计算结果存放在一张表中，而且相同的子问题只计算一次，在后面需要时只要简单查一下，以避免大量的重复计算。求 Fib1(5)的过程如图 8.2 所示（图中带阴影框的结果是直接查表得到的）。

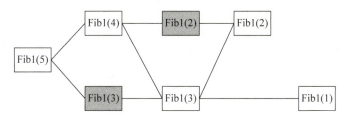

图 8.2　求 Fib1(5)的过程

上述求斐波那契数列的算法 1 属于动态规划法，其中数组 dp(表)称为动态规划数组。动态规划法也称为记录结果再利用的方法，其基本求解过程如图 8.3 所示。

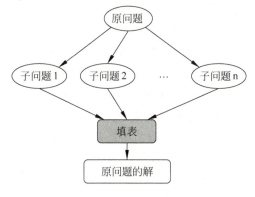

图 8.3　动态规划法的求解过程

8.1.2　动态规划的原理

动态规划是一种解决多阶段决策问题的优化方法，把多阶段过程转化为一系列单阶段问题,利用各阶段之间的关系逐个求解。

1. 动态规划的相关概念

看一个具体示例,如图8.4所示,在 A 处有一水库,现需要从 A 点铺设一条管道到 E 点,边上的数字表示与其相连的两个地点之间所需修建的管道长度用 c 数组表示,例如 $c(A,B_1)=2$。现要找出一条从 A 到 E 的修建线路,使得所需修建的管道长度最短。

扫一扫

视频讲解

该图是一个**多段图**(multistage graph)。一个图 $G=(V,E)$ 是多段图,是指顶点集 V 划分成 k 个互不相交的子集 $V_i(1 \leqslant i \leqslant k)$,使得 E 中的任何一条边 (u,v) 必有 u、v 属于两个不同的子集 V_i、V_j。在该图中 A 是源点,E 是终点。

这类问题适合采用动态规划来求解,下面结合该问题介绍动态规划中的几个基本概念。

1) 阶段和阶段变量

一个多段图分成若干个阶段,每个阶段用阶段变量 k 标识。

在图8.4中,在 $A \sim E$ 的过程中依据按位置所做的决策的次数及所做决策的先后次序将问题分为5个阶段,阶段变量用于表示各阶段,这里阶段变量 k 为 $1 \sim 5$,图中第5阶段是虚拟的一个边界阶段。

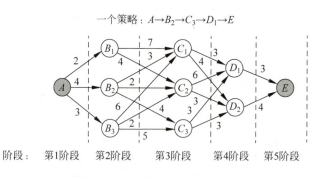

图 8.4 一个多阶段图或多段图

2) 状态和状态变量

描述决策过程当前特征的量称为**状态**,它可以是数量,也可以是字符。每一状态可以取不同值,状态变量记为 s_k,各阶段所有状态组成的集合称为状态集,用 S_k 表示,有 $s_k \in S_k$。在决策过程中,每一个阶段只选取一个状态,s_k 表示第 k 阶段所取的状态。各阶段的状态为上一阶段的结束点,或该阶段的起点组成的集合。

在图8.4中,第1阶段的状态为 A,第2阶段的状态有 B_1、B_2、B_3,第3阶段的状态有 C_1、C_2、C_3,第4阶段的状态有 D_1、D_2,第5阶段的状态为 E,所以有 $S_1=\{A\}$,$S_2=\{B_1,B_2,B_3\}$,$S_3=\{C_1,C_2,C_3\}$,$S_4=\{D_1,D_2\}$,$S_5=\{E\}$。简单地说,若图中的每个顶点唯一,则一个状态就是图中的每个顶点。

3) 决策和策略

决策就是决策者在过程处于某一阶段的某一状态时面对下一阶段的状态做出的选择或决定。在图8.4中,若 $s_2=B_2$,如果决策者所做的决策为 B_2C_1,则下一阶段的状态为 C_1,也可以做 B_2C_2、B_2C_3 的决策,用 $D_k(s_k)$ 表示 k 阶段 s_k 状态可以到达的状态集合,如 $D_2(B_2)=$

$\{C_1, C_2, C_3\}$。

策略就是策略者从第1阶段到最后阶段的全过程的决策构成的决策序列。第k阶段到最后阶段的决策序列称为子策略。在图8.4中，粗线表示的$A\to B_2\to C_3\to D_1\to E$就是从起点状态$A$开始的一个策略，而$C_2\to D_1\to E$是从第3阶段的$C_2$状态开始的一个子策略。

4）状态转移方程

某一状态以及该状态下的决策与下一状态之间的指标函数之间的关系称为**状态转移方程**，其中指标函数是衡量对决策过程进行控制的效果的数量指标，可以是收益、成本或距离等。一般在求最优解时指标函数对应的是最优指标函数。

例如在图8.4中，设最优指标函数$f(s)$表示从状态s到终点E的最短路径长度，用k表示阶段，则对应的状态转移方程如下：

$$f_5(E) = 0$$
$$f_k(s_k) = \underset{x_k \in D_k(s_k)}{\text{MIN}} \{c(s_k, x_k) + f_{k+1}(s_{k+1})\}$$

或者简写为：

$$f(E) = 0$$
$$f(s) = \underset{\text{存在}<s,t>\text{的有向边}}{\text{MIN}} \{c(s,t) + f(t)\}$$

在有些情况下需要用"MAX"替代"MIN"表示决策是求最大值而非最小值，或者采用其他求值函数。

所以动态规划算法通常基于一个递推公式及一个或多个初始状态。当前子问题的解将由上一次子问题的解推出，这里是由子问题$f(t)$的解推出$f(s)$的解。

2. 动态规划问题的解法

对于有k个阶段的动态规划问题，从第k阶段到第1阶段的求解过程称为逆序解法，从第1阶段到第k阶段的求解过程称为顺序解法。

1）动态规划问题的逆序解法

前面给出图8.4的状态转移方程$f(s)$的递推顺序是从后向前，即$E\to A$，对应逆序解法。用next表示路径上一个顶点的后继顶点，其求解A到E最短路径的过程如下。

(1) 第5阶段：
$$f(E) = 0$$

(2) 第4阶段：
$$f(D_1) = \text{MIN}(c(D_1, E) + f(E)) = 3, \text{next}(D_1) = E$$
$$f(D_2) = \text{MIN}(c(D_2, E) + f(E)) = 4, \text{next}(D_2) = E$$

(3) 第3阶段：
$$f(C_1) = \text{MIN} \begin{cases} c(C_1, D_1) + f(D_1) = 6 \\ c(C_1, D_2) + f(D_2) = 8 \end{cases} = 6, \text{next}(C_1) = D_1$$
$$f(C_2) = \text{MIN} \begin{cases} c(C_2, D_1) + f(D_1) = 9 \\ c(C_2, D_2) + f(D_2) = 7 \end{cases} = 7, \text{next}(C_2) = D_2$$
$$f(C_3) = \text{MIN} \begin{cases} c(C_3, D_1) + f(D_1) = 6 \\ c(C_3, D_2) + f(D_2) = 7 \end{cases} = 6, \text{next}(C_3) = D_1$$

(4) 第 2 阶段：

$$f(B_1) = \text{MIN} \begin{cases} c(B_1,C_1) + f(C_1) = 13 \\ c(B_1,C_2) + f(C_2) = 11 \\ c(B_1,C_3) + f(C_3) = \infty \end{cases} = 11, \text{next}(B_1) = C_2$$

$$f(B_2) = \text{MIN} \begin{cases} c(B_2,C_1) + f(C_1) = 9 \\ c(B_2,C_2) + f(C_2) = 9 \\ c(B_2,C_3) + f(C_3) = 10 \end{cases} = 9, \text{next}(B_2) = C_1$$

$$f(B_3) = \text{MIN} \begin{cases} c(B_3,C_1) + f(C_1) = 12 \\ c(B_3,C_2) + f(C_2) = 9 \\ c(B_3,C_3) + f(C_3) = 11 \end{cases} = 9, \text{next}(B_3) = C_2$$

(5) 第 1 阶段：

$$f(A) = \text{MIN} \begin{cases} c(A,B_1) + f(B_1) = 13 \\ c(A,B_2) + f(B_2) = 13 \\ c(A,B_3) + f(B_3) = 12 \end{cases} = 12, \text{next}(A) = B_3$$

由 $f(A) = 12$ 求出的最短路径长度为 12，由 $\text{next}(A) = B_3$、$\text{next}(B_3) = C_2$、$\text{next}(C_2) = D_2$、$\text{next}(D_2) = E$ 推出最短路径为 $A \to B_3 \to C_2 \to D_2 \to E$。

设计一维数组 dp，dp[s]存放 $f(s)$ 的结果，采用逆序解法求 A 到 E 的最短路径和最短路径长度的完整程序如下：

```cpp
#include <string.h>
#include <map>
using namespace std;
#define MAX 21
#define INF 0x3f3f3f3f
//问题表示
int n;                              //顶点个数
int start;                          //起点编号
int end;                            //终点编号
int c[MAX][MAX];                    //存放边长度
int next[MAX];                      //存放最短路径上当前顶点的后继顶点
map<int,char *> vname;              //存放编号对应的顶点名称
int dp[MAX];
int Count=1;                        //计算步骤
void Init()                         //初始化图
{   n=10;
    start=0;
    end=9;
    memset(c,INF,sizeof(c));
    for (int i=0;i<n;i++)           //初始化 dp 的所有元素为-1
        dp[i]=-1;
    for (int j=0;j<n;j++)
        c[j][j]=0;
    c[0][1]=2; c[0][2]=4; c[0][3]=3; //图 8.4 的邻接矩阵
    c[1][4]=7; c[1][5]=4;
```

```
        c[2][4]=3; c[2][5]=2; c[2][6]=4;
        c[3][4]=6; c[3][5]=2; c[3][6]=5;
        c[4][7]=3; c[4][8]=4;
        c[5][7]=6; c[5][8]=3;
        c[6][7]=3; c[6][8]=3;
        c[7][9]=3;
        c[8][9]=4;
        vname[0]="A";                          //图中顶点 A 对应的编号为 0,下同
        vname[1]="B1"; vname[2]="B2"; vname[3]="B3";
        vname[4]="C1"; vname[5]="C2"; vname[6]="C3";
        vname[7]="D1"; vname[8]="D2";
        vname[9]="E";
}
int f(int s)                                   //动态规划问题的逆序解法
{   if (dp[s]!=-1) return dp[s];               //若 dp[s]已求出,直接返回
    if (s==end)                                //找到终点
    {   dp[s]=0;
        printf(" (%d) f(%s)=0\n",Count++,vname[s]);
        return dp[s];
    }
    else
    {   int cost,mincost=INF,minj;
        for (int j=0;j<n;j++)                  //查找顶点 s 的后继顶点
        {   if (c[s][j]!=0 && c[s][j]!=INF)
            {   cost=c[s][j]+f(j);             //先求出后继顶点 j 的 f 值
                if (mincost>cost)              //比较求最短路径
                {   mincost=cost;
                    minj=j;
                }
            }
        }
        dp[s]=mincost;
        next[s]=minj;                          //当前顶点 s 的后继顶点为 minj
        printf(" (%d) f(%s)=c(%s,%s)+f(%s)=%d, ",Count++,
               vname[s],vname[s],vname[minj],vname[minj],dp[s]);
        printf("next(%s)=%s\n",vname[s],vname[minj]);
        return dp[s];
    }
}
void main()
{   Init();
    printf("%s→%s 求解过程\n",vname[end],vname[start]);
    f(start);
}
```

2) 动态规划问题的顺序解法

对于图 8.4,顺序解法是从源点出发,求出到达当前状态的最短路径,再考虑下一个阶段,直到终点 E。对应的状态转移方程如下:

$$f(A) = 0$$
$$f(s) = \underset{\text{存在}<t,s>\text{的有向边}}{\text{MIN}} \{f(t) + c(t,s)\}$$

用 pre 表示路径上一个顶点的前驱顶点，其求解 A 到 E 最短路径的过程如下。

(1) 第 1 阶段：
$$f(A) = 0$$

(2) 第 2 阶段：
$$f(B_1) = \text{MIN}(f(A) + c(A,B_1)) = 2, \text{pre}(B_1) = A$$
$$f(B_2) = \text{MIN}(f(A) + c(A,B_2)) = 4, \text{pre}(B_2) = A$$
$$f(B_3) = \text{MIN}(f(A) + c(A,B_3)) = 3, \text{pre}(B_3) = A$$

(3) 第 3 阶段：
$$f(C_1) = \text{MIN} \begin{cases} f(B_1) + c(B_1,C_1) = 9 \\ f(B_2) + c(B_2,C_1) = 7 \\ f(B_3) + c(B_3,C_1) = 9 \end{cases} = 7, \text{pre}(C_1) = B_2$$

$$f(C_2) = \text{MIN} \begin{cases} f(B_1) + c(B_1,C_2) = 6 \\ f(B_2) + c(B_2,C_2) = 6 \\ f(B_3) + c(B_3,C_2) = 5 \end{cases} = 5, \text{pre}(C_2) = B_3$$

$$f(C_3) = \text{MIN} \begin{cases} f(B_1) + c(B_1,C_3) = \infty \\ f(B_2) + c(B_2,C_3) = 8 \\ f(B_3) + c(B_3,C_3) = 8 \end{cases} = 8, \text{pre}(C_3) = B_2$$

(4) 第 4 阶段：
$$f(D_1) = \text{MIN} \begin{cases} f(C_1) + c(C_1,D_1) = 10 \\ f(C_2) + c(C_2,D_1) = 11 \\ f(C_3) + c(C_3,D_1) = 11 \end{cases} = 10, \text{pre}(D_1) = C_1$$

$$f(D_2) = \text{MIN} \begin{cases} f(C_1) + c(C_1,D_2) = 11 \\ f(C_2) + c(C_2,D_2) = 8 \\ f(C_3) + c(C_3,D_2) = 11 \end{cases} = 8, \text{pre}(D_2) = C_2$$

(5) 第 5 阶段：
$$f(E) = \text{MIN} \begin{pmatrix} f(D_1) + c(D_1,E) = 13 \\ f(D_2) + c(D_2,e) = 12 \end{pmatrix} = 12, \text{pre}(E) = D_2$$

由 $f(E)=12$ 求出的最短路径长度为 12，由 $\text{pre}(E)=D_2$、$\text{pre}(D_2)=C_2$、$\text{pre}(C_2)=B_3$、$\text{pre}(B_3)=A$ 推出最短路径为 $A \to B_3 \to C_2 \to D_2 \to E$。

设计一维数组 dp，dp[s] 存放 $f(s)$ 的结果，采用顺序解法求 $A \to E$ 的最短路径和最短路径长度的完整程序如下：

```
# include < string . h >
# include < map >
using namespace std;
# define MAX 21
# define INF 0x3f3f3f3f
//问题表示
```

```
int n;                              //顶点个数
int start;                          //起点编号
int end;                            //终点编号
int c[MAX][MAX];                    //存放边长度
int pre[MAX];                       //存放最短路径上当前顶点的前驱顶点
map<int,char *> vname;              //存放编号对应的顶点名称
int dp[MAX];
int Count=1;                        //计算步骤
//这里初始化Init函数同逆序解法
int f(int s)                        //动态规划问题的顺序解法
{   if (dp[s]!=-1) return dp[s];    //若dp[s]已求出,直接返回
    if (s==start)                   //找到终点
    {   dp[s]=0;
        printf(" (%d) f(%s)=0\n",Count++,vname[s]);
        return dp[s];
    }
    else
    {   int cost,mincost=INF,mini;
        for (int i=0;i<n;i++)       //查找顶点s的前驱顶点
        {   if (c[i][s]!=0 && c[i][s]!=INF)
            {   cost=f(i)+c[i][s];  //先求出前驱顶点i的f值
                if (mincost>cost)   //比较求最短路径
                {   mincost=cost;
                    mini=i;
                }
            }
        }
        dp[s]=mincost;
        pre[s]=mini;                //设置当前顶点s的前驱顶点为mini
        printf(" (%d) f(%s)=f(%s)+c(%s,%s)=%d, ",Count++,
            vname[s],vname[mini],vname[mini],vname[s],dp[s]);
        printf("pre(%s)=%s\n",vname[s],vname[mini]);
        return dp[s];
    }
}
void main()
{   Init();
    printf("%s→%s 求解过程\n",vname[start],vname[end]);
    f(end);
}
```

8.1.3 动态规划求解的基本步骤

采用动态规划求解的问题一般要具有以下3个性质。

(1) 最优性原理：如果问题的最优解所包含的子问题的解也是最优的,就称该问题具有最优子结构,即满足最优性原理。

(2) 无后效性：即某阶段的状态一旦确定,就不受这个状态以后决策的影响。也就是说,某状态以后的过程不会影响以前的状态,只与当前状态有关。

(3) 有重叠子问题：即子问题之间是不独立的,一个子问题在下一阶段决策中可能被

多次使用到。例如,求斐波那契数列 Fib(5) 时需要多次求 Fib(3),该性质并不是动态规划适用的必要条件,但是如果没有这个性质,动态规划算法和其他算法相比就不具备优势。

动态规划所处理的问题是一个多阶段决策问题,一般由初始状态开始,通过对中间阶段决策的选择,达到结束状态。这些决策形成了一个决策序列,同时确定了完成整个过程的一条活动路线,如图 8.5 所示。

$$\boxed{\text{初始状态} \rightarrow |\text{决策 1}| \rightarrow |\text{决策 2}| \rightarrow \cdots \cdots \rightarrow |\text{决策 } n| \rightarrow \text{结束状态}}$$

图 8.5 动态规划决策过程示意图

动态规划的设计都有着一定的模式,一般要经历以下几个步骤。

(1) **划分阶段**:按照问题的时间或空间特征把问题分为若干个阶段。在划分阶段时注意划分后的阶段一定是有序的或者是可排序的,否则问题无法求解。

(2) **确定状态和状态变量**:将问题发展到各个阶段时所处的各种客观情况用不同的状态表示出来。当然,状态的选择要满足无后效性。

(3) **确定决策并写出状态转移方程**:因为决策和状态转移有着天然的联系,状态转移就是根据上一阶段的状态和决策来导出本阶段的状态。所以如果确定了决策,状态转移方程也就可写出。但事实上常常是反过来做,根据相邻两个阶段的状态之间的关系来确定决策方法和状态转移方程。

(4) **寻找边界条件**:给出的状态转移方程是一个递推式,需要一个递推的终止条件或边界条件。一般情况下,只要解决问题的阶段、状态和状态转移决策确定了,就可以写出状态转移方程(包括边界条件)。

在实际应用中可以按以下几个简化的步骤进行设计:

(1) 分析最优解的性质,并刻画其结构特征。
(2) 递归地定义最优解。
(3) 以自底向上或自顶向下的记忆化方式计算出最优值。
(4) 根据计算最优值时得到的信息构造问题的最优解。

注意:动态规划是一种求解思路,注重决策过程,不同的问题得到的模型可能不一样,关键是掌握其原理,利用递推关系求最优解。

8.1.4 动态规划与其他方法的比较

动态规划的基本思想与分治法类似,也是将待求解的问题分解为若干个子问题(阶段),按顺序求解子问题,前一子问题的解为后一子问题的求解提供了有用的信息。但分治法中各个子问题是独立的(不重叠),动态规划适用于子问题重叠的情况,也就是各子问题包含公共的子子问题。

动态规划方法又和贪心法有些相似,在动态规划中,可将一个问题的解决方案视为一系列决策的结果。不同的是,在贪心法中每采用一次贪心准则便做出一个不可回溯的决策,还要考察每个最优决策序列中是否包含一个最优子序列。

一般采用动态规划求解问题只需要多项式时间复杂度,因此它比回溯法、暴力法等要快许多。

8.2 求解整数拆分问题

【问题描述】 求将正整数 n 无序拆分成最大数为 k 的拆分方案个数,要求所有的拆分方案不重复。

【问题求解】 设 $n=5, k=5$,对应的拆分方案如下:

(1) $5=5$
(2) $5=4+1$
(3) $5=3+2$
(4) $5=3+1+1$
(5) $5=2+2+1$
(6) $5=2+1+1+1$
(7) $5=1+1+1+1+1$

扫一扫

视频讲解

为了防止重复计数,让拆分方案中的各拆分数从大到小排列。这里正整数 5 的拆分方案个数为 7。

采用动态规划求解整数拆分问题。设 $f(n,k)$ 为将数 n 无序拆分成最多不超过 k 个数之和(称为 n 的 k 拆分)的分方案个数:

(1) 当 $n=1$ 或 $k=1$ 时显然 $f(n,k)=1$。

(2) 当 $n<k$ 时有 $f(n,k)=f(n,n)$。

(3) 当 $n=k$ 时,其拆分方案有将 n 拆分成 1 个 n 的拆分方案,以及 n 的 $n-1$ 拆分方案,前者仅仅一种,所以有 $f(n,n)=f(n,n-1)+1$。

(4) 当 $n>k$ 时根据拆分方案中是否包含 k 可以分为两种情况。

① 拆分中包含 k 的情况,即一部分为单个 k,另一部分为 $\{x_1, x_2, \cdots, x_i\}$,后者的和为 $n-k$,后者中可能再次出现 k,因此是 $(n-k)$ 的 k 拆分,所以这种拆分方案个数为 $f(n-k,k)$。

② 拆分中不包含 k 的情况,则拆分中的所有拆分数都比 k 小,即 n 的 $(k-1)$ 拆分,拆分方案个数为 $f(n,k-1)$。

因此,$f(n,k) = f(n-k,k) + f(n,k-1)$

归纳起来,有:

$$f(n,k) = \begin{cases} 1 & \text{当 } n=1 \text{ 或者 } k=1 \text{ 时} \\ f(n,n) & \text{当 } n<k \text{ 时} \\ f(n,n-1)+1 & \text{当 } n=k \text{ 时} \\ f(n-k,k)+f(n,k-1) & \text{其他情况} \end{cases}$$

显然,求 $f(n,k)$ 满足动态规划问题的最优性原理、无后效性和有重叠子问题性质,所以特别适合采用动态规划法求解。设置动态规划数组 dp,用 dp$[n][k]$ 存放 $f(n,k)$,对应的完整程序如下:

```
#include <stdio.h>
#include <string.h>
```

```
#define MAXN 500
int dp[MAXN][MAXN];                                //动态规划数组
void Split(int n,int k)                            //求解算法
{   for (int i=1;i<=n;i++)
        for(int j=1;j<=k;j++)
        {   if (i==1 || j==1)
                dp[i][j]=1;
            else if (i<j)
                dp[i][j]=dp[i][i];
            else if (i==j)
                dp[i][j]=dp[i][j-1]+1;
            else
                dp[i][j]=dp[i][j-1]+dp[i-j][j];
        }
}
void main( )
{   int n=5,k=5;
    memset(dp,0,sizeof(dp));
    Split(n,k);
    printf("(%d,%d)=%d\n",n,k,dp[n][k]);            //输出:7
}
```

在Split()算法中按行 i 优先计算dp[i][j],其中dp[1][*]和dp[*][1]为边界(结果均为1)。例如计算dp[5][5]的过程如下：

(1) dp[2][2]=dp[2][1]+1=1+1=2
(2) dp[2][3]=dp[2][2]=2
(3) dp[3][2]=dp[3][1]+dp[1][2]=1+1=2
(4) dp[5][2]=dp[5][1]+dp[3][2]=1+2=3
(5) dp[5][3]=dp[5][2]+dp[2][3]=3+2=5
(6) dp[5][4]=dp[5][3]+d[1][4]=5+1=6
(7) dp[5][5]=dp[5][4]+1=6+1=7

计算结果如图8.6所示,从中看出计算过程是自底向上的。

实际上该问题本身是递归的,可以直接采用递归算法实现,但由于子问题重叠,存在重复的计算,可以采用如下方法避免重复计算：设置数组dp,用dp[n][k]存放 $f(n,k)$,首先初始化dp中的所有元素为特殊值0,当dp[n][k]不为0时表示对应的子问题已经求解,直接返回结果。对应的完整程序如下：

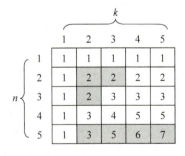

图8.6 dp[5][5]的计算结果

```
#include <stdio.h>
#include <string.h>
#define MAXN 500
```

```
int dp[MAXN][MAXN];
int dpf(int n,int k)                              //求解算法
{   if (dp[n][k]!=0) return dp[n][k];
    if (n==1 || k==1)
    {   dp[n][k]=1;
        return dp[n][k];
    }
    else if (n<k)
    {   dp[n][k]=dpf(n,n);
        return dp[n][k];
    }
    else if (n==k)
    {   dp[n][k]=dpf(n,k-1)+1;
        return dp[n][k];
    }
    else
    {   dp[n][k]=dpf(n,k-1)+dpf(n-k,k);
        return dp[n][k];
    }
}
void main( )
{   int n=5,k=5;
    memset(dp,0,sizeof(dp));                      //初始化为0
    printf("dpf(%d,%d)=%d\n",n,k,dpf(n,k));       //输出:7
}
```

这种方法是一种递归算法,其执行过程也是自顶向下的,但当某个子问题的解求出后将其结果存放在一张表(dp)中,而且相同的子问题只计算一次,在后面需要时只要简单查一下即可,从而避免了大量的重复计算,这种方法称为**备忘录方法**(memorization method)。8.1.2 节中求 A 到 E 最短路径的逆序解法和顺序解法两个算法就是采用备忘录方法求解的。

备忘录方法是动态规划方法的变形,与动态规划方法不同的是,备忘录方法的递归方式是自顶向下的,而动态规划方法是自底向上的。

8.3 求解最大连续子序列和问题

最大连续子序列和问题的描述参见 4.2.4 小节,这里采用动态规划法求解。

【问题求解】 对于含有 n 个整数的序列 $a[1..n]$,设 $b_j = \underset{1 \leqslant i \leqslant j}{\text{MAX}} \left\{ \sum_{k=i}^{j} a_k \right\}$ ($1 \leqslant j \leqslant n$) 表示 $a[1..j]$ 的前 j 个元素中的最大连续子序列和,则 b_{j-1} 表示

视频讲解

$a[1..j-1]$ 的前 $j-1$ 个元素中的最大连续子序列和,如图 8.7 所示。

显然,当 $b_{j-1}>0$ 时 $b_j=b_{j-1}+a_j$,当 $b_{j-1}\leq 0$ 时放弃前面选取的元素,从 a_j 开始重新选取,$b_j=a_j$。用一维动态规划数组 dp 存放 b,对应的状态转移方程如下:

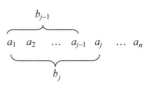

图 8.7 b_j 和 b_{j-1} 的含义

```
dp[0]=0                                      边界条件
dp[j]=MAX{dp[j-1]+a_j, a_j}    1≤j≤n
```

则序列 a 的最大连续子序列和等于 $dp[j](1\leq j\leq n)$ 中的最大者。

从中看到,若序列 a 的最大连续子序列和等于 $dp[maxj]$,在 dp 中从该位置向前找,找到第一个值小于或等于 0 的元素 $dp[k]$,则 a 序列中从 $k+1$ 开始到 maxj 位置的所有元素恰好构成最大连续子序列。

例如,若 a 序列为 $(-2,11,-4,13,-5,-2)$,$dp[0]=0$,求其他元素如下:

```
(1) dp[1]=MAX{dp[0]+(-2),-2}=MAX{-2,-2}=-2
(2) dp[2]=MAX{dp[1]+11,11}=MAX{9,11}=11
(3) dp[3]=MAX{dp[2]+(-4),-4}=MAX{7,-4}=7
(4) dp[4]=MAX{dp[3]+13,13}=MAX{20,13}=20
(5) dp[5]=MAX{dp[4]+(-5),-5}=MAX{15,-5}=15
(6) dp[6]=MAX{dp[5]+(-2),-2}=MAX{13,-2}=13
```

其中,$dp[4]=20$ 为最大值,向前找到 $dp[1]$ 小于等于 0,所以由 $a_2\sim a_4$ 的元素即 $(11,-4,13)$ 构成最大连续子序列,其和为 20。

对应的完整程序如下:

```c
#include <stdio.h>
#define max(x,y) ((x)>(y)?(x):(y))
#define MAXN 20
//问题表示
int n=6;
int a[]={0,-2,11,-4,13,-5,-2};         //a 数组不用下标为 0 的元素
//求解结果表示
int dp[MAXN];
void maxSubSum()                        //求 dp 数组
{   dp[0]=0;
    for (int j=1;j<=n;j++)
        dp[j]=max(dp[j-1]+a[j],a[j]);
}
void dispmaxSum()                       //输出结果
{   int maxj=1;
    for (int j=2;j<=n;j++)
        if (dp[j]>dp[maxj]) maxj=j;     //求 dp 中的最大元素 dp[maxj]
    for (int k=maxj;k>=1;k--)           //找前一个值小于等于 0 者
        if (dp[k]<=0) break;
    printf("  最大连续子序列和:%d\n",dp[maxj]);
```

```
        printf("   所选子序列: ");
        for (int i=k+1;i<=maxj;i++)
            printf("%d ",a[i]);
        printf("\n");
}
void main( )
{       maxSubSum();
        printf("求解结果\n");
        dispmaxSum();
}
```

本程序的执行结果如下:

```
求解结果
    最大连续子序列和: 20
    所选子序列: 11 －4 13
```

【算法分析】 maxSubSum()函数含一重 for 循环,对应的时间复杂度均为 $O(n)$。

【例 8.1】 读入一个字符串 str,求出字符串 str 中连续最长的数字串的长度。

输入描述:包含一个测试用例,一个字符串 str,长度不超过 255。

输出描述:在一行内输出 str 中连续最长的数字串的长度。

输入样例:

```
abcd12345ed125ss123456789
```

样例输出:

```
9           //对应最长的数字串为 123456789
```

解 设置一维动态规划数组 dp,dp[i]表示 str[0..i]中以 str[i]结尾的连续数字串的长度,首先初始化 dp 的所有元素为 0。当 str[0]为数字字符时置 dp[0]=1,若 str[i]为数字字符,则 dp[i]=dp[i-1]+1,否则置 dp[i]=0,所以 dp[i](0≤i≤n-1)的最大值即为所求。对应的完整程序如下:

```
#include <iostream>
#include <string.h>
#include <string>
using namespace std;
#define max(x,y) ((x)>(y)?(x):(y))
#define MAXN 258
string str;
int solve()                                 //求解算法
{       int dp[MAXN];
        memset(dp,0,sizeof(dp));
        if (str[0]>='0' && str[0]<='9')     //str[0]为数字字符
            dp[0]=1;
```

```
            for (int i=1;i< str.length();i++)
                if (str[i]>='0' && str[i]<='9')            //str[i]为数字字符
                    dp[i]=dp[i-1]+1;
                else
                    dp[i]=0;
        int ans=0;
            for (int j=0;j< str.length();j++)
                ans=max(ans,dp[j]);
        return ans;
}
int main()
{   cin >> str;
    printf("%d\n",solve());
    return 0;
}
```

实际上，前面的 solve( )算法可以进一步优化如下（用 curlength 单个变量代替 dp 数组）：

```
int solve1()
{   int curlength=0,ans=0;
    char curch=str[0];
    for (int i=0;i< str.length();i++)
    {   if (str[i]>='0' && str[i]<='9')                    //数字字符
            curlength++;
        else
            curlength=0;
        ans=max(ans,curlength);
    }
    return ans;
}
```

8.4 求解三角形最小路径问题

【问题描述】 给定高度为 n 的一个整数三角形，找出从顶部到底部的最小路径和，注意从每个整数出发只能向下移动到相邻的整数。首先输入 n，接下来的 $1 \sim n$ 行，第 i 行输入 i 个整数，输出分为两行，第 1 行为最小路径，第 2 行为最小路径和。例如，图 8.8 所示为一个 $n=4$ 的三角形，输出的路径是 2 3 5 3，最小路径是 13。

【问题求解】 将三角形采用二维数组 a[0..n-1][0..n-1]存放，图 8.8 所示的三角形对应的二维数组如图 8.9 所示，从顶部到底部查找最小路径，那么结点 (i,j) 的前驱结点只有 $(i-1,j-1)$ 和 $(i-1,j)$ 两个，如图 8.10 所示。

```
      2
     3 4
    6 5 7
   8 3 9 2
```

图 8.8 一个三角形

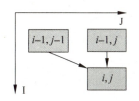

图 8.9　二维数组表示　　　　　　　图 8.10　相邻结点到达 (i,j)

用二维数组 dp 作为动态规划数组，dp[i][j]表示从顶部 a[0][0]查找到 (i,j) 结点时的最小路径和。显然这里有两个边界，即第 1 列和对角线，达到它们中结点的路径只有一条，而不是常规的两条。所以状态转移方程如下：

```
dp[0][0]=a[0][0]                              顶部边界
dp[i][0]=dp[i-1][0]+a[i][0]                   考虑第 1 列的边界，1≤i≤n-1
dp[i][i]=dp[i-1][i-1]+a[i][i]                 考虑对角线的边界，1≤i≤n-1
dp[i][j]=min(dp[i-1][j-1],dp[i-1][j])+a[i][j] i>1 的其他有两条达到路径的结点
```

最后求出最小路径、ans=min(dp[$n-1$][j])以及对应的列号 k。

本题还需要求出最小和路径，为此设计一个二维数组 pre，pre[i][j]表示查找到 (i,j) 结点时最小路径上的前驱结点，由于前驱结点只有两个，即 $(i-1,j-1)$ 和 $(i-1,j)$，用 pre[i][j]记录前驱结点的列号即可。在求出 ans 后，通过 pre[$n-1$][k]反推求出反向路径，最后正向输出该路径。

对应的完整程序如下：

```c
#include <stdio.h>
#include <vector>
#include <string.h>
using namespace std;
#define MAXN 100
//问题表示
int a[MAXN][MAXN];
int n;
//求解结果表示
int ans=0;
int dp[MAXN][MAXN];
int pre[MAXN][MAXN];
int Search()                                  //求最小和路径 ans
{   int i,j;
    dp[0][0]=a[0][0];
    for(i=1;i<n;i++)                          //考虑第 1 列的边界
    {   dp[i][0]=dp[i-1][0]+a[i][0];
        pre[i][0]=0;
    }
    for (i=1;i<n;i++)                         //考虑对角线的边界
    {   dp[i][i]=a[i][i]+dp[i-1][i-1];
        pre[i][i]=i-1;
    }
```

```
    for(i=2;i<n;i++)                    //考虑其他有两条达到路径的结点
    {   for(j=1;j<i;j++)
        {   if(dp[i-1][j-1]<dp[i-1][j])
            {   pre[i][j]=j-1;
                dp[i][j]=a[i][j]+dp[i-1][j-1];
            }
            else
            {   pre[i][j]=j;
                dp[i][j]=a[i][j]+dp[i-1][j];
            }
        }
    }
    ans=dp[n-1][0];
    int k=0;
    for (j=1;j<n;j++)                   //求出最小 ans 和对应的列号 k
    {   if (ans>dp[n-1][j])
        {   ans=dp[n-1][j];
            k=j;
        }
    }
    return k;
}
void Disppath(int k)                    //输出最小和路径
{   int i=n-1;
    vector<int> path;                   //存放逆路径向量 path
    while (i>=0)                        //从(n-1,k)结点反推求出反向路径
    {   path.push_back(a[i][k]);
        k=pre[i][k];                    //最小路径在前一行中的列号
        i--;                            //在前一行中查找
    }
    vector<int>::reverse_iterator it;   //定义反向迭代器
    for (it=path.rbegin();it!=path.rend();++it)
        printf("%d ",*it);              //反向输出构成正向路径
    printf("\n");
}
int main()
{   int k;
    memset(pre,0,sizeof(pre));
    memset(dp,0,sizeof(dp));
    scanf("%d",&n);                     //输入三角形的高度
    for (int i=0;i<n;i++)               //输入三角形
        for (int j=0;j<=i;j++)
            scanf("%d",&a[i][j]);
    k=Search();                         //求最小路径和
    Disppath(k);                        //输出正向路径
    printf("%d\n",ans);                 //输出最小路径和
    return 0;
}
```

【算法分析】 Search()算法中有 i 从 2 到 $n-1$、j 从 1 到 $i-1$ 的两重循环,容易求出时间复杂度为 $O(n^2)$。

8.5 求解最长公共子序列问题

【问题描述】 字符序列的子序列是指从给定字符序列中随意地(不一定连续)去掉若干个字符(可能一个也不去掉)后所形成的字符序列。令给定的字符序列 $X=(x_0,x_1,\cdots,x_{m-1})$,序列 $Y=(y_0,y_1,\cdots,y_{k-1})$ 是 X 的子序列,存在 X 的一个严格递增下标序列 $(i_0,i_1,\cdots,i_{k-1})$,使得对所有的 $j=0、1、\cdots、k-1$ 有 $x_{i_j}=y_j$。例如,$X=(a,b,c,b,d,a,b)$,$Y=(b,c,d,b)$ 是 X 的一个子序列。

扫一扫

视频讲解

给定两个序列 A 和 B,称序列 Z 是 A 和 B 的公共子序列是指 Z 同是 A 和 B 的子序列。该问题是求两序列 A 和 B 的**最长公共子序列**(Longest Common Subsequence,LCS)。

【问题求解】 若列举 A 的所有子序列,一一检查其是否又是 B 的子序列,并随时记录所发现的子序列,最终求出最长公共子序列,这种方法耗时太多,不可取。这里采用动态规划法。

考虑最长公共子序列问题如何分解成子问题,设 $A=(a_0,a_1,\cdots,a_{m-1})$,$B=(b_0,b_1,\cdots,b_{n-1})$,设 $Z=(z_0,z_1,\cdots,z_{k-1})$ 为它们的最长公共子序列,不难证明有以下性质:

(1) 如果 $a_{m-1}=b_{n-1}$,则 $z_{k-1}=a_{m-1}=b_{n-1}$,且 $(z_0,z_1,\cdots,z_{k-2})$ 是 $(a_0,a_1,\cdots,a_{m-2})$ 和 $(b_0,b_1,\cdots,b_{n-2})$ 的一个最长公共子序列。

(2) 如果 $a_{m-1}\neq b_{n-1}$ 且 $z_{k-1}\neq a_{m-1}$,则 $(z_0,z_1,\cdots,z_{k-1})$ 是 $(a_0,a_1,\cdots,a_{m-2})$ 和 $(b_0,b_1,\cdots,b_{n-1})$ 的一个最长公共子序列。

(3) 如果 $a_{m-1}\neq b_{n-1}$ 且 $z_{k-1}\neq b_{n-1}$,则 $(z_0,z_1,\cdots,z_{k-1})$ 是 $(a_0,a_1,\cdots,a_{m-1})$ 和 $(b_0,b_1,\cdots,b_{n-2})$ 的一个最长公共子序列。

这样,在找 A 和 B 的公共子序列时分为以下两种情况:

(1) 若 $a_{m-1}=b_{n-1}$,则进一步解决一个子问题,找 $(a_0,a_1,\cdots,a_{m-2})$ 和 $(b_0,b_1,\cdots,b_{n-2})$ 的一个最长公共子序列。

(2) 如果 $a_{m-1}\neq b_{n-1}$,则要解决两个子问题,找出 $(a_0,a_1,\cdots,a_{m-2})$ 和 $(b_0,b_1,\cdots,b_{n-1})$ 的一个最长公共子序列,并找出 $(a_0,a_1,\cdots,a_{m-1})$ 和 $(b_0,b_1,\cdots,b_{n-2})$ 的一个最长公共子序列,再取两者中的较长者作为 A 和 B 的最长公共子序列。

采用动态规划法,定义二维动态规划数组 dp,其中 dp$[i][j]$ 为子序列 $(a_0,a_1,\cdots,a_{i-1})$ 和 $(b_0,b_1,\cdots,b_{j-1})$ 的最长公共子序列的长度。每考虑一个字符 $a[i]$ 或 $b[j]$ 都为动态规划的一个阶段(约经历 $m\times n$ 个阶段)。对应的状态转移方程如下:

dp$[i][j]=0$	$i=0$ 或 $j=0$ ——边界条件
dp$[i][j]=$dp$[i-1][j-1]+1$	$a[i-1]=b[j-1]$
dp$[i][j]=$MAX(dp$[i][j-1]$,dp$[i-1][j]$)	$a[i-1]\neq b[j-1]$

显然,dp$[m][n]$ 为最终结果。

说明：动态规划数组是设计动态规划算法的关键，需要准确地确定其元素的含义。例如，这里 dp[i][j] 表示 a、b 中从头开始的长度分别为 i 和 j 的子序列的 LCS 长度，这两个子序列的末尾字符分别是 a_{i-1} 和 b_{j-1}。当然，也可以指定 dp[i][j] 是子序列 $(a_0,a_1,\cdots,a_i)$ 和 $(b_0,b_1,\cdots,b_j)$ 的 LCS 长度，那么这两个子序列的长度分别是 $i+1$ 和 $j+1$，它们的末尾字符分别是 a_i 和 b_j，此时需要判断 a_i 与 b_j 是否相同，求解结果变为 dp[$m-1$][$n-1$]，但边界条件要考虑 a_0、b_0 是否相同等情况，会更加复杂，所以不如前面的设置方式。后面的设置方式通常是针对 a、b 下标从 1 开始的情况。

那么如何由 dp 求出 LCS 呢？例如，$X=(a,b,c,b,d,b),m=6,Y=(a,c,b,b,a,b,d,b,b)$，$n=9$，用 vector<char> 容器 subs 存放 LCS。求出的 dp 数组如图 8.11 所示，从 dp[6][9] 元素开始，求 subs 如下：

（1）当元素值等于上方相邻元素值（dp[i][j]＝dp[$i-1$][j]）时 i 减 1。

（2）否则，当元素值等于左方相邻元素值（dp[i][j]＝dp[i][$j-1$]）时 j 减 1。

（3）若元素值与上方、左边的元素值均不相等（dp[i][j]≠dp[$i-1$][j] 且 dp[i][j]≠dp[i][$j-1$]），说明一定有 dp[i]＝dp[$i-1$][$j-1$]＋1，此时 $a[i-1]=b[j-1]$，将 $a[i-1]$ 添加到 subs 中，并将 i、j 均减 1。

	Y	a	c	b	b	a	b	d	b	b
X		0	1	2	3	4	5	6	7	8	9
a	0	0	0	0	0	0	0	0	0	0	0
b	1	0	1	1	1	1	1	1	1	1	1
c	2	0	1	1	2	2	2	2	2	2	2
b	3	0	1	2	2	2	2	2	2	2	2
d	4	0	1	2	3	3	3	3	3	3	3
b	5	0	1	2	3	3	3	3	4	4	4
	6	0	1	2	3	4	4	4	4	5	5

图 8.11 求出的 dp 数组及求 LCS 的过程

图 8.11 中的阴影部分满足元素值与上方、左边元素值均不相等的情况，将 subs 中的所有元素反序即得到最长公共子序列为 (a,c,b,d,b)。

对应的完整求解程序如下：

```cpp
#include <iostream>
#include <string.h>
#include <vector>
#include <string>
using namespace std;
#define max(x,y) ((x)>(y)?(x):(y))
#define MAX 51                        //序列中最多的字符个数
//问题表示
int m,n;
string a,b;
//求解结果表示
int dp[MAX][MAX];                     //动态规划数组
vector<char> subs;                    //存放 LCS
void LCSlength()                      //求 dp
{   int i,j;
    for (i=0;i<=m;i++)                //将 dp[i][0] 置为 0,边界条件
        dp[i][0]=0;
    for (j=0;j<=n;j++)                //将 dp[0][j] 置为 0,边界条件
        dp[0][j]=0;
    for (i=1;i<=m;i++)
```

```
                for (j=1;j<=n;j++)              //两重for循环处理a、b的所有字符
                {   if (a[i-1]==b[j-1])          //情况(1)
                        dp[i][j]=dp[i-1][j-1]+1;
                    else                          //情况(2)
                        dp[i][j]=max(dp[i][j-1],dp[i-1][j]);
                }
}
void Buildsubs()                                  //由dp构造subs
{   int k=dp[m][n];                               //k为a和b的最长公共子序列的长度
    int i=m;
    int j=n;
    while (k>0)                                   //在subs中放入最长公共子序列(反向)
        if (dp[i][j]==dp[i-1][j])
            i--;
        else if (dp[i][j]==dp[i][j-1])
            j--;
        else                                      //与上方、左边元素的值均不相等
        {   subs.push_back(a[i-1]);               //在subs中添加a[i-1]
            i--; j--; k--;
        }
}
void main()
{   a="abcbdb";
    b="acbbabdbb";
    m=a.length();                                 //m为a的长度
    n=b.length();                                 //n为b的长度
    LCSlength();                                  //求出dp
    Buildsubs();                                  //求出LCS
    cout << "求解结果" << endl;
    cout << "   a:" << a << endl;
    cout << "   b:" << b << endl;
    cout << "   最长公共子序列:";
    vector<char>::reverse_iterator rit;
    for (rit=subs.rbegin();rit!=subs.rend();++rit)
        cout << *rit;
    cout << endl;
    cout << "   长度:" << dp[m][n] << endl;
}
```

本程序的执行结果如下：

```
求解结果
    a:abcbdb
    b:acbbabdbb
    最长公共子序列:acbdb
    长度:5
```

【算法分析】 在LCSlength算法中使用了两重循环,所以对于长度分别为 m 和 n 的序列,求其最长公共子序列的时间复杂度为 $O(mn)$、空间复杂度为 $O(mn)$。

【例8.2】 牛牛有两个字符串(可能包含空格),他想找出其中最长的公共连续子串的长度,希望你能帮助他。例如,两个字符串分别为"abcde"和"abgde",结果为2。

解 这里是求两个字符串的公共连续子串,而不是求最长公共子序列。设置二维动态规划数组 dp,对于两个字符串 s 和 t,用 $dp[i][j]$ 表示 $s[0..i]$ 和 $t[0..j]$ 的公共连续子串的长度(并非最大长度)。对应的状态转移方程如下:

$$dp[i][0]=1 \quad \text{若} s[i]==t[0] (初始化 dp 的第 1 列, 0 \leqslant i < n)$$
$$dp[0][j]=1 \quad \text{若} s[0]==t[j] (初始化 dp 的第 1 行, 0 \leqslant j < m)$$
$$dp[i][j]=dp[i-1][j-1]+1 \quad \text{若} s[i]==t[j] (1 \leqslant i < n, 1 \leqslant j < m)$$

最后在 $dp[i][j]$ 中求出最大值 ans 即为所求。对应的完整程序如下:

```
#include <stdio.h>
#include <string>
using namespace std;
#define MAXM 51
#define MAXN 51
#define max(x,y) ((x)>(y)?(x):(y))
//问题表示
string s="abcde";
string t="abgde";
//求解结果表示
int dp[MAXM][MAXN];
int Maxlength(string s,string t)      //求 s 和 t 的最长公共连续子串的长度
{   int ans=0;
    int i,j;
    int n=s.length();
    int m=t.length();
    memset(dp,0,sizeof(dp));          //初始化数组 dp
    for(i=0; i<n; i++)                //初始化 dp 的第 1 列
        if(s[i]==t[0])
            dp[i][0]=1;
    for(j=0; j<m; j++)                //初始化 dp 的第 1 行
        if(s[0]==t[j])
            dp[0][j]=1;
    for(i=1; i<n; i++)                //利用状态转移方程求 dp 的其他元素
        for(j=1; j<m; j++)
        {   if (s[i]==t[j])
                dp[i][j]=dp[i-1][j-1]+1;
            ans=max(ans,dp[i][j]);
        }
    return ans;
}
void main()
{   printf("求解结果\n");
    printf("  最长的公共连续子串:%d\n",Maxlength(s,t));     //输出: 2
}
```

8.6 求解最长递增子序列问题

【问题描述】 给定一个无序的整数序列 $a[0..n-1]$,求其中最长递增子序列的长度。例如,$a[]=\{2,1,5,3,6,4,8,9,7\}$,$n=9$,其最长递增子序列为 $\{1,3,4,8,9\}$,结果为 5。

扫一扫

视频讲解

【问题求解】 设计动态规划数组为一维数组 dp,$dp[i]$ 表示 $a[0..i]$ 中以 $a[i]$ 结尾的最长递增子序列的长度。对应的状态转移方程如下:

$$dp[i]=1 \quad\quad\quad 0 \leqslant i \leqslant n-1$$
$$dp[i]=\max(dp[i],dp[j]+1) \quad 若 a[i]>a[j], 0 \leqslant i \leqslant n-1, 0 \leqslant j \leqslant i-1$$

求出 dp 后,其中的最大元素即为所求。对于本题样例,求解 dp 的过程如下:

```
(1)  a[2](5) > a[0](2): dp[2]=max(dp[2](1),dp[0](1)+1)=2
(2)  a[2](5) > a[1](1): dp[2]=max(dp[2](2),dp[1](1)+1)=2
(3)  a[3](3) > a[0](2): dp[3]=max(dp[3](1),dp[0](1)+1)=2
(4)  a[3](3) > a[1](1): dp[3]=max(dp[3](2),dp[1](1)+1)=2
(5)  a[4](6) > a[0](2): dp[4]=max(dp[4](1),dp[0](1)+1)=2
(6)  a[4](6) > a[1](1): dp[4]=max(dp[4](2),dp[1](1)+1)=2
(7)  a[4](6) > a[2](5): dp[4]=max(dp[4](2),dp[2](2)+1)=3
(8)  a[4](6) > a[3](3): dp[4]=max(dp[4](3),dp[3](2)+1)=3
(9)  a[5](4) > a[0](2): dp[5]=max(dp[5](1),dp[0](1)+1)=2
(10) a[5](4) > a[1](1): dp[5]=max(dp[5](2),dp[1](1)+1)=2
(11) a[5](4) > a[3](3): dp[5]=max(dp[5](2),dp[3](2)+1)=3
(12) a[6](8) > a[0](2): dp[6]=max(dp[6](1),dp[0](1)+1)=2
(13) a[6](8) > a[1](1): dp[6]=max(dp[6](2),dp[1](1)+1)=2
(14) a[6](8) > a[2](5): dp[6]=max(dp[6](2),dp[2](2)+1)=3
(15) a[6](8) > a[3](3): dp[6]=max(dp[6](3),dp[3](2)+1)=3
(16) a[6](8) > a[4](6): dp[6]=max(dp[6](3),dp[4](3)+1)=4
(17) a[6](8) > a[5](4): dp[6]=max(dp[6](4),dp[5](3)+1)=4
(18) a[7](9) > a[0](2): dp[7]=max(dp[7](1),dp[0](1)+1)=2
(19) a[7](9) > a[1](1): dp[7]=max(dp[7](2),dp[1](1)+1)=2
(20) a[7](9) > a[2](5): dp[7]=max(dp[7](2),dp[2](2)+1)=3
(21) a[7](9) > a[3](3): dp[7]=max(dp[7](3),dp[3](2)+1)=3
(22) a[7](9) > a[4](6): dp[7]=max(dp[7](3),dp[4](3)+1)=4
(23) a[7](9) > a[5](4): dp[7]=max(dp[7](4),dp[5](3)+1)=4
(24) a[7](9) > a[6](8): dp[7]=max(dp[7](4),dp[6](4)+1)=5
(25) a[8](7) > a[0](2): dp[8]=max(dp[8](1),dp[0](1)+1)=2
(26) a[8](7) > a[1](1): dp[8]=max(dp[8](2),dp[1](1)+1)=2
(27) a[8](7) > a[2](5): dp[8]=max(dp[8](2),dp[2](2)+1)=3
(28) a[8](7) > a[3](3): dp[8]=max(dp[8](3),dp[3](2)+1)=3
(29) a[8](7) > a[4](6): dp[8]=max(dp[8](3),dp[4](3)+1)=4
(30) a[8](7) > a[5](4): dp[8]=max(dp[8](4),dp[5](3)+1)=4
```

其中最大的 dp 元素为 5。对应的完整程序如下：

```c
#include <stdio.h>
#define MAX 100
#define max(x,y) ((x)>(y)?(x):(y))
//问题表示
int a[]={2,1,5,3,6,4,8,9,7};
int n=sizeof(a)/sizeof(a[0]);
//求解结果表示
int ans=0;
int dp[MAX];
void solve(int a[],int n)
{   int i,j;
    for(i=0;i<n;i++)
    {   dp[i]=1;
        for(j=0;j<i;j++)
        {   if (a[i]>a[j])
                dp[i]=max(dp[i],dp[j]+1);
        }
    }
    ans=dp[0];
    for(i=1;i<n;i++)
        ans=max(ans,dp[i]);
}
void main()
{   solve(a,n);
    printf("求解结果\n");
    printf("    最长递增子序列的长度：%d\n",ans);
}
```

【算法分析】 solve()算法中含两重循环,时间复杂度为 $O(n^2)$。

提示：上述求解中无序整数序列是 $a[0..n-1]$,用 $dp[i]$ 表示 $a[0..i]$ 中以 $a[i]$ 结尾的最长递增子序列的长度,则 $\max\{dp[j]|1 \leqslant j \leqslant n-1\}$ 为最终解。如果无序整数序列表示为 $a[1..n]$,设置 $dp[i]$ 表示 $a[1..i]$ 中以 $a[i]$ 结尾的最长递增子序列的长度,则 $\max\{dp[j]|1 \leqslant j \leqslant n\}$ 就是最终解。如果无序整数序列是 $a[0..n-1]$,设置 $dp[i]$ 表示 a 中以 $a[i-1]$ 结尾的最长递增子序列的长度,那么最终解同样是 $\max\{dp[j]|1 \leqslant j \leqslant n\}$。

8.7 求解编辑距离问题

【问题描述】 设 A 和 B 是两个字符串,现在要用最少的字符操作次数将字符串 A 转换为字符串 B。这里所说的字符操作共有以下 3 种：

(1) 删除一个字符。
(2) 插入一个字符。
(3) 将一个字符替换为另一个字符。

视频讲解

例如 A="sfdqxbw",B="gfdgw",结果为 4。

【问题求解】 设字符串 A、B 的长度分别为 m、n,分别用字符串 a、b 存放。设计一个动态规划二维数组 dp,其中 dp$[i][j]$ 表示 $a[0..i-1](1\leq i\leq m)$ 与 $b[0..j-1](1\leq j\leq n)$ 的最优编辑距离(即 $a[0..i-1]$ 转换为 $b[0..j-1]$ 的最少操作次数)。

显然,当 B 串空时要删除 A 中的全部字符转换为 B,即 dp$[i][0]=i$(删除 A 中的 i 个字符,共 i 次操作);当 A 串空时要在 A 中插入 B 的全部字符转换为 B,即 dp$[0][j]=j$(向 A 中插入 B 的 j 个字符,共 j 次操作)。

对于非空的情况,当 $a[i-1]=b[j-1]$ 时,这两个字符不需要任何操作,即 dp$[i][j]=$ dp$[i-1][j-1]$,当 $a[i-1]\neq b[j-1]$ 时以下 3 种操作都可以达到目的:

(1) 将 $a[i-1]$ 替换为 $b[j-1]$,有 dp$[i][j]=$ dp$[i-1][j-1]+1$(一次替换操作的次数计为 1)。

(2) 在 $a[i-1]$ 字符后面插入 $b[j-1]$ 字符,有 dp$[i][j]=$ dp$[i][j-1]+1$(一次插入操作的次数计为 1)。

(3) 删除 $a[i-1]$ 字符,有 dp$[i][j]=$ dp$[i-1][j]+1$(一次删除操作的次数计为 1)。

此时 dp$[i][j]$ 取 3 种操作的最小值,所以得到的状态转移方程如下:

dp$[i][j]=$ dp$[i-1][j-1]$	当 $a[i-1]=b[j-1]$ 时
dp$[i][j]=\min($dp$[i-1][j-1]+1,$dp$[i][j-1]+1,$dp$[i-1][j]+1)$	当 $a[i-1]\neq b[j-1]$ 时

最后得到的 dp$[m][n]$ 即为所求。对于 $a=$"sfdqxbw",$b=$"gfdgw",在设置边界条件后,求解过程如下:

(1) dp[1][1]=min(min(dp[0][1](1),dp[1][0](1)),dp[0][0](0))+1=1
(2) dp[1][2]=min(min(dp[0][2](2),dp[1][1](1)),dp[0][1](1))+1=2
(3) dp[1][3]=min(min(dp[0][3](3),dp[1][2](2)),dp[0][2](2))+1=3
(4) dp[1][4]=min(min(dp[0][4](4),dp[1][3](3)),dp[0][3](3))+1=4
(5) dp[1][5]=min(min(dp[0][5](5),dp[1][4](4)),dp[0][4](4))+1=5
(6) dp[2][1]=min(min(dp[1][1](1),dp[2][0](2)),dp[1][0](1))+1=2
(7) dp[2][2]=dp[1][1](1)=1
(8) dp[2][3]=min(min(dp[1][3](3),dp[2][2](1)),dp[1][2](2))+1=2
(9) dp[2][4]=min(min(dp[1][4](4),dp[2][3](2)),dp[1][3](3))+1=3
(10) dp[2][5]=min(min(dp[1][5](5),dp[2][4](3)),dp[1][4](4))+1=4
(11) dp[3][1]=min(min(dp[2][1](2),dp[3][0](3)),dp[2][0](2))+1=3
(12) dp[3][2]=min(min(dp[2][2](1),dp[3][1](3)),dp[2][1](2))+1=2
(13) dp[3][3]=dp[2][2](1)=1
(14) dp[3][4]=min(min(dp[2][4](3),dp[3][3](1)),dp[2][3](2))+1=2
(15) dp[3][5]=min(min(dp[2][5](4),dp[3][4](2)),dp[2][4](3))+1=3
(16) dp[4][1]=min(min(dp[3][1](3),dp[4][0](4)),dp[3][0](3))+1=4
(17) dp[4][2]=min(min(dp[3][2](2),dp[4][1](4)),dp[3][1](3))+1=3
(18) dp[4][3]=min(min(dp[3][3](1),dp[4][2](3)),dp[3][2](2))+1=2
(19) dp[4][4]=min(min(dp[3][4](2),dp[4][3](2)),dp[3][3](1))+1=2
(20) dp[4][5]=min(min(dp[3][5](3),dp[4][4](2)),dp[3][4](2))+1=3
(21) dp[5][1]=min(min(dp[4][1](4),dp[5][0](5)),dp[4][0](4))+1=5
(22) dp[5][2]=min(min(dp[4][2](3),dp[5][1](5)),dp[4][1](4))+1=4
(23) dp[5][3]=min(min(dp[4][3](2),dp[5][2](4)),dp[4][2](3))+1=3

(24) dp[5][4]=min(min(dp[4][4](2),dp[5][3](3)),dp[4][3](2))+1=3
(25) dp[5][5]=min(min(dp[4][5](3),dp[5][4](3)),dp[4][4](2))+1=3
(26) dp[6][1]=min(min(dp[5][1](5),dp[6][0](6)),dp[5][0](5))+1=6
(27) dp[6][2]=min(min(dp[5][2](4),dp[6][1](6)),dp[5][1](5))+1=5
(28) dp[6][3]=min(min(dp[5][3](3),dp[6][2](5)),dp[5][2](4))+1=4
(29) dp[6][4]=min(min(dp[5][4](3),dp[6][3](4)),dp[5][3](3))+1=4
(30) dp[6][5]=min(min(dp[5][5](3),dp[6][4](4)),dp[5][4](3))+1=4
(31) dp[7][1]=min(min(dp[6][1](6),dp[7][0](7)),dp[6][0](6))+1=7
(32) dp[7][2]=min(min(dp[6][2](5),dp[7][1](7)),dp[6][1](6))+1=6
(33) dp[7][3]=min(min(dp[6][3](4),dp[7][2](6)),dp[6][2](5))+1=5
(34) dp[7][4]=min(min(dp[6][4](4),dp[7][3](5)),dp[6][3](4))+1=5
(35) dp[7][5]=dp[6][4](4)=4

对应的完整程序如下：

```cpp
#include <stdio.h>
#include <string>
using namespace std;
#define min(x,y) ((x)<(y)?(x):(y))
#define MAX 201
#define min(x,y) ((x)<(y)?(x):(y))
//问题表示
string a="sfdqxbw";
string b="gfdgw";
//求解结果表示
int dp[MAX][MAX];
void solve()                        //求 dp
{   int i,j;
    for (i=1;i<=a.length();i++)
        dp[i][0]=i;                 //把 a 的 i 个字符全部删除转换为 b
    for (j=1; j<=b.length(); j++)
        dp[0][j]=j;                 //在 a 中插入 b 的全部字符转换为 b
    for (i=1; i<=a.length(); i++)
        for (j=1; j<=b.length(); j++)
        {   if (a[i-1]==b[j-1])
                dp[i][j]=dp[i-1][j-1];
            else
                dp[i][j]=min(min(dp[i-1][j],dp[i][j-1]),dp[i-1][j-1])+1;
        }
}
void main()
{   solve();
    printf("求解结果\n");
    printf("   最少的字符操作次数:%d\n",dp[a.length()][b.length()]);
}
```

上述程序的执行结果如下：

求解结果
    最少的字符操作次数:4

【算法分析】 solve()算法中有两重循环,对应的时间复杂度为 $O(m \times n)$。

8.8 求解 0/1 背包问题

0/1 背包问题的描述见 4.2.6 小节,该问题在 5.2 节采用回溯法求解,在 6.2 节采用分枝限界法求解。这里采用动态规划求解该问题。

【问题求解】 对于可行的背包装载方案,背包中物品的总重量不能超过背包的容量。最优方案是指所装入的物品价值最高,即 $\sum_{i=1}^{n} v_i x_i$(其中 x_i 取 0 或 1,取 1 表示选取物品 i)取得最大值。这里仅求装入背包物品总重量和恰好为 W 并且总价值最高的最优方案。

扫一扫

视频讲解

在该问题中需要确定 x_1、x_2、$\cdots$、x_n 的值。假设按 $i=1$、2、$\cdots$、n 的次序来确定 x_i 的值,对应 n 次决策即 n 个阶段。

如果置 $x_1 = 0$,则问题转变为相对于其余物品(即物品 2、3、$\cdots$、n),背包容量仍为 W 的背包问题。若置 $x_1 = 1$,问题就变为关于最大背包容量为 $W - w_1$ 的问题。

在决策 x_i 时问题处于以下两种状态:

(1) 背包中不装入物品 i,则 $x_i = 0$,背包不增加重量和价值,背包余下容量 r 不变。

(2) 背包中装入物品 i,则 $x_i = 1$,背包中增加重量 w_i 和价值 v_i,背包余下容量 $r = r - w_i$。

在这两种情况下背包价值的最大者应该是对 x_i 决策后的背包价值。显然,如果子问题的结果 $(x_1, x_2, \cdots, x_i)$ 不是一个最优解,则 $(x_1, x_2, \cdots, x_n)$ 也不会是总体的最优解。在此问题中,最优决策序列由最优决策子序列组成。

设置二维动态规划数组 dp,dp[i][r]表示背包剩余容量为 $r(1 \leq r \leq W)$,已考虑物品 1、2、$\cdots$、$i(1 \leq i \leq n)$ 时背包装入物品的最优价值。显然对应的状态转移方程如下:

> dp[i][0] = 0(背包不能装入任何物品,总价值为 0)   边界条件 dp[i][0] = 0($1 \leq i \leq n$)
> dp[0][r] = 0(没有任何物品可装入,总价值为 0)   边界条件 dp[0][r] = 0($1 \leq r \leq W$)
> dp[i][r] = dp[$i-1$][r]   当 $r < w[i]$ 时物品 i 放不下
> dp[i][r] = max(dp[$i-1$][r], dp[$i-1$][$r-w[i]$] + $v[i]$)   否则在不放入和放入物品 i 之间选最优解

这样 dp[n][W] 便是 0/1 背包问题的最优解。

在 dp 数组计算出来后,推导解向量 x 的过程十分简单,从 dp[n][W] 开始:

(1) 若 dp[i][r] $\neq$ dp[$i-1$][r],状态转移方程中的第 3 个条件不成立,并且只满足第 4 个条件中放入物品 i 的情况,即 dp[i][r] = dp[$i-1$][$r-w[i]$] + $v[i]$,置 $x[i] = 1$,累计总价值 maxv += $v[i]$,递减剩余重量 $r = r - w[i]$。

(2) 若 dp[i][r] = dp[$i-1$][r],表示物品 i 放不下或者不放入物品 i,置 $x[i] = 0$。

例如,某 0/1 背包问题为 $n = 5$,$w = \{2, 2, 6, 5, 4\}$,$v = \{6, 3, 5, 4, 6\}$(下标从 1 开始),$W = 10$。先将 dp[i][0] 和 dp[0][r] 均置为 0,其求解 dp 的过程如下:

(1) $dp[1][1] = dp[0][1] = 0$
(2) $dp[1][2] = \max(dp[0][2](0), dp[0][0](0)) + 6 = 6$
(3) $dp[1][3] = \max(dp[0][3](0), dp[0][1](0)) + 6 = 6$
(4) $dp[1][4] = \max(dp[0][4](0), dp[0][2](0)) + 6 = 6$
(5) $dp[1][5] = \max(dp[0][5](0), dp[0][3](0)) + 6 = 6$
(6) $dp[1][6] = \max(dp[0][6](0), dp[0][4](0)) + 6 = 6$
(7) $dp[1][7] = \max(dp[0][7](0), dp[0][5](0)) + 6 = 6$
(8) $dp[1][8] = \max(dp[0][8](0), dp[0][6](0)) + 6 = 6$
(9) $dp[1][9] = \max(dp[0][9](0), dp[0][7](0)) + 6 = 6$
(10) $dp[1][10] = \max(dp[0][10](0), dp[0][8](0)) + 6 = 6$
(11) $dp[2][1] = dp[1][1] = 0$
(12) $dp[2][2] = \max(dp[1][2](6), dp[1][0](0)) + 3 = 6$
(13) $dp[2][3] = \max(dp[1][3](6), dp[1][1](0)) + 3 = 6$
(14) $dp[2][4] = \max(dp[1][4](6), dp[1][2](6)) + 3 = 9$
(15) $dp[2][5] = \max(dp[1][5](6), dp[1][3](6)) + 3 = 9$
(16) $dp[2][6] = \max(dp[1][6](6), dp[1][4](6)) + 3 = 9$
(17) $dp[2][7] = \max(dp[1][7](6), dp[1][5](6)) + 3 = 9$
(18) $dp[2][8] = \max(dp[1][8](6), dp[1][6](6)) + 3 = 9$
(19) $dp[2][9] = \max(dp[1][9](6), dp[1][7](6)) + 3 = 9$
(20) $dp[2][10] = \max(dp[1][10](6), dp[1][8](6)) + 3 = 9$
(21) $dp[3][1] = dp[2][1] = 0$
(22) $dp[3][2] = dp[2][2] = 6$
(23) $dp[3][3] = dp[2][3] = 6$
(24) $dp[3][4] = dp[2][4] = 9$
(25) $dp[3][5] = dp[2][5] = 9$
(26) $dp[3][6] = \max(dp[2][6](9), dp[2][0](0)) + 5 = 9$
(27) $dp[3][7] = \max(dp[2][7](9), dp[2][1](0)) + 5 = 9$
(28) $dp[3][8] = \max(dp[2][8](9), dp[2][2](6)) + 5 = 11$
(29) $dp[3][9] = \max(dp[2][9](9), dp[2][3](6)) + 5 = 11$
(30) $dp[3][10] = \max(dp[2][10](9), dp[2][4](9)) + 5 = 14$
(31) $dp[4][1] = dp[3][1] = 0$
(32) $dp[4][2] = dp[3][2] = 6$
(33) $dp[4][3] = dp[3][3] = 6$
(34) $dp[4][4] = dp[3][4] = 9$
(35) $dp[4][5] = \max(dp[3][5](9), dp[3][0](0)) + 4 = 9$
(36) $dp[4][6] = \max(dp[3][6](9), dp[3][1](0)) + 4 = 9$
(37) $dp[4][7] = \max(dp[3][7](9), dp[3][2](6)) + 4 = 10$
(38) $dp[4][8] = \max(dp[3][8](11), dp[3][3](6)) + 4 = 11$
(39) $dp[4][9] = \max(dp[3][9](11), dp[3][4](9)) + 4 = 13$
(40) $dp[4][10] = \max(dp[3][10](14), dp[3][5](9)) + 4 = 14$
(41) $dp[5][1] = dp[4][1] = 0$
(42) $dp[5][2] = dp[4][2] = 6$
(43) $dp[5][3] = dp[4][3] = 6$
(44) $dp[5][4] = \max(dp[4][4](9), dp[4][0](0)) + 6 = 9$
(45) $dp[5][5] = \max(dp[4][5](9), dp[4][1](0)) + 6 = 9$
(46) $dp[5][6] = \max(dp[4][6](9), dp[4][2](6)) + 6 = 12$
(47) $dp[5][7] = \max(dp[4][7](10), dp[4][3](6)) + 6 = 12$
(48) $dp[5][8] = \max(dp[4][8](11), dp[4][4](9)) + 6 = 15$
(49) $dp[5][9] = \max(dp[4][9](13), dp[4][5](9)) + 6 = 15$
(50) $dp[5][10] = \max(dp[4][10](14), dp[4][6](9)) + 6 = 15$

注意：请大家从中体会动态规划法求解过程是如何自底向上的。

最后求出 dp，回推求最优解的过程如下：

(1) $i=5, r=W=10$，有 dp[5][10](15)≠dp[4][10](14)，则 $x[5]=1, r=r-w[5]=6$。
(2) $i=i-1=4$，dp[4][6]=dp[3][6]，则 $x[4]=0$。
(3) $i=i-1=3$，dp[3][6]=dp[2][6]，则 $x[3]=0$。
(4) $i=i-1=2$，dp[2][6](9)≠dp[1][6](6)，则 $x[2]=1, r=r-w[2]=4$。
(5) $i=i-1=1$，dp[1][4](6)≠dp[0][4](0)，则 $x[1]=1, r=r-w[1]=2$。

如图 8.12 所示，最后得到 x 为 (1,1,0,0,1)，背包装入物品总重量为 8，总价值为 15，图中阴影部分表示满足 dp[i][r]≠dp[$i-1$][r] 条件。

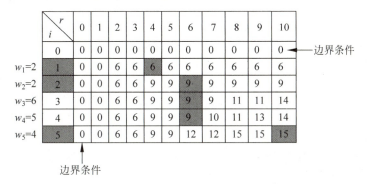

图 8.12 求出的数组及求 x 的过程

对应的完整程序如下：

```c
#include <stdio.h>
#define max(x,y) ((x)>(y)?(x):(y))
#define MAXN 20                        //最多物品数
#define MAXW 100                       //最大限制重量
//问题表示
int n=5,W=10;                          //5 种物品,限制重量不超过 10
int w[MAXN]={0,2,2,6,5,4};             //下标为 0 的元素不用
int v[MAXN]={0,6,3,5,4,6};             //下标为 0 的元素不用
//求解结果表示
int dp[MAXN][MAXW];
int x[MAXN];
int maxv;                              //存放最优解的总价值
void Knap()                            //用动态规划法求 0/1 背包问题
{   int i,r;
    for (i=0;i<=n;i++)                 //置边界条件 dp[i][0]=0
        dp[i][0]=0;
    for (r=0;r<=W;r++)                 //置边界条件 dp[0][r]=0
        dp[0][r]=0;
    for (i=1;i<=n;i++)
    {   for (r=1;r<=W;r++)
            if (r<w[i])
                dp[i][r]=dp[i-1][r];
```

```
            else
                dp[i][r]=max(dp[i-1][r],dp[i-1][r-w[i]]+v[i]);
    }
}
void Buildx()                              //回推求最优解
{   int i=n,r=W;
    maxv=0;
    while (i>=0)                           //判断每个物品
    {   if (dp[i][r]!=dp[i-1][r])
        {   x[i]=1;                        //选取物品i
            maxv+=v[i];                    //累计总价值
            r=r-w[i];
        }
        else
            x[i]=0;                        //不选取物品i
        i--;
    }
}
void main()
{   Knap();
    Buildx();
    printf("求解结果(最优方案)\n");          //输出结果
    printf("   选取的物品: ");
    for (int i=1;i<=n;i++)
        if (x[i]==1)
            printf("%d ",i);
    printf("\n");
    printf("   总价值=%d\n",maxv);
}
```

本程序的执行结果如下：

```
求解结果(最优方案)
    选取的物品: 1 2 5
    总价值=15
```

【算法分析】 Knap()算法中含有两重 for 循环,所以时间复杂度为 $O(nW)$,空间复杂度为 $O(nW)$。

【例 8.3】 点菜问题：某实验室经常有活动需要叫外卖,但是每次叫外卖的报销经费的总额最大为 C 元,有 N 种菜可以点,经过长时间的点菜,实验室对于每种菜 i 都有一个量化的评价分数(表示这个菜的可口程度),为 V_i,每种菜的价格为 P_i,问如何选择各种菜,才能在报销额度范围内使点到的菜的总评价分数最大。注意：由于需要营养多样化,每种菜只能点一次。

输入描述：输入的第 1 行有两个整数 $C(1 \leqslant C \leqslant 1000)$ 和 $N(1 \leqslant N \leqslant 100)$,$C$ 代表总共能够报销的额度,N 代表能点菜的数目；接下来的 N 行,每行包含两个 1~100(包括 1 和 100)的整数,分别表示菜的价格和菜的评价分数。

输出描述：输出只包括一行,这一行只包含一个整数,表示在报销额度范围内所点的菜得到的最大评价分数。

输入样例：

```
90 4
20 25
30 20
40 50
10 18
40 2
25 30
10 8
```

样例输出：

```
95
38
```

解 本例类似 0/1 背包问题（每种菜只有选择和不选择两种情况），求总价格为 C 的最大评价分数。

设置一个一维动态规划数组 dp，dp[j] 表示总价格为 j 的最大评价分数。首先初始化 dp 的所有元素为 0，对于第 i 种菜，不选择时 dp[j] 没有变化；若选择，dp[j]=dp[j−P[i]]+V[i]，所以有 dp[j]=max(dp[j], dp[j−P[i]]+V[i])。最终 dp[C] 即为所求。

对应的完整程序如下：

```c
#include <stdio.h>
#include <string.h>
#define max(x,y) ((x)>(y)?(x):(y))
#define MAXN 101
#define MAXV 1001
//问题表示
int N,C;
int P[MAXN];                        //价格
int V[MAXN];                        //评价分数
//求解结果表示
int dp[MAXV];                       //dp
void solve()                        //求 dp
{   for (int i=1; i<=N; i++)
        for(int j=C; j>=P[i]; j--)
            dp[j]=max(dp[j],dp[j-P[i]]+V[i]);
}
int main()
{   while (scanf("%d%d",&C,&N)!=EOF)
    {   memset(dp,0,sizeof(dp));
        for(int i=1; i<=N;i++)
            scanf("%d%d",&P[i],&V[i]);
        solve();
        printf("%d\n",dp[C]);
```

```
        }
        return 0;
}
```

8.9 求解完全背包问题

【问题描述】 有 n 种重量和价值分别为 w_i、v_i ($0 \leq i < n$) 的物品,从这些物品中挑选总重量不超过 W 的物品,求出挑选物品价值总和最大的方案,这里每种物品可以挑选任意多件。

【问题求解】 采用动态规划法求解该问题。设置动态规划二维数组 dp,dp[i][j] 表示从前 i 个物品中选出重量不超过 j 的物品的最大总价值,显然有 dp[i][0]=0(背包不能装入任何物品时总价值为 0),dp[0][j]=0(没有任何物品可装入时总价值为 0),将它们作为边界条件(采用 memset 函数一次性初始化为 0)。另外设置二维数组 fk,其中 fk[i][j] 存放 dp[i][j] 得到最大值时物品 i 挑选的件数。

扫一扫

视频讲解

对应的状态转移方程如下:

$$dp[i][j] = \text{MAX}\{dp[i-1][j-k*w[i]]+k*v[i]\}$$

fk[i][j]=k; 当 dp[i][j]<dp[i-1][j-k*w[i]]+k*v[i] ($k*w[i] \leq j$) 时物品 i 取 k 件

这样,dp[n][W] 便是背包容量为 W、考虑 n 个物品(同一物品允许多次选择)时得到的背包最大总价值,即问题的最优结果。

例如,$n=3, W=7, w=(3,4,2), v=(4,5,3)$,其求解结果如表 8.1 所示。表中元素为 dp[i][j] [fk[i][j]],其中 $f(n,W)$ 为最终结果,即最大价值总和为 10。回推最优方案的过程是找到 $f[3][7]=10$,fk[3][7]=2,物品 3 挑选两件,fk[2][W-2×2]=fk[2][3]=0,物品 2 挑选 0 件,fk[1][3]=1,物品 1 挑选 1 件。

表 8.1 多重背包问题的求解结果

i \ j	0	1	2	3	4	5	6	7
0	0[0]	0[0]	0[0]	0[0]	0[0]	0[0]	0[0]	0[0]
1	0[0]	0[0]	0[0]	4[1]	4[1]	4[1]	8[2]	8[2]
2	0[0]	0[0]	0[0]	4[1]	5[1]	5[1]	8[0]	9[1]
3	0[0]	0[0]	3[1]	4[0]	6[2]	7[1]	9[3]	10[2]

对应的完整程序如下:

```c
#include <stdio.h>
#include <string.h>
#define MAXN 20                    //最多物品数
```

```
#define MAXW 100                        //最大限制重量
//问题表示
int n,W;
int w[MAXN],v[MAXN];
//求解结果表示
int dp[MAXN+1][MAXW+1],fk[MAXN+1][MAXW+1];
int solve()                             //求解多重背包问题
{   int i,j,k;
    for (i=1;i<=n;i++)
    {   for (j=0;j<=W;j++)
            for (k=0;k*w[i]<=j;k++)
            {   if (dp[i][j]<dp[i-1][j-k*w[i]]+k*v[i])
                {   dp[i][j]=dp[i-1][j-k*w[i]]+k*v[i];
                    fk[i][j]=k;         //物品i取k件
                }
            }
    }
    return dp[n][W];
}
void Traceback()                        //回推求最优解
{   int i=n,j=W;
    while (i>=1)
    {   printf("物品%d共%d件 ",i,fk[i][j]);
        j-=fk[i][j]*w[i];               //剩余重量
        i--;
    }
    printf("\n");
}
void main()
{   w[1]=3; w[2]=4; w[3]=2;
    v[1]=4; v[2]=5; v[3]=3;
    n=3; W=7;
    memset(dp,0,sizeof(dp));
    memset(fk,0,sizeof(fk));
    printf("最优解:\n");
    printf(" 总价值=%d\n",solve());
    printf(" 方案: ");Traceback();
}
```

本程序的执行结果如下：

最优解:
  总价值=10
  方案:物品3共2件 物品2共0件 物品1共1件

【算法分析】 solve算法有三重循环，k 的循环最坏可能是 $0 \sim W$，所以算法的时间复杂度为 $O(nW^2)$。

实际上,在上述算法中不必使用 k 循环,可以修改为在挑选物品 i 时直接多次重复挑选。因为在 $dp[i][j]$ 的计算中选择 $k(k \geqslant 1)$ 个的情况与在 $dp[i][j-w[i]]$ 的计算中选择 $k-1$ 个的情况是相同的,所以 $dp[i][j]$ 的递推中 $k \geqslant 1$ 部分的计算已经在 $dp[i][j-w[i]]$ 的计算中完成了。

$$
\begin{aligned}
dp[i][j] &= \mathop{MAX}_{k \geqslant 0}\{\ dp[i-1][j-k \times w[i]] + k \times v[i]\ \} \\
&= MAX\{\ dp[i-1][j], \mathop{MAX}_{k \geqslant 1}\{dp[i-1][j-k \times w[i]] + k \times v[i]\}\ \} \\
&= MAX\{\ dp[i-1][j], \mathop{MAX}_{k \geqslant 0}\{dp[i-1][j-w[i]-k \times w[i]] + k \times v[i]\} + v[i]\ \} \\
&= MAX\{\ dp[i-1][j], dp[i][j-w[i]] + v[i]\ \}
\end{aligned}
$$

类似于将 12 转换为质因数的乘积,可以采用这样的计算过程:$n=12, n\%2=0$,$n\%(2\times 2)=0$(多次判断 2 是否为质因数),$n=n/(2\times 2)=3, n\%3=0, n=n/3=1$,则 $12=2\times 2\times 3$;也可以采用这样的计算过程:$n=12, n\%2=0, n=n/2=6, n\%2=0, n=n/2=3$,$n\%3=0, n=3/3=1$,则 $12=2\times 2\times 3$。

对应的状态转移方程如下:

> $dp[i][j]=dp[i-1][j]$ 当 $j<w[i]$ 时物品 i 放不下
> $dp[i][j]=\max(dp[i-1][j], dp[i][j-w[i]]+v[i])$ 否则在不放入和重复放入物品 i 之间选最优解

修改后只求最大价值的算法如下:

```
int solve1()                      //用动态规划法求完全背包问题
{   int i,k,j;
    for (i=1;i<=n;i++)
        for (j=0;j<=W;j++)
        {   if (j<w[i])
                dp[i][j]=dp[i-1][j];
            else
                dp[i][j]=max(dp[i-1][j],dp[i][j-w[i]]+v[i]);
        }
    return dp[n][W];              //返回总价值
}
```

该算法的时间复杂度为 $O(nW)$。

8.10 求解资源分配问题

【问题描述】 资源分配问题是将数量一定的一种或若干种资源(原材料、资金、设备或劳动力等)合理地分配给若干个使用者,使总收益最大。

例如,某公司有 3 个商店 A、B、C,拟将新招聘的 5 名员工分配给这 3 个商店,各商店得到新员工后每年的赢利情况如表 8.2 所示,求分配给各商店各多少员工才能使公司的赢利最大?

扫一扫

视频讲解

表 8.2 分配员工数和赢利情况(单位：万元)

商店 \ 员工数	0人	1人	2人	3人	4人	5人
A	0	3	7	9	12	13
B	0	5	10	11	11	11
C	0	4	6	11	12	12

【问题求解】 采用动态规划求解该问题。设置 3 个商店 A、B、C 的编号分别为 $1\sim 3$，这里总员工数 $n=5$，商店个数 $m=3$。假设从商店 3 开始，设置二维动态规划数组为 dp，其中 $dp[i][s]$ 表示考虑商店 $i\sim$ 商店 m 并分配总共 s 个人后的最优赢利，另外设置二维数组 pnum，其中 $pnum[i][s]$ 表示求出 $dp[i][s]$ 时对应商店 i 的分配人数。对应的状态转移方程如下：

> $dp[m+1][j]=0$　　　　　　　　　边界条件(类似终点的 dp 值为 0)
> $dp[i][s]=\max(v[i][j]+dp[i+1][s-j])$　　$pnum[i][s]=dp[i][s]$ 取最大值的 $j(0\leqslant j\leqslant n)$

显然，$dp[1][n]$ 就是最优赢利。对于表 8.2 中的示例，首先设置 $dp[4][*]=0$，求解 dp 的过程如下($dp[i][s]$ 的求值是通过 s 取 $0\sim s$ 值比较取最大值的结果，这里仅仅给出最终结果)：

> (1) $dp[3][1]=v[3][1]+dp[4][0]=4+0=4, pnum[3][1]=1$
> (2) $dp[3][2]=v[3][2]+dp[4][0]=6+0=6, pnum[3][2]=2$
> (3) $dp[3][3]=v[3][3]+dp[4][0]=11+0=11, pnum[3][3]=3$
> (4) $dp[3][4]=v[3][4]+dp[4][0]=12+0=12, pnum[3][4]=4$
> (5) $dp[3][5]=v[3][5]+dp[4][0]=12+0=12, pnum[3][5]=5$
> (6) $dp[2][1]=v[2][1]+dp[3][0]=5+0=5, pnum[2][1]=1$
> (7) $dp[2][2]=v[2][2]+dp[3][0]=10+0=10, pnum[2][2]=2$
> (8) $dp[2][3]=v[2][2]+dp[3][1]=10+4=14, pnum[2][3]=2$
> (9) $dp[2][4]=v[2][2]+dp[3][2]=10+6=16, pnum[2][4]=2$
> (10) $dp[2][5]=v[2][2]+dp[3][3]=10+11=21, pnum[2][5]=2$
> (11) $dp[1][1]=v[1][0]+dp[2][1]=0+5=5, pnum[1][1]=0$
> (12) $dp[1][2]=v[1][0]+dp[2][2]=0+10=10, pnum[1][2]=0$
> (13) $dp[1][3]=v[1][0]+dp[2][3]=0+14=14, pnum[1][3]=0$
> (14) $dp[1][4]=v[1][2]+dp[2][2]=7+10=17, pnum[1][4]=2$
> (15) $dp[1][5]=v[1][2]+dp[2][3]=7+14=21, pnum[1][5]=2$

然后通过 pnum 反推出各个商店 i 的分配人数：

> (1) $k=1, s=pnum[k][5]=2$，商店 1 分配两人，余下的人数 $r=n-s=3$
> (2) $k=k+1=2, s=pnum[k][r]=pnum[2][3]=2$，商店 2 分配两人，余下的人数 $r=n-s=1$
> (3) $k=k+1=3, s=pnum[k][r]=pnum[3][1]=1$，商店 3 分配 1 人，余下的人数 $r=n-s=0$

对应的完整程序如下：

```
#include <stdio.h>
#define MAXM 10                     //最多商店数
```

```c
#define MAXN 10                              //最多人数
//问题表示
int m=3,n=5;                                 //商店数为m、总人数为n
int v[MAXM][MAXN]={{0,0,0,0,0,0},{0,3,7,9,12,13},
    {0,5,10,11,11,11},{0,4,6,11,12,12}};     //不计v[0]行
//求解结果表示
int dp[MAXM][MAXN];
int pnum[MAXM][MAXN];
void Plan()                                  //求最优方案dp
{   int maxf,maxj;
    for (int j=0;j<=n;j++)                   //置边界条件
        dp[m+1][j]=0;
    for (int i=m;i>=1;i--)                   //i从商店3到1进行处理
    {   for (int s=1;s<=n;s++)               //到商店i为止分配的总人数为s
        {   maxf=0;
            maxj=0;
            for (j=0;j<=s;j++)               //找该商店最优情况maxf和分配人数maxj
            {   if ((v[i][j]+dp[i+1][s-j])>=maxf)
                {   maxf=v[i][j]+dp[i+1][s-j];
                    maxj=j;
                }
            }
            dp[i][s]=maxf;
            pnum[i][s]=maxj;
        }
    }
}
void dispPlan()                              //输出最优分配方案
{   int k,r,s;
    s=pnum[1][n];
    r=n-s;                                   //r为余下的人数
    printf("最优资源分配方案如下:\n");
    for (k=1;k<=m;k++)
    {   printf(" %c 商店分配%d 人\n",'A'+k-1,s);
        s=pnum[k+1][r];                      //求下一个商店分配的人数
        r=r-s;                               //余下的人数递减
    }
    printf(" 该分配方案的总赢利为%d 万元\n",dp[1][n]);
}
void main()
{   Plan();
    dispPlan();
}
```

上述程序的执行结果如下:

最优资源分配方案如下:
 A 商店分配 2 人
 B 商店分配 2 人
 C 商店分配 1 人
 该分配方案的总赢利为 21 万元

【算法分析】 Plan()算法的时间复杂度为 $O(m \times n^2)$。

上述算法采用反向方法求出 dp，也可以采用正向方法。此时设置 dp[i][s] 表示考虑商店 1～商店 i 并分配 s 个人后的最优赢利，pnum[i][s] 的含义与前面相同。对应的状态转移方程如下：

dp[0][j]=0　　　　　　　　　　　　　　边界条件(类似终点的 dp 值为 0)
dp[i][s]=max(v[i][j]+dp[$i-1$][$s-j$])　　pnum[i][s]=dp[i][s]取最大值的 j (0≤j≤n)

显然，dp[m][n] 就是最优赢利，从 pnum[m][n] 开始推导出各个商店分配的人数。对应的完整程序如下：

```c
#include <stdio.h>
#define MAXM 10                        //最多商店数
#define MAXN 10                        //最多投入的人数
//问题表示
int m=3,n=5;                           //商店数为 m、总人数为 n
int v[MAXM][MAXN]={{0,0,0,0,0,0},{0,3,7,9,12,13},
    {0,5,10,11,11,11},{0,4,6,11,12,12}};    //不计 v[0]行
//求解结果表示
int dp[MAXM][MAXN];
int pnum[MAXM][MAXN];
void Plan()                            //求最优方案 dp
{   int maxf,maxj;
    for (int j=0;j<=n;j++)             //置边界条件
        dp[0][j]=0;
    for (int i=1;i<=m;i++)             //从商店 3 到 1 进行处理
    {   for (int s=1;s<=n;s++)         //将各人数分配给第 k 个商店
        {   maxf=0;
            maxj=0;
            for (j=0;j<=s;j++)         //找该商店的最优分配人数 j
            {   if ((v[i][j]+dp[i-1][s-j])>=maxf)
                {   maxf=v[i][j]+dp[i-1][s-j];
                    maxj=j;
                }
            }
            dp[i][s]=maxf;
            pnum[i][s]=maxj;
        }
    }
}
void dispPlan()                        //输出最优分配方案
{   int k,r,s;
    s=pnum[m][n];
    r=n-s;                             //r 为余下的人数
    printf("最优资源分配方案如下:\n");
    for (k=m;k>=1;k--)                 //从 m 到 1
    {   printf("  %c 商店分配%d 人\n",'A'+k-1,s);
        s=pnum[k-1][r];                //求下一个阶段分配的人数
```

```
            r=r-s;                        //余下的人数递减
        }
        printf(" 该分配方案的总赢利为%d 万元\n",dp[m][n]);
    }
    void main( )
    {   Plan();
        dispPlan();
    }
```

上述程序的执行结果如下：

```
最优资源分配方案如下:
    C 商店分配 3 人
    B 商店分配 2 人
    C 商店分配 0 人
    该分配方案的总赢利为 21 万元
```

实际上,从图搜索的角度看,本问题对应一个这样的多段图：从源点 A 出发有 6 条有向边指向 $B_1 \sim B_6$(每条边对应取人数 0~5,权值为 A 取不同人数的赢利,取 0 时赢利为 0),从每个 $B_i(1 \leqslant i \leqslant 6)$ 出发又有 6 条有向边指向 $C_1 \sim C_{36}$(每条边对应 B 取人数 0~5,权值为取不同人数的赢利),同样,从每个 $C_i(1 \leqslant i \leqslant 36)$ 出发又有 6 条有向边指向 $D_1 \sim C_{216}$。问题的解是求从根结点到某个 D 结点的权值和最大的路径,所以可以采用回溯法和分枝限界法求解,但从时间复杂度来看,动态规划法是比较好的。

8.11 求解会议安排问题

会议安排问题的描述见 5.12 节(在线编程题 1),要求采用回溯法求解。这里采用动态规划法求解,并以表 8.3 所示的订单说明求解过程。

扫一扫

视频讲解

表 8.3　11 个订单(已按结束时间递增排列)

订单 i	0	1	2	3	4	5	6	7	8	9	10
开始时间	1	3	0	5	3	5	6	8	8	2	12
结束时间	4	5	6	7	8	9	10	11	12	13	15

【问题求解】　由于只有一个教室,两个订单不能相互重叠,两个时间不重叠的订单称为兼容订单。给定若干个订单,安排的所有订单一定是兼容订单,拒接不兼容的订单。用数组 A 存放所有的订单,$A[i].b(0 \leqslant i \leqslant n-1)$ 存放订单 i 的起始时间,$A[i].e$ 存放订单 i 的结束时间,订单 i 的持续时间 $A[i].length=A[i].e-A[i].b$。

说明：从表面上看,本问题与第 7 章的 7.2 节中的活动安排问题相同,但实际上是不同的,这里是求兼容订单的最长时间而不是求兼容订单的最大个数。例如,订单集合={(3,6),(1,8),(7,9)},$n=3$,采用 7.2 节中的活动安排算法,先按结束时间递增排序为{(3,6),

(1,8),(7,9)},结果求出的最大兼容订单子集={(3,6),(7,9)},含两个订单,对应的订单时间=(6−3)+(9−7)=5,而如果选择订单(1,8),对应的订单时间=8−1=7,所以后者才是问题的最优解。

这里采用贪心法+动态规划的思路,先将订单数组 $A[0..n-1]$ 按结束时间递增排序,设计一维动态规划数组 dp,$dp[i]$ 表示 $A[0..i]$ 的订单中所有兼容订单的最长时间。对应的状态转移方程如下:

> $dp[0]=$订单 0 的时间
> $dp[i]=\max\{dp[i-1],dp[j]+A[i].length\}$ 订单 j 是结束时间早于订单 i 开始时间的最晚的订单

其中,"订单 j 是结束时间早于订单 i 开始时间的最晚的订单"的含义是满足 $A[i].b \geq A[j].e$ 条件的最大的 j,或者说订单 j 执行后会立刻执行订单 i,称订单 j 为订单 i 的前驱订单。例如,若一个执行方案为订单 2、订单 6、订单 10,则顶点 10 的前驱为订单 6,订单 6 的前驱是订单 2,订单 2 没有前驱订单。

最后求出的 $dp[n-1]$ 就是满足要求的结果。另外,为了求出选中哪些订单,设计一维数组 pre,$pre[i]$ 表示 $dp[i]$ 的前驱订单,这里有 3 种情况:

(1) 若 $A[i]$ 没有前驱订单,$pre[i]$ 设置为 -1。例如订单 0 没有前驱订单,置 $pre[0]=-1$。

(2) 若不选择订单 $A[i]$,$pre[i]$ 设置为 -2。例如,$i=2$ 时该方案已经选中了订单 1 但不选中订单 2,则 $pre[2]=-2$。

(3) 若选择订单 $A[i]$ 并且它前面最晚的前驱订单为 $A[j]$,则 $pre[i]$ 设置为 j。例如,该方案已经选中了订单 1、3,考虑 $i=5$ 时前面最晚的前驱订单为订单 3,则 $pre[5]=3$。

由于所有订单是按结束时间递增排序的,所以可以采用二分查找方法在 $A[0..i-1]$ 中查找 $A[j].e \leq A[i].b$ 的最后一个 $A[j]$。对应的算法如下:

```
int low=0, high=i-1;                    //求订单 i 的前驱订单 low−1
while(low<=high)
{   int mid=(low+high)/2;
    if(A[mid].e<=A[i].b) low=mid+1;
    else high=mid-1;
}
```

在利用上述算法求 $A[0..i]$ 中最晚的前驱订单 $A[j]$ 时分为两种情况:

(1) 若 low$\neq$0(表示选中订单 i 时前驱订单为 $j=$low-1),如果 $dp[i]=dp[i-1]$(或者说 $dp[i-1] \geq dp[low-1]+A[i].length$),说明当前方案不会选中订单 i,置 $pre[i]=-2$;否则说明会选中订单 i,并且前驱订单为 $j=$low-1,置 $pre[i]=$low-1。

(2) 若 low$=0$,这是特殊情况,$dp[i]=\max\{dp[i-1],A[i].length\}$,若 $dp[i]$ 取值 $dp[i-1]$,说明不选中订单 i,置 $pre[i]=-2$;否则说明选中订单 i,并且订单 i 作为当前方案的第一个订单,也就是说它没有前驱订单,置 $pre[i]=-1$。

通过 pre 可以求出选择的订单安排方案(该方案一定是总时间最多的方案,但不一定是唯一的,也不一定是订单个数最多的方案)。

对于表 8.3 中的示例,其求解过程如下:

(1) dp[0]=3。
(2) $i=1$：求出 low=0, dp[1]=max{dp[0], A[1].length}=max{3,2}=3，不选中订单 1，置 pre[1]=−2。
(3) $i=2$：求出 low=0, dp[2]=max{dp[1], A[2].length}=max{3,6}=6，选中订单 2 作为第一个订单，前面没有选中订单，置 pre[2]=−1。
(4) $i=3$：求出 low=2, dp[3]=max{dp[2], dp[1]+A[3].length}={6,3+2}=6，不选中订单 3，置 pre[3]=−2。
(5) $i=4$：求出 low=0, dp[4]=max{dp[3], A[4].length}=max{6,5}=6，不选中订单 4，置 pre[4]=−2。
(6) $i=5$：求出 low=2, dp[5]=max{dp[4], dp[1]+A[5].length}={6,3+4}=7，选中订单 5，前驱为订单 1，置 pre[5]=1。
(7) $i=6$：求出 low=3, dp[6]=max{dp[5], dp[2]+A[6].length}={7,6+4}=10，选中订单 6，前驱为订单 2，置 pre[6]=2。
(8) $i=7$：求出 low=5, dp[7]=max{dp[6], dp[4]+A[7].length}={10,6+3}=10，不选中订单 7，置 pre[7]=−2。
(9) $i=8$：求出 low=5, dp[8]=max{dp[7], dp[4]+A[8].length}={10,6+4}=10，不选中订单 8，置 pre[8]=−2。
(10) $i=9$：求出 low=0, dp[9]=max{dp[8], A[9].length}=max{10,11}=11，选中订单 9 作为第一个订单，置 pre[9]=−1。
(11) $i=10$：求出 low=9, dp[10]=max{dp[9], dp[8]+A[10].length}={11,10+3}=13，选中订单 10，置 pre[10]=8。

所以兼容订单的总时间为 dp[$n-1$]=dp[10]=13。然后通过 pre 数组从 pre[10] 反向推出选中订单的过程如下：

(1) $i=n-1=10$，选中订单 10（如同在活动安排问题中，排序后的活动 1 一定被选中）。
(2) $i=$pre[10]=8, pre[8]=−2，不选中订单 8。
(3) $i=i-1=7$, pre[7]=−2，不选中订单 7。
(4) $i=i-1=6$, pre[6]=2，选中订单 6。
(5) $i=$pre[6]=2, pre[2]=−1，选中订单 2，结束。

最后选中的订单是订单 2、订单 6 和订单 10。对应的完整程序如下：

```
#include <stdio.h>
#include <string.h>
#include <vector>
#include <algorithm>
using namespace std;
#define max(x,y) ((x)>(y)?(x):(y))
#define MAX 101
//问题表示
struct NodeType
{   int b;                              //开始时间
    int e;                              //结束时间
    int length;                         //订单的执行时间
    bool operator < (const NodeType t) const
    {                                   //用于排序的运算符重载函数
        return e<t.e;                   //按结束时间递增排序
    }
};
```

```
int n=11;                                  //订单个数
NodeType A[MAX]={{1,4},{3,5},{0,6},{5,7},{3,8},{5,9},{6,10},{8,11},{8,12},
                 {2,13},{12,15}};          //存放订单
//求解结果表示
int dp[MAX];                               //动态规划数组
int pre[MAX];                              //pre[i]存放前驱订单编号
void solve()                               //求 dp 和 pre
{   memset(dp,0,sizeof(dp));               //dp 数组初始化
    stable_sort(A,A+n);                    //采用稳定的排序算法
    dp[0]=A[0].length;
    pre[0]=-1;
    for (int i=1;i<n;i++)
    {   int low=0, high=i-1;
        while(low<=high)    //在A[0..i-1]中查找结束时间早于A[i].b的最晚订单A[low-1]
        {   int mid=(low+high)/2;
            if(A[mid].e<=A[i].b)
                low=mid+1;
            else
                high=mid-1;
        }
        if (low==0)                        //特殊情况
        {   if(dp[i-1]>=A[i].length)
            {   dp[i]=dp[i-1];
                pre[i]=-2;                 //不选中订单i
            }
            else
            {   dp[i]=A[i].length;
                pre[i]=-1;                 //没有前驱订单
            }
        }
        else                               //A[i]前面最晚有兼容订单A[low-1]
        {   if (dp[i-1]>=dp[low-1]+A[i].length)
            {   dp[i]=dp[i-1];
                pre[i]=-2;                 //不选择订单i
            }
            else
            {   dp[i]=dp[low-1]+A[i].length;
                pre[i]=low-1;              //选中订单i
            }
        }
    }
}
void Dispasolution()                       //输出一个选择的订单方案
{   vector<int> res;                       //存放选中的订单编号(反向)
    int i=n-1;                             //从 n-1 开始
    while (true)
    {   if (i==-1)                         //A[i]没有前驱订单
            break;
        if (pre[i]==-2)                    //不选择订单i
            i--;
        else                               //选择订单i
        {   res.push_back(i);
            i=pre[i];
```

```
        }
    }
    vector<int>::reverse_iterator it;
    printf("  选择的订单: ");
    for (it=res.rbegin();it!=res.rend();++it)
        printf("%d[%d, %d] ",*it,A[*it].b,A[*it].e);
    printf("\n");
    printf("  兼容订单的总时间: %d\n",dp[n-1]);
}
int main()
{   for (int i=0; i<n; i++)                    //求订单的长度
        A[i].length=A[i].e-A[i].b;
    solve();
    printf("求解结果\n");
    Dispasolution();
    return 0;
}
```

上述程序的执行结果如下:

```
求解结果
    选择的订单:2[0,6] 6[6,10] 10[12,15]
    兼容订单的总时间:13
```

【算法分析】 在 solve()算法中一共循环 n 次,二分查找的时间为 $O(\log_2 n)$,所以算法的时间复杂度为 $O(n\log_2 n)$。

8.12 滚动数组

8.12.1 什么是滚动数组

在动态规划算法中常用动态规划数组存放子问题的解,由于一般是存放连续的解,有时可以对数组的下标进行特殊处理,使每一次操作仅保留若干个有用信息,新的元素不断循环刷新,看上去数组的空间被滚动利用,这样的数组称为**滚动数组**(Scroll Array)。其主要目的是压缩存储空间。

实际上,滚动数组应用的条件是基于递推或递归的状态转移中,反复调用当前状态前的几个阶段的若干个状态,而每一次状态转移后有固定个数的状态失去作用。滚动数组便是充分利用了那些失去作用的状态的空间填补新的状态,一般采用求模(%)方法实现滚动数组。

例如,对于 8.1.1 小节的算法 1,其中采用了一个 dp 数组,实际上可以改为只使用 dp[0]、dp[1]和 dp[2]3 个元素空间,采用求模来实现。对应的算法如下:

```
int Fib2(int n)                    //求斐波那契数列的算法2
{   int dp[3];
    dp[1]=1;dp[2]=1;
```

```
    for (int i=3;i<=n;i++)
        dp[i % 3]=dp[(i-2)%3]+dp[(i-1)%3];
    return dp[n%3];
}
```

采用上述方式的 dp 数组就是滚动数组,从而算法的空间复杂度由 $O(n)$ 变为 $O(1)$。

8.12.2 用滚动数组求解 0/1 背包问题

在前面的 8.8 节中,如果仅仅需要求装入背包的最大价值(不需要利用 dp 求解向量 x),由于第 i 个阶段(考虑物品 i)的解 $dp[i][*]$ 只与第 $i-1$ 个阶段(考虑物品 $i-1$)的解 $dp[i-1][*]$ 有关,在这种情况下保存更前面的数据已经毫无意义,所以可以利用滚动数组进行优化,将 dp 数组由 dp[MAXN][MAXW] 改为 dp[2][MAXW]。对应的状态转移方程如下(c 的初始值为 0,其取值只有 0 或者 1):

```
dp[0][0]=0,dp[1][0]=0
dp[0][r]=0
dp[c][r]=dp[1-c][r]                                  当 r<w[i]时物品 i 放不下
dp[c][r]=max(dp[1-c][r],dp[1-c][r-w[i]]+v[i])   否则在不放入和放入物品 i 之间选最优解
```

对应的算法如下:

```
void Knap()                          //用动态规划法求 0/1 背包问题
{   int i,r;
    int c=0;
    for (i=0;i<=1;i++)               //置边界条件 dp[0..1][0]=0
        dp[i][0]=0;
    for (r=0;r<=W;r++)               //置边界条件 dp[0][r]=0
        dp[0][r]=0;
    for (i=1;i<=n;i++)
    {   c=1-c;
        for (r=1;r<=W;r++)
        {   if (r<w[i])
                dp[c][r]=dp[1-c][r];
            else
                dp[c][r]=max(dp[1-c][r],dp[1-c][r-w[i]]+v[i]);
        }
    }
}
```

这样背包的最大价值存放在 $dp[n\%2][W]$ 中,算法的空间复杂度由 $O(nW)$ 下降为 $O(W)$。从中可以看出,采用滚动数组时算法的时间复杂度不变,仅仅改善空间大小。

【例 8.4】 一个楼梯有 n 个台阶,上楼可以一步上一个台阶,也可以一步上两个台阶,求上楼梯共有多少种不同的走法。

解 设 $f(n)$ 表示上 n 个台阶的楼梯的走法数,显然 $f(1)=1,f(2)=2$(一种走法是一步

上一个台阶、走两步,另外一种走法是一步上两个台阶)。

对于大于 2 的 n 个台阶的楼梯,一种走法是第一步上一个台阶,剩余 $n-1$ 个台阶的走法数是 $f(n-1)$;另外一种走法是第一步上两个台阶,剩余 $n-2$ 个台阶的走法数是 $f(n-2)$,所以有 $f(n)=f(n-1)+f(n-2)$。

对应的状态转移方程如下:

$f(1)=1$
$f(2)=2$
$f(n)=f(n-1)+f(n-2)$ $n>2$

或者:

$f(0)=1$
$f(1)=2$
$f(n)=f(n-1)+f(n-2)$ $n>1$

用一维动态规划数组 dp[n] 存放 $f(n+1)$。对应的求解算法如下:

```
int solve()
{   dp[0]=1;
    dp[1]=2;
    for (int i=2;i<n;i++)
        dp[i]=dp[i-1]+dp[i-2];
    return dp[n-1];
}
```

但 dp[i] 只与 dp[$i-1$] 和 dp[$i-2$] 两个子问题解相关,共 3 个状态,所以采用滚动数组,将 dp 数组设置为 dp[3],对应的完整程序如下:

```
#include <stdio.h>
#define MAX 51
//问题表示
int n;
//求解结果表示
int dp[3];
int solve1()
{   dp[0]=1;
    dp[1]=2;
    for (int i=2; i<n; i++)
        dp[i%3]=dp[(i-1)%3]+dp[(i-2)%3];
    return dp[(n-1)%3];
}
void main()
{   n=10;
    printf("%d\n",solve1());            //输出:89
}
```

其他二维数组及高维数组也可以做这样的改进。例如，一个采用普通方法实现的算法如下：

```
void solve()
{   int dp[MAX][MAX];
    memset(dp,0,sizeof(dp));
    for(int i=1;i<MAX;i++)
        for(int j=0;j<MAX;j++)
            dp[i][j]=dp[i-1][j]+dp[i][j-1];
}
```

若 MAX 为 1000，上面的方法需要 1000×1000 的空间，而 $dp[i][j]$ 只依赖于 $dp[i-1][j]$ 和 $dp[i][j-1]$，所以可以使用滚动数组，对应的算法如下：

```
void solve1()
{   int dp[2][MAX];
    memset(dp,0,sizeof(dp));
    for(int i=1;i<MAX;i++)
        for(int j=0;j<MAX;j++)
            dp[i%2][j]=dp[(i-1)%2][j]+dp[i%2][j-1];
}
```

改为滚动数组后仅仅使用了 2×1000 的空间就获得和 1000×1000 空间相同的效果。本章前面讨论的许多示例都可以这样改进（需要注意采用滚动数组的前提条件）。

8.13 练习题

1. 下列算法中通常以自底向上的方式求解最优解的是（　　）。
   A. 备忘录法　　　　B. 动态规划法　　　C. 贪心法　　　　D. 回溯法
2. 备忘录法是（　　）的变形。
   A. 分治法　　　　　B. 回溯法　　　　　C. 贪心法　　　　D. 动态规划法
3. 下列（　　）是动态规划算法的基本要素之一。
   A. 定义最优解　　　　　　　　　　　　B. 构造最优解
   C. 算出最优解　　　　　　　　　　　　D. 子问题重叠性质
4. 一个问题可用动态规划法或贪心法求解的关键特征是问题的（　　）。
   A. 贪心选择性质　　　　　　　　　　　B. 重叠子问题
   C. 最优子结构性质　　　　　　　　　　D. 定义最优解
5. 简述动态规划法的基本思路。
6. 简述动态规划法与贪心法的异同。
7. 简述动态规划法与分治法的异同。
8. 下列算法中哪些属于动态规划算法？
（1）顺序查找算法；

(2) 直接插入排序算法；

(3) 简单选择排序算法；

(4) 二路归并排序算法。

9. 某个问题对应的递归模型如下：

$$f(1)=1$$
$$f(2)=2$$
$$f(n)=f(n-1)+f(n-2)+\cdots+f(1)+1 \qquad 当 n>2 时$$

可以采用如下递归算法求解：

```
long f(int n)
{   if (n==1) return 1;
    if (n==2) return 2;
    long sum=1;
    for (int i=1;i<=n-1;i++)
        sum+=f(i);
    return sum;
}
```

但其中存在大量的重复计算，请采用备忘录方法求解。

10. 第3章中的实验4采用分治法求解半数集问题，如果直接递归求解会存在大量重复计算，请改进该算法。

11. 设计一个时间复杂度为 $O(n^2)$ 的算法来计算二项式系数 $C_n^k (k \leqslant n)$。

二项式系数 C_n^k 的求值过程如下：

$$C_i^0 = 1$$
$$C_i^i = 1$$
$$C_i^j = C_{i-1}^{j-1} + C_{i-1}^j \qquad 当 i \geqslant j 时$$

12. 一个机器人只能向下和向右移动，每次只能移动一步，设计一个算法求它从 $(0,0)$ 移动到 (m,n) 有多少条路径。

13. 两种水果杂交出一种新水果，现在给新水果取名，要求这个名字中包含以前两种水果名字的字母，并且这个名字要尽量短。也就是说，以前的一种水果名字 arr1 是新水果名字 arr 的子序列，另一种水果名字 arr2 也是新水果名字 arr 的子序列。设计一个算法求 arr。

例如：输入以下3组水果名称：

apple peach

ananas banana

pear peach

输出的新水果名称如下：

appleach

bananas

pearch

8.14 上机实验题

实验 1. 求解矩阵最小路径和问题

给定一个 m 行 n 列的矩阵，从左上角开始每次只能向右或者向下移动，最后到达右下角的位置，路径上的所有数字累加起来作为这条路径的路径和。编写一个实验程序求所有路径和中的最小路径和。例如，以下矩阵中的路径 1 ⇨ 3 ⇨ 1 ⇨ 0 ⇨ 6 ⇨ 1 ⇨ 0 是所有路径中路径和最小的，返回结果是 12：

1 3 5 9
8 1 3 4
5 0 6 1
8 8 4 0

实验 2. 求解添加最少括号数问题

括号序列由()、{}、[ ]组成，例如"(([{}]))()"是合法的，而"(){}"、"(){(}"和"({}"都是不合法的。如果一个序列不合法，编写一个实验程序求添加的最少括号数，使这个序列变成合法的。例如，"(){("最少需要添加 4 个括号变成合法的，即变为"(){}(){}"。

实验 3. 求解买股票问题

"逢低吸纳"是炒股的一条成功秘诀，如果你想成为一个成功的投资者，就要遵守这条秘诀。"逢低吸纳，越低越买"，这句话的意思是每次你购买股票时的股价一定要比你上次购买时的股价低。按照这个规则购买股票的次数越多越好，看看你最多能按这个规则买几次。

输入描述：第 1 行为整数 N ($1 \leqslant N \leqslant 5000$)，表示能买股票的天数；第 2 行以下是 N 个正整数（可能分多行），第 i 个正整数表示第 i 天的股价。

输出描述：输出一行表示能够买进股票的最多天数。

输入样例：

12
68 69 54 64 68 64 70 67 78 62 98 87

样例输出：

4

实验 4. 求解双核处理问题

【问题描述】 一种双核 CPU 的两个核能够同时处理任务，现在有 n 个已知数据量的任务需要交给 CPU 处理，假设已知 CPU 的每个核 1 秒可以处理 1KB，每个核同时只能处理一项任务，n 个任务可以按照任意顺序放入 CPU 进行处理。编写一个实验程序求出一个设计方案让 CPU 处理完这批任务所需的时间最少，求这个最少的时间。

输入描述：输入包括两行，第 1 行为整数 n ($1 \leqslant n \leqslant 50$)，第 2 行为 n 个整数 $length[i]$ ($1024 \leqslant length[i] \leqslant 4194304$)，表示每个任务的长度为 $length[i]$KB，每个数均为 1024 的

倍数。

输出描述：输出一个整数,表示最少需要处理的时间。

输入样例：

```
5
3072 3072 7168 3072 1024
```

样例输出：

```
9216
```

实验 5. 求解拆分集合为相等的子集合问题

【问题描述】 将 $1\sim n$ 的连续整数组成的集合划分为两个子集合,且保证每个集合的数字和相等。例如,对于 $n=4$,对应的集合$\{1,2,3,4\}$能被划分为$\{1,4\}$、$\{2,3\}$两个集合,使得 $1+4=2+3$,且划分方案只有这一种。编程实现给定任一正整数 $n(1\leqslant n\leqslant 39)$,输出其符合题意的划分方案数。

输入样例 1：3

样例输出 1：1　　（可划分为$\{1,2\}$、$\{3\}$）

输入样例 2：4

样例输出 2：1　　（可划分为$\{1,3\}$、$\{2,4\}$）

输入样例 3：7

样例输出 3：4　　（可划分为$\{1,6,7\}$、$\{2,3,4,5\}$,或$\{1,2,4,7\}$、$\{3,5,6\}$,或$\{1,3,4,6\}$、$\{2,5,7\}$,或$\{1,2,5,6\}$、$\{3,4,7\}$）

实验 6. 求解将集合部分元素拆分为两个元素和相等且尽可能大的子集合问题

【问题描述】 有 n 个正整数,可能有重复,现在要找出两个不相交的子集 A 和 B,A 和 B 不必覆盖所有元素,使 A 中元素的和 $SUM(A)$ 与 B 中元素的和 $SUM(B)$ 相等,且 $SUM(A)$ 和 $SUM(B)$ 尽可能大。求其中元素和最小的集合的元素和。

8.15　在线编程题

在线编程题 1. 求解公路上任意两点的最近距离问题

【问题描述】 某环形公路上有 n 个站点,分别记为 a_1、a_2、$\cdots$、a_n,从 a_i 到 a_{i+1} 的距离为 d_i,从 a_n 到 a_1 的距离为 d_0,假设 $d_0=d_n=1$,保存在数组 d 中,编写一个函数高效地计算出公路上任意两点的最近距离,要求空间复杂度不超过 $O(n)$。程序的模板如下：

```
const int N=100;
double D[N];
...
void preprocess()
{
    //代码部分
```

```
}
double Distance(int i,int j)
{
    //代码部分
}
```

在线编程题 2. 求解袋鼠过河问题

【问题描述】 一只袋鼠要从河这边跳到河对岸,河很宽,但是河中间打了很多桩子,每隔一米就有一个,每个桩子上有一个弹簧,袋鼠跳到弹簧上就可以跳的更远。每个弹簧力量不同,用一个数字代表它的力量,如果弹簧的力量为5,就表示袋鼠下一跳最多能够跳5米,如果为0,就表示会陷进去无法继续跳跃。河流一共 n 米宽,袋鼠初始在第一个弹簧上面,若跳到最后一个弹簧就算过河了,给定每个弹簧的力量,求袋鼠最少需要多少跳能够到达对岸。如果无法到达,输出 -1。

输入描述:输入分两行,第 1 行是数组长度 $n(1 \leqslant n \leqslant 10\,000)$,第 2 行是每一项的值,用空格分隔。

输出描述:输出最少的跳数,若无法到达输出 -1。

输入样例:

```
5
2 0 1 1 1
```

样例输出:

```
4
```

在线编程题 3. 求解数字和为 sum 的方法数问题

【问题描述】 给定一个有 n 个正整数的数组 a 和一个整数 sum,求选择数组 a 中部分数字和为 sum 的方案数。若两种选取方案有一个数字的下标不一样,则认为是不同的方案。

输入描述:输入为两行,第 1 行为两个正整数 $n(1 \leqslant n \leqslant 1000)$、$sum(1 \leqslant sum \leqslant 1000)$,第 2 行为 n 个正整数 $a[i]$(32 位整数),以空格隔开。

输出描述:输出所求的方案数。

输入样例:

```
5 15
5 5 10 2 3
```

样例输出:

```
4
```

在线编程题 4. 求解人类基因功能问题

【问题描述】 众所周知,人类基因可以被认为是由 4 个核苷酸组成的序列,它们简单地由 4 个字母 A、C、G 和 T 表示。生物学家一直对识别人类基因和确定其功能感兴趣,因为这些可以用于诊断人类疾病和设计新药物。

其实可以通过一系列耗时的生物实验来识别人类基因,在计算机程序的帮助下得到基因序列,下一个工作就是确定其功能。生物学家确定新基因序列功能的方法之一是用新基因作为查询搜索数据库,要搜索的数据库中存储了许多基因序列及其功能。许多研究人员已经将其基因和功能提交到数据库,并且数据库可以通过因特网自由访问。数据库搜索将返回数据库中与查询基因相似的基因序列表。

生物学家认为序列相似性往往意味着功能相似性,因此新基因的功能可能是来自列表的基因的功能之一,要确定哪一个是正确的,需要另一系列的生物实验。请编写一个比较两个基因并确定它们的相似性的程序。

给定两个基因 AGTGATG 和 GTTAG,它们有多相似?测量两个基因相似性的一种方法称为对齐。在对齐中,如果需要,将空间插入基因的适当位置以使它们等长,并根据评分矩阵评分所得基因。

例如,在 AGTGATG 中插入一个空格得到 AGTGAT-G,并且在 GTTAG 中插入 3 个空格得到-GT-TAG。空格用减号(-)表示。两个基因现在的长度相等,这两个字符串对齐如下:

```
AGTGAT-G
-GT--TAG
```

在这种对齐中有 4 个字符是匹配的,即第 2 个位置的 G,第 3 个是 T,第 6 个是 T,第 8 个是 G。每对对齐的字符根据表 8.4 所示的评分矩阵分配一个分数,不允许空格之间进行匹配。上述对齐的得分为$(-3)+5+5+(-2)+(-3)+5+(-3)+5=9$。

表 8.4 评分矩阵

	A	C	G	T	-
A	5	-1	-2	-1	-3
C	-1	5	-3	-2	-4
G	-2	-3	5	-2	-2
T	-1	-2	-2	5	-1
-	-3	-4	-2	-1	*

当然,可能还有许多其他的对齐方式(将不同数量的空格插入到不同的位置得到不同的对齐方式),例如:

```
AGTGATG
-GTTA-G
```

该对齐的得分数是$(-3)+5+5+(-2)+5+(-1)+5=14$,所以它比前一个对齐更好。事实上这是一个最佳的,因为没有其他对齐可以有更高的分数。因此,这两个基因的相似性是 14。

输入描述:输入由 T 个测试用例组成,T 在第 1 行输入,每个测试用例由两行组成,每行包含一个整数(表示基因的长度)和一个基因序列,每个基因序列的长度至少为1,不超过100。

输出描述:打印每个测试用例的相似度,每行一个相似度。

输入样例:

```
2
7 AGTGATG
5 GTTAG
7 AGCTATT
9 AGCTTTAAA
```

样例输出:

```
14
21
```

在线编程题 5. 求解分饼干问题

【问题描述】 易老师购买了一盒饼干,盒子中一共有 k 块饼干,但是数字 k 有些数位变得模糊了,看不清楚数字具体是多少。易老师需要你帮忙把这 k 块饼干平分给 n 个小朋友,易老师保证这盒饼干能平分给 n 个小朋友。现在需要计算出 k 有多少种可能的数值。

输入描述:输入包括两行,第 1 行为盒子上的数值 k,模糊的数位用 X 表示,长度小于 18(可能有多个模糊的数位),第 2 行为小朋友的人数 n。

输出描述:输出 k 可能的数值种数,保证至少为 1。

输入样例:

```
9999999999999X
3
```

样例输出:

```
4
```

在线编程题 6. 求解堆砖块问题

【问题描述】 小易有 n 块砖,每一砖块有一个高度,小易希望利用这些砖块堆砌两座相同高度的塔。为了让问题简单,砖块堆砌就是简单的高度相加,某一块砖只能在一座塔中使用一次。如果让能够堆砌出来的两座塔的高度尽量高,小易能否完成呢?

输入描述:输入包括两行,第 1 行为整数 $n(1{\leqslant}n{\leqslant}50)$,即一共有 n 块砖,第 2 行为 n 个整数,表示每一块砖的高度 $height[i]$ ($1{\leqslant}$ $height[i]{\leqslant}500\,000$)。

输出描述:如果小易能堆砌出两座高度相同的塔,输出最高能拼凑的高度,如果不能则输出-1。测试数据保证答案不大于 500 000。

输入样例:

```
3
2 3 5
```

样例输出：

5

在线编程题7. 求解小易喜欢的数列问题

【问题描述】 小易非常喜欢有以下性质的数列。

(1) 数列的长度为 n。

(2) 数列中的每个数都在 1 到 k 之间（包括 1 和 k）。

(3) 对于位置相邻的两个数 A 和 B（A 在 B 前），都满足 $A \leq B$ 或 A MOD $B != 0$（满足其一即可）。

例如，$n=4,k=7$，那么 $\{1,7,7,2\}$，它的长度是 4，所有数字也在 1 到 7 范围内，并且满足性质(3)，所以小易是喜欢这个数列的。但是小易不喜欢 $\{4,4,4,2\}$ 这个数列。小易给出 n 和 k，希望你能帮他求出有多少个是他喜欢的数列。

输入描述：输入包括两个整数 n 和 k（$1 \leq n \leq 10, 1 \leq k \leq 10\,000$）。

输出描述：输出一个整数，即满足要求的数列个数，因为答案可能很大，输出对 1 000 000 007 取模的结果。

输入样例：

2 2

样例输出：

3

在线编程题8. 求解石子合并问题

【问题描述】 有 n 堆石子排成一排，每堆石子有一定的数量，现要将 n 堆石子合并成为一堆，合并只能每次将相邻的两堆石子堆成一堆，每次合并花费的代价为这两堆石子的和，经过 $n-1$ 次合并后成为一堆，求出总代价的最小值。

输入描述：有多组测试数据，输入到文件结束。每组测试数据的第 1 行有一个整数 n，表示有 n 堆石子，接下来的一行有 n（$0 < n < 200$）个数，分别表示这 n 堆石子的数目，用空格隔开。

输出描述：输出总代价的最小值，占单独的一行。

输入样例：

3
1 2 3
7
13 7 8 16 21 4 18

样例输出：

9
239

在线编程题 9. 求解相邻比特数问题

【问题描述】 一个 n 位的 0、1 字符串 $x = x_1 x_2 \cdots x_n$，其相邻比特数由函数：$\text{fun}(x) = x_1 x_2 + x_2 x_3 + x_3 x_4 + \cdots + x_{n-1} x_n$ 计算出来，它计算两个相邻的 1 出现的次数。例如：

```
fun(011101101) = 3
fun(111101101) = 4
fun (010101010) = 0
```

编写程序以 n 和 p 作为输入，求出长度为 n 的满足 $\text{fun}(x) = p$ 的 x 的个数。例如，$n=5$、$p=2$ 的结果为 6，即 x 有 11100、01110、00111、10111、11101 和 11011。

输入描述：第 1 行为正整数 $k(1 \leqslant k \leqslant 10$ 表示测试用例个数，后面含 k 个测试用例，每个测试用例一行，包含 n 和 $p(1 \leqslant n, p \leqslant 100)$。

输出描述：对于每个测试用例，输出一个整数表示相邻比特数等于 p 的 0、1 字符串的个数。

输入样例：

```
2
5 2
20 8
```

样例输出：

```
6
63426
```

在线编程题 10. 求解周年庆祝会问题

【问题描述】 乌拉尔州立大学 80 周年将举行一个庆祝会。该大学员工呈现一个层次结构，这意味着构成一棵从校长 V. B. Tretyakov 开始的主管关系树。为了让聚会的每个人都快乐，校长不希望员工及其直属主管同时出席，人事办公室给每个员工评估出一个快乐指数。你的任务是求出具有最大快乐指数和的庆祝会客人列表。

输入描述：员工编号为 $1 \sim n$，第 1 行输入包含一个整数 $n(1 \leqslant n \leqslant 6000)$，后面 n 行中的第 i 行给出员工 i 的快乐指数。快乐指数的值是 $-128 \sim 127$ 的整数。之后的 $n-1$ 行描述了一个主管关系树，每行为 L K，表示员工 K 是员工 L 的直接主管。整个输入以 0 0 行结束。

输出描述：输出出席庆祝会的所有客人的最大快乐指数和。

输入样例：

```
7
1 1 1 1 1 1 1(7行)
1 3 2 3 6 4 7 4 4 5 3 5(6行 L K)
0 0
```

样例输出：

```
5
```

第 9 章 图算法设计

第 9 章 图算法设计

图是一类常用的数据结构,在第 4 章中讨论过图的存储结构和图遍历算法,本章介绍图的最小生成树、最短路径以及求解旅行商问题和网络流等算法设计。

9.1 求图的最小生成树

9.1.1 最小生成树的概念

一个连通图的生成树(spanning tree)是一个极小连通子图,它含有图中的全部顶点。

命题 设 G 是一个含 n 个顶点的连通图,T 是 G 的生成树:

(1) 当且仅当 T 有 $n-1$ 条边。

(2) 若 e 是 G 的一条边,e 不属于 T,那么 $T \cup \{e\}$ 含有一个回路。

对于一个带权(假定每条边上的权均为大于零的数)连通无向图 G 中的不同生成树,其每棵树的所有边上的权值之和也可能不同;图的所有生成树中具有边上的权值之和最小的树称为图的最小生成树(minimal spanning tree)。

求图的最小生成树有很多实际应用,例如城市之间交通工程造价最优问题就是一个最小生成树问题。求图的最小生成树主要有普里姆算法和克鲁斯卡尔算法。

9.1.2 用普里姆算法构造最小生成树

1. 普里姆算法构造最小生成树的过程

普里姆(Prim)算法是一种构造性算法。假设 $G=(V,E)$ 是一个具有 n 个顶点的带权连通无向图,$T=(U,\text{TE})$ 是 G 的最小生成树,其中 U 是 T 的顶点集,TE 是 T 的边集,则由 G 构造从起始顶点 v 出发的最小生成树 T 的步骤如下:

(1) 初始化 $U=\{v\}$,以 v 到其他顶点的所有边为候选边。

(2) 重复以下步骤 $n-1$ 次,使得其他 $n-1$ 个顶点被加入到 U 中。

① 以顶点集 U 和顶点集 $V-U$ 之间的所有边(称为割集 $(U,V-U)$)作为候选边,从中挑选权值最小的边(称为轻边)加入 TE,设该边在 $V-U$ 中的顶点是 k,将 k 加入 U 中。

② 考察当前 $V-U$ 中的所有顶点 j,修改候选边,若 (k,j) 的权值小于原来和顶点 j 关联的候选边,则用 (k,j) 取代后者作为候选边。

对于图 9.1 所示的带权连通图 G,采用普里姆算法从顶点 0 出发构造的最小生成树为 $(0,5),(0,1),(1,6),(1,2),(2,3),(3,4)$,如图 9.2 所示,图中各边上圆圈内的数字表示普里姆算法输出边的顺序。

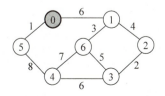

图 9.1 一个带权连通图 G

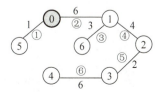

图 9.2 G 的一棵最小生成树

2. 普里姆算法设计

Prim 算法是基于图的邻接矩阵 g 和起始顶点 v 实现的,其设计的关键是在两个顶点集 U 和 $V-U$ 之间选择权最小的边,为此建立两个一维数组 closest 和 lowcost,用于记录这两个顶点集之间具有最小权值的边。

(1) 通过 lowcost 数组标识一个顶点属于 U 还是 $V-U$ 集合。属于 U 集合的顶点 i 满足 lowcost$[i]=0$,属于 $V-U$ 集合的顶点 j 满足 lowcost$[j]\neq 0$。

(2) 对于 $V-U$ 集合的某个顶点 j,它到 U 集合可能有多条边,其中最小的边为 (k,j),那么用 lowcost$[j]$ 记录这条最小边的权值,用 closest$[j]$ 记录 U 中的这个顶点 j,如图 9.3 所示。若 lowcost$[j]=\infty$,则表示从顶点 j 到 U 没有边。

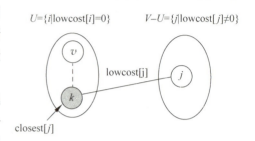

图 9.3 顶点集合 U 和 $V-U$

(3) Prim 算法首先假设 U 仅仅包含一个起始顶点 v,并初始化 lowcost 和 closest 数组——lowcost$[j]=g.$edges$[v][j]$、closest$[j]=v$,即将 (v,j) 作为最小边。

(4) 循环 $n-1$ 次将 $V-U$ 中的所有顶点添加到 U 中:在 $V-U$ 中找 lowcost 值最小的边 (k,j),输出该边作为最小生成树的一条边,将顶点 k 添加到 U 中,此时 $V-U$ 中减少了一个顶点。因为 U 发生改变需要修改 $V-U$ 中每个顶点 j 的 lowcost$[j]$ 和 closest$[j]$ 值,实际上只需要将 lowcost$[j]$(U 中没有添加 k 之前的最小边权值)与 $g.$edges$[k][j]$ 比较,若前者较小,不做修改;若后者较小,将 (k,j) 作为顶点 j 的最小边,即置 lowcost$[j]=g.$edges$[k][j]$、closest$[j]=k$。

对应的 Prim 算法如下:

```
void Prim(MGraph g, int v)                //Prim 算法
{   int lowcost[MAXV];
    int mincost;
    int closest[MAXV],i,j,k;
    for (j=0;j<g.n;j++)                   //初始化 lowcost 和 closest 数组
    {   lowcost[j]=g.edges[v][j];
        closest[j]=v;
    }
    for (i=1;i<g.n;i++)                   //找出 (n-1) 个顶点
    {   mincost=INF;
        for (j=0;j<g.n;j++)               //在 (V-U) 中找出离 U 最近的顶点 k
            if (lowcost[j]!=0 && lowcost[j]<mincost)
            {   mincost=lowcost[j];
                k=j;                      //k 记录最近顶点的编号
            }
        printf(" 边(%d,%d)权为:%d\n",closest[k],k,mincost);
        lowcost[k]=0;                     //标记 k 已经加入 U
        for (j=0;j<g.n;j++)               //修改数组 lowcost 和 closest
            if (g.edges[k][j]!=0 && g.edges[k][j]<lowcost[j])
```

```
            { lowcost[j]=g.edges[k][j];
              closest[j]=k;
            }
        }
    }
}
```

【算法分析】 Prim()算法中有两重 for 循环,所以时间复杂度为 $O(n^2)$,其中 n 为图的顶点个数。从中看出执行时间与图边数 e 无关,所以适合稠密图构造最小生成树。

3. 普里姆算法的正确性证明

普里姆算法是一种贪心算法。对于带权连通无向图 $G=(V,E)$,采用通过对算法步骤的归纳来证明普里姆算法的正确性。

定理 9.1 对于任意正整数 $k<n$,存在一棵最小生成树 T 包含 Prim 算法前 k 步选择的边。

证明:(1) $k=1$ 时用反证法证明存在一棵最小生成树 T 包含 $e=(0,i)$,其中 $(0,i)$ 是所有关联顶点 0 的边中权最小的。

令 T 为一棵最小生成树,假如 T 不包含 $(0,i)$,那么根据命题 9.1,$T\cup\{(0,i)\}$ 含有一个回路,设这个回路中关联顶点 0 的边为 $(0,j)$,令:
$$T'=(T-\{(0,j)\})\cup\{(0,i)\}$$
则 T' 也是一棵生成树,并且所有边的权值和更小(除非 $(0,i)$ 与 $(0,j)$ 的权相同),与 T 为一棵最小生成树矛盾。

(2) 假设算法进行了 $k-1$ 步,生成树的边为 e_1、e_2、$\cdots$、e_{k-1},这些边的 k 个端点构成集合 U,并且存在 G 的一棵最小生成树 T 包含这些边。

(3) 算法的第 k 步选择了顶点 i_k,则 i_k 到 U 中顶点的边的权值最小,设这条边为 $e_k=(i_k,i_l)$。假设最小生成树 T 不含有边 e_k,根据命题 9.1,将 e_k 添加到 T 中形成一个回路,如图 9.4 所示,这个回路一定有连接 U 与 $V-U$ 中顶点的边 e',用 e_k 替换 e' 得到树 T',即:
$$T'=(T-\{e'\})\cup\{e_k\}$$

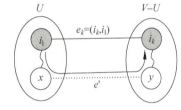

图 9.4 证明普里姆算法的正确性

则 T' 也是一棵生成树,包含边 e_1、e_2、$\cdots$、e_{k-1}、e_k,并且 T' 所有边的权值和更小(除非 e' 与 e_k 的权相同),与 T 为一棵最小生成树矛盾。定理即证。

当 $k=n$ 时 U 包含 G 中所有顶点,由普里姆算法构造的 $T=(U,TE)$ 就是 G 的最小生成树。

9.1.3 克鲁斯卡尔算法

1. 克鲁斯卡尔算法构造最小生成树的过程

克鲁斯卡尔(Kruskal)算法是一种按权值的递增次序选择合适的边来构造最小生成树的方法。假设 $G=(V,E)$ 是一个具有 n 个顶点、e 条边的带权连通无向图,$T=(U,TE)$ 是 G 的最小生成树,则构造最小生成树的步骤

扫一扫

视频讲解

如下：

(1) 置 U 的初值等于 V（即包含有 G 中的全部顶点），TE 的初值为空集（即 T 中的每一个顶点都构成一个分量）。

(2) 将图 G 中的边按权值从小到大的顺序依次选取，若选取的边未使生成树 T 形成回路，则加入 TE；否则舍弃，直到 TE 中包含 $n-1$ 条边为止。

对于图 9.1 所示的带权连通图 G，采用克鲁斯卡尔算法构造的最小生成树为 $(5,0),(3,2),(6,1),(2,1),(1,0)$，$(4,3)$，如图 9.5 所示，图中各边上圆圈内的数字表示克鲁斯卡尔算法输出边的顺序。

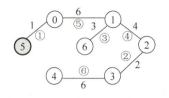

图 9.5　G 的一棵最小生成树

2. 克鲁斯卡尔算法设计

实现克鲁斯卡尔算法的关键是如何判断选取的边是否与生成树中已有的边形成回路，这可以通过并查集来解决。

对于一个数据序列和一个等价关系，**并查集**（disjoint set）支持查找一个元素所属的集合以及两个元素各自所属的集合的合并等运算，同一集合中的元素满足等价关系。当给出的两个元素满足等价关系构成一个无序对 (a,b) 时需要快速"合并"a 和 b 分别所在的集合，这期间需要反复"查找"某元素所在的集合。"并""查""集"三字由此而来。在这种数据结构中，n 个不同的元素被分为若干组，每组是一个集合，这种集合叫分离集合。

可以采用有根树来表示集合，树中的每个结点包含集合的一个元素，每棵树表示一个集合。多个集合形成一个森林，以每棵树的根结点编号唯一标识该集合，并且根结点的父结点指向其自身，树上的其他结点都用一个父指针表示它的附属关系。

为了方便，采用顺序存储方法（即采用一个数组 t）来存储森林，其中结点的类型声明如下：

```
typedef struct node
{   int data;                     //结点对应顶点编号
    int rank;                     //结点对应秩
    int parent;                   //结点对应双亲下标
} UFSTree;                        //并查集树的结点类型
```

给每个结点增加一个秩（rank）域，当该结点作为树根结点时它是一个与树的高度接近的正整数。并查集的基本运算算法如下：

```
void MAKE_SET(UFSTree t[], int n)       //初始化并查集树
{   for (int i=0;i<n;i++)               //顶点编号为0～(n-1)
    {   t[i].rank=0;                    //秩初始化为0
        t[i].parent=i;                  //双亲初始化为指向自己
    }
}
int FIND_SET(UFSTree t[], int x)        //在x所在子树中查找集合的编号
{   if (x!=t[x].parent)                 //若双亲不是自己
        return(FIND_SET(t,t[x].parent));//递归在双亲中查找
```

```
        else
            return(x);                         //若双亲是自己,返回 x
}
void UNION(UFSTree t[], int x, int y)          //将 x 和 y 所在的子树合并
{   x=FIND_SET(t,x);
    y=FIND_SET(t,y);
    if (t[x].rank>t[y].rank)                   //x 结点的秩大于 y 结点的秩
        t[y].parent=x;                         //将 x 结点作为 y 的双亲结点
    else                                       //y 结点的秩大于等于 x 结点的秩
    {   t[x].parent=y;                         //将 y 结点作为 x 的双亲结点
        if (t[x].rank==t[y].rank)              //x 和 y 结点的秩相同
            t[y].rank++;                       //y 结点的秩增 1
    }
}
```

例如有 6 个人,编号为 1~6,根据输入的若干两个人之间的亲戚关系来判断某两个人是否为亲戚。亲戚关系是一种等价关系,适合采用并查集求解。首先构造初始并查集树如图 9.6(a)所示,共 6 棵子树,每棵子树含一个结点,即根结点,其 parent 指向自身。

输入(1,3)表示 1 和 3 有亲戚关系,将 1 和 3 所在的子树合并,如图 9.6(b)所示。输入(5,6),将 5 和 6 所在的子树合并,如图 9.6(c)所示。输入(2,3),将 2 和 3 所在的子树合并,如图 9.6(d)所示。输入(2,5),将 2 和 5 所在的子树合并,如图 9.6(e)所示。

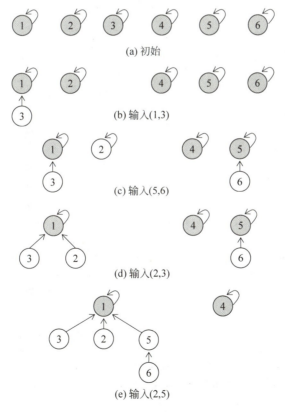

图 9.6 构造并查集的过程

在合并中总是将较矮子树的根结点作为较高子树根结点的孩子结点，这样合并后子树的高度不会增加。若合并的两棵子树高度相同，可以任意将一棵子树的根结点作为另外一棵子树根结点的孩子结点，这样合并后的子树高度增加一层。这种合并方式是尽可能让合并后的子树高度较矮。

并查集特别适合查找，例如在构造好亲戚关系并查集后，若需要判断 3 和 6 是否为亲戚，就是查找它们是否在同一棵子树中，先找到 3 所在子树的根结点 1，再找到 6 所在子树的根结点 1，它们的根结点相同，表示 3 和 6 是亲戚。

再判断 4 和 6 是否为亲戚，先找到 4 所在子树的根结点 4，再找到 6 所在子树的根结点 1，它们的根结点不相同，表示 4 和 6 不是亲戚。

从中看出，并查集查找的时间复杂度最多为 $O(\log_2 n)$，合并操作的时间复杂度也是 $O(\log_2 n)$。

实际上，如果按某种等价关系构造并查集，那么同一棵子树的所有结点都存在这种关系，而不在同一棵子树的两个结点不存在这种关系。例如图的连通性就是一种等价关系，所以并查集在图算法中有很好的应用。

回到克鲁斯卡尔算法设计，用一个数组 $E[\ ]$ 存放图 G 中的所有边，要求它们是按权值从小到大的顺序排列的，为此先从图 G 的邻接矩阵中获取所有边集 E，再对其按权值递增排序。数组 E 的元素类型定义如下：

```
struct Edge
{   int u;                              //边的起始顶点
    int v;                              //边的终止顶点
    int w;                              //边的权值
    bool operator<(const Edge &e) const
    {
        return w<e.w;                   //用于按 w 递增排序
    }
};
```

同一集合中的顶点属同一连通分量，在构造最小生成树时添加一条边 $E[j]$，该边的两个顶点为 u_1、u_2，求出它们的连通分量编号 sn_1、sn_2，若 $sn_1 \neq sn_2$，表示添加该边不会构成回路，则该边作为最小生成树的一条边；否则表示添加该边会构成回路，不能添加该边，应选取下一条边。对应的克鲁斯卡尔算法如下：

```
void Kruskal(MGraph g)                  //Kruskal 算法
{   int i,j,k,u1,v1,sn1,sn2;
    UFSTree t[MaxSize];
    Edge E[MaxSize];
    k=0;
    for (i=0;i<g.n;i++)                 //由 g 的下三角部分产生的边集 E
        for (j=0;j<i;j++)
            if (g.edges[i][j]!=0 && g.edges[i][j]!=INF)
            {   E[k].u=i;E[k].v=j;E[k].w=g.edges[i][j];
                k++;
            }
```

```
sort(E,E+k);                //调用 STL 的 sort()算法按 w 递增排序
MAKE_SET(t,g.n);            //初始化并查集树 t
k=1;                        //k 表示当前构造生成树的第几条边,初值为 1
j=0;                        //E 中边的下标,初值为 0
while (k<g.n)               //生成的边数小于 n 时循环
{   u1=E[j].u;
    v1=E[j].v;              //取一条边的头尾顶点编号 u1 和 v2
    sn1=FIND_SET(t,u1);
    sn2=FIND_SET(t,v1);     //分别得到两个顶点所属的集合编号
    if (sn1!=sn2)           //添加该边不会构成回路,将其作为最小生成树的一条边输出
    {   printf("  (%d,%d):%d\n",u1,v1,E[j].w);
        k++;                //生成边数增 1
        UNION(t,u1,v1);     //将 u1 和 v1 两个顶点合并
    }
    j++;                    //扫描下一条边
}
```

【算法分析】 若带权连通无向图 G 有 n 个顶点、e 条边,在 Kruskal()算法中不考虑生成边数组 E 的过程,排序时间为 $O(e\log_2 e)$,while 循环是在 e 条边中选取 $n-1$ 条边,在最坏情况下执行 e 次,而其中的 UNION()的执行时间为 $O(\log_2 n)$,所以上述克鲁斯卡尔算法构造最小生成树的时间复杂度为 $O(e\log_2 e)$。从中看出执行时间与图顶点数 n 无关而与边数 e 相关,所以适合稀疏图构造最小生成树。

3. 克鲁斯卡尔算法的正确性证明

克鲁斯卡尔算法也是一种贪心算法。对于带权连通无向图 $G=(V,E)$,采用通过对算法产生 $T=(V,TE)$ 的边数 k 的归纳步骤来证明克鲁斯卡尔算法的正确性。

定理 9.2 克鲁斯卡尔算法可以找到一棵最小生成树。

证明:(1) $k=1$ 时,T 中没有任何边,设 e_1 是 G 中权最小的边,加入 e_1 不会产生任何回路。显然是正确的。

(2) 假设算法进行了 $k-1$ 步产生 $k-1$ 条边,即 e_1、e_2、$\cdots$、e_{k-1},对应的边集合为 TE_1,产生的 $T_1=(V_1,TE_1)$ 是最小生成树 T 的子树(V_1 为 TE_1 中的顶点集)。

(3) 算法第 k 步选择了边 $e=(v,u)$,设 $TE_2 = TE_1 \cup \{e\}$,TE_2 中的边把 G 中的顶点分成两个或者两个以上的连通分量,设 S_1 是添加边 e 后包含顶点 v 的连通分量的顶点集,S_2 是添加边 e 后包含顶点 u 的连通分量的顶点集。显然 e 是离开 S 的最短边之一(因为之前所有较短边都已经考察过,它们或者添加到 T 中,或者因为在同一个连通分量中而被丢弃)。现要证明 $T_2=(V_2,TE_2)$ 也是最小生成树的子树(V_2 为 TE_2 中的顶点集)。

若最终的最小生成树 T 包含 $e=(v,u)$,那么就不需要再进一步证明了,否则在 T 中 S_1 和 S_2 之间一定存在一条边 $e'=(x,y)$(在后面添加的),现在再在 S_1 和 S_2 之间添加边 e 必构成一个回路,如图 9.7 所示,显然 e' 的权值大于或等于 e 的权值,即 $\text{cost}(e') \geqslant$

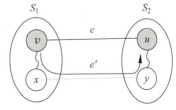

图 9.7 证明克鲁斯卡尔算法的正确性

cost(e),否则边 e' 应该在前面添加,这样由 S_1 和 S_2 加上 e_1 构成的生成树的权值和大于等于 T_2 的权值和,说明 T 不是最小生成树,与 T 是最小生成树的假设矛盾,从而证明 T_2 是最小生成树的子树。

当 $k=n-1$ 时,由克鲁斯卡尔算法构造的 $T=(V,TE)$ 就是 G 的最小生成树。

【例 9.1】 有 n 个人(人的编号为 $1\sim n$),m 对好友关系,如果两个或者多个人是直接或间接的好友,则认为是一个朋友圈。例如,$n=8$,$m=3$,好友关系为 $\{(1,2)、(2,3)、(4,8)\}$,则有 $\{1,2,3\}$、$\{4,8\}$ 两个朋友圈。设计一个算法求朋友圈的个数。

解 采用并查集实现。首先初始化并查集 t,对于每个朋友关系 (x,y),调用 UNION() 将它们合并。最后累计非空有根树的棵数(满足 FIND_SET(t,i)==i && $t[i]$.rank!=0 条件),即为朋友圈的个数。对应的完整程序如下:

```
#include <stdio.h>
#include <string.h>
//问题表示
int n=8,m=3;
int relation[][2]={{1,2},{2,3},{4,8}};       //朋友关系
//包含前面的并查集的基本运算算法,仅将 MAKE_SET 中的 i 循环从 0～n-1 改为 1～n
int solve()                                   //求朋友圈的个数
{   int sum=0,i;
    UFSTree t[MAX];
    MAKE_SET(t,n);
    for (i=0;i<m;i++)
        UNION(t,relation[i][0],relation[i][1]);
    for(i=1;i<=n;i++)
        if (FIND_SET(t,i)==i && t[i].rank!=0)
            sum++;                            //若顶点 i 的根为 i 并且其 rank≠0,对应一个朋友圈
    return sum;
}
void main()
{
    printf("%d\n",solve());                   //输出朋友圈的个数
}
```

9.2 求图的最短路径

在一个无权的图中,若从一顶点到另一顶点存在着一条路径,则称该路径长度为该路径上所经过的边的数目,它等于该路径上的顶点数减 1。由于从一顶点到另一顶点可能存在着多条路径,每条路径上所经过的边数可能不同,即路径长度不同,把路径长度最短(即经过的边数最少)的那条路径称为最短路径,其路径长度称为最短路径长度或最短距离。

对于带权图,考虑路径上各边上的权值,通常把一条路径上所经边的权值之和定义为该路径的路径长度或称带权路径长度。从源点到终点可能不止一条路径,把带权路径长度最短的那条路径称为最短路径,其路径长度(权值之和)称为最短路径长度或者最短距离。

9.2.1 狄克斯特拉算法

求一个顶点到其余各顶点的最短路径问题也称为单源最短路径问题，可以采用狄克斯特拉(Dijkstra)算法来求解。

1. 狄克斯特拉算法的求解步骤

狄克斯特拉算法的基本思想是设 $G=(V,E)$ 是一个带权有向图，把图中顶点集合 V 分成两组，第 1 组为已求出最短路径的顶点集合（用 S 表示，初始时 S 中只有一个源点，以后每求得一条最短路径 $v,\cdots,u$，就将 u 加入到集合 S 中，直到全部顶点都加入到 S 中，算法就结束了），第 2 组为其余未确定最短路径的顶点集合（用 U 表示），按最短路径长度的递增次序依次把第 2 组的顶点加入到 S 中。

在向 S 中添加顶点时，总保持从源点 v 到 S 中各顶点的最短路径长度不大于从源点 v 到 U 中任何顶点的最短路径长度。例如，若刚向 S 中添加的是顶点 u，对于 U 中的每个顶点 j，如果顶点 u 到顶点 j 有边（权值为 w_{uj}），且原来从顶点 v 到顶点 j 的路径长度 (c_{vj}) 大于从顶点 v 到顶点 u 的路径长度 (c_{vu}) 与 w_{uj} 之和，即 $c_{vj} > c_{vu} + w_{uj}$，如图 9.8 所示，则将 $v \Rightarrow u \rightarrow j$ 的路径作为新的最短路径。

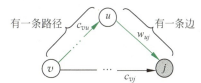

图 9.8 从顶点 v 到顶点 j 的路径比较

实际上，从顶点 v 到顶点 j 的这条新的最短路径是只包括 S 中的顶点为中间顶点的当前最短路径长度，随着 S 中的顶点不断增加，当 S 包含所有顶点时这条新的最短路径就是最终的最短路径。

狄克斯特拉算法的具体步骤如下：

(1) 初始时 S 只包含源点，即 $S=\{v\}$，顶点 v 到自己的距离为 0。U 包含除 v 以外的其他顶点，v 到 U 中顶点 i 的距离为边上的权（若 v 与 i 有边 $<v,i>$）或 ∞（若 i 不是 v 的出边邻接点）。

(2) 从 U 中选取一个顶点 u，顶点 v 到顶点 u 的距离最小，然后把顶点 u 加入到 S 中（该选定的距离就是 v 到 u 的最短路径长度）。

(3) 以顶点 u 为新考虑的中间点，修改顶点 v 到 U 中各顶点的距离：若从源点 v 到顶点 j ($j \in U$) 经过顶点 u 的距离（图 9.8 中为 $c_{vu}+w_{uj}$）比原来不经过顶点 u 的距离（图 9.8 中为 c_{vj}）短，则修改从顶点 v 到顶点 j 的最短距离值（图 9.8 中修改为 $c_{vu}+w_{uj}$）。

(4) 重复步骤(2)和(3)，直到 S 包含所有的顶点。

2. 狄克斯特拉算法设计

设置一个数组 $dist[0..n-1]$，$dist[i]$ 用来保存从源点 v 到顶点 i 的目前最短路径长度，它的初值为 $<v,i>$ 边上的权值，若顶点 v 到顶点 i 没有边，则 $dist[i]$ 置为 ∞。以后每考虑一个新的中间点，$dist[i]$ 的值都可能被修改而变小。

另设置一个数组 $path[0..n-1]$ 用于保存最短路径。如图 9.9 所示，若顶点 v 到顶点 u 是最短路径，而顶点 u 到顶点 j 有一条边，则顶点 v 到顶点 j 的最短路径为顶点 v 到顶点 u 的最短路径加上顶点 j。所以，只需要用 $path[j]$ 保存 u，再由 $path[u]$ 一步一步向前推，直到源点 v，这样就可以推出从源点 v 到顶点 j 的最短路径。也就是说 $path[j]$ 保存当前最短路径中的顶点 j 前一个顶点的编号，它的初值为源点 v 的编号（顶点 v 到顶点 j 有边时）或 -1

(顶点 v 到顶点 i 无边时)。

例如,对于图 9.10 所示的带权有向图,采用狄克斯特拉算法求从顶点 0 到其他顶点的最短路径时,S、U 和从 v(这里 v 等于 0,即源点编号)到各顶点的距离的变化如下(距离 dist 中加框者表示修改后的距离值):

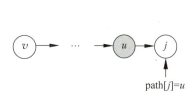

图 9.9　顶点 v 到 j 的最短路径

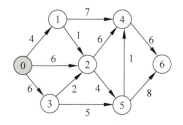

图 9.10　一个带权有向图

S	U	dist[]	path[]
{0}	{1,2,3,4,5,6}	{0,4,6,6,∞,∞,∞}	{0,0,0,0,−1,−1,−1}
{0,1}	{2,3,4,5,6}	{0,4,5,6,11,∞,∞}	{0,0,1,0,1,−1,−1}
{0,1,2}	{3,4,5,6}	{0,4,5,6,11,9,∞}	{0,0,1,0,1,2,−1}
{0,1,2,3}	{4,5,6}	{0,4,5,6,11,9,∞}	{0,0,1,0,1,2,−1}
{0,1,2,3,5}	{4,6}	{0,4,5,6,10,9,17}	{0,0,1,0,5,2,5}
{0,1,2,3,5,4}	{6}	{0,4,5,6,10,9,16}	{0,0,1,0,5,2,4}
{0,1,2,3,5,4,6}	{}	{0,4,5,6,10,9,16}	{0,0,1,0,5,2,4}

则顶点 0 到 1~6 各顶点的最短距离分别为 4、5、6、10、9 和 16。

通过 path[i] 向前推导直到源点 0 为止,可以找出从顶点 0 到顶点 i 的最短路径。例如,对于顶点 0~顶点 6,计算出的 path[] 为 {0,0,1,0,5,2,4}。

求顶点 0 到顶点 6 的路径的计算过程如下:path[6]=4,说明路径上顶点 6 之前的一个顶点是 4;path[4]=5,说明路径上顶点 4 之前的一个顶点是 5;path[5]=2,说明路径上顶点 5 之前的一个顶点是 2;path[2]=1,说明路径上顶点 2 之前的一个顶点是 1;path[1]=0,说明路径上顶点 1 之前的一个顶点是 0。顶点 0 到顶点 6 的路径为 0,1,2,5,4,6。

从中看到,狄克斯特拉算法采用贪心法思路,每次选取一个从源点 v 到达的最近距离的顶点 u,将 u 加入到 S 中,然后调整从源点 v 到顶点 j(j 为从 u 到它有边的顶点)的最短路径,若 S 中依次加入顶点 v_1、v_2、…、v_k,则后加入的最短路径长度一定大于之前加入的最短路径长度。另外,一旦顶点 u 加入到 S 中,它的最短路径长度不会发生调整,所以狄克斯特拉算法不适合含有负权的图求最短路径。

采用邻接矩阵存放图的狄克斯特拉算法如下(v 为源点编号):

```
void Dijkstra(MGraph g,int v)            //Dijkstra 算法
{   int dist[MAXV],path[MAXV];
    int S[MAXV];
    int mindis,i,j,u;
    for (i=0;i<g.n;i++)
```

```
        {   dist[i]=g.edges[v][i];              //距离初始化
            S[i]=0;                             //S[]置空
            if (g.edges[v][i]<INF)              //路径初始化
                path[i]=v;                      //顶点v到顶点i有边时置顶点i的前一个顶点为v
            else
                path[i]=-1;                     //顶点v到顶点i没边时置顶点i的前一个顶点为-1
        }
        S[v]=1;path[v]=0;                       //源点编号v放入s中
        for (i=0;i<g.n;i++)                     //循环,直到所有顶点的最短路径都求出
        {   mindis=INF;                         //mindis求最小路径长度
            for (j=0;j<g.n;j++)                 //选取不在s中且具有最小距离的顶点u
                if (S[j]==0 && dist[j]<mindis)
                {   u=j;
                    mindis=dist[j];
                }
            S[u]=1;                             //顶点u加入到s中
            for (j=0;j<g.n;j++)                 //修改不在S中的顶点的距离
                if (S[j]==0)
                    if (g.edges[u][j]<INF && dist[u]+g.edges[u][j]<dist[j])
                    {   dist[j]=dist[u]+g.edges[u][j];
                        path[j]=u;
                    }
        }
        //Dispath(g,dist,path,S,v);             输出最短路径
}
```

【算法分析】 在Dijkstra()算法中包含两重循环,所以时间复杂度为$O(n^2)$,其中n为图中的顶点个数。

3. 狄克斯特拉算法的正确性证明

狄克斯特拉算法也是一种贪心算法,算法证明就是要证明狄克斯特拉算法可以找到图中从源点v到其他所有顶点的最短路径长度。

用数学归纳法证明如下:

(1) 如果顶点j在S中,则$dist[i]$给出了从源点到顶点i的最短路径长度。

(2) 如果顶点j不在S中,则$dist[j]$给出了从源点到顶点j的最短特殊路径长度,即该路径上的所有中间顶点都属于S。

其证明过程如下:

初始时S中只有一个源点v,到其他顶点的路径就是从源点到相应顶点的边,显然(1)、(2)是成立的。

假设向S中添加一个新顶点u之前条件(1)、(2)都成立。

条件(1)的归纳步骤:对于每个在添加之前已经存在于S中的顶点u,不会有任何变化,该条件依然成立。在顶点u加入到S之前必须检查$dist[u]$是否为从源点v到顶点u的最短路径长度。由假设可知$dist[u]$是从源点到顶点u的最短路径长度,还要验证从源点v到顶点u的最短路径没有经过任何不在S中的顶点。

假设存在这种情况,即沿着从源点v到顶点u的最短路径前进时会遇到一个或多个不

属于 S 的顶点(不含顶点 u 自己)。设 x 是第一个这样的顶点,如图 9.11 所示,该路径的初始部分(即从源点 v 到顶点 x 的部分)是一条特殊路径,由假设的条件(2),$dist[x]$ 是从源点 v 到顶点 x 的最短特殊路径长度,由于边非负,因此经过 x 到 u 的距离肯定不短于到 x 的距离。又因为算法在 x 之前选择顶点 u,所以 $dist[x]$ 不小于 $dist[u]$,这样经过 x 到 u 的距离至少是 $dist[u]$,所以经过 x 到 u 的最短路径不短于到 u 的最短特殊路径。现在验证了当 u 加入到 S 中时 $dist[u]$ 确定给出从源点 v 到顶点 u 的最短路径长度,即条件(1)是成立的。

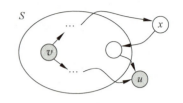

图 9.11 从源点 v 到顶点 u 的最短路径不经过顶点 x

条件(2)的归纳步骤:考虑不属于 S 且不同于 u 的一个顶点 w,当 u 加入到 S 中时从源点 v 到 w 的最短特殊路径有两种可能,即或者不会变化,或者现在经过顶点 u(也可能经过 S 中的其他顶点)。

对于第 2 种情况,设 x 是到达 w 之前经过的 S 的最后一个顶点,因此这条路径的长度就是 $dist[x]+L(x,w)$($L(x,w)$ 为顶点 x 到顶点 w 的路径长度)。对于任意 S 中的顶点 x(包括 u),要计算 $dist[w]$ 的值就必须比较 $dist[w]$ 原先的值和 $dist[x]+L(x,w)$ 的大小。因为算法明确地进行这种比较以计算新的 $dist[w]$ 值,所以往 S 中加入新顶点 u 时 $dist[w]$ 仍然给出从源点 v 到顶点 w 的最短特殊路径的长度,故条件(2)也是成立的。

【例 9.2】 有 n 个点、m 条无向边的图,每条边都有长度 d 和花费 p,再给出一个起点 s 和一个终点 t,要求输出起点到终点的最短距离及其花费,如果最短距离有多条路线,则输出花费最少的。

输入描述:输入 n、m,顶点的编号是 $1 \sim n$,然后是 m 行,每行 4 个数 a、b、d、p,表示顶点 a 和 b 之间有一条边,且其长度为 d、花费为 p。最后一行是两个数 s、t,表示起点 s 和终点 t。当 n 和 m 为 0 时输入结束($1 < n \leq 1000, 0 < m < 100\,000, s \neq t$)。

输出描述:输出一行,有两个数,分别表示最短距离及其花费。

输入样例:

```
3 2
1 2 5 6
2 3 4 5
1 3
0 0
```

样例输出:

```
9 11
```

解 直接利用狄克斯特拉算法求从顶点 s 到顶点 t 花费最小的最短路径。在狄克斯特拉算法中做两点修改,一是增加记录路径最小花费的数组 $cost$,$cost[j]$ 表示从顶点 s 到顶点 j 的最短路径的最小花费,当存在多条最短路径时需要比较路径花费求 $cost[j]$;二是如果顶点 t 的最短路径已求出,就不需要考虑其他顶点,输出结果并退出狄克斯特拉算法。对应的完整程序如下：

```c
#include <stdio.h>
#define MAXV 1010
#define INF 0xffffff                    //定义∞
int n,m;
int Dist[MAXV][MAXV],Cost[MAXV][MAXV];
int s,t;
void Dijkstra(int s)                    //狄克斯特拉算法
{   int dist[MAXV];
    int cost[MAXV];
    int S[MAXV];
    int mindist,mincost,u;
    int i,j;
    for(i=1;i<=n;i++)                   //dist、cost、S初始化,注意顶点编号从1开始
    {   dist[i]=Dist[s][i];
        cost[i]=Cost[s][i];
        S[i]=0;
    }
    dist[s]=cost[s]=0;
    S[s]=1;
    for(i=0;i<m;i++)
    {   mindist=INF;
        for(j=1;j<=n;j++)               //求V-S中的最小距离mindist
            if (S[j]==0 && mindist>dist[j])
                mindist=dist[j];
        if (mindist==INF) break;        //找不到连通的顶点
        mincost=INF; u=-1;
        for(j=1;j<=n;j++)               //求尚未考虑的、距离最小的顶点u
        {   if (S[j]==0 && mindist==dist[j] && mincost>cost[j])
            {   mincost=cost[j];        //在dist为最小的顶点中找最小cost的顶点u
                u=j;
            }
        }
        S[u]=1;                         //将顶点u加入到S集合
        for (j=1;j<=n;j++)              //考虑顶点u,求s到顶点j的最短路径长度和花费
        {   int d=mindist+Dist[u][j];   //d记录经过顶点u的路径长度
            int c=cost[u]+Cost[u][j];   //c记录经过顶点u的花费
            if(S[j]==0 && d<dist[j])
            {   dist[j]=d;
                cost[j]=c;
            }
            else if(S[j]==0 && d==dist[j] && c<cost[j])
                cost[j]=c;              //有多条长度相同的最短路径
        }
        if(S[t]==1)                     //已经求出s到t的最短路径
        {   printf("%d %d\n",dist[t],cost[t]);
            return;
        }
    }
}
int main()
{   int a,b,d,p;
```

```
        int i,j;
        while(scanf("%d%d",&n,&m)!=EOF)
        {   if(m==0 && n==0)
                break;
            for(i=1;i<=n;i++)
            {   for(j=1;j<=n;j++)
                {   Dist[i][j]=INF;
                    Cost[i][j]=INF;
                }
            }
            for(i=0;i<m;i++)
            {   scanf("%d%d%d%d\n",&a,&b,&d,&p);
                if(Dist[a][b] > d)
                {   Dist[a][b]=Dist[b][a]=d;              //无向图的边是对称的
                    Cost[a][b]=Cost[b][a]=p;
                }
            }
            scanf("%d%d",&s,&t);
            Dijkstra(s);
        }
        return 0;
    }
```

9.2.2 贝尔曼-福特算法

贝尔曼-福特(Bellman-Ford)算法是求解连通带权图中单源最短路径的一种常用算法，它允许图中存在权值为负的边。

1. 贝尔曼-福特算法的求解思路

为了能够求解边上带有负值的单源最短路径问题，贝尔曼-福特算法从源点逐次绕过其他顶点，通过松弛(relaxation)操作以缩短到达终点的最短路径长度的方法。

扫一扫

视频讲解

下面通过一个示例说明什么是松弛操作。假设用 dist[u] 表示($u \neq v$)从源点 v 到顶点 u 的最短路径长度。假设已经求出 dist[A]=3,dist[B]=8，而顶点 A 到 B 有一条权值为2的边，现在考虑该 A 到 B 的边，由于 dist[A](3)+g.edges[A][B](2)<dist[B](8)，则修改 dist[B]= dist[A]+g.edges[A][B]=5，即找到一条从源点 v 到顶点 B 的更短路径，并且该路径先经过顶点 A，然后通过 A 到 B 的边到达 B。这个过程就称为对边<A,B>的松弛操作。

贝尔曼-福特算法构造一个最短路径长度数组序列 $dist^0[u]$、$dist^1[u]$、$dist^2[u]$、…、$dist^{n-1}[u]$，其中，$dist^0[u]$ 为初始化结果：若源点 v 到顶点 u 有边，则置 $dist^0[u]$= g.edges[v][u]；否则置 $dist^0[u]=\infty$。$dist^k[u]$($1 \leq k \leq n-1$) 表示第 k 次松弛操作得到的源点 v 到顶点 u 的最短路径长度。

由于从源点 v 到顶点 u 的最短路径最多经过 $n-1$ 条边，所以经过 $n-1$ 次松弛操作得到的 $dist^{n-1}[u]$ 就是最终的从源点 v 到顶点 u 的最短路径长度。

为了求最短路径，另外设置一个 path 数组，与 Dijkstra 算法一样，$path^k[u]$ 表示第 k 次松弛操作后得到的源点 v 到顶点 u 的最短路径上顶点 u 的前驱顶点。

设已经求出 $\text{dist}^{k-1}[u](1 \leqslant k \leqslant n-1)$,即第 $k-1$ 次松弛操作后得到的从源点 v 到达顶点 u 的最短路径长度,从图的邻接矩阵 g 中可以找到各个顶点 i 到达顶点 u 的边权值 $g.\text{edges}[i][u]$,计算出 $\text{MIN}\{\text{dist}^{k-1}[i]+g.\text{edges}[i][u]\}$,再比较 $\text{dist}^{k-1}[u]$ 和 $\text{MIN}\{\text{dist}^{k-1}[i]+g.\text{edges}[i][u]\}$,取较小者作为 $\text{dist}^k[u]$ 的值,即得到第 k 次松弛操作的结果。对应的递推关系式如下:

$$\text{dist}^0[u]=g.\text{edges}[v][u]$$
$$\text{dist}^k[u]=\text{MIN}\{\text{dist}^k[u],\text{MIN}\{\text{dist}^{k-1}[i]+g.\text{edges}[i][u]\}\}, i=0,1,\cdots,n-1, i\neq u$$

对于图 9.12 所示的带负权值的有向图 G,采用贝尔曼-福特算法求顶点 0 到其他顶点的最短路径时,dist 数组的变化过程如表 9.1 所示,path 数组的变化过程如表 9.2 所示。

表 9.1 dist 数组的变化过程

k	$\text{dist}^k[0]$	$\text{dist}^k[1]$	$\text{dist}^k[2]$	$\text{dist}^k[3]$	$\text{dist}^k[4]$	$\text{dist}^k[5]$	$\text{dist}^k[6]$
0	0	4	−6	6	∞	∞	∞
1	0	4	−6	6	0	−2	−10
2	0	4	−6	6	−1	−2	−10
3	0	4	−6	6	−1	−2	−10
4	0	4	−6	6	−1	−2	−10
5	0	4	−6	6	−1	−2	−10
6	0	4	−6	6	−1	−2	−10

表 9.2 path 数组的变化过程

k	$\text{path}^k[0]$	$\text{path}^k[1]$	$\text{path}^k[2]$	$\text{path}^k[3]$	$\text{path}^k[4]$	$\text{path}^k[5]$	$\text{path}^k[6]$
0	−1	0	0	0	−1	−1	−1
1	−1	0	0	0	2	2	5
2	−1	0	0	0	5	2	5
3	−1	0	0	0	5	2	5
4	−1	0	0	0	5	2	5
5	−1	0	0	0	5	2	5
6	−1	0	0	0	5	2	5

最后求得的从顶点 0 到其他顶点的最短路径长度和路径如下:

从顶点 0 到顶点 1 的路径长度为 4,路径为 0,1
从顶点 0 到顶点 2 的路径长度为 −6,路径为 0,2
从顶点 0 到顶点 3 的路径长度为 6,路径为 0,3
从顶点 0 到顶点 4 的路径长度为 −1,路径为 0,2,5,4
从顶点 0 到顶点 5 的路径长度为 −2,路径为 0,2,5
从顶点 0 到顶点 6 的路径长度为 −10,路径为 0,2,5,6

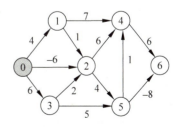

图 9.12 一个带负权的有向图

前面的狄克斯特拉算法在求解过程中,源点到集合 S 内各顶点的最短路径一旦求出,即不再改变,修改的仅仅是源点到 $V-S$ 集合中各顶点的最短路径长度。而贝尔曼-福特算法在求解过程中,每次循环都要修改所有顶点的 dist[],也就是说,源点到各顶点最短路径长度一直要到算法结束才确定下来,所以贝尔曼-福特算法适合含有负权的图求最短路径。

但贝尔曼-福特算法仍然不能用于其中存在一个权值之和为负的回路(简称为负回路)的图求最短路径。如果存在负回路,图中就不存在最短路径(假设存在最短路径,那么只要将这条最短路径沿着负回路再绕一圈,那么新的最短路径长度就会减少),此时问题无解。如果图中不存在负回路,那么贝尔曼-福特算法可以求出源点到所有顶点的最短路径。

2. 贝尔曼-福特算法设计

贝尔曼-福特算法用一个数组 path[0..n−1] 保存最短路径,其含义与狄克斯特拉算法中的 path 数组含义相同。

贝尔曼-福特算法如下(v 为源点编号):

```
void BellmanFord(MGraph g, int v)
{   int i, k, u;
    int dist[MAXV], path[MAXV];
    for (i=0; i<g.n; i++)
    {   dist[i]=g.edges[v][i];        //对 dist⁰[i]初始化
        if (i!=v && dist[i]<INF)
            path[i]=v;                //对 path⁰[i]初始化
        else
            path[i]=−1;
    }
    for (k=1; k<g.n; k++)             //从 dist⁰[u]递推出 dist¹[u],…,distⁿ⁻¹[u]循环 n−1 次
    {   for (u=0; u<g.n; u++)         //修改每个顶点的 dist[u]和 path[u]
        {   if (u!=v)
            {   for (i=0; i<g.n; i++) //考虑其他每个顶点
                {   if (g.edges[i][u]<INF && dist[u]>dist[i]+g.edges[i][u])
                    {   dist[u]=dist[i]+g.edges[i][u];
                        path[u]=i;
                    }
                }
            }
        }
    }
    //Dispath(g, dist, path, v);输出最短路径及长度
}
```

可以采用贝尔曼-福特算法判断图中是否存在负回路。其过程是:在求出 $dist^{n-1}$ 后(用 dist 表示),检查图中的每一条边 $<i,j>$,若有 $dist[j]>dist[i]+g.edges[i][j]$ 成立,表示图中存在负回路;否则不存在负回路。即如果发现第 n 次操作仍可降低路径长度,就一定存在负回路。对应的算法如下:

```
bool hasminusCycle(MGraph g, int dist[])     //判断是否存在负回路
{   for (int i=0; i<g.n; i++)
        for (int j=0; j<g.n; j++)             //处理每一条边<i,j>
        {   if (g.edges[i][j]>0 && g.edges[i][j]<INF)
            {   if (dist[j]>dist[i]+g.edges[i][j])
                    return true;              //存在负回路
            }
        }
}
```

```
            return false;                              //不存在负回路
}
```

【算法分析】 对于含有 n 个顶点 e 条边的带权有向图,贝尔曼-福特算法的时间复杂度为 $O(ne)$,尽管从时间复杂度看,贝尔曼-福特算法的时间性能低于狄克斯特拉算法,但在实际应用中,两种算法的执行时间差别不大。其正确性证明不再讨论。

9.2.3 SPFA 算法

SPFA 算法也是一个求单源最短路径的算法,全称是 Shortest Path Faster Algorithm,它是由西南交通大学的段凡丁老师于 1994 年发明的(见《西南交通大学学报》,1994,29(2),pp.207～212)。

当给定的图存在负权边时狄克斯特拉不再适合,而贝尔曼-福特算法的时间复杂度又过高,此时可以采用 SPFA 算法,有人称 SPFA 算法是求最短路径的万能算法,但 SPFA 算法仍然不适合含负权回路的图。

1. SPFA 算法的求解思路

假设带权有向图 G 中不存在负权回路,即最短路径一定存在。用数组 dist 存放从源点 s 到其他顶点的最短路径长度,图采用邻接表存储。

SPFA 算法的思想是设置一个队列 qu 用来保存待优化的结点,优化时每次出队顶点 v,找到它的每个相邻点 w,对顶点 w 进行**松弛操作**,即如果 $dist[w] > dist[v] + cost(v,w)$($cost(v,w)$ 表示顶点 v 到 w 的边权值),则修改 $dist[w] = dist[v] + cost(v,w)$。

设置一维数组 visited,$visited[i]$ 元素表示顶点 i 是否在队列 qu 中,初始时 visited 的所有元素设置为 0,仅仅将 $visited[i] = 0$ 的顶点 i 进队,一旦顶点 i 进队,置 $visited[i] = 1$,但顶点 v 出队后有可能后面修改 $dist[v]$,而 $dist[v]$ 改变后其相邻点需要重新松弛,所以出队的顶点 v 需要重新设置 $visited[v] = 0$,以便可以再次进队进行其相邻点松弛,这样的操作直到队列为空。

实际上松弛操作的原理就是著名的定理"三角形两边之和大于第三边",这在信息学中称为三角不等式。对于 SPFA 算法的正确性证明这里不再介绍。

2. SPFA 算法设计

对于邻接表 G、源点 s,采用 SPFA 算法求从源点 s 到其他顶点的最短路径。用 STL 的 queue<int> 容器作为队列 qu,path 数组存放路径,$path[i]$ 表示从源点 s 到顶点 i 的最短路径上顶点 i 的前驱顶点。求图 9.10 所示有向图的最短路径的完整程序如下:

```
# include "Graph.cpp"                    //包含图的基本运算算法
# include <queue>
# include <vector>
using namespace std;
//问题表示
int s;
ALGraph *G;
//求解结果表示
```

```cpp
int dist[MAXV];
int path[MAXV];
void Disppath()                         //输出从顶点 s 出发的所有最短路径
{    vector <int> apath;                //存放一条逆路径
     for (int i=0;i<G->n;i++)
     {    if (i==s) continue;
          if (path[i]==-1)
               printf("  从顶点%d 到%d 的没有路径\n",s,i);
          else
          {    apath.clear();
               int j=i;
               apath.push_back(j);
               while (j!=s && j!=-1)
               {    j=path[j];
                    apath.push_back(j);
               }
               printf("  从顶点%d 到%d 的最短路径长度:%2d,路径: ",s,i,dist[i]);
               for (int k=apath.size()-1;k>=0;k--)
                    printf("%d ",apath[k]);
               printf("\n");
          }
     }
}
void SPFA()                             //求源点 s 到其他各顶点的最短距离
{    ArcNode *p;
     int v,w;
     int visited[MAXV];                 //visited[i]表示顶点 i 是否在 qu 中
     queue <int> qu;                    //定义一个队列 qu
     for (int i=0;i<G->n;i++)           //初始化顶点 s 到 i 的距离
     {    dist[i]=INF;
          visited[i]=0;
          path[i]=-1;
     }
     dist[s]=0;                         //将源点的 dist 设为 0
     visited[s]=1;                      //设置源点 s 的访问标记
     qu.push(s);                        //源点 s 进队
     while (!qu.empty())                //队不空时循环
     {    v=qu.front(); qu.pop();       //出队顶点 v
          visited[v]=0;                 //释放对 v 的标记,可以重新进队
          p=G->adjlist[v].firstarc;
          while (p!=NULL)               //处理顶点 v 的每个相邻点 w
          {    w=p->adjvex;
               if (dist[w]>dist[v]+p->weight)   //如果不满足三角形性质
               {    dist[w]=dist[v]+p->weight;  //松弛 dist[i]
                    path[w]=v;
                    if (visited[w]==0)          //顶点 w 不在队中
                    {    qu.push(w);            //将顶点 w 进队
                         visited[w]=1;
                    }
               }
               p=p->nextarc;
          }
     }
}
```

```
void main()
{    int n=7,e=12;
     int A[7][MAXV]={
         {0,4,6,6,INF,INF,INF},
         {INF,0,1,INF,7,INF,INF},
         {INF,INF,0,INF,6,4,INF},
         {INF,INF,2,0,INF,5,INF},
         {INF,INF,INF,INF,0,INF,6},
         {INF,INF,INF,INF,1,0,8},
         {INF,INF,INF,INF,INF,INF,0}};
     CreateAdj(G,A,n,e);              //创建图的邻接表 G
     s=0;
     SPFA();
     printf("求解结果\n");
     Disppath();
}
```

例如有一个如图 9.13 所示的带权有向图,源点为 0,用 SPFA 算法求解的过程如下。

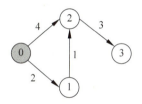

图 9.13 一个带权的有向图

(1) 源点进队,结果如下:

qu	0			
i	0	1	2	3
visited	1	0	0	0
dist	0	∞	∞	∞

(2) 出队顶点 0,其相邻点进队,结果如下:

qu	2	1		
i	0	1	2	3
visited	0	1	1	0
dist	0	2	4	∞

(3) 出队顶点 2(注意通过顶点 2 得到 dist[3]=7),其相邻点进队,结果如下:

qu	1	3		
i	0	1	2	3
visited	0	1	0	1
dist	0	2	4	7

（4）出队顶点 1（注意顶点 2 的 dist[2] 修改为 3），其相邻点进队，结果如下：

qu	3	2		
i	0	1	2	3
visited	0	0	1	1
dist	0	2	3	7

（5）出队顶点 3，其相邻点进队，结果如下：

qu	2			
i	0	1	2	3
visited	0	0	1	0
dist	0	2	3	7

（6）出队顶点 2（注意 dist[2]=4 被修改为 3，其相邻点重新松弛），其相邻点进队，结果如下：

qu	3			
i	0	1	2	3
visited	0	0	0	1
dist	0	2	3	6

（7）出队顶点 3，其相邻点进队，结果如下：

qu				
i	0	1	2	3
visited	0	0	0	0
dist	0	2	3	6

队列空，结束。其求解结果如下：

```
从顶点 0 到 1 的最短路径长度：2，路径：0 1
从顶点 0 到 2 的最短路径长度：3，路径：0 1 2
从顶点 0 到 3 的最短路径长度：6，路径：0 1 2 3
```

SPFA 算法在形式上和广度优先遍历算法非常类似，不同的是在广度优先遍历中一个顶点出了队列就不可能重新进入队列，而 SPFA 算法中一个顶点可能在出队之后再次进队。

【算法分析】 在 SPFA 算法中，while 循环的执行次数大致为图中边数 e，算法的时间复杂度为 $O(e)$，由于 e 通常远远小于 $n(n+1)/2$，所以好于狄克斯特拉算法。

9.2.4　弗洛伊德算法

求图中所有两个顶点之间的最短路径问题也称为多源最短路径问题，可以采用弗洛伊德（Floyd）算法来求解。

1. 弗洛伊德算法的求解思路

弗洛伊德算法基于动态规划方法，采用一个二维数组 A 存放当前顶点之间的最短路径长度，即分量 $A[i][j]$ 表示从当前顶点 i 到顶点 j 的最短路径长度，通过递推产生一个矩阵序列 $A_0, A_1, \cdots, A_k, \cdots, A_{n-1}$，其中 $A_k[i][j]$ 表示从顶点 i 到顶点 j 的路径上所经过的顶点编号不大于 k 的最短路径长度。

扫一扫

视频讲解

初始时有 $A_{-1}[i][j]=$g.edges$[i][j]$。若 $A_{k-1}[i][j]$ 已求出，当求从顶点 i 到顶点 j 的路径上所经过的顶点编号不大于 k 的最短路径长度 $A_k[i][j]$ 时，从顶点 i 到顶点 j 的最短路径有两种情况：

(1) 从顶点 i 到顶点 j 的路径不经过顶点编号为 k 的顶点，此时不需要调整，即 $A_k[i][j]=A_{k-1}[i][j]$。

(2) 从顶点 i 到顶点 j 的最短路径上经过编号为 k 的顶点，如图 9.14 所示，原来的最短路径长度为 $A_{k-1}[i][j]$。经过编号为 k 的顶点的路径分为两段，这条经过编号为 k 的顶点的路径的长度为 $A_{k-1}[i][k]+A_{k-1}[k][j]$，如果其长度小于原来的最短路径长度，即 $A_{k-1}[i][j]$，则取经过编号为 k 的顶点的路径为新的最短路径。

归纳起来，弗洛伊德思想可用如下表达式来描述：

$$A_{-1}[i][j]=\text{g.edges}[i][j]$$
$$A_k[i][j]=\min\{A_{k-1}[i][j], A_{k-1}[i][k]+A_{k-1}[k][j]\} \quad 0\leq k\leq n-1$$

该式是一个迭代表达式，A_{k-1} 表示已考虑顶点 0、1、$\cdots$、$k-1$ 这 k 个顶点后得到的各顶点之间的最短路径，那么 $A_{k-1}[i][j]$ 表示由顶点 i 到顶点 j 已考虑顶点 0、1、$\cdots$、$k-1$ 这 k 个顶点后得到的最短路径，在此基础上再考虑顶点 k，求出各顶点在考虑顶点 k 后的最短路径，即得到 A_k。每迭代一次，在从顶点 i 到顶点 j 的最短路径上就多考虑了一个顶点；经过 n 次迭代后所得的 $A_{n-1}[i][j]$ 值就是考虑所有顶点后从顶点 i 到顶点 j 的最短路径，也就是最后的解。

另外用二维数组 path 保存最短路径，它与当前迭代的次数有关，即当迭代完毕后 path$[i][j]$ 存放从顶点 i 到顶点 j 的最短路径中顶点 j 的前一个顶点编号。和狄克斯特拉算法中采用的方式相似，在求 $A_{k-1}[i][j]$ 时 path$_{k-1}[i][j]$ 存放从顶点 i 到顶点 j 已考虑 $0\sim k-1$ 顶点的最短路径上前一个顶点的编号。初始顶点 i 到顶点 j 有边时 path$[i][j]=i$，否则 path$[i][j]=-1$。考虑顶点 k 时的调整情况如图 9.14 所示。在算法结束时，由二维数组 path 的值追溯，可以得到从顶点 i 到顶点 j 的最短路径。

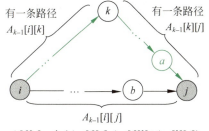

图 9.14 考虑顶点 k 时路径的调整

例如，对于图 9.15 所示的带权有向图，采用弗洛伊德算法求多源最短路径时 A 和 path 数组的变化情况如表 9.3 所示，表中带阴影的框表示发生了改变。最后求得的结果如下：

从 0 到 1 路径为 0,1，路径长度为 5
从 0 到 2 路径为 0,3,2，路径长度为 8

从 0 到 3 路径为 0,3,路径长度为 7
从 1 到 0 路径为 1,3,2,0,路径长度为 6
从 1 到 2 路径为 1,3,2,路径长度为 3
从 1 到 3 路径为 1,3,路径长度为 2
从 2 到 0 路径为 2,0,路径长度为 3
从 2 到 1 路径为 2,1,路径长度为 3
从 2 到 3 路径为 2,3,路径长度为 2
从 3 到 0 路径为 3,2,0,路径长度为 4
从 3 到 1 路径为 3,2,1,路径长度为 4
从 3 到 2 路径为 3,2,路径长度为 1

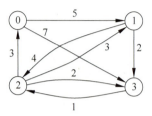

图 9.15　一个带权有向图

表 9.3　A 和 path 数组的变化过程

	A(0)				path(0)		
0	5	∞	7	−1	0	−1	0
∞	0	4	2	−1	−1	1	1
3	3	0	2	2	2	−1	2
∞	∞	1	0	−1	−1	3	−1
	A(1)				path(1)		
0	5	9	7	−1	0	1	0
∞	0	4	2	−1	−1	1	1
3	3	0	2	2	2	−1	2
∞	∞	1	0	−1	−1	3	−1
	A(2)				path(2)		
0	5	9	7	−1	0	1	0
7	0	4	2	2	−1	1	1
3	3	0	2	2	2	−1	2
4	4	1	0	2	2	3	−1
	A(3)				path(3)		
0	5	8	7	−1	0	3	0
6	0	3	2	2	−1	3	−1
3	3	0	2	2	2	−1	2
4	4	1	0	2	2	3	−1

和贝尔曼-福特算法一样，弗洛伊德算法在考察顶点 k 时可能修正所有两个顶点 i、j 之间的最短路径，所以适合于带有负权值的图，但不适合于含有负权回路的图求最短路径。

2. 弗洛伊德算法设计

对于采用邻接矩阵 g 存储的图 G，求所有两个顶点之间的最短路径的弗洛伊德算法如下：

```
void Floyd(MGraph g)                                //Floyd算法
{   int A[MAXV][MAXV],path[MAXV][MAXV];
    int i,j,k;
    for (i=0;i<g.n;i++)
        for (j=0;j<g.n;j++)
        {   A[i][j]=g.edges[i][j];
            if (i!=j && g.edges[i][j]<INF)
                path[i][j]=i;                       //顶点i到j有边时
            else
                path[i][j]=-1;                      //顶点i到j没有边时
        }
    for (k=0;k<g.n;k++)
    {   for (i=0;i<g.n;i++)
            for (j=0;j<g.n;j++)
                if (A[i][j]>A[i][k]+A[k][j])
                {   A[i][j]=A[i][k]+A[k][j];
                    path[i][j]=path[k][j];          //修改最短路径
                }
    }
    //Dispath(g,A,path);输出最短路径
}
```

【算法分析】 在 Floyd()算法中主要包含3重循环，时间复杂度为$O(n^3)$，其中n为图中顶点的个数。

思考题：如果求一个带权有向图中所有两个顶点之间的最短路径长度，可以对每个顶点调用一次狄克斯特拉算法来实现，时间复杂度为$O(n^3)$。弗洛伊德算法的时间复杂度也是$O(n^3)$，但在实际中采用弗洛伊德算法的执行时间远少于n次调用狄克斯特拉算法的时间，这是为什么？

9.3 求解旅行商问题

9.3.1 旅行商问题描述

旅行商问题(Travelling Salesman Problem，TSP)又称旅行推销员问题、货郎担问题，它是数学领域中的著名问题之一。假设有一个旅行商人要拜访n个城市，他必须选择所要走的路径，路径的限制是每个城市只能拜访一次，而且最后要回到原来出发的城市。路径的选择目标是使求得的路径长度为所有路径之中的最小值。

下面采用前面几章介绍的各种方法来求解。

9.3.2 采用蛮力法求解 TSP 问题

采用蛮力法求解 TSP 问题就是列举所有的解，通过比较找出最优解。

以图 9.16 所示的 4 城市图为例，其邻接矩阵表示如图 9.17 所示。假

视频讲解

设TSP问题的起点s为0,求出的所有从顶点0到顶点0并通过所有顶点的路径如下:

路径1: 0→1→2→3→0,28
路径2: 0→1→3→2→0,29
路径3: 0→2→1→3→0,26
路径4: 0→2→3→1→0,23
路径5: 0→3→2→1→0,59
路径6: 0→3→1→2→0,59

通过比较求得最短路径长度为23,最短路径为0→2→3→1→0。

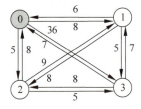

$$g.edges[][]=\begin{bmatrix} 0 & 8 & 5 & 36 \\ 6 & 0 & 8 & 5 \\ 8 & 9 & 0 & 5 \\ 7 & 7 & 8 & 0 \end{bmatrix}$$

图9.16 一个4城市的图　　　　图9.17 4城市图对应的邻接矩阵

采用蛮力法求解TSP问题的思路如下:对于n个顶点的图,以$s=0$为起点,采用第4章中4.2.7小节的算法求出$1\sim n-1$的全排列(求除了顶点0以外其他顶点的全排列),以每个排列作为路径求出路径长度,比较求出最短路径(若起点s不为0,将邻接矩阵中的顶点s和顶点0交换即可)。完整程序如下(假设起点为0):

```cpp
#include "Graph.cpp"                          //包含图的基本运算算法
#include <stdio.h>
#include <vector>
using namespace std;
//问题表示
int s=0;                                      //指定起点为0
MGraph g;                                     //图的邻接矩阵
//求解过程表示
int Count=1;                                  //路径条数累计
vector<vector<int>> ps;                       //存放全排列
void Insert(vector<int> s,int i,vector<vector<int>> &ps1)
//在每个集合元素中间插入i得到ps1
{   vector<int> s1;
    vector<int>::iterator it;
    for (int j=0;j<i;j++)                     //在s(含i-1个整数)的每个位置插入i
    {   s1=s;
        it=s1.begin()+j;                      //求出插入位置
        s1.insert(it,i);                      //插入整数i
        ps1.push_back(s1);                    //添加到ps1中
    }
}
void Perm(int n)                              //求1~n的所有全排列
{   vector<vector<int>> ps1;                  //临时存放子排列
    vector<vector<int>>::iterator it;         //全排列迭代器
    vector<int> s,s1;
    s.push_back(1);
```

```cpp
        ps.push_back(s);                                //添加{1}集合元素
        for (int i=2;i<=n;i++)                          //循环添加 1~n
        {   ps1.clear();                                //ps1 存放插入 i 的结果
            for (it=ps.begin();it!=ps.end();++it)
                Insert(*it,i,ps1);                      //在每个集合元素中间插入 i 得到 ps1
            ps=ps1;
        }
    }
    void TSP(MGraph g,int s)                            //用蛮力法求解 TSP 问题
    {   vector<int> minpath;                            //保存最短路径
        int minpathlen=INF;                             //保存最短路径长度
        Perm(g.n-1);                                    //生成 1 到 n-1 的全排列 ps
        vector<vector<int>>::reverse_iterator it;       //全排列的反向迭代器
        vector<int> apath;
        int pathlen;
        printf("起点为%d 的全部路径\n",s);
        for (it=ps.rbegin();it!=ps.rend();++it)         //遍历 ps 中的每个排列
        {   pathlen=0;
            int initv=s;
            apath=(*it);
            for (int i=0;i<(*it).size();i++)            //计算一个排列作为路径的长度
            {   pathlen+=g.edges[initv][(*it)[i]];
                initv=(*it)[i];
            }
            pathlen+=g.edges[initv][s];
            if (pathlen<INF)                            //存在路径时
            {   printf("  路径%d:",Count++);
                printf("0→");
                for (i=0;i<apath.size();i++)            //输出一条路径
                    printf("%d→",apath[i]);
                printf("%d 路径长度：%d\n",0,pathlen);
                if (pathlen<minpathlen)                 //比较求最短路径
                {   minpathlen=pathlen;
                    minpath=apath;
                }
            }
        }
        printf("起点为%d 的最短路径\n",s);               //输出最短路径
        printf("  最短路径长度：%d\n",minpathlen);
        printf("  最短路径: ");
        printf("0→");
        for (int j=0;j<minpath.size();j++)
            printf("%d→",minpath[j]);
        printf("%d\n",0);
    }
    void main()
    {   int A[][MAXV]={                                 //一个带权有向图
            {0,8,5,36},{6,0,8,5},{8,9,0,5},{7,7,8,0}};
        int n=4,e=12;
        CreateMat(g,A,n,e);                             //创建图的邻接矩阵 g
```

```
    TSP(g,s);
}
```

【算法分析】 对于图中的 n 个顶点,求 $1\sim n-1$ 全排列的时间为 $O(nn!)$,对于 $O(n!)$ 的路径,求每条路径长度的时间为 $O(n)$,所以算法的时间复杂度为 $O(nn!)$。

9.3.3 采用动态规划求解 TSP 问题

以图 9.16 所示的 4 城市图为例来讨论采用动态规划法求解 TSP 问题的方法。

假设从顶点 s(这里 $s=0$)出发,令 $f(V,i)$ 表示从顶点 s 出发经过 V(一个顶点的集合)中的所有顶点有且仅有一次到达顶点 i 的最短路径长度。

扫一扫

视频讲解

(1) 如果 V 为空集,那么 $f(V,i)$ 表示从顶点 s 不经过任何顶点到达顶点 i,显然此时有 $f(V,i)=g.edges[s][i]$。

(2) 如果 V 不为空,对于 $j\in V$,那么 $f(V-\{j\},j)$ 就是子问题的最优解。尝试 V 中的每个顶点 j,并求出最优解 $f(V,i)=\min\{f(V-\{j\},j)+g.edges[j][i]\}$。

对应的状态转移方程($s=0$)如下:

$f(V,i)=g.edges[0][i]$ 当 $V=\{\}$ 时
$f(V,i)=\min(f(V-\{j\},j)+g.edges[j][i] \mid \forall j\in V)$ 当 $V\neq\{\}$ 时

$f(V,0)$ 的结果即为所求。对于图 9.16 所示的带权有向图,起点 $s=0$,$f(\{1,2,3\},0)$ 就是从顶点 0 出发经过顶点 1、2、3 到达顶点 0 的最短路径长度,其求解过程如图 9.18 所示,从 $f(\{1,2,3\},0)$ 出发进行递推,达到叶子结点后进行求值,求解结果为 23,对应的最短路径是 $0\Rightarrow 2\Rightarrow 3\Rightarrow 1\Rightarrow 0$。

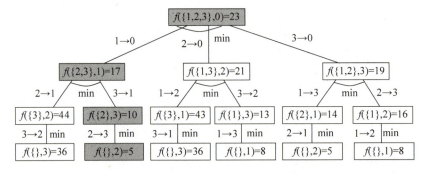

图 9.18 用动态规划法求解 TSP 问题的过程

注意: 图 9.18 中的 min 并不是直接取所有子结点的最小值,而是取 $f(V-\{j\},j)+g.edges[j][i]$ 的最小值,例如 $f(\{1,2,3\},0)=\min(f(\{2,3\},1)+g.edges[1][0],f(\{1,3\},2)+g.edges[2][0],f(\{1,2\},3)+g.edges[3][0])=(17+6,21+8,19+7)=23$。

采用 STL 的 set<int> 容器表示顶点集合 V,对应的递归求解程序如下:

```
#include "Graph.cpp"              //包含图的基本运算算法
#include <stdio.h>
```

```cpp
#include <set>
using namespace std;
#define min(x,y) ((x)<(y)?(x):(y))
typedef set<int> SET;                          //采用set<int>表示顶点集合
//问题表示
int s=0;                                       //指定起点为0
MGraph g;                                      //图的邻接矩阵
int f(SET V,int i)                             //求TSP所有解的路径长度
{   int minpathlen=INF;                        //最短路径长度
    if (V.size()==0)                           //当V为空时
        return g.edges[0][i];
    else                                       //当V不空时
    {   SET::iterator it;
        for (it=V.begin();it!=V.end();++it)    //扫描集合V中的顶点j
        {   SET tmpV=V;
            int j=*it;
            tmpV.erase(j);                     //tmpV=V-{j}
            int pathlen=f(tmpV,j)+g.edges[j][i];
            minpathlen=min(minpathlen,pathlen);
        }
        return minpathlen;
    }
}
void main()
{   int A[][MAXV]={                            //一个带权有向图
        {0,8,5,6},{6,0,8,5},{8,9,0,5},{7,7,8,0}};
    int n=4,e=12;
    CreateMat(g,A,n,e);                        //创建图的邻接矩阵g
    SET V;
    for (int i=1;i<g.n;i++)                    //插入1、2、3顶点
        V.insert(i);
    printf("TSP路径长度=%d\n",f(V,s));         //输出23
}
```

现在采用动态规划数组dp来求解,用dp[V][i]存放$f(V,i)$的函数值,但V是一个集合,而数组下标只能是整数,为此将集合用二进制表示,n为图中除了起点0以外的中间顶点个数,即$n=g.n-1$。

例如$n=3,V=\{3,2,1\}$用二进制111(7)表示,$\{3,1\}$用二进制101(5)表示。注意二进制数从低位到高位的数位编号是$1\sim n$,这样几个基本的位操作如下:

(1) $V=(1<<n)-1$,则V的二进制是由n个1组成的。例如$n=4,V=[1111]_2$。

(2) 判断V对应的二进制中的第i位是否为1,可以通过$V\ \&\ (1<<(i-1))$来实现,如果该表达式返回0,表示第i位是否为0,否则返回一个非0值(2^{i-1}),表示第i位是否为1。例如,$V=[110]_2,i=1$时$V\ \&\ (1<<(i-1))$返回0,$i=2$时$V\ \&\ (1<<(i-1))$返回2,$i=3$时$V\ \&\ (1<<(i-1))$返回4。所以V表示顶点集合时可以通过$V\ \&\ (1<<(i-1))$是否为true判断V集合中是否包含顶点i。

(3) 如果V对应的二进制中的第i位为1,可以通过位操作$W=V\ \hat{}\ (1<<(i-1))$得到

将 V 的第 i 位改变为 0 的结果 W。例如,$V=[10001]_2$,若 $i=1$,则 $W=V$^$(1<<(i-1))=[10000]_2$;若 $i=5$,则 $W=V$^$(1<<(i-1))=[00001]_2$。所以当 V 集合中包含顶点 i 时 $V-\{i\}$ 可以通过 V^$(1<<(i-1))$ 得到。

令 dp$[V][i]$ 表示从起点 0 出发经过 V 中的所有顶点(顶点 1~顶点 $g.n-1$)到达顶点 $i(i\in V)$ 的最短路径长度。首先将 dp 的所有元素初始化为 0,这样的状态转移方程如下:

> dp$[V][i]=g$.edges$[0][i]$　　　　　　当 $V=\{i\}$ 时,$1\leqslant i\leqslant n$
> dp$[V][i]=\min($dp$[V-\{i\}][j]+g$.edges$[j][i])$　　$i\in V$,对于 V 中除了 i 以外的其他中间顶点 j

通过 V 枚举所有的顶点,即 V 从 0(或者 1)到 2^n-1,从而求出所有 dp$[V][i]$,包括 dp$[\{1,2,\cdots,n\}][i](1\leqslant i\leqslant n)$,那么 $\min($dp$[\{1,2,\cdots,n\}][i]+g$.edges$[i][0])$ 即为所求。对于图 9.15 所示的带权有向图,求解过程如下:

> ① $V=000(0)$,$V=\{\}$,没有考虑任何顶点.
> ② $V=001(1)$:
> 　　$i=1\Rightarrow$ dp$[V][1]=g$.edges$[0][1]=8$
> ③ $V=010(2)$:
> 　　$i=2\Rightarrow$ dp$[V][2]=g$.edges$[0][2]=5$
> ④ $V=011(3)$:
> 　　$i=1,j=2\Rightarrow$ dp$[V][1]=\min\{$dp$[2][2]+g$.edges$[2][1]\}=14$
> 　　$i=2,j=1\Rightarrow$ dp$[V][2]=\min\{$dp$[1][1]+g$.edges$[1][2]\}=16$
> ⑤ $V=100(4)$:
> 　　$i=3\Rightarrow$ dp$[V][3]=g$.edges$[0][3]=36$
> ⑥ $V=101(5)$:
> 　　$i=1,j=3\Rightarrow$ dp$[V][1]=\min\{$dp$[4][3]+g$.edges$[3][1]\}=43$
> 　　$i=3,j=1\Rightarrow$ dp$[V][3]=\min\{$dp$[1][1]+g$.edges$[1][3]\}=13$
> ⑦ $V=110(6)$:
> 　　$i=2,j=3\Rightarrow$ dp$[V][2]=\min\{$dp$[4][3]+g$.edges$[3][2]\}=44$
> 　　$i=3,j=2\Rightarrow$ dp$[V][3]=\min\{$dp$[2][2]+g$.edges$[2][3]\}=10$
> ⑧ $V=111(7)$:
> 　　$i=1,j=2\Rightarrow$ dp$[V][1]=\min\{$dp$[6][2]+g$.edges$[2][1]\}=53$
> 　　$i=1,j=3\Rightarrow$ dp$[V][1]=\min\{$dp$[6][3]+g$.edges$[3][1]\}=17($dp$[V][1]$ 最终值$)$
> 　　$i=2,j=1\Rightarrow$ dp$[V][2]=\min\{$dp$[5][1]+g$.edges$[1][2]\}=51$
> 　　$i=2,j=3\Rightarrow$ dp$[V][2]=\min\{$dp$[5][3]+g$.edges$[3][2]\}=21($dp$[V][2]$ 最终值$)$
> 　　$i=3,j=1\Rightarrow$ dp$[V][3]=\min\{$dp$[5][1]+g$.edges$[1][3]\}=19$
> 　　$i=3,j=2\Rightarrow$ dp$[V][3]=\min\{$dp$[5][2]+g$.edges$[2][3]\}=19($dp$[V][3]$ 最终值$)$

算法执行的最终结果$(V=[111]_2=7)$ 为 ans$=\min\{$dp$[7][1]+g$.edges$[1][0]$,dp$[7][2]+g$.edges$[2][0]$,dp$[7][3]+g$.edges$[3][0]\}=\{23,29,26\}=23$。

由 dp 推导最短路径 minpath 的过程:$V=(1<<n)-1$(含除了 0 以外的其他顶点),找到最小的 dp$[V][$minj$]$,将 minj 添加到 minpath 中;$V=(V$^$(1<<($minj$-1)))$(从 V 中删除顶点 minj),查找不为 0 的最小 dp$[V][$minj$]$,将 minj 添加到 minpath 中。如此这样,直到 $V=0$。minpath 中存放的是一条逆路径,反向输出构成一条正向的最短路径。

对应的完整程序如下：

```cpp
#include "Graph.cpp"
#include <stdio.h>
#include <string.h>
#include <set>
#include <vector>
using namespace std;
#define MAX 11                              //顶点个数n对应的最多二进制位数
#define min(x,y) ((x)<(y)?(x):(y))
typedef set<int> SET;                       //采用set<int>表示顶点集合
//问题表示
int s=0;                                    //指定起点为0
MGraph g;                                   //图的邻接矩阵
//求解结果表示
int dp[1<<MAX][MAX];
int minpathlen;                             //存放最短路径长度
vector<int> minpath;                        //存放最短路径(逆向)
void solve()                                //求TSP问题
{   int n=g.n-1;                            //n为顶点个数减1(除了起点0)
    memset(dp,0,sizeof(dp));                //dp元素初始化为0
    for(int V=0; V<=(1<<n)-1; V++)
    {   for(int i=1; i<=n; i++)             //先对1~n的顶点枚举
            if(V & (1<<(i-1)))              //顶点i在集合V中的情况
            {   if(V==(1<<(i-1)))           //如果V={i}
                    dp[V][i]=g.edges[0][i];
                else
                {   dp[V][i]=INF;
                    for(int j=1; j<=n; j++)
                        if(V & (1<<(j-1)) && i!=j)//枚举V中顶点i以外的其他顶点j
                            dp[V][i]=
                              min(dp[V][i],dp[V^(1<<(i-1))][j]+g.edges[j][i]);
                }
            }
    }
}
void BuildPath()                            //构建最短路径
{   minpathlen=INF;
    int n=g.n-1;
    int V=(1<<n)-1,minj;
    for(int j=1; j<=n; j++)                 //求最短路径长度
    {   if (minpathlen>dp[V][j]+g.edges[j][0])
        {   minpathlen=dp[V][j]+g.edges[j][0];
            minj=j;
        }
    }
    while (V!=0)                            //求最短路径
    {   minpath.push_back(minj);
        V=(V^(1<<(minj-1)));                //从V中删除顶点minj
        int mindp=INF;
```

```
            for (int i=1;i<=n;i++)            //查找 dp[V][*]中不为 0 的最小 dp[V][minj]
            {   if (dp[V][i]!=0 && dp[V][i]<mindp)
                {   mindp=dp[V][i];
                    minj=i;
                }
            }
        }
    }
    void main( )
    {   int A[][MAXV]={                       //一个带权有向图
            {0,8,5,6},{6,0,8,5},{8,9,0,5},{7,7,8,0}};
        int n=4,e=12;
        CreateMat(g,A,n,e);                   //创建图的邻接矩阵 g
        solve();
        BuildPath();
        printf("求解结果\n");
        printf("   最短路径长度: %d\n",minpathlen);
        printf("   最短路径: 0→");
        for (int i=minpath.size()-1;i>=0;i--)
            printf("%d→",minpath[i]);
        printf("0\n");
    }
```

上述程序的执行结果如下:

求解结果
  最短路径长度: 23
  最短路径: 0→2→3→1→0

【算法分析】 对于图中的 n 个顶点,本算法需要对$\{1,2,\cdots,n-1\}$的每个子集都进行操作,时间复杂度是 $O(2^n)$,当 n 比较大时是非常耗时的。

9.3.4 采用回溯法求解 TSP 问题

以图 9.16 所示的 4 城市图为例来讨论采用回溯法求解 TSP 问题的方法。

用 $f(V,i)$ 求从顶点 i 出发经过 V(它是一个顶点的集合)中的各个顶点一次且仅一次,最后回到出发点 s 的最短路径长度。minpath 保存最短路径,minpathlen 保存最短路径长度,V 用 set<int>容器表示,初始时 $V=\{1,2,3\}$。用 path、pathlen 表示当前路径和路径长度,采用的剪枝规则是当一个结点的当前路径长度大于 minpathlen 时该结点变成死结点。

扫一扫

视频讲解

采用回溯法求解 TSP 问题的基本框架如下:

```
f(V,i,path,pathlen)
{   顶点 i 添加到 path,求出 pathlen;
    if (V 为空)
```

```
{   if (顶点 i 到起点 s 有边)
            得到一条路径;
        比较求 minpath 和 minpathlen;
    }
    else
    {   对于 V 中的每个顶点 j;
        tmpV=V-{j};
        if (pathlen < minpathlen) //剪枝处理
            f(tmpV,j,path,pathlen);
    }
}
```

对于图 9.16,其解空间如图 9.19 所示,图中的阴影框表示最优解结点,每个结点旁的数字表示访问顺序,带×的结点表示死结点。

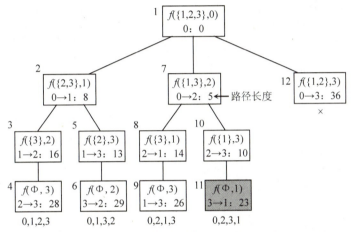

图 9.19 用回溯法求解 TSP 问题的搜索空间

采用回溯法求解 TSP 问题的完整程序如下:

```
# include "Graph.cpp"              //包含图的基本运算算法
# include <vector>
# include <set>
using namespace std;
# define min(x,y) ((x)<(y)?(x):(y))
typedef set<int> SET;              //采用 set<int>表示顶点集合
//问题表示
int s;                              //指定起点
MGraph g;                           //图的邻接矩阵
//求解过程表示
int Count=1;                        //路径条数累计
vector<int> minpath;                //保存最短路径
int minpathlen=INF;                 //保存最短路径长度
void dispasolution(vector<int> path,int pathlen)  //输出一个解
```

```
{   printf("    第%d条路径: ",Count++);
    for (int i=0;i<path.size();i++)
        printf("%2d",path[i]);
    printf(", 路径长度: %d\n",pathlen);
}
void TSP(SET V, int i, vector <int> path, int pathlen)
//用回溯法求从顶点s出发的TSP路径和长度
{   int prev;
    if (path.size()>0)                                  //path不为空
        prev=path.back();                               //prev为路径上的最后一个顶点
    path.push_back(i);                                  //添加当前顶点i
    pathlen+=g.edges[prev][i];                          //累计路径长度
    if (V.size()==0)                                    //找到一个叶子结点
    {   if (g.edges[i][s]!=0 && g.edges[i][s]!=INF)     //顶点i到起点s有边
        {   path.push_back(0);                          //路径中加入起点0
            pathlen+=g.edges[i][s];                     //累计路径长度
            dispasolution(path,pathlen);                //输出一条路径
            if (pathlen < minpathlen)                   //比较求最短路径
            {   minpathlen=pathlen;
                minpath=path;
            }
        }
    }
    else                                                //对于非叶子结点
    {   SET::iterator it;
        for (it=V.begin();it!=V.end();it++)
        {   SET tmpV=V;
            int j=*it;                                  //选择顶点j
            tmpV.erase(j);                              //从V中删除顶点j得到tmpV
            if (pathlen < minpathlen)                   //剪枝
                TSP(tmpV,j,path,pathlen);               //递归调用
        }
    }
}
void main()
{   int A[][MAXV]={
        {0,8,5,36},{6,0,8,5},{8,9,0,5},{7,7,8,0}};      //一个带权有向图
    int n=4,e=12;
    CreateMat(g,A,n,e);                                 //创建图的邻接矩阵存储结构g
    s=0;                                                //起始顶点为0
    vector <int> path;
    int pathlen=0;
    SET V;
    for (int i=1;i<g.n;i++)                             //插入1、2、3顶点
        V.insert(i);
    printf("求解结果\n");
    TSP(V,0,path,pathlen);
    printf("  最短路径: ");                              //输出最短路径
    for (int j=0;j<minpath.size();j++)
```

```
            printf("%3d",minpath[j]);
        printf("\n  路径长度：%d\n",minpathlen);
}
```

上述程序的执行结果如下：

```
求解结果
第1条路径： 0 1 2 3 0,路径长度：28
第2条路径： 0 1 3 2 0,路径长度：29
第3条路径： 0 2 1 3 0,路径长度：26
第4条路径： 0 2 3 1 0,路径长度：23
最短路径：  0 2 3 1 0
路径长度： 23
```

说明：本算法通过顶点集合 V 使得搜索的路径一定包含所有顶点并且路径中没有重复的顶点，也可以采用一般的回溯 DFS+剪枝来实现。

【算法分析】 对于图中的 n 个顶点，上述算法的时间复杂度为 $O(2^n)$。

9.3.5 采用分枝限界法求解 TSP 问题

以图 9.16 所示的 4 城市图为例来讨论分枝限界法求解 TSP 问题的方法。

采用优先队列式分枝限界法求解，用 STL 的 priority_queue<NodeType> 容器作为优先队列，其中 NodeType 的类型声明如下：

```
struct NodeType                         //队列结点类型
{    int v;                             //当前顶点
     int num;                           //路径中的结点个数
     vector<int> path;                  //当前路径
     int pathlen;                       //当前路径长度
     int visited[MAXV];                 //顶点访问标记
     bool operator<(const NodeType &s) const
     {
         return pathlen>s.pathlen;      //pathlen 越小越优先出队
     }
};
```

先将根结点(对应起点 s)进入优先队列 qu，队不空时循环：出队一个结点 e，若该结点是叶子结点，且到起点 s 有边，则求出满足条件的一条路径，通过比较将最短路径长度保存在 minpathlen 中，将最短路径保存在 minpath 中；若结点 e 不为叶子结点，找到顶点 e.v 的所有出边邻接点 j，若其路径长度 pathlen 大于或等于 minpathlen，该结点变成死结点(剪枝)，否则构造顶点 j 对应的结点 e1 并进队。

用结点 e 的 (e.v, e.num, e.pathlen) 表示状态，对于图 9.16，起点 s=0，采用分枝限界法求解的解空间如图 9.20 所示，图中的阴影框表示最优解结点，每个结点旁的数字表示结点出队的顺序，带×的结点表示死结点。

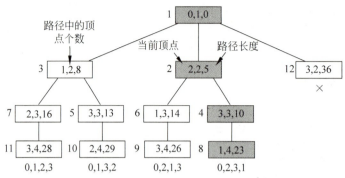

叶子结点层的路径长度已累加了到起点0的距离，其他层未计入

图 9.20　用分枝限界法求解 TSP 问题的搜索空间

对应的完整程序如下：

```cpp
#include "Graph.cpp"                            //包含图的基本运算算法
#include <string.h>
#include <vector>
#include <queue>
using namespace std;
//问题表示
int s;                                          //指定起点
MGraph g;                                       //图的邻接矩阵
//求解过程表示
int Count=1;                                    //路径条数累计
vector<int> minpath;                            //保存最短路径
int minpathlen=INF;                             //保存最短路径长度
struct NodeType                                 //队列结点类型
{   int v;                                      //当前顶点
    int num;                                    //路径中结点的个数
    vector<int> path;                           //当前路径
    int pathlen;                                //当前路径长度
    int visited[MAXV];                          //顶点访问标记
    bool operator<(const NodeType &s) const
    {
        return pathlen>s.pathlen;               //pathlen 越小越优先出队
    }
};
void dispasolution(vector<int> path,int pathlen) //输出一个解
{   printf("  第%d 条路径: ",Count++);
    for (int i=0;i<path.size();i++)
        printf("%2d",path[i]);
    printf(",路径长度: %d\n",pathlen);
}
void TSP()                                      //用分枝限界法求起点为 s 的 TSP 问题
{   NodeType e,e1;
    priority_queue<NodeType> qu;                //定义优先队列 qu
    e.v=0;                                      //建立起点 s 对应的结点 e
```

```cpp
        e.pathlen=0;
        e.path.push_back(0);
        e.num=1;
        memset(e.visited,0,sizeof(e.visited));
        e.visited[0]=1;
        qu.push(e);                         //根结点e进队
        while (!qu.empty())                 //队不空时循环
        {   e=qu.top(); qu.pop();           //出队结点e
            if (e.num==g.n)                 //到达叶子结点
            {   if (g.edges[e.v][s]!=0 && g.edges[e.v][s]!=INF)//e.v到起点s有边
                {   e.path.push_back(s);    //路径中加入起点s
                    e.pathlen+=g.edges[e.v][s];  //另外计入从e.v到起点s的路径长度
                    dispasolution(e.path,e.pathlen);
                    if (e.pathlen<minpathlen)    //比较求最短路径
                    {   minpathlen=e.pathlen;
                        minpath=e.path;
                    }
                }
            }
            else                            //非叶子结点
            {   for (int j=1;j<g.n;j++)     //j从顶点1到顶点n-1循环
                {   if (g.edges[e.v][j]!=0 && g.edges[e.v][j]!=INF)//当前顶点到顶点j有边
                    {   if (e.visited[j]==1)        //跳过路径中重复的顶点j
                            continue;
                        e1.v=j;                     //建立e.v的相邻顶点j对应的结点e1
                        e1.num=e.num+1;
                        e1.path=e.path;
                        e1.path.push_back(j);       //path添加顶点j
                        e1.pathlen=e.pathlen+g.edges[e.v][j];
                        for (int i=0;i<g.n;i++)     //复制visited
                            e1.visited[i]=e.visited[i];
                        if (e1.pathlen<minpathlen)  //剪枝
                        {   e1.visited[j]=1;
                            qu.push(e1);
                        }
                    }
                }
            }
        }
}
void main()
{   int A[][MAXV]={                         //一个带权有向图
        {0,8,5,36},{6,0,8,5},{8,9,0,5},{7,7,8,0}};
    int n=4,e=12;
    CreateMat(g,A,n,e);                     //创建图的邻接矩阵g
    s=0;
    printf("求解结果\n");
    TSP();
    printf(" 最短路径: ");
    for (int i=0;i<minpath.size();i++)
```

```
            printf("%2d",minpath[i]);
        printf(",路径长度：%d\n",minpathlen);
}
```

上述程序的执行结果如下：

```
求解结果
    第 1 条路径： 0 2 3 1 0,路径长度：23
    第 2 条路径： 0 2 1 3 0,路径长度：26
    第 3 条路径： 0 1 3 2 0,路径长度：29
    第 4 条路径： 0 1 2 3 0,路径长度：28
    最短路径： 0 2 3 1 0,路径长度：23
```

【算法分析】 对于图中的 n 个顶点，上述算法的时间复杂度为 $O(2^n)$。

9.3.6 采用贪心法求解 TSP 问题

实际上 TSP 问题不满足贪心法的最优子结构性质，所以采用贪心法不一定得到最优解，但可以采用合理的贪心策略，例如可以采用最近邻点策略，即从任意城市出发，每次在没有到过的城市中选择最近的一个，直到经过了所有的城市，最后回到出发城市。

采用最近邻点策略求解图 9.16 中起点为 0 的 TSP 问题的算法如下：

```
void TSP(MGraph g)                      //用贪心法求解起点为 0 的 TSP 问题
{   int i,j,k,minj,minedge;
    bool find;
    vector<int> minpath;                //存放路径
    int minpathlen=0;                   //存放路径长度
    minpath.push_back(0);               //起点 0 加入路径
    i=0;                                //当前顶点为起点 0
    while (minpath.size()!=g.n)         //尚未找完所有顶点时循环
    {   find=false;
        minedge=INF;
        for (j=1;j<g.n;j++)             //从顶点 1 到顶点 n-1 循环找距离顶点 i 最近的顶点 minj
        {   if (g.edges[i][j]!=0 && g.edges[j][j]!=INF)   //当前顶点 i 到顶点 j 有边
            {   k=0;
                while (k<minpath.size() && j!=minpath[k])  //判断路径中是否有顶点 j
                    k++;
                if (k=minpath.size())                      //顶点 j 不在路径中
                {   if (g.edges[i][j]<minedge)
                    {   minedge=g.edges[i][j];
                        minj=j;
                    }
                }
            }
        }
        minpath.push_back(minj);
```

```
                minpathlen+=minedge;
                i=minj;
        }
    minpath.push_back(0);                        //路径中加入起点
    minpathlen+=g.edges[minj][0];                //路径长度中加入到起点0的回边长度
    printf("路径长度=%d, ",minpathlen);          //输出求解结果
    printf("路径:");
    printf("%d",minpath[0]);
    for (i=1;i<minpath.size();i++)
        printf("→%d",minpath[i]);
    printf("\n");
}
```

【算法分析】 上述算法共进行了 $n-1$ 次贪心选择，每一次选择需要查找所有当前顶点 i 的不在路径中的相邻顶点 j，并从中找出最小距离的相邻顶点 minj，其时间复杂度为 $O(n^2)$，所以整个算法的时间复杂度为 $O(n^3)$。

9.4 网络流

在日常生活中有大量的网络，例如电网、交通运输网、通信网、生产管理网等。近三十年来，在解决网络方面的有关问题时网络流理论及其应用起着很大的作用。

9.4.1 相关概念

设带权有向图 $G=(V,E)$ 表示一个**网络**(network)，其中两个分别称为起点 s 和终点 t 的顶点，起点(origin)的入度为零，终点(terminus)的出度为零，其余顶点称为中间点，有向边 $<u,v>$ 上的权值 $c(u,v)$ 表示从顶点 u 到 v 的容量。图 9.21 所示为一个网络，边上的数值表示容量。

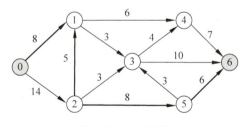

图 9.21 一个网络

定义在边集合 E 上的一个函数 $f(u,v)$ 为网络 G 上的一个**流量函数**(flow function)，满足以下条件。

(1) 容量限制(capacity constraints)：V 中的任意两个顶点 u、v 满足 $f(u,v) \leqslant c(u,v)$，即一条边的流量不能超过它的容量。

(2) 斜对称(skew symmetry)：V 中的任意两个顶点 u、v 满足 $f(u,v)=-f(v,u)$，即从 u 到 v 的流量必须是从 v 到 u 的流量的相反值。

(3) 流守恒(flow conservation)：V 中的非 s、t 的任意两个顶点 u、v 满足 $\sum_{v \in V} f(u,v) = 0$，即顶点的净流量(出去的总流量减去进来的总流量)是零。

满足上述条件的流量函数称为**网络流**(network-flows)，简称为**流**。如图 9.22 所示，在边 $<u,v>$ 上的数值对 $c(u,v)$，$f(u,v)$ 中，前者表示该边的容量，后者表示该边的流量，设起点 $s=0$，终点 $t=6$，显然 $f(u,v)$ 满足前面的条件。例如，对于顶点 3，流进的流量 $=3$(从顶点 1 流进)$+0$(从顶点 2 流进)$+1$(从顶点 5 流进)$=4$，流出的流量 $=1$(流向顶点 4)$+3$(流向顶点 6)$=4$，两者相等。那么该 $f(u,v)$ 就是一个网络流，显然该网络流并非是该网络的最大流。

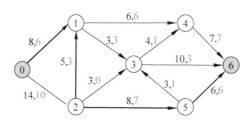

图 9.22　一个网络流

由于流过网络的流量具有一定的方向，边的方向就是流量流过的方向，每一条边上的流量应小于其容量，中间点的流入量总和等于其流出量总和，对于起点和终点，总输出流量等于总输入流量。满足这些条件的流 f 称为可行流，可行流总是存在的。

如果所有边的流量均取 0，即对于所有的顶点 u、v，$f(u,v)=0$，称此可行流为**零流**(zero flow)，这样的零流一定是可行流。如果某一条边的流量 $f(u,v)=c(u,v)$，则称流 $f(u,v)$ 是**饱和流**，否则为**非饱和流**。$f(u,v)>0$ 的边称为非零流边。最大网络流问题就是求一个这样的可行流 f，其流量达到最大。

流 f 的值定义为 $|f| = \sum_{v \in V} f(s,v)$，即从起点 s 出发的总流(这里记号 $|\cdot|$ 表示流的值，并表示绝对值)。在最大流问题中给出一个具有起点 s 和终点 t 的网络流 G，从中找出从 s 到 t 的最大值流。

给定一个网络 $G=(V,E)$，其流量函数为 f，由 f 对应的**残留网络**或者剩余网络(若 residual network)$G_f=(V,E_f)$，G_f 中的边称为残留边(residual edge)，若 G 中有边 $<u,v>$ 且 $f(u,v)<c(u,v)$，则对应的残留边 $<u,v>$ 的流量 $=c(u,v)-f(u,v)$(表示从顶点 u 到 v 可以增加的最大额外网络流量)，若 G 中有边 $<u,v>$ 且 $f(u,v)>0$，则对应的残留边 $<v,u>$ 的流量 $=f(u,v)$(表示从顶点 u 到 v 可以减少的最大额外网络流量)。

这样，如果 $f(u,v)<c(u,v)$，则 $<u,v>$ 和 $<v,u>$ 均在 E_f 中，如果在 G 中 u、v 之间没有边，则 $<u,v>$ 和 $<v,u>$ 均不在 E_f 中，这样 E_f 的边数小于两倍的 E 中的边数。从中看出残留网络中每条边的流量为正。图 9.22 所示的网络流对应的残留网络如图 9.23 所示，图中实线表示可以增加的最大额外网络流量边，虚线表示可以减少的最大额外网络流量边。

显然，残留网络中的边既可以是 E 里面的边，也可以是此边的后向边。只有当两条边 $<u,v>$ 和 $<v,u>$ 中至少有一条边出现在初始网络中时边 $<u,v>$ 才会出现在残留网络中。

若 f 是 G 中的一个流，G_f 是由 G 导出的残留网络，f' 是 G_f 中的一个流，则 $f+f'$ 是 G 中

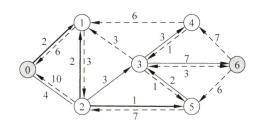

图 9.23　图 9.22 对应的残留网络

的一个流,且其值 $|f+f'|=|f|+|f'|$。

设 μ 是网络 G 中的一条从顶点 u 到顶点 v 的路径,在路径中与路径的方向一致的边称为**前向边**(为可以增加流量的边),其集合记为 μ^+;在路径中与路径的方向相反的边称为**后向边**(为可以减少流量的边),其集合记为 μ^-。在图 9.21 中,对于路径 $\mu=\{0,1,2,5,6\}$ 有 $\mu^+=\{<0,1>,<2,5>,<5,6>\},\mu^-=\{<2,1>\}$。

设 $f=\{f(u,v)\}$ 为网络 G 上的一个可行流,μ 是网络流 G 中从起点 s 到终点 t 的一条路径,若该路径上的边的流量满足 $<u,v>\in\mu^+$ 时,$f(u,v)<c(u,v)$,$<u,v>\in\mu^-$ 时 $f(u,v)>0$,则称 μ 是一条关于可行流 f 的**增广路径**(augmenting path),记为 $\mu(f)$。在图 9.22 中 $\mu=\{0,1,2,3,6\}$ 就是一条增广路径,显然一个网络流中的增广路径可能不止一条。

G 中所对应的增广路径上的每条边 $<u,v>$ 可以容纳从 u 到 v 的某额外正流量,能够在这条路径上的网络流的最大值一定是该增广路径中边的残留容量的最小值。因为如果该增广路径上的流量大于某条边上的残留容量,必定会在这条边上出现流聚集的情况。所以沿着增广路径 $\mu(f)$ 去调整路径上各边的流量可以使网络的流量增大,即得到一个比 f 的流量更大的可行流。求网络最大流的方法正是基于这种增广路径。

9.4.2　求最大流

常用的求网络最大流的算法是福特-富尔克逊(Ford-Fulkerson)算法,它是一种在图上迭代计算的方法。该算法首先给出一个初始可行流(可以是零流),通过标号找出一条增广路径,然后调整增广路径上的流量,得到更大的流量。

扫一扫

视频讲解

1. 福特-富尔克逊算法的步骤

福特-富尔克逊算法的步骤如下:

(1) 初始化一个可行流,通常是从所有边的流量 $f=\{f(u,v)=0\}$ 的零流开始的。

(2) 按增广路径访问顶点序列对顶点进行标号,以便找到一条增广路径:

① 起点 $s(s=0)$ 标号为 $(0,\infty)$。

② 选一个已标号的顶点 u,找它的一个相邻顶点 v:若 $<u,v>$ 是一条前向边且 $f(u,v)<c(u,v)$,令 $\theta_v=c(u,v)-f(u,v)$,则顶点 v 标记为 (u,θ_v);若 $<u,v>$ 是一条后向边且 $f(v,u)>0$,令 $\theta_v=f(v,u)$,则顶点 v 标记为 $(-u,\theta_v)$。

当终点已标号时说明已找到一条增广路径 μ,依据终点 t 的标号反向推出一条增广路径 μ。当终点 t 不能得到标号时说明不存在增广路径,当前流即为最大流,算法结束。

这一步实际上是在 f 对应的残留网络 G_f 中找出一条增广路径。

(3) 调整流量。

① 求增广路径上各顶点标号的最小值,得到 $\theta = \text{MIN}\{\theta_j\}$。

② 只调整增广路径 μ 上各边的流量,其他边的流量不变。调整增广路径 μ 上各边流量的方式如下:

$$f(u,v) = \begin{cases} f(u,v) + \theta & <u,v> \in \mu^+ \\ f(u,v) - \theta & <u,v> \in \mu^- \end{cases}$$

得到新的可行流 f,去掉标号,返回第 2 步从起点 s 出发重新标号寻找增广路径,直到找不到增广路径为止,此时的可行流就是最大流。

那么如何在网络流中求增广路径呢?可以采用改进的深度优先遍历算法,即 DFS(s)从 s 出发遍历,查找顶点 s 所有前向边对应的顶点 v,递归调用 DFS(v),再查找顶点 s 所有后向边对应的顶点 v,递归调用 DFS(v),所有顶点不重复访问,当访问到终点 t 后结束。那么,从起点 s 到终点 t 的路径就是增广路径,其访问序列就是增广路径访问顶点序列。

【**例 9.3**】 对于图 9.22 所示的网络容量和网络流,起点 $s=0$,终点 $t=6$,给出求其最大流的过程。

解 求最大流的过程如下。

(1) 第 1 次迭代:采用 DFS 得到增广路径访问顶点序列为 0,1,2,3,4,5,6,各顶点标记为"0:(0,∞),1:(0,2),2:(−1,3),3:(2,3),4:(3,3),5:(3,2),6:(3,7)",求得增广路径为 0→1→2→3→6,最小调整量 $\theta = \text{MIN}\{\infty,2,3,3,7\} = 2$,调整该增广路径上的各边,即调整流 $f(3,6)$ 为 5,调整流 $f(2,3)$ 为 2,调整流 $f(2,1)$ 为 1,调整流 $f(0,1)$ 为 8。

(2) 第 2 次迭代:在(1)的基础上采用 DFS 得到增广路径访问顶点序列为 0,2,1,3,4,5,6,各顶点标记为"0:(0,∞),1:(2,4),2:(0,4),3:(2,1),4:(3,3),5:(3,2),6:(3,5)",求得的增广路径为 0→2→3→6,最小调整量 $\theta = \text{MIN}\{\infty,4,1,5\} = 1$,调整该增广路径上的各边,即调整流 $f(3,6)$ 为 6,调整流 $f(2,3)$ 为 3,调整流 $f(0,2)$ 为 11。

(3) 第 3 次迭代:在(2)的基础上采用 DFS 得到增广路径访问顶点序列为 0,2,1,5,3,4,6,各顶点标记为"0:(0,∞),1:(2,4),2:(0,3),3:(5,2),4:(3,3),5:(2,1),6:(3,4)",求得的增广路径为 0→2→5→3→6,最小调整量 $\theta = \text{MIN}\{\infty,3,1,2,4\} = 1$,调整该增广路径上的各边,即调整流 $f(3,6)$ 为 7,调整流 $f(5,3)$ 为 2,调整流 $f(2,5)$ 为 8,调整流 $f(0,2)$ 为 12。

(4) 第 4 次迭代:在(3)的基础上采用 DFS 得到增广路径访问顶点序列为 0,2,1,顶点 t 没有标记,不再存在增广路径。

此时求出的 f 即为最大流,该最大流 f 如图 9.24 所示,最大流量 $= f(0,1) + f(0,2) = 8 + 12 = 20$。

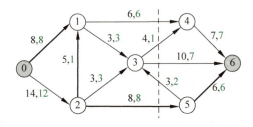

图 9.24 最大网络流

例如将图9.21中的每个顶点看成一台计算机,将边看成连接两台计算机的通信电缆,容量$c(u,v)$表示从计算机u到计算机v的最大数据传输量,该网络的最大流量就是从0到6的最大数据传输量,即20。

对于无向图最大流的计算,将所有边都看成前向边,对于一条边(u,v),若一个顶点u已标记而另外一个顶点v未标记,只要满足$c(u,v)-f(u,v)>0$,则可标记$c(u,v)-f(u,v)$,调整流量的方法与有向图相同。

那么为什么要考虑后向边呢?看一个示例:如图9.25所示的网络流,图中边上的数字为容量,现在求该网络的最大流量。

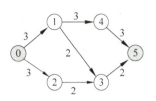

图9.25 一个网络流

若不考虑后向边,从零流开始,求最大流的过程如下。

(1) 第1次迭代:求得的增广路径为0→1→3→5,最小调整量$\theta=2$,调整该增广路径上的各边,即调整流$f(3,5)$为2,调整流$f(1,3)$为2,调整流$f(0,1)$为2。

(2) 第2次迭代:求得的增广路径为0→1→4→5,最小调整量$\theta=1$,调整该增广路径上的各边,即调整流$f(4,5)$为1,调整流$f(1,4)$为2,调整流$f(0,1)$为3。

(3) 第3次迭代:此时找不到增广路径,结束。求出的最大流如下:

```
0 3 0 0 0 0
0 0 0 2 1 0
0 0 0 0 0 0
0 0 0 0 0 2
0 0 0 0 0 1
0 0 0 0 0 0
```

即整个网络的最大流量=3。显然是错误的。

如果考虑后向边,从零流开始,对应的求最大流的过程如下。

(1) 第1次迭代:求得的增广路径为0→1→3→5,最小调整量$\theta=2$,调整该增广路径上的各边,即调整流$f(3,5)$为2,调整流$f(1,3)$为2,调整流$f(0,1)$为2。对应的网络流如图9.26所示,对应的残留网络如图9.27所示(图中虚线表示后向边)。

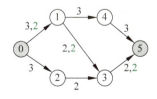

图9.26 一个网络流

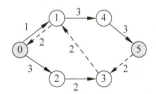

图9.27 一个残留网络

(2) 第2次迭代:各顶点标记为"0:$(0,\infty)$,1:$(0,1)$,2:$(0,2)$,3:$(-5,2)$,4:$(1,3)$,5:$(4,3)$",最小调整量$\theta=1$,求得的增广路径为0→1→4→5,调整该增广路径上的各边,即调整流$f(4,5)$为1,调整流$f(1,4)$为1,调整流$f(0,1)$为3。对应的网络流如图9.28所示,对应的残留网络如图9.29所示。

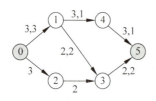
图9.28 一个网络流

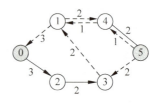
图9.29 一个残留网络

(3) 第 3 次迭代：各顶点标记为"0：(0,∞),1：(-3,2),2：(0,2),3：(2,3),4：(1,2),5：(4,2)"，最小调整量 $\theta=2$，求得的增广路径为 0→2→3→1→4→5，调整该增广路径上的各边，即调整流 $f(4,5)=3$，调整流 $f(1,4)=3$，调整流 $f(1,3)=0$，调整流 $f(2,3)=2$，调整流 $f(0,2)=2$。

(4) 第 4 次迭代：此时找不到增广路径，结束。求出的最大流如下：

```
0 3 2 0 0 0
0 0 0 0 3 0
0 0 0 2 0 0
0 0 0 0 0 2
0 0 0 0 0 3
0 0 0 0 0 0
```

即整个网络的最大流量=5，结果正确。所以若不考虑后向边，会过早地找不到增广路径，使得结果错误。实际上后向边可以理解为"偷梁换柱"，简单地说就是后向边为后面提供反悔的机会（类似回溯的过程），即反向增广。

2. 福特-富尔克逊算法设计

网络 G 的容量和初始可行流分别采用二维数组 c 和 f 表示。采用深度优先遍历方法求从起点 s 到终点 t 的增广路径，顶点 i 的标记为 $(pre[i], a[i])$，对于正向边，$pre[i]$ 表示顶点 i 在增广路径上的前驱顶点；如果为后向边，$pre[i]$ 表示的前驱结点前加上一个负号。采用福特-富尔克逊算法求图 9.22 所示网络流的最大流和最大流量的完整程序如下：

```
#include <stdio.h>
#include <string.h>
#define INF 0x3f3f3f3f                            //∞
#define MAXV 20
//问题表示
int n=7,s=0,t=n-1;                                //分别表示起点、终点和顶点个数
int f[][MAXV]={{0,6,10,INF,INF,INF,INF},          //一个网络流
    {INF,0,INF,3,6,INF,INF},{INF,3,0,0,INF,7,INF},
    {INF,INF,INF,0,1,1,3},{INF,INF,INF,0,INF,0,INF,7},
    {INF,INF,INF,1,INF,0,6},{INF,INF,INF,INF,INF,INF,0}};
int c[][MAXV]={{0,8,14,INF,INF,INF,INF},          //一个网络流容量
    {INF,0,INF,3,6,INF,INF},{INF,5,0,3,INF,8,INF},
    {INF,INF,INF,0,4,3,10},{INF,INF,INF,0,INF,0,INF,7},
    {INF,INF,INF,3,INF,0,6},{INF,INF,INF,INF,INF,INF,0}};
//求解结果表示
```

```
int maxf=0;                                      //最大流量
//求解过程表示
int pre[MAXV];
int a[MAXV];
int visited[MAXV];
void DFS(int u)                                  //从顶点u出发求一条增广路径
{   int v;
    if (visited[t]==1)                           //若终点已标记,返回
        return;
    visited[u]=1;                                //置已访问标志
    for (v=1;v<=t;v++)                           //遍历前向边
    {   if (c[u][v]>0 && c[u][v]!=INF && visited[v]==0 && c[u][v]>f[u][v])
        {   a[v]=c[u][v]-f[u][v];
            pre[v]=u;
            DFS(v);
        }
    }
    for (v=1;v<=t;v++)                           //遍历后向边
    {   if (c[v][u]>0 && c[v][u]!=INF && visited[v]==0 && f[v][u]>0)
        {   a[v]=f[v][u];
            pre[v]=-u;
            DFS(v);
        }
    }
}
void argument(int pre[])                         //调整pre指定路径的流量
{   int u,v,min=INF;
    for (v=s;v<=t;v++)
        if (a[v]!=0 && a[v]<min)
            min=a[v];                            //求最小调整流量
    u=t; v=pre[u];                               //从路径的终点开始调整
    while (true)
    {   if (v>=0)                                //调整前向边
        {   f[v][u]+=min;
            u=v;
        }
        else                                     //调整后向边
        {   f[u][-v]-=min;
            u=-v;
        }
        if (u==s) break;                         //到达起点结束
        v=pre[u];
    }
}
void FordFulkerson()                             //求最大流的福特—富尔克逊算法
{   while (true)
    {   memset(visited,0,sizeof(visited));
```

```
            memset(pre,-1,sizeof(pre));
            memset(a,0,sizeof(a));
            pre[s]=0; a[s]=INF;
            DFS(s);
            if (visited[t]==0)                    //没有标记终点时退出循环
                break;
            argument(pre);
    }
    for (int v=1;v<=t;v++)                        //从起点流出的流量和为最大流量
        if (c[s][v]!=0 && c[s][v]!=INF)
            maxf+=f[s][v];
}
void main()
{   FordFulkerson();
    printf("求解结果\n");
    printf(" 最大流量=%d\n",maxf);                //输出:20
}
```

上述程序是从一个非 0 的可行流开始调整的,实际上也可以从一个为 0 的网络流(零流)开始调整(即在 main()中将 f[MAXV][MAXV]的所有元素设置为 0),此时最大流量 maxf 等于所有最小调整量之和,即 20(和从任何一个可行流开始调整结果相同)。

【算法分析】 若网络 G 中有 n 个顶点和 e 条边,在 FordFulkerson()算法中找一条增广路径的时间为 $O(e)$,调整流量的时间为 $O(e)$,设 f^* 表示算法找到的最大流,迭代次数最多为 $|f^*|$,则该算法的时间复杂度为 $O(e|f^*|)$。

9.4.3 割集与割量

一个网络 $G=(V,E)$ 的割集(cut set)用 (S,T) 表示,它是 V 的一个划分,将 V 划分为 S 和 $T=V-S$ 两个部分,使得起点 $s\in C$,终点 $t\in T$,割集是指一端在 S 中、另一端在 T 中的所有边构成的集合。一个网络的割集可能有很多。

对于一个网络流 f,割集 (S,T) 的容量(或者割量)是 S 到 T 中所有边的容量之和,用 $c(S,T)$ 表示。穿过割集 (S,T) 的净流量为从 S 到 T 的流量之和减去从 T 到 S 的流量之和,用 $f(S,T)$ 表示。

例如图 9.24 所示的网络 G,对于割集 (S,T),有 $S=\{0,1,2,3\}$,$T=\{4,5,6\}$,则有 $c(S,T)=c(1,4)+c(3,4)+c(3,6)+c(2,5)=6+4+10+8=28$,该割集的净流 $=f(1,4)+f(3,4)+f(3,t)+f(3,5)+f(2,5)=6+1+7+(-2)+8=20$。

显然,若 f 为任意一个流,对于网络流 G 中的任意割集 (S,T) 有 $f(S,T)\leqslant c(S,T)$。
如果 f 是具有起点 s 和终点 t 的一个流,则以下条件是等价的:
(1) f 是 G 的最大流。
(2) 残留网络 G_f 中不包含增广路径。
(3) 对于 G 的某个割集 (S,T),有 $f(S,T)=c(S,T)$。

例如在图 9.24 中,流 f 是最大流,其中不存在增广路径。对于 $S=\{0,1,2\}$、$T=\{3,4,5,6\}$ 的割集 (S,T),有 $f(S,T)=c(S,T)$。

9.4.4 求最小费用最大流

1. 问题描述

在给定的网络 $G=(V,E)$ 中,对于每条边 (i,j),除了给出其容量 $c(i,j)$ 以外还给出单位流量费用 $b(i,j) \geq 0$。当最大流不唯一时在这些最大流中求一个 f,使流 f 的总费用达到最小,即:

扫一扫

视频讲解

$$\text{mincost} = \text{MIN}_f \left(\sum_{(i,j) \in f} f(i,j) * b(i,j) \right)$$

这便是最小费用最大流问题。例如 n 辆卡车要运送物品,从 s 地到 t 地,由于每条路段都有不同的路费要缴纳,每条路能容纳的车的数量有限制,最小费用最大流问题指如何分配卡车的出发路径可以达到费用最低,物品又能全部送到。

2. 求最小费用最大流的原理

求最小费用最大流的方法之一是采用前面介绍的福特-富尔克逊算法思路,首先给出零流作为初始流。这个流的费用为零,当然是费用最小的。然后寻找一条从起点 s 到终点 t 的增广路径,但要求这条增广路径必须是所有增广路径中费用最小的一条。如果能找出增广路径,则在增广路径上增流,得出新流。将这个新流作为初始流看待,继续寻找增广路径增流。这样迭代下去,直到找不出增广路径,这时的流即为最小费用最大流。

为此将原来的 DFS 改为求费用的最短路径算法(例如 BellmanFord 或者 SPFA 算法)来寻找最短路径(最小费用的路径)。只要初始流是最小费用可行流,每次增广后的新流都是最小费用流。最终求出的流为最小费用最大流。

显然费用与单位流量费用 $b(i,j)$ 有关,现在改为按单位流量费用值求最短路径。在求最短路径时需要考虑前向边和后向边,这个比较麻烦,可以在网络中为每条边添加一条前向边和相应的后向边。由于添加了后向边,在查找最短路径时将前向边和后向边同样看待,从而简化算法。

这样可以构造一个赋权有向图 $W(f^{(k)})$,它的顶点与原来的网络 G 的顶点相同,但把 G 中的每一条边 (i,j) 变成两个方向相反的边 (i,j) 和 (j,i),分别为前向边和后向边,两边的权分别为 $w(i,j)$ 和 $w(j,i)$:

$$w(i,j) = \begin{cases} b(i,j) & \text{若 } f(i,j) < c(i,j) \\ \infty & \text{若 } f(i,j) = c(i,j) \end{cases} \quad w(j,i) = \begin{cases} -b_{i,j} & \text{若 } f(i,j) > 0 \\ \infty & \text{若 } f(i,j) = 0 \end{cases}$$

实际上就是把单位流量费用 $b(i,j)$ 看成边权值 $w(i,j)$,当 $f(i,j)<c(i,j)$ 时,该边取值 $b(i,j)$ 表示可以增广,当 $f(i,j)=c(i,j)$ 时,该边取值 ∞ 表示不可以增广(相当于删除该边);否则,该边取值 $-b(i,j)$ 表示可以反向增广(后向边,这里采用负数表示,即考虑反悔的情况)。

那么这样按单位流量费用 $b(i,j)$ 调整是否正确呢?设沿着一条可行流 f 的增广路径 μ,以 θ 调整 f,得到一个新的可行流 f',则:

$$\text{cost}(f') - \text{cost}(f) = \sum_{(i,j) \in V} f(i,j) * b(i,j)' - \sum_{(i,j) \in V} f(i,j) * b(i,j)$$

$$= \sum_{\mu} f(i,j) * b(i,j)' - \sum_{\mu} f(i,j) * b(i,j)$$

$$= \sum_{\mu^+} f(i,j)(b(i,j)+\theta) + \sum_{\mu^-}(f(i,j)-\theta) - \sum_{\mu} f(i,j)*b(i,j)$$

$$= \theta * \left(\sum_{\mu^+} f(i,j) - \sum_{\mu^-} f(i,j)\right)$$

这是因为对于 μ 以外的边 (i,j),$b(i,j)'=b(i,j)$。记作:

$$\text{cost}(\mu) = \sum_{\mu^+} f(i,j) - \sum_{\mu^-} f(i,j)$$

$\Delta\text{cost}(\mu)$ 是沿着增广路径 μ 当可行流增加单位流量时费用的增量,当 μ 确定时它是确定的。可以证明若 f 是费用最小流(若初始零流看成是费用最小流),而 μ 是所有增广路径中费用最小的增广路径,即在网络 G 中关于 f 的最小费用增广路径等价于在 $W(f)$ 中求 s 到 t 的最短路径,则沿着增广路径 μ 去调整得到的可行流就是费用最小的流。

也就是说,按赋权有向图 W(对应单位流量费用 $b(i,j)$)求从 s 到 t 的最短路径 μ,按 $f(i,j)$ 求 μ 上的最小调整量 θ 并调整 f 得到一个新的可行流。若从零流开始,直到不存在增广路径,所有的 θ 之和为最大流量 $\max f$,所有前面的 $\text{cost}(f) - \text{cost}(f')$(即 $\theta * \left(\sum_{\mu^+} f(i,j) - \sum_{\mu^-} f(i,j)\right)$)之和为最大流最小费用 mincost。

3. 求最小费用最大流的步骤

采用迭代法求最小费用最大流的步骤如下:

(1) 取 $k=0, f^{(0)}=0, f^{(0)}$ 是零流中费用最小的流。

(2) 由 f、c 和 b 构造出赋权有向图 $W(f^{(k)})$。

(3) 采用求最短路径算法(例如贝尔曼-福特算法)在赋权有向图 $W(f^{(k)})$ 中求出起点 s 到终点 t 的最短路径,此时分为以下两种情况:

① 若不存在最短路径,则 $f^{(k)}$ 就是最小费用最大流,算法结束。

② 若存在最短路径,记为 μ,则 μ 是原网络(由 c、f 构成)中的一个增广路径,在增广路径 μ 上对 $f^{(k)}$ 进行如下调整。

a. 求 $f^{(k)}$ 的增广路径 μ 上所有边的最小值,得到一个该增广路径的最小调整量 θ。

b. 调整流量:只调整 $f^{(k)}$ 的增广路径 μ 上各边的流量,其他边的流量不变。调整增广路径 μ 上各边流量的方式为若边 $<i,j>\in\mu^+$,则 $f^{(k)}(i,j)$ 增大 θ;若边 $<i,j>\in\mu^-$,则 $f^{(k)}(i,j)$ 减少 θ,从而得到一个新的可行流 $f^{(k+1)}$。

(4) 令 $k=k+1$,转第(2)步。直到求出最小费用最大流 $f^{(k)}$。

【**例 9.4**】 对于图 9.30 所示的网络,起点 $s=0$,终点 $t=5$,边 $<i,j>$ 的权为 $<c(i,j)$, $b(i,j)>$,其中 $c(i,j)$ 表示容量,$b(i,j)$ 表示单位流量费用。给出求最小费用最大流的过程。

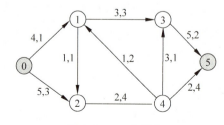

图 9.30 一个网络

解 首先初始化最大流量 maxf=0，最大流最小费用 mincost=0，求 maxf 和 mincost 的过程如下。

(1) $k=0$，取 $f^{(0)}=0$ 为初始可行流（即从零流开始调整）。

(2) 构造一个赋权有向图 $W(f^{(0)})$，如图 9.31(a) 所示，求出其中从起点 0 到终点 5 的最短路径为 $0\to1\to3\to5$，由 c、f 求出该路径上的最小调整量 $\theta=3$。将 $f^{(0)}$ 中的 $f[3][5]$ 调整为 3、$f[1][3]$ 调整为 3、$f[0][1]$ 调整为 3，得到的 $f^{(1)}$ 如图 9.31(b) 所示。

执行 maxf+=θ，求出 maxf=3，另外执行 mincost+=$\theta\times(w[0][1]+w[1][3]+w[3][5])=3\times(1+3+2)=18$，求出 mincost=18。

(3) $k=1$，构造一个赋权有向图 $W(f^{(1)})$，如图 9.31(c) 所示，求出其中从起点 0 到终点 5 的最短路径为 $0\to1\to2\to4\to3\to5$，由 c、f 求出该路径上的最小调整量 $\theta=1$。将 $f^{(1)}$ 中的 $f[3][5]$ 调整为 4、$f[4][3]$ 调整为 1、$f[2][4]$ 调整为 1、$f[1][2]$ 调整为 1、$f[0][1]$ 调整为 4，得到的 $f^{(2)}$ 如图 9.31(d) 所示。

执行 maxf+=θ，求出 maxf=3+1=4，另外执行 mincost+=$\theta\times(w[0][1]+w[1][2]+w[2][4]+w[4][3]+w[3][5])=1\times(1+1+4+1+2)=18$，求出 mincost=27。

(4) $k=2$，构造一个赋权有向图 $W(f^{(2)})$，如图 9.31(e) 所示，求出其中从起点 0 到终点 5 的最短路径为 $0\to2\to4\to3\to5$，由 c、f 求出该路径上的最小调整量 $\theta=1$。将 $f^{(2)}$ 中的 $f[3][5]$ 调整为 5、$f[4][3]$ 调整为 2、$f[2][4]$ 调整为 2、$f[0][2]$ 调整为 1，得到的 $f^{(3)}$ 如图 9.31(f) 所示。

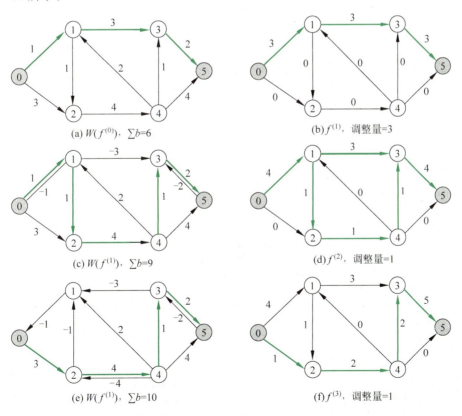

(a) $W(f^{(0)})$，$\sum b=6$ (b) $f^{(1)}$，调整量=3

(c) $W(f^{(1)})$，$\sum b=9$ (d) $f^{(2)}$，调整量=1

(e) $W(f^{(1)})$，$\sum b=10$ (f) $f^{(3)}$，调整量=1

图 9.31 求最小费用最大流的过程

执行 maxf+=θ,求出 maxf=5,另外执行 mincost+=θ×(w[0][2]+w[2][4]+w[4][3]+w[3][5])=1×(3+4+1+2)=10,求出 mincost=37。

(5) $k=3$,再构造一个赋权有向图 $W(f^{(3)})$,此时找不出从起点 0 到终点 5 的路径,算法结束,图 9.31(e)即为最小费用最大流。

最后得到 maxf=5,mincost=37。注意,上述过程要求从 f 为零流开始调整。实际上,无论是否从零流开始调整,在求出最大流 f 后可以通过求起点 s 的净流出得到最大流量 maxf:

```
int maxf=0;
for (int i=0;i<n;i++) maxf+=f[s][i];
```

或者求终点 t 的净流入得到最大流量 maxf:

```
int maxf=0;
for (int i=0;i<n;i++) maxf+=f[i][t];
```

基于最大流 f 求最小费用 mincost 的代码如下:

```
mincost=0;
for (int i=0;i<n;i++)
    for (int j=0;j<n;j++)
        mincost+=f[i][j]*b[i][j];
```

4. 求最小费用最大流算法设计

由于赋权有向图 W 中可能存在负权边,可以采用贝尔曼-福特算法或者 SPFA 算法求从起点 s 到终点 t 的最短路径。求图 9.30 所示网络流的最小费用最大流的完整程序如下:

```
#include<stdio.h>
#include<string.h>
#define MAXV 10
#define INF 0x3f3f3f3f
//问题表示
int n=6,s=0,t=n-1;                              //分别表示起点、终点和顶点个数
int c[MAXV][MAXV]={{0,4,5,INF,INF,INF},         //一个网络流的容量
    {INF,0,1,3,INF,INF},{INF,INF,0,INF,2,INF},
    {INF,INF,INF,0,INF,5},{INF,1,INF,3,0,2},
    {INF,INF,INF,INF,INF,0}};
int b[MAXV][MAXV]={{0,1,3,INF,INF,INF},         //一个网络流的单位流量费用
    {INF,0,1,3,INF,INF},{INF,INF,0,INF,4,INF},
    {INF,INF,INF,0,INF,2},{INF,2,INF,1,0,4},
    {INF,INF,INF,INF,INF,0}};
//求解结果表示
int w[MAXV][MAXV];                              //一个赋权图 w
int f[MAXV][MAXV];                              //网络流
int maxf=0;                                     //最大流量
```

```
int mincost=0;                                    //最大流最小费用
void Createw()                                    //由 c、b 和 f 构造赋权图 w
{   int i,j;
    for (i=0;i<n;i++)                             //w 数组元素初始化
        for (j=0;j<n;j++)
            w[i][j]=INF;
    for (i=0;i<n;i++)
        for (j=0;j<n;j++)
        {   if (c[i][j]!=0 && c[i][j]<INF)
            {   if (f[i][j]<c[i][j])
                    w[i][j]=b[i][j];
                else if (f[i][j]==c[i][j])
                    w[i][j]=INF;
                if (f[i][j]>0)
                    w[j][i]=-b[i][j];
                else if (f[i][j]==0)
                    w[j][i]=INF;
            }
            else if (i==j)
                w[i][j]=0;
        }
}
bool BellmanFord(int path[])                      //对 w 求从 s 到 t 的最短路径 path
{   int dist[MAXV];                               //dist[i]存放从 s 到顶点 i 的最短路径长度
    for (int i=0;i<n;i++)                         //初始化
    {
        dist[i]=w[s][i];                          //对 dist⁰[i]初始化
        if (i!=s && dist[i]<INF)
            path[i]=s;                            //对 path⁰[i]初始化
        else
            path[i]=-1;
    }
    for (int k=1;k<n;k++)                         //修改每个顶点的 dist[u]和 path[u]
    {   for (int u=0;u<n; u++)
        {   if (u!=s)
            {   for (int i=0;i<n;i++)             //考虑其他每个顶点
                {   if (w[i][u]<INF && dist[u]>dist[i]+w[i][u])
                    {   dist[u]=dist[i]+w[i][u];
                        path[u]=i;
                    }
                }
            }
        }
    }
    if (path[t]==-1)
        return false;                             //当没有从起点到终点的最短路径时返回 false
    else
        return true;                              //当存在从起点到终点的最短路径时返回 true
}
```

```
int Getargpathmin(int path[])              //由c和f求path上的最小调整量min
{   int i,j,min=INF;
    j=t; i=path[j];                         //从终点t向前调整
    while (true)
    {   if (c[i][j]>0 && c[i][j]<INF)       //处理前向边
        {   if (c[i][j]-f[i][j]<min)
                min=c[i][j]-f[i][j];
        }
        if (c[j][i]>0 && c[j][i]<INF)       //处理后向边
        {   if (f[j][i]<min)
                min=f[j][i];
        }
        if (i==s) break;                    //当到达起点时退出循环
        j=i;i=path[j];
    }
    return min;
}
void argument(int path[],int min)           //根据最小调整量min对f中path上的流量进行调整
{   int i,j;
    j=t,i=path[j];
    maxf+=min;
    while (true)
    {   if (c[i][j]>0 && c[i][j]<INF)       //前向边调整
        {   f[i][j]+=min;
            mincost+=min*b[i][j];           //累计最小费用
        }
        if (c[j][i]>0 && c[j][i]<INF)       //后向边调整
        {   f[j][i]-=min;
            mincost+=-min*b[j][i];          //累计最小费用,出现反悔的情况
        }
        if (i==s) break;                    //当到达起点时退出循环
        j=i;i=path[j];
    }
}
void FordFulkerson()                        //求最小费用最大流f
{   int k=0;
    int path[MAXV],min;
    while (true)
    {   Createw();
        if (BellmanFord(path))
        {   min=Getargpathmin(path);
            argument(path,min);
        }
        else break;
    }
}
void main()
{   memset(f,0,sizeof(f));
    FordFulkerson();
}
```

```
        printf("求解结果\n");
        printf("  最大网络流量: %d\n",maxf);
        printf("  最大流最小费用: %d\n",mincost);
}
```

【算法分析】 对于具有 n 个顶点、e 条边的网络,每次采用贝尔曼-福特算法求最小增广路径的时间为 $O(ne)$,设 f^* 表示算法找到的最大流,迭代次数最多为 $|f^*|$,则上述算法的时间复杂度为 $O(ne|f^*|)$。

说明:在有向图中一条边看成正向和反向两条边,对于无向图,每条边的两个方向都是可以走的,所以将原来的一条边看成 4 条边,即两条原有边(前向边)、两条后向边,两条原有边相互独立,不能将这两个原有边看成互为后向边,否则就出现了环路。例如一条无向边 (x,y),其流量为 f、容量为 cap、费用为 cost,则 4 条边如下:

```
x,y,f,cap,cost           //原有边 1(前向边)
y,x,−f,0,−cost           //原有边 1 的后向边
y,x,f,cap,cost           //原有边 2(前向边)
x,y,−f,0,−cost           //原有边 2 的后向边
```

【例 9.5】 问题描述:当 FJ 的朋友在农场拜访他时,他喜欢向他们展示整个农场。他的农场有 $N(1 \leq N \leq 1000)$ 个编号分别为 $1 \sim N$ 的区域,第 1 个区域包含他的房子,其中第 N 个包含大谷仓;共有 $M(1 \leq M \leq 10\,000)$ 条道路,每条道路连接两个不同的区域,并且具有小于 35 000 的非零长度。为了以最好的方式展示自己的农场,他走一趟从他家开始到达大谷仓的旅行,其中可能会穿过一些区域,再重新回到他家。他希望旅程尽可能短,但又不想在返回时走前面重复的线路。请计算 FJ 的最短行程长度。

视频讲解

例如,$N=4,M=5,5$ 条道路为 1 2 1(表示从区域 1 到达区域 2 的长度为 1)、2 3 1、3 4 1、1 3 2、2 4 2,求解结果为 6。

解 本例给定一个含 n 个顶点的无向图,从起点出发,走到终点再回到起点,每条边都对应一个长度,求来回路径不重复所需的最短路径长度。

从表面上看是一个最短路径问题,但实际上是一个最小费用最大流问题,可以等效为求从起点到终点两次的最短行程长度,这两次走过的边没有交集,所以把每条边对应的容量设置为 1,这样可以确保只能走一次,费用就是路径长度,再加入一个超级起点 0 和一个超级终点 $n+1$,增加超级起点 0 到顶点 1 的一条边,其容量为 2,增加顶点 n 到超级终点 $n+1$ 的一条边,其容量为 2,相当于求从超级起点 0 到超级终点 $n+1$ 的最小费用最大流。

这里采用邻接表存储图,edges 向量存放所有边,每条边包含信息 from(边的起始点)、to(边的终止点)、cap(边的容量)和 cost(边的费用)。数组 G 存放每个顶点的关联边(前向边和后向边),$G[i]$ 向量包含顶点 i 的所有关联边在 edges 中的下标。

例如,对于如图 9.32 所示的无向网络,图中边上的数字为容量,从顶点 0 到 1、从顶点 1 到 2 的费用为 1,edges 数组的 8 个元素如下:

图 9.32 一个无向网络

```
下标 0    form: 0, to: 1, flow: 0, cap: 1, cost: 1      //(0,1)的前向边
下标 1    form: 1, to: 0, flow: 0, cap: 0, cost: -1     //(0,1)的后向边
下标 2    form: 0, to: 1, flow: 0, cap: 1, cost: 1      //(1,0)的前向边
下标 3    form: 0, to: 1, flow: 0, cap: 0, cost: -1     //(1,0)的后向边
下标 4    form: 1, to: 2, flow: 0, cap: 3, cost: 1      //(1,2)的前向边
下标 5    form: 2, to: 1, flow: 0, cap: 0, cost: -1     //(1,2)的后向边
下标 6    form: 2, to: 1, flow: 0, cap: 3, cost: 1      //(2,1)的前向边
下标 7    form: 1, to: 2, flow: 0, cap: 0, cost: -1     //(2,1)的后向边
```

而 G 数组中的 3 个元素如下：

```
G[0]: 0 3              //(0,1)的前向边和(0,1)的后向边
G[1]: 1 2 4 7
G[2]: 5 6
```

查找最短路径采用 SPFA 算法，对应的完整程序如下（程序中采用题目给定的测试用例）：

```cpp
#include <iostream>
#include <algorithm>
#include <vector>
#include <queue>
using namespace std;
#define min(x,y) ((x)<(y)?(x):(y))
#define N 1050
#define INF 0x3f3f3f3f
//问题表示
int n,m;                           //网络的顶点个数和边数
struct Edge                        //边类型
{   int from,to;                   //一条边(from,to)
    int flow;                      //边的流量
    int cap;                       //边的容量
    int cost;                      //边的费用
};
vector<Edge> edges;                //存放网络中的所有边
vector<int> G[N];                  //邻接表,G[i][j]表示顶点i的第j条边在edges数组中的下标
//求解结果表示
int maxf=0;                        //最大流量(这里没有使用,用于说明求最大流量的过程)
int mincost=0;                     //最大流的最小费用
bool visited[N];
int pre[N],a[N],dist[N];
void Init(int n)                   //初始化
{   for (int i=0; i<=n; i++)       //删除顶点的关联边
        G[i].clear();
    edges.clear();                 //删除所有边
}
void AddEdge(int from, int to, int cap, int cost)    //添加一条边
{   Edge temp1 = {from,to,0,cap,cost};               //前向边,初始流为 0
    Edge temp2 = {to,from,0,0,-cost};                //后向边,初始流为 0
```

```
        edges.push_back(temp1);                              //添加前向边
        G[from].push_back(edges.size()-1);                   //前向边的位置
        edges.push_back(temp2);                              //添加后向边
        G[to].push_back(edges.size()-1);                     //后向边的位置
    }
    bool SPFA(int s,int t)                                   //用 SPFA 算法求 cost 最小的路径
    {   for (int i=0; i<N;i++)                               //初始化 dist 设置
            dist[i]=INF;
        dist[s]=0;
        memset(visited,0,sizeof(visited));
        memset(pre,-1,sizeof(pre));
        pre[s]=-1;                                           //超级起点的前驱为-1
        queue<int> qu;                                       //定义一个队列
        qu.push(s);
        visited[s]=1;
        a[s]=INF;
        while (!qu.empty())                                  //队列不空时循环
        {   int u=qu.front(); qu.pop();
            visited[u]=0;
            for (int i=0; i<G[u].size();i++)                 //查找顶点 u 的所有关联边
            {   Edge &e=edges[G[u][i]];                      //关联边 e=(u,G[u][i])
                if (e.cap>e.flow && dist[e.to]>dist[u]+e.cost)  //松弛
                {   dist[e.to]=dist[u]+e.cost;
                    pre[e.to]=G[u][i];                       //顶点 e.to 的前驱顶点为 G[u][i]
                    a[e.to]=min(a[u], e.cap-e.flow);
                    if (!visited[e.to])                      //e.to 不在队列中
                    {   qu.push(e.to);                       //将 e.to 进队
                        visited[e.to]=1;
                    }
                }
            }
        }
        if (dist[t]==INF)                                    //找不到超级终点,返回 false
            return false;
        maxf+=a[t];                                          //累计最大流量
        mincost += dist[t] * a[t];                           //累计最小费用
        for (int j=t; j!=s; j=edges[pre[j]].from)            //调整增广路径中的流
        {   edges[pre[j]].flow += a[t];                      //前向边增加 a[t]
            edges[pre[j]+1].flow -= a[t];                    //后向边减少 a[t]
        }
        return true;                                         //找到超级终点,返回 true
    }
    void MinCost(int s,int t)                                //求出最小费用
    {
        while (SPFA(s,t));                                   //SPFA 算法返回真继续
    }
    void main()
    {   n=4,m=5;
        Init(n+1);
```

```
        AddEdge(1,2,1,1); AddEdge(2,1,1,1);    //1 2 1(这里是无向图)
        AddEdge(2,3,1,1); AddEdge(3,2,1,1);    //2 3 1
        AddEdge(3,4,1,1); AddEdge(4,3,1,1);    //3 4 1
        AddEdge(1,3,1,2); AddEdge(3,1,1,2);    //1 3 2
        AddEdge(2,4,1,2); AddEdge(4,2,1,2);    //2 4 2
        AddEdge(0,1,2,0);                      //从超级起点 0 出发到顶点 1 的边容量设置为 2
        AddEdge(n,n+1,2,0);                    //从顶点 n 到超级终点 n+1 的边容量设置为 2
        MinCost(0,n+1);
        cout << mincost << endl;               //输出 6
    }
```

从中看出，本例求解的关键是如何将原问题转化为网络流问题，构造匹配的网络，再求出最大流最小费用(原题参考网址为 http://poj.org/problem?id=2135)。

扫一扫

视频讲解

9.5 练习题

1. 以下不属于贪心算法的是(　　)。
   A. Prim 算法　　　　B. Kruskal 算法　　　C. Dijkstra 算法　　　D. 深度优先遍历

2. 一个有 n 个顶点的连通图的生成树是原图的最小连通子图，包含原图中的 n 个顶点，并且有保持图连通的最少的边。最大生成树就是权和最大生成树，现在给出一个无向带权图的邻接矩阵为{{0,4,5,0,3},{4,0,4,2,3},{5,4,0,2,0},{0,2,2,0,1},{3,3,0,1,0}}，其中权为 0 表示没有边。一个图为求这个图的最大生成树的权和是(　　)。
   A. 11　　　　　　B. 12　　　　　　　　C. 13
   D. 14　　　　　　E. 15

3. 某个带权连通图有 4 个以上的顶点，其中恰好有两条权值最小的边，尽管该图的最小生成树可能有多个，这两条权值最小的边一定包含在所有的最小生成树中吗？如果有 3 条权值最小的边呢？

4. 为什么 TSP 问题采用贪心算法求解不一定得到最优解？

5. 求最短路径的 4 种算法适合带权无向图。

6. 求单源最短路径的算法有 Dijkstra 算法、Bellman-Ford 算法和 SPFA 算法，比较这些算法的不同点。

7. 有人这样修改 Dijkstra 算法以便求一个带权连通图的单源最长路径：将每次选择 dist 最小的顶点 u 改为选择最大的顶点 u，将按路径长度小进行调整改为按路径长度大调整。这样可以求单源最长路径吗？

8. 给出一种方法求无环带权连通图(所有权值非负)中从顶点 s 到顶点 t 的一条最长简单路径。

9. 一个运输网络如图 9.33 所示，边上的数字为 $(c(i,j),b(i,j))$，其中 $c(i,j)$ 表示容量，$b(i,j)$ 表示单位运输费用，给

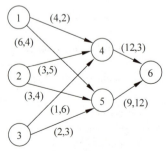

图 9.33　一个运输网络

出从1、2、3位置运输货物到位置6的最小费用最大流的过程。

10. 本书中的Dijkstra算法采用邻接矩阵存储图,算法时间复杂度为$O(n^2)$。请从各方面考虑优化该算法,用于求从源点v到其他顶点的最短路径长度。

11. 有一个带权有向图G(所有权为正整数),采用邻接矩阵存储,设计一个算法求其中的一个最小环。

9.6 上机实验题

实验1. 求解自行车慢速比赛问题

【问题描述】 一个美丽的小岛上有许多景点,景点之间有一条或者多条道路。现在进行自行车慢速比赛(最慢的选手获得冠军),工作人员在道路上标出自行车的单向行驶方向,所有比赛线路不会出现环,选手不能在中途的任何地方停下来,否则犯规,退出比赛。首先给定一行两个整数N和M,N为岛上的景点数(景点编号为$0 \sim N-1$,$N \leqslant 100$),接下来的M行,每行为a、b、l,表示景点a和景点b之间的单向路径长度为l(l为整数)。最后一行为s和t,表示比赛的起点s和终点t。所有选手水平高超,都能够以自行车的最低速度行驶,并且所有自行车的最低速度相同。问冠军所走的路径长度是多少?假设只有一组测试数据。

实验2. 求解股票经纪人问题

【问题描述】 股票经纪人要在一群人(n个人的编号为$0 \sim n-1$)中散布一个传言,传言只在认识的人间传递。题目中给出了人与人的认识关系以及传言在某两个认识的人中传递所需要的时间。编写程序求出以哪个人为起点可以在耗时最短的情况下让所有人收到消息。

例如,$n=4$(人数),$m=4$(边数),4条边如下。

```
0 1 2
0 2 5
0 3 1
2 3 3
```

输出:3

实验3. 求解最大流最小费用问题

采用例9.4的方式求最大流最小费用,并以图9.25所示的网络进行测试,假设单位流量费用均为1。

9.7 在线编程题

在线编程题1. 求解全省畅通工程的最低成本问题

【问题描述】 省政府"畅通工程"的目标是使全省的任何两个村庄之间都可以实现公路交通(不一定有直接的公路相连,只要能间接通过公路可达即可)。现得到城镇道路统计表,表中列出了任意两城镇之间修建道路的费用以及该道路是否已经修通。请编写程序计算出全省畅通需要的最低成本。

输入描述：测试输入包含若干个测试用例。每个测试用例的第 1 行给出村庄数目 $N(1 < N < 100)$；随后的 $N(N-1)/2$ 行对应村庄之间道路的成本及修建状态，每行 4 个正整数，分别是两个村庄的编号（1～N）以及两村庄之间道路的成本和修建状态（1 表示已建，0 表示未建）。当 N 为 0 时输入结束。

输出描述：每个测试用例的输出占一行，输出全省畅通需要的最低成本。

输入样例：

```
3
1 2 1 0
1 3 2 0
2 3 4 0
3
1 2 1 0
1 3 2 0
2 3 4 1
3
1 2 1 0
1 3 2 1
2 3 4 1
0
```

样例输出：

```
3
1
0
```

在线编程题 2. 求解城市的最短距离问题

【问题描述】 N 个城市，标号为 0～N−1，M 条道路，第 K 条道路（K 从 0 开始）的长度为 2^K，求编号为 0 的城市到其他城市的最短距离。

输入描述：第 1 行两个正整数 $N(2 \leqslant N \leqslant 100)$ 和 $M(M \leqslant 500)$，表示有 N 个城市、M 条道路，接下来的 M 行，每行两个整数，表示相连的两个城市的编号（时间限制：1 秒，空间限制：32768KB）。

输出描述：N−1 行，表示 0 号城市到其他城市的最短距离，如果无法到达，输出 −1，数值太大的以取模 100000 后的结果输出。

输入样例：

```
4 4
1 2
2 3
1 3
0 1
```

样例输出:
```
8
9
11
```

在线编程题3. 求解小人移动最小费用问题

【问题描述】 在一个网格地图上有若干个小人和房子,在每个单位时间内每个人可以往水平方向或垂直方向移动一步,走到相邻的方格中。对于每个小人,走一步需要支付一美元,直到他走入房子,且每栋房子只能容纳一个人。求让这些小人移动到这些不同的房子所需要支付的最小费用。

输入描述:输入包含一个或者多个测试用例。每个测试用例的第1行包含两个整数 M 和 N($2 \leq M, N \leq 100$),分别为网格地图的行、列数,其他 M 行表示网格地图,地图中的'H'和'm'分别表示房子和小人的位置,个数相同,最多有100栋房子,其他空位置用'.'表示。输入的 N 和 M 等于0表示结束。

输出描述:每个测试用例的输出对应一行,表示最少费用。

输入样例:
```
2 2
.m
H.
5 5
HH..m
....
....
....
mm..H
7 8
...H....
...H....
...H....
mmmHmmmm
...H....
...H....
...H....
0 0
```

样例输出:
```
2
10
28
```

第 10 章 计算几何

计算几何作为计算机科学中的一个分支,主要研究解决几何问题的算法,在计算机图形学、科学计算可视化和图形用户界面等领域都有广泛的应用。本章以二维空间为例讨论在计算几何中常用的算法设计方法。

10.1 向量运算

在二维空间(即平面上)中每个输入对象都用一组点$\{p_1, p_2, \cdots, p_n\}$来表示,其中每个$p_i=(x_i, y_i)$,$x_i$、$y_i$分别是点$p_i$的行、列坐标,用实数表示。设计点类Point,后面分别讨论这些友元函数的设计:

```
class Point                                          //点类
{
public:
    double x;                                        //行坐标
    double y;                                        //列坐标
    Point() {}                                       //默认构造函数
    Point(double x1, double y1)                      //重载构造函数
    {   x=x1;
        y=y1;
    }
    void disp()
    {   printf("(%g,%g) ",x,y); }
    friend bool operator ==(Point &p1,Point &p2);    //重载==运算符
    friend Point operator +(Point &p1,Point &p2);    //重载+运算符
    friend Point operator -(Point &p1,Point &p2);    //重载-运算符
    friend double Dot(Point p1,Point p2);            //两个向量的点积
    friend double Length(Point &p);                  //求向量长度
    friend int Angle(Point p0,Point p1,Point p2);    //求两线段p0p1和p0p2的夹角
    friend double Det(Point p1,Point p2);            //两个向量的叉积
    friend int Direction(Point p0,Point p1,Point p2); //判断两线段p0p1和p0p2的方向
    friend double Distance(Point p1,Point p2);       //求两个点的距离
    friend double DistPtoSegment(Point p0,Point p1,Point p2);
                                                     //求p0到p1p2线段的距离
    friend bool InRectAngle(Point p0,Point p1,Point p2);
                                                     //判断点p0是否在p1和p2表示的矩形内
    friend bool OnSegment(Point p0,Point p1,Point p2);
                                                     //判断点p0是否在p1p2线段上
    friend bool Parallel(Point p1,Point p2,Point p3,Point p4);
                                                     //判断p1p2和p3p4线段是否平行
    friend bool SegIntersect(Point p1,Point p2,Point p3,Point p4);
                                                     //判断p1p2和p3p4两线段是否相交
    friend bool PointInPolygon(Point p0,vector<Point> a);
                                                     //判断点p0是否在点集a所形成的多边形内
};
```

线段是直线在两个定点之间(包含这两个点)的部分,线段可以通过两个点 p_1、p_2 来表示,通常线段是有向的,有向线段 p_1p_2 是从起点 p_1 到终点 p_2,将这种既有大小又有方向的量看成**向量**(vector),即起点为 p_1、端点为 p_2 的向量。p_1p_2 向量的长度或模为点 p_1 到点 p_2 的距离,记为 $|p_1p_2|$。

在本章中默认将一个点 p 看成是坐标原点为 $(0,0)$ 的向量 p。

10.1.1 向量的基本运算

1. 向量加减运算

对于两个点表示的向量 p_1 和 p_2(起点均为原点 $(0,0)$),向量加法定义为 $p_1+p_2=(p_1.x+p_2.x, p_1.y+p_2.y)$,其结果仍为一个向量。

向量加法一般可用平行四边形法则,如图 10.1 所示,两个向量为 $p_1(2,-1)$、$p_2(3,3)$,则 $p_3=p_1+p_2=(5,2)$。

求两个向量 p_1 和 p_2 的加法运算的算法如下:

扫一扫

视频讲解

```
Point operator +(const Point &p1, const Point &p2)    //重载+运算符
{
    return Point(p1.x+p2.x, p1.y+p2.y);
}
```

向量减法是向量加法的逆运算,一个向量减去另一个向量等于加上那个向量的负向量,即 $p_1-p_2=p_1+(-p_2)=(p_1.x-p_2.x, p_1.y-p_2.y)$,其结果仍为一个向量。

求两个向量 p_1 和 p_2 的减法运算的算法如下:

```
Point operator -(const Point &p1, const Point &p2)    //重载-运算符
{
    return Point(p1.x-p2.x, p1.y-p2.y);
}
```

显然有性质 $p_1+p_2=p_2+p_1$,$p_1-p_2=-(p_2-p_1)$。

如图 10.2 所示,两个向量为 $p_1(2,-1)$、$p_2(5,4)$,则 $p_3=p_2-p_1=(3,5)$,将 p_3 平移到 p_1-p_2 处(图中虚线),会看出 p_3 的长度与 p_1 和 p_2 连接线的长度相同,方向相同。用 $|p|$ 表示向量 p 的长度,有 $|p_2-p_1|=$点 p_1 与 p_2 的长度。

实际上,p_2-p_1 向量可以看成是以 p_1 为原点的 p_2 向量。

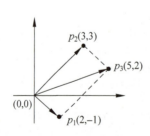
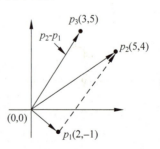

图 10.1 向量的加法　　　　　　图 10.2 向量的减法

2. 向量点积运算

两个向量 p_1 和 p_2 的点积(或内积)定义为 $p_1 \cdot p_2 = |p_1| \times |p_2| \times \cos\theta = p_1.x \times p_2.x + p_1.y \times p_2.y$，其结果是一个标量，其中向量 p 的长度 $|p| = \sqrt{p.x^2 + p.y^2}$，$\theta$ 表示两个向量的夹角，如图 10.3 所示。显然有性质 $p_1 \cdot p_2 = p_2 \cdot p_1$。

求两个向量 p_1 和 p_2 点积的算法如下：

```
double Dot(Point p1, Point p2)          //两个向量的点积
{
    return p1.x * p2.x + p1.y * p2.y;
}
```

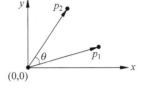

图 10.3　两个向量的点积

可以通过点积的符号判断两向量相互之间的夹角关系：
- 若 $p_1 \cdot p_2 > 0$，向量 p_1 和 p_2 之间的夹角为锐角。
- 若 $p_1 \cdot p_2 = 0$，向量 p_1 和 p_2 垂直，即夹角为直角。
- 若 $p_1 \cdot p_2 < 0$，向量 p_1 和 p_2 之间的夹角为钝角。

利用点积求一个向量 p 的长度的算法如下：

```
double Length(Point &p)                 //求向量的长度
{
    return sqrt(Dot(p, p));
}
```

对于具有公共起点的两个线段 p_0p_1 和 p_0p_2，只需要把 p_0 作为原点就可以，即 $p_1 - p_0$ 和 $p_2 - p_0$ 都是向量，它们的点积为 $r = (p_1 - p_0) \cdot (p_2 - p_0)$，则：
- 若 $r > 0$，两线段 p_1p_0 和 p_2p_0 的夹角为锐角。
- 若 $r = 0$，两线段 p_1p_0 和 p_2p_0 的夹角为直角。
- 若 $r < 0$，两线段 p_1p_0 和 p_2p_0 的夹角为钝角。

求两条线段 p_0p_1 到 p_0p_2 的夹角的算法如下：

```
int Angle(Point p0, Point p1, Point p2)
{   double d = Dot((p1-p0),(p2-p0));
    if (d==0)
        return 0;                       //两线段 p1p0 和 p2p0 的夹角为直角
    else if (d>0)
        return 1;                       //两线段 p1p0 和 p2p0 的夹角为锐角
    else
        return -1;                      //两线段 p1p0 和 p2p0 的夹角为钝角
}
```

3. 向量叉积运算

两个向量 p_1 和 p_2 的叉积(外积) $p_1 \times p_2 = |p_1| \times |p_2| \times \sin\theta = p_1.x \times p_2.y - p_2.x \times p_1.y$，其结果是一个标量，其中 θ 表示两个向量的夹角，如图 10.4 所示。显然有性质 $p_1 \times p_2 = -p_2 \times p_1$。

求两个向量 p_1 和 p_2 叉积的算法如下：

```
double Det(Point p1,Point p2)            //两个向量的叉积
{
    return p1.x * p2.y－p1.y * p2.x;
}
```

向量叉积的计算是关于线段算法的核心。如图10.4所示，叉积 $p_1 \times p_2$ 可以看作是由 $(0,0)$、p_1、p_2 和 p_1+p_2 所组成的平行四边形的带符号的面积，当 $p_1 \times p_2$ 值为正时向量 p_1 可沿着平行四边形内部逆时针旋转到达 p_2，当 $p_1 \times p_2$ 值为负时向量 p_1 可沿着平行四边形内部顺时针旋转到达 p_2。

可以通过叉积的符号判断两向量相互之间的顺逆时针关系：

- 若 $p_1 \times p_2 > 0$，则 p_1 在 p_2 的顺时针方向（图10.4所示就是这种情况）。
- 若 $p_1 \times p_2 < 0$，则 p_1 在 p_2 的逆时针方向。
- 若 $p_1 \times p_2 = 0$，则 p_1 与 p_2 共线，但可能同向也可能反向。

对于具有公共起点的两个线段 p_0p_1 和 p_0p_2，只需要把 p_0 作为原点就可以进行向量叉积运算，即 p_1-p_0 和 p_2-p_0 都是向量，它们的叉积为 $r=(p_1-p_0) \times (p_2-p_0)=(p_1.x-p_0.x) \times (p_2.y-p_0.y)-(p_2.x-p_0.x) \times (p_1.y-p_0.y)$，可以通过该叉积的符号判断两线段相互之间的顺/逆时针关系：

- 若 p_1-p_0 和 p_2-p_0 的叉积大于0，则 p_0p_1 在 p_0p_2 的顺时针方向上，如图10.5(a)所示。或者说 p_0、p_1、p_2 在右手螺旋方向上，p_1-p_0 和 p_2-p_0 的叉积大于0。
- 若 p_1-p_0 和 p_2-p_0 的叉积等于0，则 p_0、p_1 和 p_2 三点共线。
- 若 p_1-p_0 和 p_2-p_0 的叉积小于0，则 p_0p_1 在 p_0p_2 的逆时针方向上，如图10.5(b)所示。或者说 p_0、p_1、p_2 在左手螺旋方向上，p_1-p_0 和 p_2-p_0 的叉积小于0。

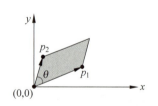

图10.4　两个向量的叉积

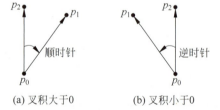

(a) 叉积大于0　　(b) 叉积小于0

图10.5　利用叉积确定 p_0p_1 和 p_0p_2 线段的转向

判断两条线段 p_0p_1 和 p_0p_2 方向的算法如下：

```
int Direction(Point p0,Point p1,Point p2)   //判断两线段 p0p1 和 p0p2 的方向
{
    double d=Det((p1－p0),(p2－p0));
    if (d==0)
        return 0;                            //三点共线
    else if (d>0)
        return 1;                            //p0p1 在 p0p2 的顺时针方向上
    else
        return －1;                          //p0p1 在 p0p2 的逆时针方向上
}
```

4. 两个点的距离

两个点 p_1、p_2 之间的距离为 $\sqrt{(p_1.x-p_2.x)^2+(p_1.y-p_2.y)^2}$。对应的算法如下：

```
double Distance(Point p1, Point p2)
{
    return sqrt((p1.x-p2.x)*(p1.x-p2.x)+(p1.y-p2.y)*(p1.y-p2.y));
}
```

5. 点到线段的距离

求点 p_0 到线段 p_1p_2 的距离。设 p_0 在线段 p_1p_2 上的投影点为 q，设向量 $v_1=p_2-p_1$、$v_2=p_1-p_2$、$v_3=p_0-p_1$、$v_4=p_0-p_2$。点 q 的 3 种可能情况如图 10.6 所示。

若满足图 10.6(a) 所示的情况，p_0 到线段 p_1p_2 的距离为向量 v_3 的长度；若满足图 10.6(b) 所示的情况，p_0 到线段 p_1p_2 的距离为向量 v_4 的长度；若满足图 10.6(c) 所示的情况，p_0 到线段 p_1p_2 的距离为向量 v_1 和 v_3 叉积的绝对值（平行四边形的面积）除以底长。

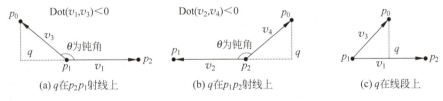

图 10.6 投影点 q 的 3 种情况

对应的算法如下：

```
double DistPtoSegment(Point p0, Point p1, Point p2)   //求 p0 到 p1p2 线段的距离
{
    Point v1=p2-p1,v2=p1-p2,v3=p0-p1,v4=p0-p2;
    if (p1==p2)                                        //两点重合
        return Length(p0-p1);
    if (Dot(v1,v3)<0)                                  //满足图 10.6(a) 条件
        return Length(v3);
    else if (Dot(v2,v4)<0)                             //满足图 10.6(b) 条件
        return Length(v4);
    else                                               //满足图 10.6(c) 条件
        return fabs(Det(v1,v3))/Length(v1);
}
```

10.1.2 判断一个点是否在一个矩形内

设一个矩形的左上角为点 p_1、右下角为点 p_2，另有一个点 p_0，现要判断该点是否在指定的矩形内。

将 p_0p_1 和 p_0p_2 看成是具有公共起点的两个线段，把 p_0 作为原点，显然 p_0p_1 和 p_0p_2 两线段的夹角 θ 为直角或钝角时点 p_0 便落在该矩形内（含

点 p_1、p_2),如图 10.7 所示。所以点 p_0 在该矩形内应满足条件$(p_1-p_0)\cdot(p_2-p_0)\leqslant 0$。

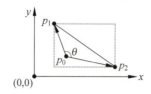

图 10.7　判断点 p 是否在矩形内

对应的判断算法如下：

```
bool InRectangle(Point p0, Point p1, Point p2)        //判断点 p0 是否在 p1 和 p2 表示的矩形内
{
    return Dot(p1-p0, p2-p0)<=0;
}
```

另一种更直观的判断方法是 p_0 在该矩形内应满足以下条件：

$$\text{MIN}(p_1.x, p_2.x) \leqslant p_0.x \leqslant \text{MAX}(p_1.x, p_2.x) \ \&\&\ \text{MIN}(p_1.y, p_2.y) \leqslant p_0.y \leqslant \text{MAX}(p_1.y, p_2.y)$$

10.1.3　判断一个点是否在一条线段上

扫一扫

视频讲解

设点为 p_0、线段为 p_1p_2,若点 p_0 在该线段上(含点 p_1、p_2),应同时满足两个条件：一是点 p_0 在线段 p_1p_2 所在的直线上,另一个是点 p_0 在以 p_1、p_2 为对角顶点的矩形内。前者保证点 p_0 在直线 p_1p_2 上,后者保证点 p_0 不在线段 p_1p_2 的延长线或反向延长线上。

(1) 点 p_0 在线段 p_1p_2 所在的直线上应满足的条件是$(p_1-p_0)\times(p_2-p_0)=0$。
(2) 点 p_0 在以 p_1、p_2 为对角顶点的矩形内应满足的条件是$(p_1-p_0)\cdot(p_2-p_0)\leqslant 0$。
对应的判断算法如下：

```
bool OnSegment(Point p0, Point p1, Point p2)        //判断点 p0 是否在线段 p1p2 上
{
    return Det(p1-p0, p2-p0)==0 && Dot(p1-p0, p2-p0)<=0;
}
```

10.1.4　判断两条线段是否平行

扫一扫

视频讲解

设两条线段为 p_1p_2 和 p_3p_4,如果它们的夹角为零,则是平行的,所以两条线段 p_1p_2 和 p_3p_4 平行应满足的条件是$(p_2-p_1)\times(p_4-p_3)=0$。

对应的算法如下：

```
bool Parallel(Point p1, Point p2, Point p3, Point p4)
{
    return Det(p2-p1, p4-p3)==0;
}
```

10.1.5 判断两条线段是否相交

扫一扫

视频讲解

设两条线段为 p_1p_2 和 p_3p_4，如图 10.8 所示，要判断它们是否相交（包含端点），只要点 p_1、p_2 在线段 p_3p_4 的两边且点 p_3、p_4 在线段 p_1p_2 的两边，那么这两条线段必然相交。

那么如何判断两点是否在一条线段的两边呢？令：

$d_1 = p_3p_1 \times p_3p_4 = \text{Direction}(p_3, p_1, p_4)$ //求 p_3p_1 在 p_3p_4 的哪个方向上
$d_2 = p_3p_2 \times p_3p_4 = \text{Direction}(p_3, p_2, p_4)$ //求 p_3p_2 在 p_3p_4 的哪个方向上
$d_3 = p_1p_3 \times p_1p_2 = \text{Direction}(p_1, p_3, p_2)$ //求 p_1p_3 在 p_1p_2 的哪个方向上
$d_4 = p_1p_4 \times p_1p_2 = \text{Direction}(p_1, p_4, p_2)$ //求 p_1p_4 在 p_1p_2 的哪个方向上

这两条线段相交的情况如下：

(1) $d_1<0$（p_3p_1 在 p_3p_4 的逆时针方向上或者说 p_3、p_1、p_4 在左手螺旋方向上）且 $d_2>0$（p_3p_2 在 p_3p_4 的顺时针方向上或者说 p_3、p_2、p_4 在右手螺旋方向上），图 10.8 就是这种情况。

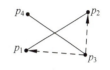

图 10.8 判断两条线段是否相交

(2) $d_1>0$（p_3p_1 在 p_3p_4 的顺时针方向上）且 $d_2<0$（p_3p_2 在 p_3p_4 的逆时针方向上），将图 10.8 中的 p_1、p_2 交换就是这种情况。

上述两种情况表示 p_1、p_2 两个点在 p_3p_4 线段的两边，即条件为 $d_1 \times d_2 < 0$。

同理，若有 $d_3 \times d_4 < 0$，则 p_3、p_4 两个点在 p_1p_2 线段的两边。

另外，若 $d_i=0 (1 \leqslant i \leqslant 4)$，还需要判断对应的点是否在线段上。例如，若 $d_1=0$，表示 p_1、p_3、p_4 三点共线，还需要判断点 p_1 在 p_3p_4 线段上。

对应的判断算法如下：

```
bool SegIntersect(Point p1, Point p2, Point p3, Point p4)  //判断两线段是否相交
{
    int d1,d2,d3,d4;
    d1=Direction(p3,p1,p4);                                 //求 p3p1 在 p3p4 的哪个方向上
    d2=Direction(p3,p2,p4);                                 //求 p3p2 在 p3p4 的哪个方向上
    d3=Direction(p1,p3,p2);                                 //求 p1p3 在 p1p2 的哪个方向上
    d4=Direction(p1,p4,p2);                                 //求 p1p4 在 p1p2 的哪个方向上
    if (d1 * d2 < 0 && d3 * d4 < 0)
        return true;
    if (d1==0 && OnSegment(p1,p3,p4))                       //若 d1 为 0 且 p1 在 p3p4 线段上
        return true;
    else if (d2==0 && OnSegment(p2,p3,p4))                  //若 d2 为 0 且 p2 在 p3p4 线段上
        return true;
    else if (d3==0 && OnSegment(p3,p1,p2))                  //若 d3 为 0 且 p3 在 p1p2 线段上
        return true;
    else if (d4==0 && OnSegment(p4,p1,p2))                  //若 d4 为 0 且 p4 在 p1p2 线段上
        return true;
    else
        return false;
}
```

10.1.6 判断一个点是否在多边形内

扫一扫

视频讲解

一个多边形由 n 个顶点 $a[0..n]$ 构成($a[n]=a[0]$),假设其所有的边不相交,称之为简单多边形,这里讨论的多边形默认都是简单多边形。现有一个点 p_0,要判断点 p_0 是否在该多边形内(含边界)。

其基本思想是从点 p_0 引一条水平向右的射线,统计该射线与多边形相交的情况,如果相交次数是奇数,那么就在多边形内,否则在多边形外。例如,如图 10.9 所示,多边形由 8 个顶点构成,从点 p_0 引出的射线与多边形相交的交点个数为 3,它在多边形内,而从点 p_1 引出的射线与多边形相交的交点个数为 2,它在多边形外。

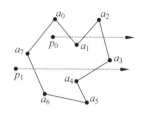

图 10.9 判断点 p 是否在一个多边形内

对于多边形的一条边 $p_1 p_2$,它构成的直线的方程为 $y - p_1.y = k(x - p_1.x)$,其中斜率 $k = \dfrac{p_2.y - p_1.y}{p_2.x - p_1.x}$,所以有 $x = \dfrac{y - p_1.x}{k} - p_1.x = \dfrac{(y - p_1.x)(p_2.x - p_1.x)}{p_2.y - p_1.y} + p_1.x$。从点 p_0 引一条水平向右的射线的方程为 $y = p_0.y$。如果这两条直线有交点,则交点为 $(x, p_0.y)$,其中 $x = \dfrac{(p_0.y - p_1.x)(p_2.x - p_1.x)}{p_2.y - p_1.y} + p_1.x$。

判断点 p_0 是否在多边形 $a[0..n]$ 中的步骤如下:

(1) 置 cnt=0,i 从 0 到 n 循环。

(2) $p_1 = a[i]$,$p_2 = a[i+1]$,若 p_0 在 $p_1 p_2$ 线段上,则返回 true。

(3) 若 $p_1 p_2$ 是一条水平线,或者 p_0 在 $p_1 p_2$ 线段的上方或下方,则没有交点,转向下一条线段进行求解。

(4) 求出射线与线段 $p_1 p_2$ 的交点的 x。

(5) 若 $x > p_0.x$,则交点个数 cnt 增 1。

(6) 循环结束后返回 cnt%2==1 值。即交点个数为奇数表示该点在多边形内。

对应的判断算法如下:

```
bool PointInPolygon(Point p0, vector<Point> a)    //判断点 p0 是否在点集 a 的多边形内
{   int i, cnt=0;                                  //cnt 累加交点个数
    double x;
    Point p1, p2;
    for (i=0; i<a.size(); i++)
    {   p1=a[i]; p2=a[i+1];                        //取多边形的一条边
        if (OnSegment(p0,p1,p2))
            return true;                            //如果点 p0 在多边形边 p1p2 上,返回 true
        //以下求解 y=p0.y 与 p1p2 的交点
        if (p1.y==p2.y) continue;                  //如果 p1p2 是水平线,直接跳过
        //以下两种情况是交点在 p1p2 的延长线上
        if (p0.y<p1.y && p0.y<p2.y) continue;      //p0 在 p1p2 线段下方,直接跳过
        if (p0.y>=p1.y && p0.y>=p2.y) continue;    //p0 在 p1p2 线段上方,直接跳过
        x=(p0.y-p1.y)*(p2.x-p1.x)/(p2.y-p1.y)+p1.x;    //求交点坐标的 x 值
```

```
        if (x>p0.x) cnt++;                //只统计射线的一边
    }
    return (cnt%2==1);
}
```

10.1.7 求 3 个点构成的三角形的面积

扫一扫

视频讲解

对于 3 个顶点 p_0、p_1、p_2 构成的三角形,求面积有多种计算公式。从向量的角度看,3 个向量构成的三角形如图 10.10(a)所示,可以将其两条边看成以 p_0 为原点的三角形,这两条边分别是 p_1-p_0 和 p_2-p_0,如图 10.10(b)所示,则该三角形面积 $S(p_0,p_1,p_2)$ 等于以 p_1-p_0 和 p_2-p_0 向量构成的平行四边形面积的一半,即 $S(p_0,p_1,p_2)=(p_1-p_0)\times(p_2-p_0)/2$。

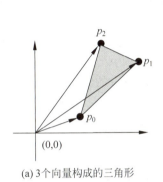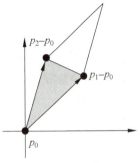

(a) 3 个向量构成的三角形　　　　(b) 以 p_0 为原点构成的三角形

图 10.10　求三角形面积

而 $(p_1-p_0)\times(p_2-p_0)$ 的结果有正有负,所以 $S(p_0,p_1,p_2)=(p_1-p_0)\times(p_2-p_0)/2$ 称为有向面积,实际面积为其绝对值。对应的算法如下:

```
double triangleArea(Point p0, Point p1, Point p2)    //求三角形面积
{
    return fabs(Det(p1-p0,p2-p0))/2;
}
```

根据向量叉积运算规则有:
- 若 (p_1-p_0) 在 (p_2-p_0) 的顺时针方向,或者说 p_0、p_1、p_2 在右手螺旋方向上,则 $(p_1-p_0)\times(p_2-p_0)>0$。图 10.10 中就是这种情况。
- 若 (p_1-p_0) 在 (p_2-p_0) 的逆时针方向,或者说 p_0、p_1、p_2 在左手螺旋方向上,则 $(p_1-p_0)\times(p_2-p_0)<0$。

10.1.8 求一个多边形的面积

若一个多边形由 n 个顶点构成,采用 vector<Point> p 存储,求其面积的方法有多种。常用的是采用三角形剖分的方法,取一个顶点作为剖分出的三角形的顶点,三角形的其他顶点为多边形上相邻的点,如图 10.11 所示。

已知三角形的 3 个顶点向量,可以通过向量叉积得到其面积,还可以通过向量叉积解决凹多边形中重复面积的计算问题。在图 10.11 中 7 个顶点分别是 $p_0(5,0)$、$p_1(9,3)$、$p_2(10,7)$、$p_3(4,9)$、$p_4(0,6)$、$p_5(3,5)$、$p_6(0,2)$,以 p_0 为剖分点,求解过程如下:

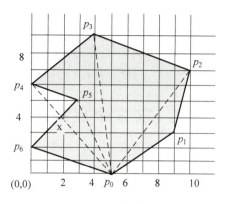

图 10.11 一个多边形

(1) $(p[1]-p[0])\times(p[2]-p[0])/2=6.5$,得到 $S(p_0,p_1,p_2)=6.5$($p[0]$、$p[1]$、$p[2]$ 在右手螺旋方向上)。

(2) $(p[2]-p[0])\times(p[3]-p[0])/2=26$,得到 $S(p_0,p_2,p_3)=26$。

(3) $(p[3]-p[0])\times(p[4]-p[0])/2=19.5$,得到 $S(p_0,p_3,p_4)=19.5$,含 p_4-p_5-x 部分(不应该包括在多边形面积中)面积和 p_0-p_5-x 部分面积。

(4) $(p[4]-p[0])\times(p[5]-p[0])/2=-6.5$($p[0]$、$p[4]$、$p[5]$ 在左手螺旋方向上),得到 $S(p_0,p_4,p_5)=-6.5$,其绝对值含 p_4-p_5-x 部分面积和 p_0-p_5-x 部分面积。由于为负数,$S(p_0,p_3,p_4)+S(p_0,p_4,p_5)$ 恰好得到 $p_0-p_3-p_4-p_5$ 部分的面积。

(5) $(p[5]-p[0])\times(p[6]-p[0])/2=10.5$,得到 $S(p_0,p_5,p_6)=10.5$。

(6) 上述所有有向面积相加得到多边形的面积 56。

对应的算法如下:

```
double polyArea(vector< Point > p)        //求多边形的面积
{   double ans=0.0;
    for (int i=1;i< p.size()-1;i++)
        ans+=Det(p[i]-p[0],p[i+1]-p[0]);
    return fabs(ans)/2;                   //累计有向面积结果的绝对值
}
```

10.2 求解凸包问题

简单多边形分凸多边形和凹多边形两类。凸多边形是没有任何"凹陷处"的,而凹多边形至少有一个顶点处于"凹陷处"(称为凹点)。凸多边形上任意两个顶点的连线都包含在多边形中,在凹多边形中总能找到一对顶点,它们的连线有一部分在多边形外。图 10.12 所示的多边形是一个凸多边形,而图 10.11 所示的多边形是一个凹多边形。

沿凸多边形周边移动,在每个顶点的转向都是相同的。对于凹多边形,一些是向右转,一些是向左转,在凹点的转向是相反的。

点集 A 的凸包(Convex Hull)是指一个最小凸多边形,满足 A 中的点或者在多边形边上或者在其内,也就是说任意两点的连线都在 A 点集内的点集就是一个凸包。

图 10.13 所示的二维平面上有 10 个点,即 $a_0(4,10)$、$a_1(3,7)$、$a_2(9,7)$、$a_3(3,4)$、$a_4(5,6)$、$a_5(5,4)$、$a_6(6,3)$、$a_7(8,1)$、$a_8(3,0)$ 和 $a_9(1,6)$,其凸包是由点 a_0、a_2、a_7、a_8 和 a_9 构成的。

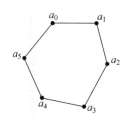
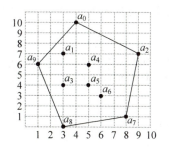

图 10.12 一个凸多边形　　　　图 10.13 一个点集的凸包

求一个点集的凸包是计算几何的一个基本问题,目前有多种求解算法,本节主要介绍两种找凸包的算法。

10.2.1 礼品包裹算法

礼品包裹算法也称为卷包裹算法,其原理比较简单,先找一个最边缘的点(一般是最左边的点,如有多个这样的点则选择最下方的点)。假设有一条绳子,以该点为端点向右边逆时针旋转直到碰到另一个点为止,此时找出凸包的一条边;然后用新找到的点作为端点,继续旋转绳子,找到下一个端点;重复这一步骤直到回到最初的点,此时围成一个凸多边形,所选出的点集就是所要求的凸包。

扫一扫

视频讲解

对于给定的 n 个点 $a[0..n-1]$,求解的凸包顶点序列存放在凸包数组 ch 中,其步骤如下:

(1) 从所有点中求出最左边的最低点 a_j(x 坐标最小者,若有多个这样的点,选其中 y 坐标最小者),置 tmp=j。

(2) 将点编号 j 作为凸包中的一个顶点编号,存放到 ch 中。

(3) 对于点 a_j,找一个点 a_i,使得 $a_j a_i$ 与以 a_j 为起点的水平方向射线的角度最小,如图 10.14 所示。若存在两个点 a_i 和 a_k,并有 a_j、a_i、a_k 三点共线,则选取离 a_j 最远的点 a_i。

(4) j=tmp,表示已求出凸包顶点序列 ch,算法结束。

图 10.14 求点 a_i,使得 $a_j a_i$ 与以 a_j 为起点的水平方向射线的角度最小

对于图 10.13 所示的点集 a,采用礼品包裹算法求凸包的过程如下:

(1) 选取最左边的最下点 a_9。
(2) 当前点为 a_9,从 a_9 出发在其余所有点中找到角度最小的点 a_8。
(3) 当前点为 a_8,从 a_8 出发在其余所有点中找到角度最小的点 a_7。
(4) 当前点为 a_7,从 a_7 出发在其余所有点中找到角度最小的点 a_2。
(5) 当前点为 a_2,从 a_2 出发在其余所有点中找到角度最小的点 a_0。
(6) 当前点为 a_0,从 a_0 出发在其余所有点中找到角度最小的点 a_9。
(7) 回到起点,算法结束。找到的凸包顶点序列是 a_9, a_8, a_7, a_2, a_0。

采用礼品包裹算法求解图 10.13 中凸包的完整程序如下：

```cpp
#include "Fundament.cpp"                            //包含 Point 基本运算算法
bool cmp(Point aj,Point ai,Point ak)                //比较两个向量方向的函数
{   int d=Direction(aj,ai,ak);
    if (d==0)                                       //共线时，若 aj ai 更长则返回 true
        return Distance(aj,ak)<Distance(aj,ai);
    else if (d>0)                                   //aj ai 在 aj ak 的顺时针方向上，返回 true
        return true;
    else                                            //否则返回 false
        return false;
}
void Package(vector<Point> a,vector<int> &ch)       //礼品包裹算法
{   int i,j,k,tmp;
    j=0;
    for (i=1;i<a.size();i++)
        if (a[i].x<a[j].x || (a[i].x==a[j].x && a[i].y<a[j].y))
            j=i;                                    //找最左边的最低点 aj
    tmp=j;                                          //tmp 保存起点
    while (true)
    {   k=-1;
        ch.push_back(j);                            //顶点 aj 作为凸包上的一个点
        for (i=0;i<a.size();i++)
            if (i!=j && (k==-1 || cmp(a[j],a[i],a[k])))
                k=i;                                //从 aj 出发找角度最小的点 ai
        if (k==tmp) break;                          //找到起点时结束
        j=k;
    }
}
void main()
{   vector<Point> a;
    a.push_back(Point(4,10));
    a.push_back(Point(3,7));
    a.push_back(Point(9,7));
    a.push_back(Point(3,4));
    a.push_back(Point(5,6));
    a.push_back(Point(5,4));
    a.push_back(Point(6,3));
    a.push_back(Point(8,1));
    a.push_back(Point(3,0));
    a.push_back(Point(1,6));
    Point st[MAXN];
    vector<int> ch;
    Package(a,ch);
    printf("求解结果\n");
    printf(" 凸包的顶点：");
    for (vector<int>::iterator it=ch.begin();it!=ch.end();it++)
        printf("%d ",*it);
    printf("\n");
}
```

【算法分析】 上述 Package(a,ch)算法的时间复杂度为 $O(nh)$ 或 $O(n^2)$,其中 n 为所有点的个数,h 为求得的凸包中的点数。

10.2.2 Graham 扫描算法

Graham 扫描法(葛立恒扫描法)的原理是沿逆时针方向通过凸包时在每个点处应该向左拐,而删除出现右拐的点。

通过设置一个关于候选点的栈 ch 来解决凸包。输入点集 A 中的每个点都进栈一次,非凸包中的顶点最终将出栈,当算法终止时栈中仅包含凸包中的点,其顺序为各点在边界上出现的逆时针方向排列的顺序。

对于给定的 n 个点 $a[0..n-1]$,Graham 扫描法求凸包的步骤如下:

(1) 从所有点中找最下且偏左的点 $a[k]$(y 坐标最小者,若有多个这样的点,选其中 x 坐标最小者)。通过交换将 $a[k]$ 放到 $a[0]$ 中,并置全局变量 $p_0 = a[0]$。

(2) 对 a 中的所有点按以 p_0 为中心的极角从小到大排序。如图 10.15 所示,对于两个点 a_i 和 a_j,若 Direction(p_0, a_i, a_j)>0,点 a_i 排在点 a_j 的前面;否则,点 a_i 排在点 a_j 的后面。

若 Direction(p_0, a_i, a_j)>0,则 p_0、a_i、a_j 在右手螺旋方向上,即极角关系为 $\theta_1 < \theta_2$,则 a_i 排在 a_j 的前面

图 10.15 相对于点 p_0,点 a_i 排在点 a_j 之前

(3) 在点集 a 排序后,先将 $a[0]$、$a[1]$ 和 $a[2]$ 3 个点进栈到 ch 中,因为一个凸包至少含有 3 个点。

(4) 扫描点集 a 中余下的所有点(从 $i=3$ 开始)。若扫描点 $a[i]$,栈顶点为 ch[top],次栈顶点为 ch[top−1];若有 Direction(ch[top−1], $a[i]$, ch[top])>0,如图 10.16 所示,ch[top−1]、$a[i]$、ch[top] 在右手螺旋方向上,即存在着右拐,则栈顶点 ch[top] 一定不是凸包中的点,将其退栈,如此循环直到该条件不成立或者栈中少于两个元素为止,然后将当前扫描点 $a[i]$ 进栈。

对于图 10.13 所示的点集 a,采用 Graham 扫描法求凸包的过程如下:

(1) 先求出起点 a_8(3,0)。

(2) 按极角从小到大排序后得到 a_8(3,0)、a_7(8,1)、a_6(6,3)、a_2(9,7)、a_5(5,4)、a_4(5,6)、a_0(4,10)、a_1(3,7)、a_3(3,4)、a_9(1,6),如图 10.17 所示。

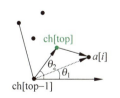

若 Direction(ch[top−1],$a[i]$,ch[top])>0,则 ch[top−1]→ch[top]→$a[i]$ 存在右拐($\theta_1 < \theta_2$),不满足左拐条件,点 ch[top] 退栈,点 $a[i]$ 进栈

图 10.16 扫描遇到右拐的情况

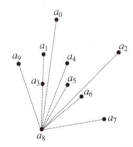

图 10.17 以 a_8 为源点,按极角从小到大排列

(3) 将 a_8、a_7 和 a_6 3 个点进栈。栈中元素从栈底到栈顶为 a_8,a_7,a_6。

(4) 处理点 a_2:点 a_6 存在右拐关系(a_7、a_2、a_6 在右手螺旋方向上),将其退栈,如

图10.18(a)所示,点a_2进栈。栈中元素从栈底到栈顶为a_8,a_7,a_2。

(5) 处理点a_5:a_7、a_5、a_2在左手螺旋方向上,不存在右拐关系,如图10.18(b)所示,点a_5进栈。栈中元素从栈底到栈顶为a_8,a_7,a_2,a_5。

(6) 处理点a_4:点a_5存在右拐关系(a_2、a_4、a_5在右手螺旋方向上),将其退栈,如图10.18(c)所示,a_4进栈。栈中元素从栈底到栈顶为a_8,a_7,a_2,a_4。

(7) 处理点a_0:点a_4存在右拐关系(a_2、a_0、a_4在右手螺旋方向上),如图10.18(d)所示,将其退栈,a_0进栈。栈中元素从栈底到栈顶为a_8,a_7,a_2,a_0。

(8) 处理点a_1:a_2、a_1、a_0在左手螺旋方向上,不存在右拐关系,如图10.18(e)所示,a_1进栈。栈中元素从栈底到栈顶为a_8,a_7,a_2,a_0,a_1。

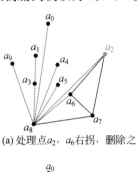
(a) 处理点a_2,a_6右拐,删除之

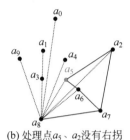
(b) 处理点a_5、a_2没有右拐

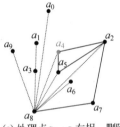
(c) 处理点a_4,a_5右拐,删除之

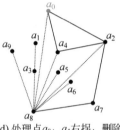
(d) 处理点a_0,a_4右拐,删除之

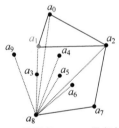
(e) 处理点a_1、a_2,没有右拐

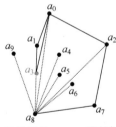
(f) 处理点a_3、a_2,没有右拐

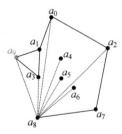
(g) 处理点a_9,a_3右拐,删除之

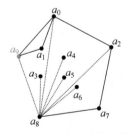
(h) 继续处理点a_9,a_1右拐,删除之

图10.18 求凸包的过程

(9) 处理点 a_3：a_0、a_3、a_1 在左手螺旋方向上，不存在右拐关系，如图 10.18(f)所示，a_3 进栈。栈中元素从栈底到栈顶为 a_8,a_7,a_2,a_0,a_1,a_3。

(10) 处理点 a_9：点 a_3 存在右拐关系(a_1、a_9、、a_3 在右手螺旋方向上)，如图 10.18(g)所示，将其退栈；点 a_1 存在右拐关系(a_0、a_9、a_1 在右手螺旋方向上)，如图 10.18(h)所示，将其退栈；点 a_9 进栈。栈中元素从栈底到栈顶为 a_8,a_7,a_2,a_0,a_9。

最后求出逆时针方向的凸包为 $a_8(3,0),a_7(8,1),a_2(9,7),a_0(4,10),a_9(1,6)$。

采用 Graham 扫描法求解图 10.13 中凸包的完整程序如下：

```cpp
#include "Fundament.cpp"
Point p0;                                    //起点,全局变量
void swap(Point &x, Point &y)                //交换 x 和 y 两个点
{   Point tmp=x;
    x=y; y=tmp;
}
bool cmp(Point &a, Point &b)                 //排序比较关系函数
{   if (Direction(p0,a,b)>0)
        return true;
    else
        return false;
}
int Graham(vector<Point> &a, Point ch[])     //求凸包的 Graham 算法
{   int top=-1,i,k=0;
    for (i=1;i<a.size();i++)                 //找最下且偏左的点 a[k]
        if ((a[i].y<a[k].y) || (a[i].y==a[k].y && a[i].x<a[k].x))
            k=i;
    swap(a[0],a[k]);                         //通过交换将 a[k]点指定为起点 a[0]
    p0=a[0];                                 //将起点 a[0]放入 p0 中
    sort(a.begin()+1,a.end(),cmp);           //按极角从小到大排序
    top++; ch[0]=a[0];                       //前 3 个点先进栈
    top++; ch[1]=a[1];
    top++; ch[2]=a[2];
    for (i=3;i<a.size();i++)                 //判断与其余所有点的关系
    {   while (top>=0 && (Direction(ch[top-1],a[i],ch[top])>0 ||
               Direction(ch[top-1],a[i],ch[top])==0 &&
               Distance(ch[top-1],a[i])>Distance(ch[top-1],ch[top])))
        {
            top--;                           //存在右拐关系,栈顶元素出栈
        }
        top++; ch[top]=a[i];                 //当前点与栈内所有点满足向左关系,进栈
    }
    return top+1;                            //返回栈中元素个数
}
void main()
{   vector<Point> a;
    a.push_back(Point(4,10));
    a.push_back(Point(3,7));
    a.push_back(Point(9,7));
    a.push_back(Point(3,4));
```

```
        a.push_back(Point(5,6));
        a.push_back(Point(5,4));
        a.push_back(Point(6,3));
        a.push_back(Point(8,1));
        a.push_back(Point(3,0));
        a.push_back(Point(1,6));
        Point st[MAXN];                         //用作栈
        int n;
        n=Graham(a,st);
        printf("求解结果\n");
        printf("   凸包的顶点: ");
        for (int i=0;i<n;i++)                   //栈中所有元素为凸包
            st[i].disp();
        printf("\n");
}
```

【算法分析】 对于 n 个点，上述 Graham(a, ch) 算法中排序过程的时间复杂度为 $O(n\log_2 n)$，for 循环次数少于 n，所以整个算法的时间复杂度为 $O(n\log_2 n)$。

10.3 求解最近点对问题

二维空间中最近点对问题是给定平面上的 n 个点，找其中的一对点，使得在 n 个点的所有点对中该点对的距离最小。这类问题在实际中有广泛的应用。例如，在空中交通控制问题中，若将飞机作为空间中移动的一个点来看待，则具有最大碰撞危险的两架飞机就是这个空间中最接近的一对点。本节介绍求解最近点对的两种算法。

10.3.1 用蛮力法求最近点对

用蛮力法求最近点对的过程是分别计算每一对点之间的距离，然后找出距离最小的一对。

对于给定的点集 a，采用蛮力法求 a[leftindex..rightindex] 中的最近点对之间距离的算法如下：

```
double ClosestPoints(vector < Point > a, int leftindex, int rightindex)
{    int i,j;
     double d,mindist =INF;
     for (i=leftindex;i<=rightindex;i++)
         for (j=i+1;j<=rightindex;j++)
         {    d=Distance(a[i],a[j]);
              if (d<mindist)
                  mindist=d;
         }
     return mindist;
}
```

【算法分析】 上述算法中有两重 for 循环，当求 $a[0..n-1]$ 中 n 个点的最近点对时算法的时间复杂度为 $O(n^2)$。

10.3.2 用分治法求最近点对

扫一扫

视频讲解

对于给定的点集 $a[0..n-1]$，采用分治法求最近点对距离的步骤如下：

(1) 对 a 中的所有点按 x 坐标从小到大排序，将 a 中点集复制到 b 中，对 b 中的所有点按 y 坐标从小到大排序。设 a 中最近点对距离为 d。

(2) 如果 a 中点数少于 4，则采用蛮力法直接计算各点的最近距离 d。

(3) 求出 a 中间位置的点 $a[midindex]$，以此位置画一条中轴线 l（对应的 x 坐标为 $a[midindex].x$），将 a 的所有点分割为点数大致相同的两个子集，左部分包含 $a[0..midindex]$ 的点，右部分包含 $a[midindex+1..n-1]$ 的点，同样将 b 中的点相应分为两部分 leftb 和 rightb，左部分称为 S_1（含 $a[0..midindex]$ 和 leftb），右部分为 S_2（含 $a[midindex+1..n-1]$ 和 rightb），如图 10.19 所示。递归调用求出 S_1 中点集的最近点对的距离为 d_1，递归调用求出 S_2 中点集的最近点对的距离为 d_2，并求出当前最近点对的距离为 $d = \text{MIN}(d_1, d_2)$。

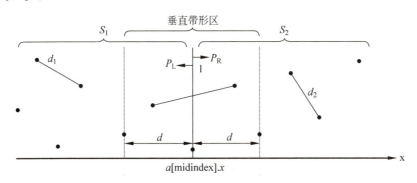

图 10.19 采用分治法求最近点对

(4) 显然 S_1 和 S_2 中任意点对之间的距离小于或等于 d，但 S_1、S_2 交界的垂直带形区（由所有与中轴线的 x 坐标值相差不超过 d 的点构成）中的点对之间的距离可能小于 d。将 b 中所有落在垂直带形区的点复制到 b_1 中，对于 b_1 中的任一点 p，仅需要考虑紧随 p 后的 7 个点，计算出从 p 到这 7 个点的距离，并和 d 进行比较，将最小的距离存放在 d 中，最后求得的 d 即为 a 中所有点的最近点对距离。

对于 b_1 中的点 p，为什么只需要考虑紧随 p 后的 7 个点呢？如果 $p_L \in P_L$，$p_R \in P_R$，且 p_L 和 p_R 的距离小于 d，则它们必定位于以 l 为中轴线的 $d \times 2d$ 的矩形区内，如图 10.20 所示，该区内最多有 8 个点（左、右阴影正方形中最多有 4 个点，否则它们的距离小于 d，与 P_L、P_R 中所有点的最小距离大于或等于 d 矛盾）。所以为了求 P_L 和 P_R 中点之间的最小距离，只需考虑每个点 p 之后的 7 个点就可以了。

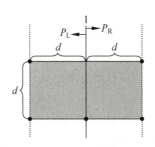

图 10.20 以 l 为中轴线的 $d \times 2d$ 的矩形区

对于图 10.13 所示的点集 a，采用分治法求最近点对的过程如下：

(1) 排序前的 $a[0..9]$ 为：

$a_0(4,10)$ $a_1(3,7)$ $a_2(9,7)$ $a_3(3,4)$ $a_4(5,6)$ $a_5(5,4)$ $a_6(6,3)$ $a_7(8,1)$ $a_8(3,0)$ $a_9(1,6)$

$a[0..9]$ 按 x 坐标排序后为：

$a_9(1,6)$ $a_1(3,7)$ $a_3(3,4)$ $a_8(3,0)$ $a_0(4,10)$ $a_4(5,6)$ $a_5(5,4)$ $a_6(6,3)$ $a_7(8,1)$ $a_2(9,7)$

将 a 复制到 b 中，$b[0..9]$ 按 y 坐标排序后为：

$a_8(3,0)$ $a_7(8,1)$ $a_6(6,3)$ $a_3(3,4)$ $a_5(5,4)$ $a_9(1,6)$ $a_4(5,6)$ $a_1(3,7)$ $a_2(9,7)$ $a_0(4,10)$

(2) 求出中间位置 midindex＝4，对应顶点 a_0，左部分为 $(a_9, a_1, a_3, a_8, a_0)$，右部分为 $(a_4, a_5, a_6, a_7, a_2)$，中间部分为 $(a_8, a_3, a_5, a_4, a_1, a_0)$（按 y 从小到大排列）。其中，左部分包含中间位置的顶点。

(3) 处理左部分 $(a_9, a_1, a_3, a_8, a_0)$。

① 求出中间位置 midindex＝2，对应顶点 a_3，左部分为 (a_9, a_1, a_3)，右部分为 (a_8, a_0)，中间部分为 (a_8, a_3, a_9, a_1)（按 y 从小到大排列）。其中，左部分包含中间位置的顶点。

② 处理左部分 (a_9, a_1, a_3)。由于顶点个数少于 4，采用蛮力法求出最近距离 d_{11}＝2.23607，对应的点对是 a_9 和 a_1。

③ 处理右部分 (a_8, a_0)。由于顶点个数少于 4，采用蛮力法求出最近距离 d_{12}＝10.0499，对应的点对是 a_8 和 a_0。

左右部分合起来求出 d_1＝min(d_{11}, d_{12})＝min(2.23607, 10.0499)＝2.23607，对应的点对是 a_9 和 a_1。

④ 中间部分为 (a_8, a_3, a_9, a_1)（按 y 从小到大排列）。

考虑 a_8，在 y 方向上后面没有小于 d_1 的顶点。

考虑 a_3，在 y 方向上后面小于 d_1 的顶点只有顶点 a_9，求出 a_3 到 a_9 的距离为 2.82843。

考虑 a_9，在 y 方向上后面小于 d_1 的顶点只有顶点 a_1，求出 a_9 到 a_1 的距离为 2.23607。

考虑 a_1，在 y 方向后面没有其他顶点。

求出中间部分的最近距离 d_{13}＝2.23607，对应的点对是 a_9 和 a_1。

这样合并得到左部分 $(a_9, a_1, a_3, a_8, a_0)$ 的结果 d_1＝min(d_1, d_{13})＝(2.23607, 2.23607)＝2.23607，对应的点对是 a_9 和 a_1。

(4) 处理右部分 $(a_4, a_5, a_6, a_7, a_2)$。

① 求出中间位置 midindex＝7，对应顶点 a_6，左部分为 (a_4, a_5, a_6)，右部分为 (a_7, a_2)，中间部分为 (a_6, a_5, a_4)（按 y 从小到大排列）。其中，左部分包含中间位置的顶点。

② 处理左部分 (a_4, a_5, a_6)。由于顶点个数少于 4，采用蛮力法求出最近距离 d_{21}＝1.41421，对应的点对是 a_5 和 a_6。

③ 处理右部分 (a_7, a_2)。由于顶点个数少于 4，采用蛮力法求出最近距离 d_{22}＝6.08276，对应的点对是 a_7 和 a_2。

左右部分求出 d_2＝min(d_{21}, d_{22})＝min(1.41421, 6.08276)＝1.41421，对应的点对是 a_5 和 a_6。

④ 中间部分为 (a_6, a_5, a_4)（按 y 从小到大排列）。

考虑 a_6，在 y 方向上后面小于 d_2 的顶点只有顶点 a_5，求出 a_6 到 a_5 的距离为 1.41421。

考虑 a_5，在 y 方向上后面没有小于 d_2 的顶点。

考虑 a_4，在 y 方向后面没有其他顶点。

求出中间部分的最近距离 $d_{23}=1.41421$,对应的点对是 a_6 和 a_5。

这样合并得到右部分 (a_4,a_5,a_6,a_7,a_2) 的结果 $d_2=\min(d_2,d_{23})=(1.41421,1.41421)=1.41421$,对应的点对是 a_5 和 a_6。

(5) 考虑左右部分,求出 $d=\min(d_1,d_2)=1.41421$。

中间部分点集为 $(a_8,a_3,a_5,a_4,a_1,a_0)$(按 y 从小到大排列)。

考虑 a_8,在 y 方向上后面没有小于 d 的顶点。

考虑 a_3,在 y 方向上后面小于 d 的顶点只有顶点 a_5,求出 a_3 到 a_5 的距离为 2。

考虑 a_5,在 y 方向上后面没有小于 d 的顶点。

考虑 a_4,在 y 方向上后面小于 d 的顶点只有顶点 a_1,求出 a_4 到 a_1 的距离为 2.23607。

考虑 a_1,在 y 方向上后面没有小于 d 的顶点。

考虑 a_0,在 y 方向后面没有其他顶点。

求出中间部分 $(a_8,a_3,a_5,a_4,a_1,a_0)$ 的最近距离 $d_3=2$,对应的点对是 a_3 和 a_5。

(6) 合并最终结果:$d=\min(d,d_3)=\min(1.41421,2)=1.41421$,对应的点对是 a_5 和 a_6。

采用分治法求最近点的算法如下:

```
bool pointxcmp(Point &p1, Point &p2)         //用于点按 x 坐标递增排序
{
    return p1.x < p2.x;
}
bool pointycmp(Point &p1, Point &p2)         //用于点按 y 坐标递增排序
{
    return p1.y < p2.y;
}
double ClosestPoints11(vector<Point> &a, vector<Point> b, int leftindex, int rightindex)
//递归求 a[leftindex..rightindex]中最近点对的距离
{   vector<Point> leftb, rightb, b1;
    int i, j, midindex;
    double d1, d2, d3=INF, d;
    if ((rightindex-leftindex+1)<=3)         //少于 4 个点,直接用蛮力法求解
    {   d=ClosestPoints(a, leftindex, rightindex);
        return d;
    }
    midindex=(leftindex+rightindex)/2;       //求中间位置
    for (i=0; i<b.size(); i++)               //将 b 中点集分为左右两部分
        if (b[i].x<a[midindex].x)
            leftb.push_back(b[i]);
        else
            rightb.push_back(b[i]);
    d1=ClosestPoints11(a, leftb, leftindex, midindex);
    d2=ClosestPoints11(a, rightb, midindex+1, rightindex);
    d=min(d1, d2);                           //当前最小距离 d=MIN(d1,d2)
    //求中间部分点对的最小距离
    for (i=0; i<b.size(); i++)               //将 b 中间宽度为 2×d 的带状区域内的子集复制到 b1 中
        if (fabs(b[i].x-a[midindex].x)<=d)
            b1.push_back(b[i]);
    double tmpd3;
```

```
        for (i=0;i< b1.size();i++)              //求 b1 中最近点对
            for (j=i+1;j< b1.size();j++)        //对于点 b1[i],这样的点 b1[j]最多 7 个
            {   if (b1[j].y-b1[i].y>=d) break;
                tmpd3=Distance(b1[i],b1[j]);
                if (tmpd3 < d3)
                    d3=tmpd3;
            }
        d=min(d,d3);
        return d;
}
double ClosestPoints1(vector < Point > &a, int leftindex, int rightindex)
//求 a[leftindex..rightindex]中最近点对的距离
{   int i;
    vector < Point > b;
    vector < Point >::iterator it;
    printf("排序前:\n");
    for (it=a.begin();it!=a.end();it++)
        (*it).disp();
    printf("\n");
    sort(a.begin(),a.end(),pointxcmp);          //按 x 坐标从小到大排序
    printf("按 x 坐标排序后:\n");
    for (it=a.begin();it!=a.end();it++)
        (*it).disp();
    printf("\n");
    for (i=0;i<a.size();i++)                    //将 a 中点集复制到 b 中
        b.push_back(a[i]);
    sort(b.begin(),b.end(),pointycmp);          //按 y 坐标从小到大排序
    printf("按 y 坐标排序后:\n");
    for (it=b.begin();it!=b.end();it++)
        (*it).disp();
    printf("\n");
    return ClosestPoints11(a,b,0,a.size()-1);
}
```

【算法分析】 在求 $a[0..n-1]$ 中 n 个点的最近点时,设执行时间为 $T(n)$,求左、右部分中最近点对的时间为 $T(n/2)$,求中间部分的时间为 $O(n)$,则:

$T(n)=O(1)$ 当 $n<4$ 时
$T(n)=2T(n/2)+O(n)$ 其他情况

从而推出算法的时间复杂度为 $O(n\log_2 n)$。

10.4 求解最远点对问题

在二维空间中求最远点对问题与最近点对问题相似,也具有许多实际应用价值。本节介绍求解最远点对的两种算法。

10.4.1 用蛮力法求最远点对

用蛮力法求最远点对的过程是分别计算每一对点之间的距离,然后找出距离最大的一对。

对于给定的点集 a,采用蛮力法求 a 中的最远点对 $a[\text{maxindex1}]$ 和 $a[\text{maxindex2}]$ 的算法如下:

```
double Mostdistp(vector < Point > a, int &maxindex1, int &maxindex2)
//用蛮力法求 a 中的最远点对
{   int i,j;
    double d,maxdist=0.0;
    for (i=0;i<a.size();i++)
        for (j=i+1;j<a.size();j++)
        {   d=Distance(a[i],a[j]);
            if (d>maxdist)
            {   maxdist=d;
                maxindex1=i;
                maxindex2=j;
            }
        }
    return maxdist;
}
```

【算法分析】 上述算法的时间复杂度为 $O(n^2)$。

10.4.2 用旋转卡壳法求最远点对

旋转卡壳法的基本思想是对于给定的点集,先采用 Graham 扫描法求出一个凸包 a,然后根据凸包上的每条边找到离它最远的一个点,即卡着外壳转一圈,这便是旋转卡壳法名称的由来。

图 10.21(a)所示是一个凸包,10.21(b)~(f)是找最远点对的过程,虚线指示当前处理的边,粗线表示离虚线边最远的点所在的边,从中看到,虚线恰好绕凸包转了一圈,而粗线也

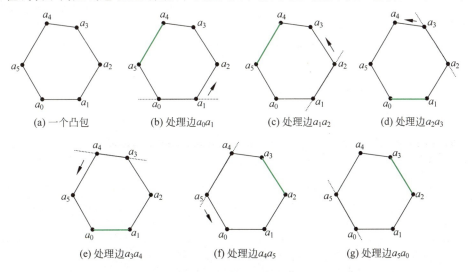

图 10.21 用旋转卡壳算法求最远点对的过程

只绕凸包转了一圈。每次处理一条边 $a_i a_{i+1}$ 时，若对应的粗线为 $a_j a_{j+1}$，求出点 a_i 和 a_j 及点 a_{i+1} 和 a_j 之间的距离，通过比较求出较大距离存放到 maxdist 中。当所有边处理完毕后，maxdist 即为最大点对的距离。

现在需要解决两个问题：

一是如何求当前处理的边对应的粗边。以当前处理的边为 $a_0 a_1$ 为例，如图 10.22 所示，先从 $j=1$ 开始，即看 $a_1 a_2$ 是否为粗边，显然它不是。那么如何判断呢？对于边 $a_j a_{j+1}$ (图中 $j=2$)，由向量 $a_1 a_0$ 和 $a_1 a_j$ 构成一个平面四边形，其面积为 S_2，由向量 $a_1 a_0$ 和 $a_1 a_{j+1}$ 构成一个平面四边形，其面积为 S_1，由于这两个平行四边形的底相同，如果 $S_1 > S_2$，说明 a_{j+1} 离当前处理边越远，表示边 $a_j a_{j+1}$ 不是粗边，需要通过 j 增 1 继续判断下一条边，直到这样的平行四边形面积出现 $S_1 \leq S_2$ 为止，此时边 $a_j a_{j+1}$ 才是粗边，图 10.22 中当前边 $a_0 a_1$ 找到粗边为 $a_4 a_5$，较大距离的点为 a_1 和 a_4。

二是如何求平行四边形的面积。两个向量的叉积为对应平行四边形的有向面积(可能为负)，通过求其绝对值得到其面积。在图 10.22 中，$S_1 = \text{fabs}(\text{Det}(a_1, a_0, a_3))$，$S_2 = \text{fabs}(\text{Det}(a_1, a_0, a_2))$，其中 Det 是求叉积。

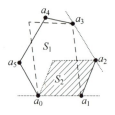

图 10.22 找粗边的过程

对于图 10.13 所示的点集 a，采用旋转卡壳法求最远点对的过程如下：

(1) 采用 Graham 扫描法求出一个凸包 ch 为 $a_8(3,0), a_7(8,1), a_2(9,7), a_0(4,10), a_9(1,6)$。

(2) $i=0$，处理边 $a_8 a_7$ (对应 ch[0]ch[1])，找到粗边为 $j=3$，即边 $a_0 a_9$，求出 a_8 到 a_0 的距离为 10.0499，a_7 到 a_0 的距离为 9.848 86，maxdist$=10.0499$。

(3) $i=1$，处理边 $a_7 a_2$，找到粗边为 $j=4$，即边 $a_9 a_8$，求出 a_7 到 a_9 的距离为 8.602 33，a_2 到 a_9 的距离为 8.062 26，maxdist 不变。

(4) $i=2$，处理边 $a_2 a_0$，找到粗边为 $j=0$，即边 $a_8 a_7$，求出 a_2 到 a_8 的距离为 9.219 54，a_0 到 a_8 的距离为 10.0499，maxdist 不变。

(5) $i=3$，处理边 $a_0 a_9$，找到粗边为 $j=1$，即边 $a_7 a_2$，求出 a_0 到 a_7 的距离为 9.848 86，a_9 到 a_7 的距离为 8.602 33，maxdist 不变。

(6) $i=4$，处理边 $a_9 a_8$，找到粗边为 $j=2$，即边 $a_2 a_0$，求出 a_9 到 a_2 的距离为 8.062 26，a_8 到 a_2 的距离为 9.219 54，maxdist 不变。

最后求得的最远点对为 $a_8(3,0)$ 和 $a_0(4,10)$，最远距离为 10.0499。

旋转卡壳算法如下：

```
double RotatingCalipers1(Point ch[], int m, int &maxindex1, int &maxindex2)
{    //由 RotatingCalipers 调用
    int i,j;
    double maxdist=0.0,d1,d2;
    ch[m]=ch[0];                        //添加起点
    j=1;
    for (i=0;i<m;i++)
    {   while (fabs(Det(ch[i]-ch[i+1],ch[j+1]-ch[i+1]))>
                fabs(Det(ch[i]-ch[i+1],ch[j]-ch[i+1])))
```

```
                j=(j+1)%m;                //以面积来判断,面积大则说明要离平行线远一些
                d1=Distance(ch[i],ch[j]);
                if (d1 > maxdist)
                {   maxdist=d1;
                    maxindex1=i;
                    maxindex2=j;
                }
                d2=Distance(ch[i+1],ch[j]);
                if (d2 > maxdist)
                {   maxdist=d2;
                    maxindex1=i+1;
                    maxindex2=j;
                }
            }
        }
        return maxdist;
}
void RotatingCalipers(vector < Point > &a)        //旋转卡壳算法
{   int m,index1,index2;
    Point ch[MAXN];
    m=Graham(a,ch);
    double maxdist=RotatingCalipers1(ch,m,index1,index2);
    printf("最远点对:(%g,%g)和(%g,%g),最远距离=%g\n",
        ch[index1].x,ch[index1].y,ch[index2].x,ch[index2].y,maxdist);
}
```

【算法分析】 对于 n 个点集,其中 Graham 算法的执行时间为 $O(n\log_2 n)$,若求出的凸包中含有 $m(m\leq n)$ 个点,则 RotatingCalipers1 算法的执行时间为 $O(m)$,所以整个算法的时间复杂度为 $O(n\log_2 n)$,显然优于采用蛮力法求解。

10.5 练习题

1. 对如图 10.23 所示的点集 A,给出采用 Graham 扫描算法求凸包的过程及结果。

2. 对如图 10.23 所示的点集 A,给出采用分治法求最近点对的过程及结果。

3. 对如图 10.23 所示的点集 A,给出采用旋转卡壳法求最远点对的结果。

4. 对应 3 个点向量 p_1、p_2、p_3,采用 $S(p_1,p_2,p_3)=(p_2-p_1)\times(p_3-p_1)/2$ 求它们构成的三角形的面积,请问什么情况下计算结果为正?什么情况下计算结果为负?

5. 已知坐标为整数,给出判断平面上的一点 p 是否在一个逆时针三角形 $p_1-p_2-p_3$ 内部的算法。

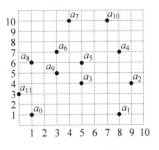

图 10.23 一个点集 A

10.6 上机实验题

实验 1. 求解判断三角形类型问题
【问题描述】 给定三角形的 3 条边 a、b、c，判断该三角形的类型。
输入描述：测试数据有多组，每组输入三角形的 3 条边。
输出描述：对于每组输入，输出直角三角形、锐角三角形或钝角三角形。
输入样例：

```
3 4 5
```

样例输出：

```
直角三角形
```

实验 2. 求解凸多边形的直径问题
所谓凸多边形的直径，即凸多边形任意两个顶点的最大距离。设计一个算法，输入一个含有 n 个顶点的凸多边形，且顶点按逆时针方向依次输入，求其直径，要求算法的时间复杂度为 $O(n)$，并用相关数据进行测试。

10.7 在线编程题

在线编程题 1. 求解两个多边形公共部分的面积问题
【问题描述】 贝蒂喜欢剪纸，有两个新剪出的凸多边形需要粘在一起，她打算用糨糊涂抹两张剪纸的共同区域，如图 10.24 所示。请帮忙求出两个多边形的公共部分的面积。

输入描述：输入由两部分组成，每个部分的第 1 行是一个 3～30 的整数，指定多边形的顶点数，紧接的行指出多边形的顶点的坐标（由两个实数构成）。实数的小数部分包含 6 个数字，其绝对值低于 1000，所有顶点按逆时针方向给出。

输出描述：输出一个实数（含两位小数），表示两个多边形的公共部分的面积。

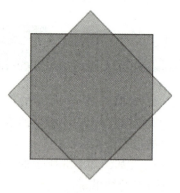

图 10.24 用糨糊涂抹两张剪纸的共同区域

输入样例：

```
4
1.500000  −0.500000
```

```
3.500000    1.500000
1.500000    3.500000
−0.500000   1.500000
4
0.000000    0.000000
3.000000    0.000000
3.000000    3.000000
0.000000    3.000000
```

样例输出:

```
7.00
```

在线编程题 2. 求解最大三角形问题

【问题描述】 老师在计算几何这门课上给 Eddy 布置了一道题目,即给定二维平面上 n 个不同的点,要求在这些点里寻找 3 个点,使它们构成的三角形的面积最大。Eddy 对这道题目百思不得其解,想不通用什么方法来解决,因此他找到了聪明的你,请你帮他解决。

输入描述:输入数据包含多组测试用例,每个测试用例的第 1 行包含一个整数 n,表示一共有 n 个互不相同的点,接下来的 n 行每行包含两个整数 x_i、y_i,表示平面上第 i 个点的 x 与 y 坐标。可以认为 $3 \leqslant n \leqslant 50\,000$,而且 $-10\,000 \leqslant x_i, y_i \leqslant 10\,000$。

输出描述:对于每一组测试数据,请输出构成的最大三角形的面积,结果保留两位小数。每组输出占一行。

输入样例:

```
3
3 4
2 6
3 7
6
2 6
3 9
2 0
8 0
6 6
7 7
```

样例输出:

```
1.50
27.00
```

第 11 章 计算复杂性理论简介

第11章 计算复杂性理论简介

除了能够设计求解问题的算法以外,还需要具备基本的计算理论,了解哪些问题是可计算的,哪些问题是不可计算的。本章从图灵机模型简要介绍计算复杂性理论。

11.1 计算模型

11.1.1 求解问题的分类

算法呈现不同的时间复杂度,有的属于多项式级复杂度算法,有的属于指数级复杂度算法,通常将存在多项式时间算法的问题看作易解问题,将需要指数时间级算法解决的问题看作难解问题。

归纳起来,各种求解问题按算法的时间复杂度可分为三大类:第一类是存在多项式算法的问题,第二类是肯定不存在多项式算法的问题,第三类是尚未找到多项式算法,也不能证明其不存在多项式算法的问题。第三类问题介于第一类问题和第二类问题之间。

随着计算科学理论的发展,第三类问题将逐步向第一类和第二类分化。第三类问题中有一个子类,这个子类的问题之间有着非常密切的联系,或者全体转化为第一类问题,或者全体转化为第二类问题,至今已经知道属于这个子类的问题有数千个,而且还在不断增加,这个子类就是后面讨论的 NPC 问题(NP 完全问题)。为了准确地描述 NPC 问题,需要有关图灵机的概念。

11.1.2 图灵机模型

图灵机(Turing machine)是于 1936 年由英国数学家图灵(A. M. Turing)提出的一种计算模型。图灵机模型的基本结构包括一条向右无限延伸的输入带(可读可写)、一个有限状态控制器和连接控制器与输入带的读写头。图灵机的输入带由一个个格组成,每一格可以存放一个字符,如图 11.1 所示。

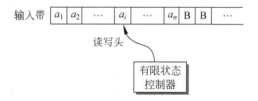

图 11.1 图灵机的基本结构

当图灵机的读写头扫描到一个格的字符时,根据控制器的当前状态和扫描到的字符决定图灵机的动作,包括 3 个方面,即控制器进行状态转换(决定下一状态)、读写头在当前格上写上新的字符、决定读写头向左或向右移动一格。

图灵机分为确定性图灵机和非确定性图灵机两种。

1. 确定性图灵机

确定性图灵机(deterministic Turing machine,DTM)的定义如下:图灵机是一个七元组 $M=(Q,\sum,\Gamma,\delta,q_0,B,F)$,其中 Q 是有限状态集,$q_0(q_0\in Q)$ 是初始状态,$F(F\subseteq Q)$ 是

终止状态集，Γ 是输入带的符号集，$B(B\in\Gamma)$ 是空白符，$\sum$ 是 Γ 中除 B 以外的输入字母表。$\delta: Q\times\Gamma\to Q\times\Gamma\times\{L,R\}$ 是动作函数，其中 L 表示左移一格，R 表示右移一格，对于某些 $q\in Q$ 和 $a\in\Gamma$，$\delta(q,a)$ 可以无定义。

与人在日常中用笔纸计算以及计算机进行类比，输入带起着纸的作用，相当于计算机中存储器的角色，读写头起着人的眼和手的作用，也起着计算机中运算器、寄存器和输出设备所起的作用，控制器和人的大脑、计算机的 CPU 有着相似的地位。

图灵机 M 的工作过程是这样的：把输入串 $a_1 a_2 \cdots a_n (a_i \in \sum)$ 放置在输入带上，例如放置在最左端，开始时读写头注视输入带上的某一格，如注视最左端的第一格（开始时读写头可以注视输入带上的任一格），M 的初始状态为 q_0。在每一步，读写头把扫描到的字符（设为 x_i）传送到有限状态控制器，有限状态控制器根据当前状态 q 和动作函数 $\delta(q,x_i)$ 确定状态的变化，在当前格写上新字符以及移动读写头。当进入某个终止状态或 $\delta(q,x_i)$ 无定义时，图灵机 M 停机。

用符号 $\overset{*}{\vdash}$ 表示推导关系，其中"*"表示多步推导。

设当前瞬像为 $x_1\cdots x_{i-1}qx_i\cdots x_n$，表示当前状态为 q，读写头正注视着 x_i 字符。若 $\delta(q,x_i)=(p,y,L)$，则 $i=1$ 时不能进行下一步推导（读写头无法向左移），当 $i>1$ 时有：

$$x_1\cdots x_{i-1}\mathbf{q}x_i\cdots x_n \vdash x_1\cdots x_{i-2}\mathbf{p}x_{i-1}yx_{i+1}\cdots x_n$$

即将 x_i 改为 y，读写头左移一格并注视 x_{i-1} 字符，状态变为 p。

若 $\delta(q,x_i)=(p,y,R)$，则有：

$$x_1\cdots x_{i-1}\mathbf{q}x_i\cdots x_n \vdash x_1\cdots x_{i-1}y\mathbf{p}x_{i+1}\cdots x_n$$

即将 x_i 改为 y，读写头右移一格并注视 x_{i+1} 字符，状态变为 p。

对于图灵机 M，能够从初始状态出发，最终到达某个终止状态的输入串为该图灵机所接受的符号串，所有这样的符号串构成的集合称为该图灵机所接受的语言。

【例 11.1】 设计一个图灵机 M，它接受的语言 $L=\{0^n 1^n \mid n\geqslant 1\}$，设计该图灵机。

解 假设输入串 w 为 $00\cdots 011\cdots 1BB\cdots$，设计出来的图灵机的主要功能是检查 0 的个数和 1 的个数是否相等。使读写头往返移动，每往返移动一次就成对地对输入符号串 w 左端的一个 0 和右端的一个 1 做标记。如果恰好把输入串的全部符号都做了标记，说明左边的符号 0 与右边的符号 1 的个数相等，则 w 属于 L；或者左边的 0 已全部标记，右边还有若干个 1 没有标记，或者右边的 1 已全部标记，左边还有若干个 0 没有标记，这说明左边的符号 0 与右边的符号 1 的个数不等，或者 0 与 1 交替出现，则 w 不属于 L。

该图灵机 M 的工作过程为首先用 x 替换输入带最左边的 0，再右移（余下的 0 或 y 暂时不修改）至最左边的 1 用 y 替换之，然后左移（遇到 0 或 y 暂时不修改）寻找最右边的 x，然后右移一单元到最左边的 0，重复循环。如果在寻找 1 时 M 找到了空白符 B，则 M 停止，不接受该串（此时 0 的个数大于 1 的个数）。如果将 1 改为 y 后左边再也找不到 0，此时若右边再无 1，接受；若仍有 1，则 1 的个数大于 0 的个数，不接受。

例如，识别输入串 $w_1=0011$ 的过程如图 11.2 所示。

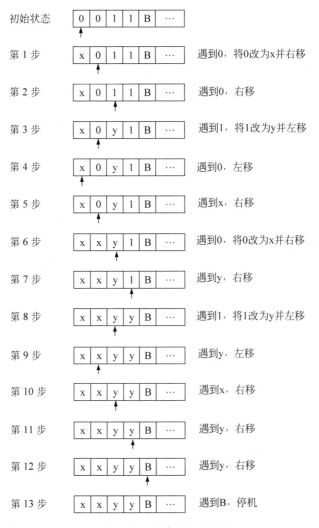

图 11.2 识别 0011 的过程

该图灵机 M 对应的状态转换图如图 11.3 所示,其中结点表示状态,结点内的 L、R 表示读写头的移动方向,边上的标记 x/y 表示该读写头原注视的符号 x 改为 y。

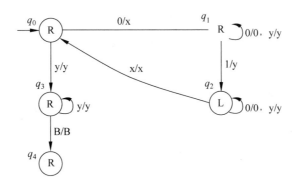

图 11.3 状态转换图

为此,在图灵机的输入带符号中除 0、1、B 以外还应有 x 和 y。为实现上述功能,图灵机应该设置 5 个状态。

(1) q_0:初始状态。

(2) q_1:在 q_0 下读到 0,把 0 改为 x,同时状态改为 q_1。在 q_1 下读到 0,不改动,只右移。

(3) q_2:在 q_1 下读到 1,把 1 改为 y,同时状态改为 q_2,向左移。在 q_2 下读到 0,不改动,继续左移,直到读到 x,状态改为 q_0。

(4) q_3:在 q_0 下读到 y,状态改为 q_3。

(5) q_4:在 q_3 下读到 B,状态改为 q_4,q_4 为终止状态。

对应的动作函数 δ 设计如下。

$\delta(q_0,0)=(q_1,x,R),\delta(q_0,y)=(q_3,y,R)$
$\delta(q_1,0)=(q_1,0,R),\delta(q_1,y)=(q_3,y,R),\delta(q_1,1)=(q_2,y,L)$
$\delta(q_2,0)=(q_2,0,L),\delta(q_2,x)=(q_0,x,R),\delta(q_2,y)=(q_2,y,L)$
$\delta(q_3,y)=(q_3,y,R),\delta(q_3,B)=(q_4,B,R)$

采用表格形式描述的动作函数 δ 如表 11.1 所示。

表 11.1 动作函数 δ

δ	0	1	x	y	B
q_0	(q_1,x,R)	—	—	(q_3,y,R)	—
q_1	$(q_1,0,R)$	(q_2,y,L)	—	(q_3,y,R)	—
q_2	$(q_2,0,L)$	—	(q_0,x,R)	(q_2,y,L)	—
q_3	—	—	—	(q_3,y,R)	(q_4,B,R)
q_4	—	—	—	—	—

识别输入串 $w_1=0011$ 的瞬像演变过程如下:

$\mathbf{q}_0 0011 \mapsto \mathbf{xq}_1 011 \mapsto \mathbf{x0q}_1 11 \mapsto \mathbf{xq}_2 0y1 \mapsto \mathbf{q}_2 x0y1 \mapsto \mathbf{xq}_0 0y1 \mapsto \mathbf{xxq}_1 y1$
$\mapsto \mathbf{xxyq}_1 1 \mapsto \mathbf{xxq}_2 yy \mapsto \mathbf{xq}_2 xyy \mapsto \mathbf{xxq}_0 yy \mapsto \mathbf{xxyq}_3 y \mapsto \mathbf{xxyyq}_3 B \mapsto \mathbf{xxyyBq}_4$

进入终止状态 q_4,图灵机 M 停机并接受输入串 w_1。

识别输入串 $w_2=011$ 的瞬像演变过程如下:

$\mathbf{q}_0 011 \mapsto \mathbf{xq}_1 11 \mapsto \mathbf{q}_2 xy1 \mapsto \mathbf{xq}_0 y1 \mapsto \mathbf{xyq}_3 1$

由于 $\delta(q_3,1)$ 无定义,而 q_3 不属于终止状态,所以停机但不接受 w_2。

图灵机不仅可以作为语言识别器,还可以计算函数。

【例 11.2】 设计一个图灵机,实现下面函数的计算:

$$f(m,n) = m \dot{-} n = \begin{cases} m-n & \text{当 } m \geqslant n \text{ 时} \\ 0 & \text{当 } m < n \text{ 时} \end{cases}$$

解 输入带上的初始信息如下。

$$\underbrace{00\cdots 0}_{m\text{个}0}\ 1\ \underbrace{00\cdots 0}_{n\text{个}0}\ \cdots B\ B$$

↑
分隔符

在输入带上用连续 m 个 0 表示整数 m，m、n 的各数之间用 1 隔开。

实现这个函数计算的图灵机为 $M=(Q,\{0,1\},\{0,1,B\},\delta,q_0,B,\Phi)$，其中 $Q=\{q_0,q_1,q_2,q_3,q_4,q_5,q_6\}$，动作函数 δ 如表 11.2 所示。

表 11.2 动作函数 δ

δ	0	1	B
q_0	(q_1,B,R)	(q_5,B,R)	—
q_1	$(q_1,0,R)$	$(q_2,1,R)$	—
q_2	$(q_3,1,L)$	$(q_2,1,R)$	(q_4,B,L)
q_3	$(q_3,0,L)$	$(q_3,1,L)$	(q_0,B,R)
q_4	$(q_4,0,L)$	(q_4,B,L)	$(q_6,0,R)$
q_5	(q_5,B,R)	(q_5,B,R)	(q_6,B,R)
q_6	—	—	—

例如输入串为 0010，其瞬像演变过程如下：

$\mathbf{q}_0 0010 \mapsto B\mathbf{q}_1 010 \mapsto B0\mathbf{q}_1 10 \mapsto B01\mathbf{q}_2 0 \mapsto B0\mathbf{q}_3 11 \mapsto B\mathbf{q}_3 011 \mapsto \mathbf{q}_3 B011 \mapsto B\mathbf{q}_0 011$
$\mapsto BB\mathbf{q}_1 11 \mapsto BB1\mathbf{q}_2 1 \mapsto BB11\mathbf{q}_2 B \mapsto BB1\mathbf{q}_4 1 \mapsto BB\mathbf{q}_4 1B \mapsto B\mathbf{q}_4 BBB \mapsto B0\mathbf{q}_6 BB$

这样计算出 $2 \div 1 = 0$。

前面定义的图灵机只有一条输入带，其实也可以有多条输入带，称之为多带图灵机。$k(k \geqslant 1)$ 带图灵机有 k 条输入带和 k 个读写头，但只有一个有限状态控制器，它扫描 k 条输入带上的当前格的信息才能决定图灵机的动作。

人们证明过，多带图灵机在识别语言和计算函数方面的能力和单带图灵机是等价的。一个语言（函数）能被一个多带图灵机接受（计算），当且仅当它能被一个单带图灵机接受（计算）。

2. 非确定性图灵机

非确定性图灵机（non deterministic Turing machine，NDTM）和确定性图灵机的区别在于它的动作函数 δ 是一个多值映射，即在一个状态下扫描到带上一格的字符可以产生多个动作，包括状态的变化，在当前格上写上新的字符，以及读写头的左、右移动。即一个动作函数可以表示为：

$$\delta(q,a)=\begin{cases}(q_1,b_1,A_1)\\(q_2,b_2,A_2)\\\dots\\(q_k,b_k,A_k)\end{cases}$$

其中，$A_i(1 \leqslant i \leqslant k)$ 表示移动方向，取 L 或 R。

例如，图灵机 $M=(Q,\sum,\varGamma,\delta,q_0,B,F)$，其中 q_0 是初始状态，q_1 是终止状态，动作函数 δ 如下：

$\delta(q_0,B)=(q_0,1,R)$
$\delta(q_0,B)=(q_0,B,L)$

$\delta(q_0, B) = (q_1, B, R)$
$\delta(q_0, 1) = (q_0, 1, L)$

它是一个不确定图灵机,可以对输入的空带写下任意长的一段后停机。

从中看出,对于一个输入串而言可能存在着若干个演变过程,其中任何一个演变过程最后导致一个终止状态,则这个输入串就被非确定性图灵机接受。

同样也可以定义多带非确定性图灵机。

对于任意一个非确定性图灵机 M,存在一个确定性图灵机 M',使得它们的语言相等,即 $L(M) = L(M')$。

3. 图灵机的停机问题与可计算性度量

一个图灵机并不是对任何输入都能停机。一般来说,一个图灵机 M 对一个输入串 w 的工作过程可能遇到 3 种情况:

(1) 进入终止状态,这时 M 停机,并接受 w。
(2) 未进入终止状态,但 δ 无定义,此时 M 停机,但不接受 w。
(3) 一直不进入终止状态,且 δ 一直有定义。这时进入死循环,M 永不停机。

可计算函数和可计算语言的定义与图灵机的停机问题有密切的关系。

若一个语言被一个图灵机 M 接受,且对任意输入串 w,M 都停机,称之为递归语言。一个语言是可计算的,当且仅当它是一个递归语言。同样,一个函数是可计算的,当且仅当它是完全递归函数,即存在图灵机 M 实现其计算功能,对于任意输入,M 都能停机。

从根本上说,一个算法就是一个确定的、对任意输入都停机的图灵机。

11.2　P 类和 NP 类问题

确定性图灵机是现代电子计算机的理论模型。一个对任意输入都停机的确定性图灵机在多项式时间内可解的问题必然存在多项式时间复杂度的计算机求解算法。一个算法实质上就是一个以任何输入都停机的图灵机,因此已经找到的多项式时间界的计算机算法的问题都属于 P 类问题。

非确定性图灵机只是一种理论上的计算模型,不确定图灵机可解的问题,虽然也可以用确定性图灵机求解,但时间上的耗费(或者说求解步数)是不一样的。用非确定性图灵机以多项式时间界可求解的问题用确定性图灵机不能保证在多项式时间界内可求解,但用确定性图灵机以指数时间界是肯定可以求解的。

用确定性图灵机以多项式时间界可解的问题称为 P 类问题,P(Polynomial)指确定性图灵机上的具有多项式算法的问题集合。用非确定性图灵机以多项式时间界可解的问题称为 NP(Nondeterministic Polynomial)类问题,NP 指非确定性图灵机上具有多项式算法的问题集合,这里 N 是非确定的意思。

确定性图灵机可以看作非确定性图灵机的一种特殊情况,因此这两个问题集合之间存在子集关系,即 P⊆NP。现在的问题是 P 是 NP 的真子集吗? 换个提法,用非确定性图灵机以多项式时间界可求解的问题也都存在多项式时间界的确定性图灵机求解算法吗?

脱离图灵机的概念,在普通的计算机上看,P 问题是指能够在多项式时间内求解的判定问题(判定问题指只需要回答是和不是的问题),NP 问题则是指那些其肯定解能够在给定正确信息下在多项式时间内验证的判定问题,但不肯定解不能够在多项式时间内得出结果的判定问题。

例如,以下问题都是 P 问题。

(1) 最短路径判定问题:给定带权有向图 $G=(V,E)$,权值为正整数,判定是否存在从顶点 s 到顶点 t 的长度小于 l 的最短路径(s、t 为 V 中的顶点,l 为正整数)。

(2) 排序判定问题:给定 n 个整数的序列,判定是否可以递增排序。

实际上"P=NP?"这个问题作为理论计算机科学的核心问题,其声名早已经超越了这个领域。它是 Clay 研究所的 7 个百万美元大奖问题之一,在 2006 年国际数学家大会上它是某个 1 小时讲座的主题。

NP 问题的代表问题之一是旅行商问题,即一个售货员要到 n 个指定的城市去推销货物,他必须经过全部的 n 个城市,现在他有这 n 个城市的地图及各城市之间的距离,试问他应如何取最短的行程从家中出发再回到家中。在第 9 章各种求解算法的时间复杂度均为 $O(nn!)$(用贪心法不一定能得到正确的解)。

目前发现的 NP 问题还有很多,例如布尔表达式的可满足性问题、图的顶点覆盖问题和背包问题等。

11.3 NPC 问题

NPC(NP-completeness)的概念表明找到某个问题的有效算法至少和找 NP 中所有问题的有效算法一样难。这里的有效性是指为求解问题设计的算法的时间为多项式级的。下面给出多项式规约的定义。

设 $L_1 \subseteq \Sigma_1^*$、$L_2 \subseteq \Sigma_2^*$ 为两个语言,若存在映射 $f: \Sigma_1^* \to \Sigma_2^*$,使得:

(1) 存在多项式时间界的确定图灵机求解 f;

(2) $\forall x \in \Sigma_1^*, x \in L_1 \Leftrightarrow f(x) \in L_2$。

则称 L_1 可以多项式规约为 L_2,记为 $L_1 \propto L_2$。例如,有向哈密尔顿回路问题可多项式规约为旅行商问题。

容易证明,多项式规约具有以下性质:

(1) $Q_1 \in P$,若 $Q_2 \propto Q_1$,则 $Q_2 \propto P$。

(2) 若 $Q_1 \propto Q_2$ 且 $Q_2 \propto Q_3$,则 $Q_1 \propto Q_3$。

设 Q_1 为一个问题,若对任意问题 $Q \in NP$ 都有 $Q \propto Q_1$,则称问题 Q_1 为 NP 困难的。NP 困难问题可以说是比任一个 NP 问题都不会"更容易"求解的问题。

设 $Q_1 \in NP$,若 $\forall Q \in NP$ 都有 $Q \propto Q_1$,则称 Q_1 为一个 NPC 问题(NP 完全问题)。显然 NPC 问题是 NP 问题的一个子集。

若 $Q \in NPC$,那么 NP=P 当且仅当 $Q \in P$。尽管这是很显然的,它却表述了计算复杂性理论中的一个非常重要的结论。这个结论把瞩目的 NP=P? 的问题转化为这样的工作:或者对一个 NPC 问题寻找多项式时间界的求解算法,或者证明某个 NPC 问题肯定不存在多项式时间界的算法。只要对其中一个 NPC 问题找出多项式时间界的求解算法，那么所有的 NPC 问题都存在多项式时间界的求解算法，从而就有 NP＝P。反之，如果证明了其中一个 NPC 问题不存在多项式时间界的求解算法，则有 NP≠P。P 类问题、NP 类问题和 NPC 问题的关系如图 11.4 所示。

1971 年，S. A. Cook 证明布尔表达式的可满足性问题是一个 NPC 问题，从而肯定地回答了 NPC 问题的存在性。随后人们通过多项式归约找出了许多 NPC 问题，并证明了任一 NP 问题都可以多项式归约为布尔表达式的可满足性问题。

归纳起来，NP 问题包含 P 问题和 NPC 问题，目前属于多项式时间界求解的问题都属于 P 问题，NPC 问题是 NP 问题中最难的问题，目前尚不能确定能否用多项式时间界算法来求解，但已证明，如果 NPC 问题中有一个问题能用多项式时间界算法求解，则所有 NPC 问题都可用多项式时间界算法求解。

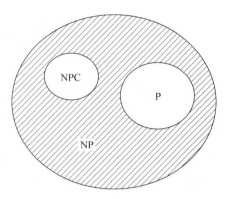

图 11.4　P、NP 和 NPC 的关系
（假设 NP≠P）

例如，旅行商问题（TSP）可以被证明具有 NPC 计算复杂性。因此，任何能使该问题的求解得以简化的方法都将受到高度的评价和关注。

11.4　练习题

1. 旅行商问题是 NP 问题吗？
   A. 否　　　　　　B. 是　　　　　　C. 至今尚无定论
2. 下面有关 P 问题、NP 问题和 NPC 问题，说法错误的是（　　）。
   A. 如果一个问题可以找到一个能在多项式的时间里解决它的算法，那么这个问题就属于 P 问题
   B. NP 问题是指可以在多项式的时间里验证一个解的问题
   C. 所有的 P 类问题都是 NP 问题
   D. NPC 问题不一定是 NP 问题，只要保证所有的 NP 问题都可以约化到它即可
3. 对于例 11.2 设计的图灵机，分别给出执行 $f(3,2)$ 和 $f(2,3)$ 的瞬像演变过程。
4. 什么是 P 类问题？什么是 NP 类问题？
5. 证明求两个 m 行 n 列的二维矩阵相加的问题属于 P 类问题。
6. 证明求含有 n 个元素的数据序列中的最大元素的问题属于 P 类问题。
7. 设计一个确定性图灵机 M，用于计算后继函数 $S(n)=n+1$（n 为一个二进制数），并给出求 1010001 的后继函数值的瞬像演变过程。

第12章 概率算法和近似算法

概率算法和近似算法是两种另类算法,概率算法在算法执行中引入随机性,近似算法采用近似方法来解决优化问题。本章介绍它们的特点和基本的算法设计。

12.1 概率算法

12.1.1 什么是概率算法

1. 概率算法的特点

概率算法也叫随机化算法,允许算法在执行过程中随机地选择下一个计算步骤。在很多情况下,算法在执行过程中面临选择时,随机性选择比最优选择省时,因此概率算法可以在很大程度上降低算法的复杂度。

概率算法的基本特征是随机决策,在同一实例上执行两次的结果可能不同,在同一实例上执行两次的时间也可能不同。这种算法的新颖之处是把随机性注入到算法中,使得算法设计与分析的灵活性及解决问题的能力大为改善,曾一度在密码学、数字信号和大系统的安全及故障容错中得到应用。

前面几章讨论的算法的每一个计算步骤都是固定的,而概率算法允许算法在执行过程中随机选择下一个计算步骤。

概率算法的特点:一是不可再现性,在同一个输入实例上每次执行的结果不尽相同,例如 n 皇后问题,概率算法运行不同次将会得到不同的正确解;二是算法分析困难,要求有概率论、统计学和数论的知识。

对概率算法通常讨论以下两种期望时间。

(1) 平均的期望时间:所有输入实例上平均的期望执行时间。

(2) 最坏的期望时间:最坏的输入实例上的期望执行时间。

2. 概率算法的分类

概率算法大致分为以下 4 类。

(1) 数值概率算法:常用于数值问题的求解,这类算法所得到的往往是近似解,而且近似解的精度随计算时间的增加不断提高。在许多情况下,精确解是不可能的或没有必要的,因此用数值概率算法可以得到相当满意的解。其特点是用于数值问题的求解,得到最优化问题的近似解。

(2) 蒙特卡罗(Monte Carlo)算法:用蒙特卡罗算法能够求得问题的一个解,但这个解未必是正确的。求得正确解的概率依赖于算法所用的时间。算法所用的时间越多,得到正确解的概率就越高。蒙特卡罗算法的主要缺点就在于此。一般情况下,无法有效判断得到的解是否肯定正确。其特点是判定问题的准确解,得到的解不一定正确。

(3) 拉斯维加斯(Las Vegas)算法:一旦用拉斯维加斯算法找到一个解,那么这个解肯定是正确的,但有时用拉斯维加斯算法可能找不到解。与蒙特卡罗算法类似,拉斯维加斯算法得到正确解的概率随着它耗用的计算时间的增加而提高。对于所求解问题的任一实例,用同一拉斯维加斯算法反复对该实例求解足够多次,可使求解失效的概率任意小。其特点是不一定会得到解,但得到的解一定是正确解。

(4) 舍伍德(Sherwood)算法。总能求得问题的一个解,且所求得的解总是正确的。当一个确定性算法的最坏时间复杂度与平均时间复杂度存在较大差别时,可以在这个确定算法中引入随机性将它改造成一个舍伍德算法,消除或减少确定算法中求解问题的好坏实例(确定算法中好实例是指执行时间性能较好的算法输入,坏实例是指执行时间性能较差的算法输入)之间在执行时间性能上的差别。舍伍德算法的精髓不是避免算法的最坏情况行为,而是设法消除这种最坏行为与特定实例之间的关联性。其特点是总能求得一个解,且一定是正确解。

本章主要讨论后 3 种概率算法。

3. 随机数发生器

在概率算法中需要由一个随机数发生器产生随机数序列,以便在算法执行中按照这个随机数序列进行随机选择,可以采用线性同余法产生随机数序列 $a_0, a_1, \cdots, a_n$:

$$a_0 = d$$
$$a_n = (ba_{n-1} + c) \bmod m \quad n = 1, 2, \cdots$$

其中,$b \geq 0, c \geq 0, d \leq m, d$ 称为随机数发生器的**随机种子**(random seed)。例如,以下程序产生 n 个 $[a,b]$ 的随机整数:

```c
#include <stdio.h>
#include <stdlib.h>              //包含产生随机数的库函数
#include <time.h>
void randa(int x[], int n, int a, int b)   //产生 n 个[a,b]的随机数
{    int i;
     for (i=0;i<n;i++)
         x[i]=rand()%(b-a+1)+a;
}
void main()
{    int i,n=10,x[10];
     int b=30,a=10;
     srand((unsigned)time(NULL));    //随机种子
     for (i=0;i<n;i++)
         randa(x,n,a,b);
     for (i=0;i<n;i++)
         printf("%d ",x[i]);
     printf("\n");
}
```

12.1.2 蒙特卡罗类型概率算法

蒙特卡罗(Monte Carlo)方法又称计算机随机模拟方法,是一种基于"随机数"的计算方法。这一方法源于美国在第二次世界大战中研制原子弹的"曼哈顿计划"。该计划的主持人之一、数学家冯·诺伊曼用驰名世界的赌城——摩纳哥的 Monte Carlo 来命名这种方法。其基本思想其实很早以前就被人们所发现和利用。在 7 世纪人们就知道用事件发生的"频率"来决

扫一扫

视频讲解

定事件的"概率",19 世纪人们用投针试验的方法来决定 π。高速计算机的出现使得用数学方法在计算机上大量模拟这样的试验成为可能。

【例 12.1】 设计一个求 π(圆周率)的蒙特卡罗型概率算法。

解 在边长为 2 的正方形内有一半径为 1 的内切圆,如图 12.1 所示。向该正方形中投掷 n 次飞镖,假设飞镖击中正方形中任何位置的概率相同。设飞镖的位置为 (x,y),如果有 $x^2+y^2 \leqslant 1$,则飞镖落在内切圆中。

这里内切圆面积为 π,正方形面积为 4,内切圆面积与正方形面积比为 π/4。若 n 次投掷中有 m 次落在内切圆中,则内切圆面积与正方形面积之比可近似为 m/n,即 $π/4 \approx m/n$,或者 $π \approx 4m/n$。

图 12.1 正方形和圆的关系

由于图中每个象限的概率相同,这里以右上角象限进行模拟。采用蒙特卡罗型概率算法求 π 的程序如下:

```c
#include <stdio.h>
#include <stdlib.h>              //包含产生随机数的库函数
#include <time.h>
int randa(int a,int b)           //产生一个[a,b]的随机数
{
    return rand()%(b-a+1)+a;
}
double rand01()                  //产生一个[0,1]的随机数
{
    return randa(0,100)*1.0/100;
}
double solve()                   //求 π 的蒙特卡罗算法
{   int n=10000;
    int m=0;
    double x,y;
    for (int i=1;i<=n;i++)
    {   x=rand01();
        y=rand01();
        if (x*x+y*y<=1.0)
            m++;
    }
    return 4.0*m/n;
}
void main()
{   srand((unsigned)time(NULL)); //随机种子
    printf("PI=%g\n",solve());   //输出 π
}
```

上述程序的每次执行结果可能不同,例如 5 次执行的输出结果如下:

PI=3.1132
PI=3.1416
PI=3.1272

PI=3.0936
PI=3.1492

从中看出,每次的执行结果依赖于 rand01()随机函数。

12.1.3 拉斯维加斯类型概率算法

拉斯维加斯型概率算法不时地做出可能导致算法陷入僵局的选择,并且算法能够检测是否陷入僵局,如果是,算法就承认失败。这种行为对于一个确定性算法是不能接受的,因为这意味着它不能解决相应的问题实例。但是,拉斯维加斯型概率算法的随机特性可以接受失败,只要这种行为出现的概率不占多数。当出现失败时,只要在相同的输入实例上再次运行概率算法就又有成功的可能。

扫一扫

视频讲解

拉斯维加斯型概率算法的一个显著特征是它所做的随机性选择有可能导致算法找不到问题的解,即算法运行一次,或者得到一个正确的解,或者无解。因此,需要对同一输入实例反复多次运行算法,直到成功地获得问题的解。

【例 12.2】 设计一个求解 n 皇后问题的拉斯维加斯型概率算法。

解 当在第 i 行放置一个皇后时,可能的列为 $1\sim n$,产生 $1\sim n$ 的随机数 j,如果皇后的位置(i,j)发生冲突,继续产生另外一个随机数 j,这样最多试探 n 次。其中任何一次试探成功(不冲突),则继续查找下一个皇后位置,如果试探超过 n 次,算法返回 false。对应的完整程序如下:

```
#include <stdio.h>
#include <stdlib.h>                     //包含产生随机数的库函数
#include <time.h>
#define N 20                            //最多皇后个数
int q[N];                               //各皇后所在的列号,(i,q[i])为一个皇后位置
int num=0;                              //累计调用次数
void dispasolution(int n)               //输出 n 皇后问题的一个解
{   printf("第%d次运行找到一个解:",num);
    for (int i=1;i<=n;i++)
        printf("(%d,%d) ",i,q[i]);
    printf("\n");
}
int randa(int a,int b)                  //产生一个[a,b]的随机数
{
    return rand()%(b-a+1)+a;
}
bool place(int i,int j)                 //测试(i,j)位置能否摆放皇后
{   if (i==1) return true;              //第一个皇后总是可以放置
    int k=1;
    while (k<i)                         //k=1~i-1 是已放置了皇后的行
    {   if ((q[k]==j) || (abs(q[k]-j)==abs(i-k)))
            return false;
        k++;
```

```
        }
        return true;
}
bool queen(int i,int n)                        //放置1~i的皇后
{    int count,j;
     if (i>n)
        {   dispasolution(n);                  //所有皇后放置结束
            return true;
        }
     else
        {   count=0;                           //试探次数累计
            while (count<=n)                   //最多试探n次
            {    j=randa(1,n);                 //产生第i行上1到n列的一个随机数j
                 count++;
                 if (place(i,j))break;         //在第i行上找到一个合适位置(i,j)
            }
            if (count>n) return false;
            q[i]=j;
            queen(i+1,n);
        }
}
void main()
{    int n=6;                                  //n为存放实际皇后个数
     printf("%d 皇后问题求解如下：\n",n);
     srand((unsigned)time(NULL));              //随机种子
     while (num<10)
        {   if (queen(1,n))                    //找到一个解退出
                break;
            num++;
            printf(" 第%d 次运行没有找到解\n",num);
        }
}
```

上述程序中一次执行10次queen()，很多次程序的执行都找不到解，其中的一次程序执行结果如下：

```
6皇后问题求解如下：
    第1次运行没有找到解
    第2次运行没有找到解
    第3次运行没有找到解
    第4次运行没有找到解
    第5次运行没有找到解
    第6次运行没有找到解
    第7次运行没有找到解
    第8次运行没有找到解
    第9次运行找到一个解：(1,3) (2,6) (3,2) (4,5) (5,1) (6,4)
```

如果将上述随机放置策略与回溯法相结合，则会获得更好的效果。可以先在棋盘的若干行中随机地放置相容的皇后，然后在其他行中用回溯法继续放置，直到找到一个解或宣告失败。

12.1.4 舍伍德类型概率算法

在分析确定性算法的平均时间复杂性时,通常假定算法的输入实例满足某一特定的概率分布。事实上,很多算法对于不同的输入实例运行时间差别很大,此时可以采用舍伍德型概率算法来消除算法的时间复杂性与输入实例间的这种联系。

【例 12.3】 设计一个快速排序的舍伍德类型概率算法。

解 快速排序算法的关键在于一次划分中选择合适的划分基准元素,如果基准是序列中的最小(或最大)元素,则一次划分后得到的两个子序列不均衡,使得快速排序的时间性能降低。舍伍德型概率算法在一次划分之前根据随机数在待划分序列中随机确定一个元素作为基准,并把它与第一个元素交换,则一次划分后得到期望均衡的两个子序列,从而使算法的行为不受待排序序列的不同输入实例的影响,使快速排序在最坏情况下的时间性能趋近于平均情况的时间性能,即 $O(n\log_2 n)$。

对应的完整程序如下:

```c
#include <stdio.h>
#include <stdlib.h>            //包含产生随机数的库函数
#include <time.h>
void disp(int a[],int n)       //输出 a 中的所有元素
{   for (int i=0;i<n;i++)
        printf("%d ",a[i]);
    printf("\n");
}
int Partition(int a[],int s,int t)   //划分算法
{
    int i=s,j=t;
    int tmp=a[s];              //用序列的第 1 个记录作为基准
    while (i!=j)               //从序列两端交替向中间扫描,直到 i=j 为止
    {   while (j>i && a[j]>=tmp)
            j--;               //从右向左扫描,找第 1 个关键字小于 tmp 的 a[j]
        a[i]=a[j];             //将 a[j]前移到 a[i]的位置
        while (i<j && a[i]<=tmp)
            i++;               //从左向右扫描,找第 1 个关键字大于 tmp 的 a[i]
        a[j]=a[i];             //将 a[i]后移到 a[j]的位置
    }
    a[i]=tmp;
    return i;
}
int randa(int a,int b)         //产生一个[a,b]的随机数
{
    return rand()%(b-a+1)+a;
}
void swap(int &x,int &y)       //交换 x 和 y
{   int tmp=x;
    x=y; y=tmp;
}
```

```
void QuickSort(int a[],int s,int t)        //对 a[s..t]元素序列进行递增排序
{   if (s<t)                                //序列内至少存在两个元素的情况
    {   int j=randa(s,t);                   //产生[s,t]的随机数 j
        swap(a[j],a[s]);                    //将 a[j]作为基准
        int i=Partition(a,s,t);
        QuickSort(a,s,i-1);                 //对左子序列递归排序
        QuickSort(a,i+1,t);                 //对右子序列递归排序
    }
}
void main()
{   int n=10;
    int a[]={2,5,1,7,10,6,9,4,3,8};
    printf("排序前:"); disp(a,n);
    srand((unsigned)time(NULL));            //随机种子
    QuickSort(a,0,n-1);
    printf("排序后:"); disp(a,n);
}
```

从中看出,舍伍德版的快速排序就是在确定性算法中引入随机性。其优点是计算时间复杂性对所有实例而言相对均匀,但与相应的确定性算法相比,其平均时间复杂度没有改进。

12.2 近似算法

12.2.1 什么是近似算法

视频讲解

近似算法通常与 NP 问题相关,由于目前不可能采用有效的多项式时间精确地解决 NP 问题,所以采用多项式时间求一个次优解。在理想情况下,近似值最优可达到一个小的常数因子(例如在最优解的 5% 以内)。近似算法越来越多地用于已知精确多项式时间算法但由于输入大小而过于昂贵的问题。

所有已知的解决 NP 问题算法都有指数型运行时间。但是,如果要找一个"好"解而非最优解,有时候多项式算法是存在的。

给定一个最小化问题和一个近似算法,可以按照如下方法评价算法:首先给出最优解的一个下界,然后把算法的运行结果与这个下界进行比较。对于最大化问题,先给出一个上界,然后把算法的运行结果与这个上界比较。

近似算法比较经典的问题有旅行商问题(TSP)、最小顶点覆盖和集合覆盖等。迄今为止,所有的 NPC 问题都还没有多项式时间算法。

12.2.2 求解旅行商问题的近似算法

本小节通过旅行商问题的近似算法说明近似算法方法。

【问题描述】 将求解旅行商问题的图改为带权无向连通图 $G=(V,E)$,其每一边 $(u,v) \in E$ 有一非负整数费用 $c(u,v)$。现在要找出 G 的最小费用哈密顿回路。

【问题求解】 旅行商问题中的费用函数 c 具有三角不等式性质,即对任意的 3 个顶点 u、v、$w \in V$,有 $c(u,w) \leq c(u,v)+c(v,w)$。对于给定的带权无向图 G,可以利用图 G 的最小生成树来找近似最优的旅行商问题回路,其过程如下:

```
void approxTSP(Graph g)
{
    选择 g 的任一顶点 v;
    用 Prim 算法找出带权图 g 的一棵以 v 为根的最小生成树 tree;
    采用深度优先遍历树 tree 得到的顶点表 path;
    将 v 加到表 path 的末尾,按表 path 中顶点的次序组成哈密顿回路 H,作为计算结果返回;
}
```

例如,对于如图 12.2 所示的带权无向连通图,假设顶点 $v=0$,找近似最优的旅行商问题回路的过程如下:

(1) 采用 Prim() 算法求出从顶点 v 出发产生的最小生成树 tree,如图 12.3 所示。
(2) 对 tree 从顶点 v 进行深度优先遍历,得到 path=$\{0,1,3,4,2\}$。
(3) 将 v 加到表 path 的末尾,按表 path 中顶点的次序组成哈密顿回路 H,如图 12.4 所示。得到的旅行商问题路径为 $0 \to 1 \to 3 \to 4 \to 2 \to 0$,路径长度=$1+6+2+3+5=17$。

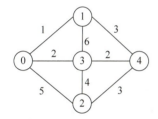
图 12.2 一个带权无向连通图

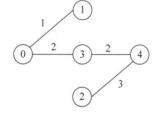
图 12.3 最小生成树 tree

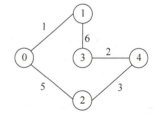
图 12.4 哈密顿回路

这个近似解并非最优解,但由于 Prim()、DFS 算法的时间复杂度都是多项式级,所以该算法的时间复杂度也是多项式级。实际上可以从每个顶点出发这样求解,通过比较求出近似最优解,其时间复杂度仍然是多项式级的。

采用邻接矩阵存放图 G,从每个顶点求解图 12.2 的旅行商问题的完整程序如下:

```cpp
#include "Graph.cpp"           //包含图的基本运算算法
#include <vector>
#include <string.h>
using namespace std;
//问题表示
MGraph g;                      //图的邻接矩阵
//求解过程表示
MGraph tree;                   //存放最小生成树
int visited[MAXV];
vector<int> path;              //存放 TSP 路径
void Prim(int v)               //产生最小生成树 tree
{   int lowcost[MAXV];
    int mincost;
```

```cpp
        int closest[MAXV],i,j,k;
        for (j=0;j<g.n;j++)                 //初始化 lowcost 和 closest 数组
        {   lowcost[j]=g.edges[v][j];
            closest[j]=v;
        }
        for (i=1;i<g.n;i++)                 //找出(n-1)个顶点
        {   mincost=INF;
            for (j=0;j<g.n;j++)             //在(V-U)中找出离 U 最近的顶点 k
                if (lowcost[j]!=0 && lowcost[j]<mincost)
                {   mincost=lowcost[j];
                    k=j;                    //k 记录最近顶点的编号
                }
            tree.edges[closest[k]][k]=mincost;  //构建最小生成树的一条无向边
            tree.edges[k][closest[k]]=mincost;
            lowcost[k]=0;                   //标记 k 已经加入 U
            for (j=0;j<g.n;j++)             //修改数组 lowcost 和 closest
                if (g.edges[k][j]!=0 && g.edges[k][j]<lowcost[j])
                {
                    lowcost[j]=g.edges[k][j];
                    closest[j]=k;
                }
        }
    }
    void DFS(int v)                         //DFS 算法
    {   path.push_back(v);                  //被访问顶点添加到 path 中
        visited[v]=1;                       //置已访问标记
        for (int w=0;w<tree.n;w++)          //找顶点 v 的所有相邻点
            if (tree.edges[v][w]!=0 && tree.edges[v][w]!=INF && visited[w]==0)
                DFS(w);                     //找顶点 v 的未访问过的相邻点 w
    }
    void TSP(int v)                         //TSP 算法
    {   tree.n=g.n;
        memset(tree.edges,INF,sizeof(tree.edges));
        Prim(v);
        memset(visited,0,sizeof(visited));
        DFS(v);
    }
    void ApproxTSP()                        //输出 TSP 问题的近似解
    {   vector<int> minpath;
        int minpathlen=INF;
        printf("求解结果\n");
        for (int v=0;v<g.n;v++)
        {   path.clear();
            TSP(v);
            printf(" 从顶点%d 出发查找:\n\t 路径:",v);
            intpathlen=0;
            for (int i=0;i<path.size();i++)
            {   printf("%d→",path[i]);
                if (i!=path.size()-1)
                    pathlen+=g.edges[path[i]][path[i+1]];
```

```
            }
            printf("→%d",v);
            pathlen+=g.edges[path[path.size()-1]][v];
            printf(",长度=%d\n",pathlen);
            if (pathlen>INF)
                printf("\t该路径不存在\n");
            else if (pathlen<minpathlen)
            {   minpathlen=pathlen;
                minpath=path;
            }
        }
        printf(" 最优近似解\n\t路径: ");
        for (int i=0;i<minpath.size();i++)
            printf("%d→",minpath[i]);
        printf("→%d",minpath[0]);
        printf(",长度=%d\n",minpathlen);
}
void main()
{   int A[][MAXV]={                         //一个带权无向图
        {0,1,5,2,INF},{1,0,INF,6,3},
        {5,INF,0,4,3},{2,6,4,0,2},{INF,3,3,2,0}};
    int n=5,e=8;
    CreateMat(g,A,n,e);                    //创建图的邻接矩阵g
    ApproxTSP();
}
```

上述程序的执行结果如下：

```
求解结果
    从顶点0出发查找:
        路径: 0→1→3→4→2→→0,长度=17
    从顶点1出发查找:
        路径: 1→0→3→4→2→→1,长度=1061109575
        该路径不存在
    从顶点2出发查找:
        路径: 2→4→3→0→1→→2,长度=1061109575
        该路径不存在
    从顶点3出发查找:
        路径: 3→0→1→4→2→→3,长度=13
    从顶点4出发查找:
        路径: 4→2→3→0→1→→4,长度=13
    最优近似解
        路径: 3→0→1→4→2→→3,长度=13
```

本例的算法找到的恰好是最优解，在很多情况下不一定会找到问题的最优解。可以通过近似比(approximate ratio)来刻画。若一个最优化问题的最优解为 $c*$，求解该问题的一个近似最优值为 c，则该近似算法的近似比定义如下：

$$\gamma = \max\left(\frac{c}{c*}, \frac{c*}{c}\right)$$

对于一个最大化问题，$c \leq c*$，此时近似比表示最优解为 $c*$ 比近似最优值为 c 大多少倍；对于一个最小化问题，$c* \leq c$，此时近似比表示最优解为 $c*$ 比近似最优值为 c 小多少倍。所以，$\gamma \geq 1$，其值越大求出的近似解越差。

实际上，近似算法并非适合所有问题求解，一些问题求近似解和求最优解一样难。

12.3 练习题

1. 蒙特卡罗算法是(　　)的一种。
   A. 分枝限界算法　　B. 贪心算法　　C. 概率算法　　D. 回溯算法
2. 在下列算法中有时找不到问题解的是(　　)。
   A. 蒙特卡罗算法　　　　　　　B. 拉斯维加斯算法
   C. 舍伍德算法　　　　　　　　D. 数值概率算法
3. 在下列算法中得到的解未必正确的是(　　)。
   A. 蒙特卡罗算法　　　　　　　B. 拉斯维加斯算法
   C. 舍伍德算法　　　　　　　　D. 数值概率算法
4. 总能求得非数值问题的一个解，且所求得的解总是正确的是(　　)。
   A. 蒙特卡罗算法　　　　　　　B. 拉斯维加斯算法
   C. 数值概率算法　　　　　　　D. 舍伍德算法
5. 目前可以采用(　　)在多项式级时间内求出旅行商问题的一个近似最优解。
   A. 回溯法　　B. 蛮力法　　C. 近似算法　　D. 都不可能
6. 下列叙述错误的是(　　)。
   A. 概率算法的期望执行时间是指反复解同一个输入实例所花的平均执行时间
   B. 概率算法的平均期望时间是指所有输入实例上的平均期望执行时间
   C. 概率算法的最坏期望时间是指最坏输入实例上的期望执行时间
   D. 概率算法的期望执行时间是指所有输入实例上所花的平均执行时间
7. 下列叙述错误的是(　　)。
   A. 数值概率算法一般是求数值计算问题的近似解
   B. Monte Carlo 算法总能求得问题的一个解，但该解未必正确
   C. Las Vegas 算法一定能求出问题的正确解
   D. Sherwood 算法的主要作用是减少或消除好的和坏的实例之间的差别
8. 近似算法和贪心法有什么不同？
9. 给定能随机生成整数 1～5 的函数 rand5()，写出能随机生成整数 1～7 的函数 rand7()。

12.4　上机实验题

【问题描述】　给定一个含 n 个整数的数组 a，编写一个随机打乱数组 a 的程序，并通过概率分析说明算法的正确性。

12.5　在线编程题

【问题描述】　给定一个未知长度的整数流，如何合理地随机选取一个数。

书中部分算法见表 A.1。

表 A.1 书中部分算法

算法功能或例题编号	对应的源程序名	所在章号	文件夹
【例 1.5】	Exam1-5.cpp	1	\ch1
【例 1.8】	Exam1-8.cpp	1	\ch1
【例 2.3】	Exam2-3.cpp	2	\ch2
【例 2.5】	Exam2-5.cpp	2	\ch2
【例 2.7】	Exam2-7.cpp	2	\ch2
【例 2.12】	Exam2-12.cpp	2	\ch2
【例 2.13】	Exam2-13.cpp	2	\ch2
求多项式值的算法	poly.cpp	2	\ch2
求 $n!$ 的递归和非递归算法	Factorial.cpp	2	\ch2
求 Hanoi 问题的递归和非递归算法	Hanoi.cpp	2	\ch2
冒泡排序（递归）算法	BubbleSort.cpp	2	\ch2
简单选择排序（递归）算法	SelectSort.cpp	2	\ch2
二叉树基本运算算法	BTree.cpp（含例 2.8～例 2.11 的算法）	2	\ch2
单链表基本运算算法	LinkList.cpp（含例 2.6 的算法）	2	\ch2
求解 n 皇后问题	Queen.cpp	2	\ch2
【例 3.2】	Exam3-2.cpp	3	\ch3
快速排序（分治法）算法	QuickSort.cpp	3	\ch3
二路归并排序（分治法）算法	MergeSort.cpp	3	\ch3
求一个无序序列中最大和次大的两个不同元素	MAX2.cpp	3	\ch3
递归和非递归折半查找算法	BinSearch.cpp	3	\ch3
寻找两个等长有序序列的中位数（分治法）	Midnum.cpp	3	\ch3
找第 k 小元素（分治法）问题	Mink.cpp	3	\ch3
求解最大连续子序列和（分治法）问题	maxSubSum4.cpp	3	\ch3
求解棋盘覆盖问题	ChessBoard.cpp	3	\ch3
求解循环日程安排问题	Plan.cpp	3	\ch3
求解大整数乘法（分治法）算法	MULT.cpp	3	\ch3
【例 4.1】	Exam4-1.cpp	4	\ch4
【例 4.2】	Exam4-2.cpp	4	\ch4
【例 4.3】	Exam4-3.cpp	4	\ch4
【例 4.4】	Exam4-4.cpp	4	\ch4
【例 4.5】	Exam4-5.cpp	4	\ch4
【例 4.6】	Exam4-6.cpp	4	\ch4
【例 4.7】	Exam4-7.cpp	4	\ch4
【例 4.8】	Exam4-8.cpp	4	\ch4
冒泡排序（蛮力法）算法	BubbleSort.cpp	4	\ch4
简单选择排序（蛮力法）算法	SelectSort.cpp	4	\ch4
字符串简单匹配算法	BF.cpp	4	\ch4
求解最大连续子序列和问题算法——解法 1	maxSubSum1.cpp	4	\ch4
求解最大连续子序列和问题算法——解法 2	maxSubSum2.cpp	4	\ch4

续表

算法功能或例题编号	对应的源程序名	所在章号	文件夹
求解最大连续子序列和问题算法——解法 3	maxSubSum3.cpp	4	\ch4
求解幂集问题(蛮力法)算法——解法 1	PSet1.cpp	4	\ch4
求解幂集问题(蛮力法)算法——解法 2	PSet2.cpp	4	\ch4
求解幂集问题(蛮力法)算法——递归解法	PSet3.cpp	4	\ch4
求解 0/1 背包问题(蛮力法)算法	knap.cpp	4	\ch4
求解全排列问题(蛮力法)算法	Perm1.cpp	4	\ch4
求解全排列问题(递归、蛮力法)算法	Perm2.cpp	4	\ch4
求解组合列问题(递归、蛮力法)算法	Comb.cpp	4	\ch4
求解任务分配问题	Allocate.cpp	4	\ch4
图的基本运算算法	Graph.cpp	4	\ch4
图的深度优先遍历算法	DFS.cpp	4	\ch4
图的广度优先遍历算法	BFS.cpp	4	\ch4
深度优先遍历求解迷宫问题	Maze1.cpp	4	\ch4
广度优先遍历求解迷宫问题	Maze2.cpp	4	\ch4
【例 5.2】	Exam5-2.cpp	5	\ch5
【例 5.3】	Exam5-3-1.cpp、Exam5-3-2.cpp	5	\ch5
【例 5.4】	Exam5-4.cpp	5	\ch5
【例 5.5】	Exam5-5.cpp	5	\ch5
【例 5.6】	Exam5-6.cpp	5	\ch5
求解 0/1 背包问题(回溯法)算法	knap.cpp	5	\ch5
采用剪枝求解 0/1 背包问题(回溯法)算法	knap1.cpp	5	\ch5
采用进一步剪枝求解 0/1 背包问题(回溯法)算法	knap2.cpp	5	\ch5
求解简单装载问题(回溯法)	Loading.cpp	5	\ch5
求解复杂装载问题(回溯法)	Loading1.cpp	5	\ch5
求解子集和问题(回溯法)算法	subSum.cpp	5	\ch5
判断子集和问题是否存在解(解法 1)	subSum1.cpp	5	\ch5
判断子集和问题是否存在解(解法 2)	subSum2.cpp	5	\ch5
求解 n 皇后问题(回溯法)	Queen.cpp	5	\ch5
求解图的 m 着色问题(回溯法)	Color.cpp	5	\ch5
求解任务分配问题(回溯法)	Allocate.cpp	5	\ch5
求解活动安排问题(回溯法)	Action.cpp	5	\ch5
求解流水作业调度问题(回溯法)	Schedule.cpp	5	\ch5
求解 0/1 背包问题(队列式分枝限界法)	knap.cpp	6	\ch6
求解求解 0/1 背包问题(优先队列式分枝限界法)	knap1.cpp	6	\ch6
求解图的单源最短路径(队列式分枝限界法)	ShortestPath.cpp	6	\ch6
求解图的单源最短路径(优先队列式分枝限界法)	ShortestPath1.cpp	6	\ch6
求解任务分配问题(分枝限界法)	Allocate.cpp	6	\ch6
求解流水作业调度问题(分枝限界法)	Schedule.cpp	6	\ch6
求解流水作业调度问题(改进)	Schedule1.cpp	6	\ch6
【例 7.2】	Exam7-2.cpp	7	\ch7
【例 7.3】	Exam7-3.cpp	7	\ch7

续表

算法功能或例题编号	对应的源程序名	所在章号	文件夹
【例 7.5】	Exam7-5.cpp	7	\ch7
求解活动安排问题（贪心法）	Action.cpp	7	\ch7
求解背包问题（贪心法）	knap.cpp	7	\ch7
求解最优装载问题（贪心法）	Loading.cpp	7	\ch7
求解田忌赛马问题（贪心法）	Horse.cpp	7	\ch7
求解多机调度问题（贪心法）	Mscheduling.cpp	7	\ch7
求解哈夫曼编码（贪心法）	Huffman.cpp	7	\ch7
求解流水作业调度问题（贪心法）	Schedule.cpp	7	\ch7
【例 8.1】	Exam8-1.cpp	8	\ch8
【例 8.1】（优化方法）	Exam8-1-1.cpp	8	\ch8
【例 8.2】	Exam8-2.cpp	8	\ch8
【例 8.3】	Exam8-3.cpp	8	\ch8
【例 8.4】	Exam8-4.cpp	8	\ch8
求 Fibonacci 数列	Fibonacci.cpp	8	\ch8
备忘录方法求多段图最短路径的逆序解法	Multistagegraph.cpp	8	\ch8
备忘录方法求多段图最短路径的顺序解法	Multistagegraph1.cpp	8	\ch8
求解整数拆分问题（动态规划）	Split.cpp	8	\ch8
求解整数拆分问题（备忘录方法）	Split1.cpp	8	\ch8
求解最大连续子序列和问题（动态规划）	maxSubSum.cpp	8	\ch8
求解三角形最小路径问题（动态规划）	PathSum.cpp	8	\ch8
求解最长公共子序列问题（动态规划）	LCSlength.cpp	8	\ch8
求解最长递增子序列问题（动态规划）	IncSeq.cpp	8	\ch8
求解编辑距离问题（动态规划）	Edit.cpp	8	\ch8
求解 0/1 背包问题（动态规划）	knap.cpp	8	\ch8
求解完全背包问题（动态规划）	multiknap.cpp	8	\ch8
求解资源分配问题（动态规划）	Plan.cpp	8	\ch8
求解会议安排问题（动态规划）	Meeting.cpp	8	\ch8
【例 9.1】	Exam9-1.cpp	9	\ch9
【例 9.2】	Exam9-2.cpp	9	\ch9
【例 9.5】	Exam9-5.cpp	9	\ch9
求最小生成树——普里姆算法	Prim.cpp	9	\ch9
求最小生成树——克鲁斯卡尔算法	Kruskal.cpp	9	\ch9
求单源最短路径——狄克斯特拉算法	Dijkstra.cpp	9	\ch9
求单源最短路径——贝尔曼-福特算法	Bellman.cpp	9	\ch9
求单源最短路径——SPFA 算法	SPFA.cpp	9	\ch9
求多源最短路径——弗洛伊德算法	Floyd.cpp	9	\ch9
求解 TSP 问题（蛮力法）	TSP1.cpp	9	\ch9
求解 TSP 问题（动态规划法）	TSP2.cpp	9	\ch9
求解 TSP 问题（回溯法）	TSP3.cpp	9	\ch9
求解 TSP 问题（分枝限界法）	TSP4.cpp	9	\ch9
求解 TSP 问题（贪心法）	TSP5.cpp	9	\ch9

续表

算法功能或例题编号	对应的源程序名	所在章号	文件夹
求最大流的福特——富尔克逊算法	MaxFlow.cpp	9	\ch9
求最小费用最大流算法	MinMaxflow.cpp	9	\ch9
向量的基本运算算法	Fundament.cpp	10	\ch10
求解凸包问题——礼品包裹算法	Package.cpp	10	\ch10
求解凸包问题——Graham 扫描算法	Graham.cpp	10	\ch10
求解最近点对问题的算法	ClosestPoints.cpp	10	\ch10
求解最远点对问题的算法	Mostdistp.cpp	10	\ch10
随机数产生器算法	randomize.cpp	12	\ch12
【例12.1】(求π的蒙特卡罗型概率算法)	PI.cpp	12	\ch12
【例12.2】(n 皇后问题的舍伍德型概率算法)	Queen.cpp	12	\ch12
【例12.3】(快速排序的舍伍德型概率算法)	QuickSort.cpp	12	\ch12
求解旅行商问题(近似算法)	TSP.cpp	12	\ch12

本书源程序的说明：

(1) 程序分章组织，例如 Algorithm\ch2 文件夹包含第 2 章的程序。

(2) 程序文件名分为两类，例如 Algorithm\ch3\Exam3-2.cpp 是例 3.2 的源程序，Algorithm\ch4\Knap.cpp 是采用回溯法求解 0/1 背包问题的源程序。

(3) 所有程序在 VC++6.0 环境中编译运行。用户将所有源文件复制到自己的文件夹中，取消"只读"属性。在启动 VC++6.0 后，单击 按钮，在出现的打开文件对话框中打开指定的文件，然后单击 Build 菜单中的 Compile Exam3-2.cpp 选项进行编译，再单击 按钮即可运行。

参 考 文 献

[1] Thomas H. Cormen, Charles E. Leiserson, Ronald L. Rivest. 算法导论. 潘金贵, 顾铁成, 李成法, 等译. 北京: 机械工业出版社, 2009.
[2] Alsuwaiyel M. H. 算法设计技巧与分析. 吴伟昶, 等译. 北京: 电子工业出版社, 2004.
[3] Brassard G. , Bratley P. 算法基础. 邱仲潘, 等译. 北京: 清华大学出版社, 2005.
[4] Sedgewick R. Wayne K. 算法. 4 版. 谢路云, 译. 北京: 人民邮电出版社, 2012.
[5] 张新华. 算法竞赛宝典. 北京: 清华大学出版社, 2016.
[6] 秋叶拓哉, 岩田阳一, 北川宜稔. 挑战程序设计竞赛. 巫泽俊, 庄俊元, 李津羽, 译. 北京: 人民邮电出版社, 2013.
[7] 具宗万. 算法问题实战策略. 崔盛一, 译. 北京: 人民邮电出版社, 2015.
[8] 赵端阳, 左伍衡. 算法分析与设计——以大学生程序设计竞赛为例. 北京: 清华大学出版社, 2012.
[9] 屈婉玲, 刘田, 张立昂, 等. 算法设计与分析. 2 版. 北京: 清华大学出版社, 2016.
[10] 屈婉玲, 刘田, 张立昂, 等. 算法设计与分析习题解答与学习指导. 2 版. 北京: 清华大学出版社, 2016.
[11] 王晓东. 计算机算法设计与分析. 北京: 电子工业出版社, 2012.
[12] 王晓东. 计算机算法设计与分析习题解答. 2 版. 北京: 电子工业出版社, 2012.
[13] 王红梅. 算法设计与分析. 北京: 清华大学出版社, 2006.
[14] 李文书, 何利力. 算法设计、分析与应用教程. 北京: 北京大学出版社, 2014.
[15] 余祥宣, 等. 计算机算法基础. 3 版. 武汉: 华中科技大学出版社, 2006.
[16] 吴哲辉, 等. 算法设计方法. 北京: 机械工业出版社, 2008.
[17] 张德富. 算法设计与分析. 北京: 国防工业出版社, 2009.
[18] 郑宗汉, 郑晓明. 算法设计与分析. 2 版. 北京: 清华大学出版社, 2011.
[19] 霍红卫. 算法设计与分析. 2 版. 西安: 西安电子科技大学出版社, 2010.
[20] 耿国华. 算法设计与分析. 北京: 高等教育出版社, 2012.
[21] 郑宇军. 算法设计. 北京: 人民邮电出版社, 2012.
[22] 刘汝佳. 算法竞赛入门经典. 北京: 清华大学出版社, 2009.
[23] 刘汝佳. 算法竞赛入门经典训练指南. 北京: 清华大学出版社, 2012.
[24] 俞勇. ACM 国际大学生程序设计竞赛——知识与入门. 北京: 清华大学出版社, 2012.
[25] 俞勇. ACM 国际大学生程序设计竞赛——题目与解读. 北京: 清华大学出版社, 2012.
[26] 许少华. 算法设计与分析. 哈尔滨: 哈尔滨工业大学出版社, 2011.
[27] 金博, 等. 计算几何及应用. 哈尔滨: 哈尔滨工业大学出版社, 2012.
[28] 余立功. ACM/ICPC 算法训练教程. 北京: 清华大学出版社, 2013.
[29] 陈国良. 计算思维导论. 北京: 高等教育出版社, 2012.
[30] 蒋宗礼, 姜守旭. 形式语言与自动机理论. 3 版. 北京: 清华大学出版社, 2013.
[31] 李春葆, 等. 数据结构教程. 5 版. 北京: 清华大学出版社, 2017.
[32] 李春葆, 等. 数据结构教程学习指导. 5 版. 北京: 清华大学出版社, 2017.
[33] 李春葆, 等. 数据结构教程上机实验指导. 5 版. 北京: 清华大学出版社, 2017.
[34] 李春葆, 李筱驰. 程序员面试笔试数据结构深度解析. 北京: 清华大学出版社, 2018.
[35] 李春葆, 李筱驰. 程序员面试笔试算法设计深度解析. 北京: 清华大学出版社, 2018.